21/01
28/01

Diogenes Taschenbuch 21075

de
te
be

Werkausgabe in fünf Bänden

Band II

Theodor Fontane

Schach von Wuthenow
L'Adultera
Stine

Herausgegeben von
Hans-Heinrich Reuter
Mit einem Essay von
Werner Weber

Diogenes

Diese Ausgabe erschien erstmals 1964 im
Aufbau-Verlag, Berlin und Weimar
Lizenzausgabe mit freundlicher Genehmigung

›Theodor Fontane‹ von Werner Weber entstand
1962 als Vortrag, gehalten in der Bayerischen
Akademie der Schönen Künste
Abdruck mit freundlicher Genehmigung
des Verfassers
Umschlagillustration: Adolf Menzel,
›Das Balkonzimmer‹, (Ausschnitt) 1845

Veröffentlicht als Diogenes Taschenbuch, 1983

40/91/36/2
ISBN 3 257 21075 2

SCHACH VON WUTHENOW

Erzählung
aus der Zeit des Regiments
Gensdarmes

Erstes Kapitel

IM SALON DER FRAU VON CARAYON

In dem Salon der in der Behrenstraße wohnenden Frau von Carayon und ihrer Tochter Victoire waren an ihrem gewöhnlichen Empfangsabend einige Freunde versammelt, aber freilich wenige nur, da die große Hitze des Tages auch die treuesten Anhänger des Zirkels ins Freie gelockt hatte. Von den Offizieren des Regiments Gensdarmes, die selten an einem dieser Abende fehlten, war nur einer erschienen, ein Herr von Alvensleben, und hatte neben der schönen Frau vom Hause Platz genommen, unter gleichzeitigem scherzhaftem Bedauern darüber, daß gerade *der* fehle, dem dieser Platz in Wahrheit gebühre.

Beiden gegenüber, an der der Mitte des Zimmers zugekehrten Tischseite, saßen zwei Herren in Zivil, die, seit wenig Wochen erst heimisch in diesem Kreise, sich nichtsdestoweniger bereits eine dominierende Stellung innerhalb desselben errungen hatten. Am entschiedensten der um einige Jahre jüngere von beiden, ein ehemaliger Stabskapitän, der, nach einem abenteuernden Leben in England und den Unionsstaaten in die Heimat zurückgekehrt, allgemein als das Haupt jener militärischen Frondeurs angesehen wurde, die damals die politische Meinung der Hauptstadt machten beziehungsweise terrorisierten. Sein Name war von Bülow. Nonchalance gehörte mit zur Genialität, und so focht er denn, beide Füße weit vorgestreckt und die linke Hand in der Hosentasche, mit seiner rechten in der Luft umher, um durch lebhafte Gestikulationen seinem Kathedervortrage Nachdruck zu geben. Er konnte, wie seine Freunde sagten, nur sprechen, um Vortrag zu halten, und – er sprach eigentlich immer. Der starke Herr neben ihm war der Verleger seiner Schriften, Herr Daniel Sander, im übrigen aber sein vollkommener Widerpart, wenigstens in allem, was Erscheinung anging. Ein schwarzer Vollbart umrahmte sein Gesicht, das ebensoviel Behagen wie Sarkasmus ausdrückte, während ihm der in der Taille knapp anschließende Rock von niederländischem Tuche sein Embonpoint zusammenschnürte. Was den Gegensatz vollendete, war die feinste weiße Wäsche, worin Bülow keineswegs exzellierte.

Das Gespräch, das eben geführt wurde, schien sich um die kurz vorher beendete Haugwitzsche Mission zu drehen, die, nach Bülows Ansicht, nicht nur ein wünschenswertes Einvernehmen zwischen Preußen und Frankreich wiederhergestellt, sondern uns auch den Besitz von Hannover noch als „Morgengabe" mit eingetragen habe. Frau von Carayon aber bemängelte diese „Morgengabe", weil man nicht gut geben oder verschenken könne, was man nicht habe, bei welchem Worte die bis dahin unbemerkt am Teetisch beschäftigt gewesene Tochter Victoire der Mutter einen zärtlichen Blick zuwarf, während Alvensleben der schönen Frau die Hand küßte.

„Ihrer Zustimmung, lieber Alvensleben", nahm Frau von Carayon das Wort, „war ich sicher. Aber sehen Sie, wie minos- und rhadamanthysartig unser Freund Bülow dasitzt. Er brütet mal wieder Sturm; Victoire, reiche Herrn von Bülow von den Karlsbader Oblaten. Es ist, glaub ich, das einzige, was er von Österreich gelten läßt. Inzwischen unterhält uns Herr Sander von unsern Fortschritten in der neuen Provinz. Ich fürchte nur, daß sie nicht groß sind."

„Oder sagen wir lieber, gar nicht existieren", erwiderte Sander. „Alles, was zum welfischen Löwen oder zum springenden Roß hält, will sich nicht preußisch regieren lassen. Und ich verdenk es keinem. Für die Polen reichten wir allenfalls aus. Aber die Hannoveraner sind feine Leute."

„Ja, das sind sie", bestätigte Frau von Carayon, während sie gleich danach hinzufügte: „Vielleicht auch etwas hochmütig."

„Etwas!" lachte Bülow. „Oh, meine Gnädigste, wer doch allzeit einer ähnlichen Milde begegnete. Glauben Sie mir, ich kenne die Hannoveraner seit lange, hab ihnen in meiner Altmärkereigenschaft sozusagen von Jugend auf über den Zaun gekuckt, und darf Ihnen danach versichern, daß alles das, was mir England so zuwider macht, in diesem welfischen Stammlande doppelt anzutreffen ist. Ich gönn ihnen deshalb die Zuchtrute, die wir ihnen bringen. Unsere preußische Wirtschaft ist erbärmlich, und Mirabeau hatte recht, den gepriesenen Staat Friedrichs des Großen mit einer Frucht zu vergleichen, die schon faul sei, bevor sie noch reif geworden, aber faul oder nicht, *eines* haben wir wenigstens: ein Gefühl davon, daß die Welt in diesen letzten fünfzehn Jahren einen Schritt vorwärts gemacht hat und daß sich die großen Geschicke derselben nicht notwendig zwischen Nute und Notte vollziehen müssen. In Hannover aber glaubt man immer noch an eine Spezialaufgabe Kalenbergs und der Lüneburger Heide, nomen et omen. Es ist der Sitz der Stagnation, eine Brutstätte der Vorurteile. *Wir* wissen wenigstens, daß wir nichts taugen, und in dieser Erkenntnis ist die Möglichkeit der Besserung gegeben. Im einzelnen bleiben wir hinter ihnen zurück, zugegeben, aber im ganzen sind wir ihnen voraus, und darin steckt ein Anspruch und ein Recht, die wir geltend machen müssen. Daß wir, trotz Sander, in Polen eigentlich gescheitert sind, beweist nichts; der Staat strengte sich nicht an und hielt seine Steuereinnehmer gerade für gut genug, um die Kultur nach Osten zu tragen. Insoweit mit Recht, als selbst ein Steuereinnehmer die Ordnung vertritt, wenn auch freilich von der unangenehmen Seite."

Victoire, die von dem Augenblick an, wo Polen mit ins Gespräch gezogen worden war, ihren Platz am Teetisch aufgegeben hatte, drohte jetzt zu dem Sprecher hinüber und sagte: „Sie müssen wissen, Herr von Bülow, daß ich die Polen liebe, sogar de tout mon cœur." Und dabei beugte sie sich aus dem Schatten in den Lichtschein der Lampe vor, in dessen Helle man jetzt deutlich erkennen konnte, daß ihr feines Profil einst dem der Mutter geglichen haben mochte, durch zahlreiche Blatternarben aber um seine frühere Schönheit gekommen war.

Jeder mußt es sehen, und der einzige, der es *nicht* sah, oder, wenn er es sah, als absolut gleichgültig betrachtete, war Bülow. Er wiederholte nur: „O ja, die Polen. Es sind die besten Masurkatänzer, und darum lieben Sie sie."

„Nicht doch. Ich liebe sie, weil sie ritterlich und unglücklich sind."

„Auch das. Es läßt sich dergleichen sagen. Und um dies ihr Unglück könnte man sie beinah beneiden, denn es trägt ihnen die Sympathien aller Damenherzen ein. In Fraueneroberungen haben sie, von alter Zeit her, die glänzendste Kriegsgeschichte."

„Und wer rettete ..."

„Sie kennen meine ketzerischen Ansichten über Rettungen. Und nun gar Wien! Es wurde gerettet. Allerdings. Aber wozu? Meine Phantasie schwelgt ordentlich in der Vorstellung, eine Favoritsultanin in der Krypta der Kapuziner stehen zu sehen. Vielleicht da, wo jetzt Maria Theresia steht. Etwas vom Islam ist bei diesen Hahndel- und Fasandelmännern immer zu Hause gewesen, und Europa hätt ein bißchen mehr von Serail- oder Haremwirtschaft ohne großen Schaden ertragen ..."

Ein eintretender Diener meldete den Rittmeister von Schach, und ein Schimmer freudiger Überraschung überflog beide Damen, als der Angemeldete gleich danach eintrat. Er küßte der Frau von Carayon die Hand, verneigte sich gegen Victoire und begrüßte dann Alvensleben mit Herzlichkeit, Bülow und Sander aber mit Zurückhaltung.

„Ich fürchte, Herrn von Bülow unterbrochen zu haben ..."

„Ein allerdings unvermeidlicher Fall", antwortete Sander und rückte seinen Stuhl zur Seite. Man lachte, Bülow selbst stimmte mit ein, und nur an Schachs mehr als gewöhnlicher Zurückhaltung ließ sich erkennen, daß er entweder unter dem Eindruck eines ihm persönlich unangenehmen Ereignisses oder aber einer politisch unerfreulichen Nachricht in den Salon eingetreten sein müsse.

„Was bringen Sie, lieber Schach? Sie sind präokkupiert. Sind neue Stürme ..."

„Nicht *das,* gnädigste Frau, nicht das. Ich komme von der

Gräfin Haugwitz, bei der ich um so häufiger verweile, je mehr ich mich von dem Grafen und seiner Politik zurückziehe. Die Gräfin weiß es und billigt mein Benehmen. Eben begannen wir ein Gespräch, als sich draußen vor dem Palais eine Volksmasse zu sammeln begann, erst Hunderte, dann Tausende. Dabei wuchs der Lärm, und zuletzt ward ein Stein geworfen und flog an dem Tisch vorbei, daran wir saßen. Ein Haarbreit, und die Gräfin wurde getroffen. Wovon sie aber *wirklich* getroffen wurde, das waren die Worte, die Verwünschungen, die heraufklangen. Endlich erschien der Graf selbst. Er war vollkommen gefaßt und verleugnete keinen Augenblick den Kavalier. Es währte jedoch lang, eh die Straße gesäubert werden konnte. Sind wir bereits dahin gekommen? Emeute, Krawall. Und das im Lande Preußen, unter den Augen Seiner Majestät."

„Und speziell *uns* wird man für diese Geschehnisse verantwortlich machen", unterbrach Alvensleben, „speziell *uns* von den Gensdarmes. Man weiß, daß wir diese Liebedienerei gegen Frankreich mißbilligen, von der wir schließlich nichts haben als gestohlene Provinzen. Alle Welt weiß, wie wir dazu stehen, auch bei Hofe weiß man's, und man wird nicht säumen, uns diese Zusammenrottung in die Schuh zu schieben."

„Ein Anblick für Götter", sagte Sander. „Das Regiment Gensdarmes unter Anklage von Hochverrat und Krawall."

„Und nicht mit Unrecht", fuhr Bülow in jetzt wirklicher Erregung dazwischen. „Nicht mit Unrecht, sag ich. Und das witzeln Sie nicht fort, Sander. Warum führen die Herren, die jeden Tag klüger sein wollen als der König und seine Minister, warum führen sie diese Sprache? Warum politisieren sie? Ob eine Truppe politisieren darf, stehe dahin, aber *wenn* sie politisiert, so politisiere sie wenigstens richtig. Endlich sind wir jetzt auf dem rechten Weg, endlich stehen wir da, wo wir von Anfang an hätten stehen sollen, endlich hat Seine Majestät den Vorstellungen der Vernunft Gehör gegeben, und was geschieht? Unsere Herren Offiziere, deren drittes

Wort der König und ihre Loyalität ist und denen doch immer nur wohl wird, wenn es nach Rußland und Juchten und recht wenig nach Freiheit riecht, unsere Herren Offiziere, sag ich, gefallen sich plötzlich in einer ebenso naiven wie gefährlichen Oppositionslust und fordern durch ihr keckes Tun und ihre noch keckeren Worte den Zorn des kaum besänftigten Imperators heraus. Dergleichen verpflanzt sich dann leicht auf die Gasse. Die Herren vom Regiment Gensdarmes werden freilich den Stein nicht selber heben, der schließlich bis an den Teetisch der Gräfin fliegt, aber sie sind doch die moralischen Urheber dieses Krawalles, *sie* haben die Stimmung dazu gemacht."

„Nein, diese Stimmung war da."

„Gut. Vielleicht war sie da. Aber, *wenn* sie da war, so galt es, sie zu bekämpfen, nicht aber sie zu nähren. Nähren wir sie, so beschleunigen wir unseren Untergang. Der Kaiser wartet nur auf eine Gelegenheit, wir sind mit vielen Posten in sein Schuldbuch eingetragen, und zählt er erst die Summe, so sind wir verloren."

„Glaub's nicht", antwortete Schach. „Ich vermag Ihnen nicht zu folgen, Herr von Bülow."

„Was ich beklage."

„Ich desto weniger. Es trifft sich bequem für Sie, daß Sie mich und meine Kameraden über Landes- und Königstreue belehren und aufklären dürfen; denn die Grundsätze, zu denen Sie sich bekennen, sind momentan obenauf. Wir stehen jetzt nach Ihrem Wunsch und allerhöchstem Willen am Tische Frankreichs und lesen die Brosamen auf, die von des Kaisers Tische fallen. Aber auf wie lange? Der Staat Friedrichs des Großen muß sich wieder auf sich selbst besinnen."

„So er's nur täte", replizierte Bülow. „Aber das versäumt er eben. Ist dies Schwanken, dies immer noch halbe Stehen zu Rußland und Österreich, das uns dem Empereur entfremdet, *ist* das friderizianische Politik? Ich frage Sie?"

„Sie mißverstehen mich."

„So bitt ich, mich aus dem Mißverständnis zu reißen."

„Was ich wenigstens versuchen will ... Übrigens *wollen* Sie mich mißverstehen, Herr von Bülow. Ich bekämpfe nicht das französische Bündnis, weil es ein Bündnis ist, auch nicht *deshalb*, weil es nach Art aller Bündnisse darauf aus ist, unsere Kraft zu diesem oder jenem Zweck zu doublieren. O nein, wie könnt ich? Allianzen sind Mittel, deren *jede* Politik bedarf: auch der große König hat sich dieser Mittel bedient und innerhalb dieser Mittel beständig *gewechselt*. Aber *nicht* gewechselt hat er in seinem Endzweck. Dieser war unverrückt: ein starkes und selbständiges Preußen. Und nun frag ich Sie, Herr von Bülow, ist *das*, was uns Graf Haugwitz heimgebracht hat und was sich Ihrer Zustimmung so sehr erfreut, ist *das* ein starkes und selbständiges Preußen? Sie haben *mich* gefragt, nun frag ich *Sie*."

Zweites Kapitel

„DIE WEIHE DER KRAFT"

Bülow, dessen Züge den Ausdruck einer äußersten Überheblichkeit anzunehmen begannen, wollte replizieren, aber Frau von Carayon unterbrach und sagte: „Lernen wir etwas aus der Politik unserer Tage: wo nicht Friede sein kann, da sei wenigstens Waffenstillstand. Auch hier ... Und nun raten Sie, lieber Alvensleben, wer heute hier war, uns seinen Besuch zu machen? Eine Berühmtheit. Und von der Rahel Levin uns zugewiesen."

„Also der Prinz", sagte Alvensleben.

„O nein, berühmter oder doch wenigstens tagesberühmter. Der Prinz ist eine etablierte Zelebrität, und Zelebritäten, die zehn Jahre gedauert haben, sind keine mehr ... Ich will Ihnen übrigens zu Hilfe kommen, es geht ins Literarische hinüber, und so möcht ich denn auch annehmen, daß uns Herr Sander das Rätsel lösen wird."

„Ich will es wenigstens versuchen, gnädigste Frau, wobei mir Ihr Zutrauen vielleicht eine gewisse Weihekraft oder, sagen wir's lieber rundheraus, eine gewisse ‚Weihe der Kraft' verleihen wird."

„Oh, vorzüglich. Ja, Zacharias Werner war hier. Leider waren wir aus, und so sind wir denn um den uns zugedachten Besuch gekommen. Ich hab es sehr bedauert."

„Sie sollten sich umgekehrt beglückwünschen, einer Enttäuschung entgangen zu sein", nahm Bülow das Wort. „Es ist selten, daß die Dichter der Vorstellung entsprechen, die wir uns von ihnen machen. Wir erwarten einen Olympier, einen Nektar- und Ambrosiamann, und sehen statt dessen einen Gourmand einen Putenbraten verzehren; wir erwarten Mitteilungen aus seiner geheimsten Zwiesprache mit den Göttern und hören ihn von seinem letzten Orden erzählen oder wohl gar die allergnädigsten Worte zitieren, die Serenissimus über das jüngste Kind seiner Muse geäußert hat. Vielleicht auch Serenissima, was immer das denkbar Albernste bedeutet."

„Aber doch schließlich nichts Alberneres als das Urteil solcher, die den Vorzug haben, in einem Stall oder einer Scheune geboren zu sein", sagte Schach spitz.

„Ich muß Ihnen zu meinem Bedauern, mein sehr verehrter Herr von Schach, auch auf *diesem* Gebiete widersprechen. Der Unterschied, den Sie bezweifeln, ist wenigstens nach *meinen* Erfahrungen tatsächlich vorhanden, und zwar, wie Sie mir zu wiederholen gestatten wollen, zu *Nicht*gunsten von Serenissimus. In der Welt der kleinen Leute steht das Urteil an und für sich nicht höher, aber die verlegene Bescheidenheit, darin sich's kleidet, und das stotternde schlechte Gewissen, womit es zutage tritt, haben allemal etwas Versöhnendes. Und nun spricht der Fürst! Er ist der Gesetzgeber seines Landes in all und jedem, in großem und kleinem, also auch in aestheticis. Wer über Leben und Tod entscheidet, sollte der nicht auch über ein Gedichtchen entscheiden können? Ah, bah! Er mag sprechen, was er will, es sind immer Tafeln direkt vom Sinai. Ich habe solche zehn Gebote mehr als einmal verkünden hören und weiß seitdem, was es heißt: regarder dans le néant."

„Und doch stimm ich der Mama bei", bemerkte Victoire, der daran lag, das Gespräch auf seinen Anfang, auf das Stück und seinen Dichter also, zurückzuführen. „Es wäre mir wirklich eine Freude gewesen, den ‚tagesberühmten Herrn', wie Mama ihn einschränkend genannt hat, kennenzulernen. Sie vergessen, Herr von Bülow, daß wir *Frauen* sind und daß wir als solche ein Recht haben, neugierig zu sein. An einer Berühmtheit wenig Gefallen zu finden ist schließlich immer noch besser, als sie gar nicht gesehen zu haben."

„Und wir werden ihn in der Tat nicht mehr sehen, in aller Bestimmtheit nicht", fügte Frau von Carayon hinzu. „Er verläßt Berlin in den nächsten Tagen schon und war überhaupt nur hier, um den ersten Proben seines Stückes beizuwohnen."

„Was also heißt", warf Alvensleben ein, „daß an der Aufführung selbst nicht länger mehr zu zweifeln ist."

„Ich glaube, nein. Man hat den Hof dafür zu gewinnen oder wenigstens alle beigebrachten Bedenken niederzuschlagen gewußt."

„Was ich unbegreiflich finde", fuhr Alvensleben fort. „Ich habe das Stück gelesen. Er will Luther verherrlichen, und der Pferdefuß des Jesuitismus guckt überall unter dem schwarzen Doktormantel hervor. Am rätselhaftesten aber ist es mir, daß sich Iffland dafür interessiert, Iffland, ein Freimaurer."

„Woraus ich einfach schließen möchte, daß er die Hauptrolle hat", erwiderte Sander. „Unsere Prinzipien dauern gerade so lange, bis sie mit unsern Leidenschaften oder Eitelkeiten in Konflikt geraten, und ziehen dann jedesmal den kürzeren. Er wird den Luther spielen wollen. Und das entscheidet."

„Ich bekenne, daß es mir widerstrebt", sagte Victoire, „die Gestalt Luthers auf der Bühne zu sehen. Oder geh ich darin zu weit?"

Es war Alvensleben, an den sie die Frage gerichtet hatte. „Zu weit? Oh, meine teuerste Victoire, gewiß nicht. Sie sprechen mir ganz aus dem Herzen. Es sind meine frühesten Erinnerungen, daß ich in unserer Dorfkirche saß und mein alter Vater neben mir, der alle Gesangbuchverse mitsang. Und links neben dem Altar, da hing unser Martin Luther in ganzer Figur, die Bibel im Arm, die Rechte darauf gelegt, ein lebensvolles Bild, und sah zu mir herüber. Ich darf sagen, daß dies ernste Mannesgesicht an manchem Sonntage besser und eindringlicher zu mir gepredigt hat als unser alter Kluckhuhn, der zwar dieselben hohen Backenknochen und dieselben weißen Beffchen hatte wie der Reformator, aber auch weiter nichts. Und diesen Gottesmann, nach dem wir uns nennen und unterscheiden und zu dem ich nie anders als in Ehrfurcht und Andacht aufgeschaut habe, den will ich nicht aus den Kulissen oder aus einer Hintertür treten sehen. Auch nicht, wenn Iffland ihn gibt, den ich übrigens schätze, nicht bloß als Künstler, sondern auch als Mann von Grundsätzen und guter preußischer Gesinnung."

„Pectus facit oratorem", versicherte Sander, und Victoire jubelte. Bülow aber, der nicht gern neue Götter neben sich duldete, warf sich in seinen Stuhl zurück und sagte, während er sein Kinn und seinen Spitzbart strich: „Es wird Sie nicht überraschen, mich im Dissens zu finden."

„Oh, gewiß nicht", lachte Sander.

„Nur dagegen möcht ich mich verwahren, als ob ich durch einen solchen Dissens irgendwie den Anwalt dieses pfäffischen Zacharias Werner zu machen gedächte, der mir in seinen mystisch-romantischen Tendenzen einfach zuwider ist. Ich bin niemandes Anwalt..."

„Auch nicht Luthers?" fragte Schach ironisch.

„Auch nicht Luthers!"

„Ein Glück, daß er dessen entbehren kann..."

„Aber auf wie lange?" fuhr Bülow, sich aufrichtend, fort. „Glauben Sie mir, Herr von Schach, auch *er* ist in der Décadence, wie so viel anderes mit ihm, und über ein kleines wird keine Generalanwaltschaft der Welt ihn halten können."

„Ich habe Napoleon von einer ‚Episode Preußen' sprechen hören", erwiderte Schach. „Wollen uns die Herren Neuerer, und Herr von Bülow an ihrer Spitze, vielleicht auch mit einer ‚Episode Luther' beglücken?"

„Es ist so. Sie treffen es. Übrigens sind nicht *wir* es, die dies Episodentum schaffen wollen. Dergleichen schafft nicht der einzelne, die Geschichte schafft es. Und dabei wird sich ein wunderbarer Zusammenhang zwischen der Episode Preußen und der Episode Luther herausstellen. Es heißt auch da wieder: ‚Sage mir, mit wem du umgehst, und ich will dir sagen, wer du bist.' Ich bekenne, daß ich die Tage Preußens gezählt glaube, und ‚wenn der Mantel fällt, muß der Herzog nach'. Ich überlaß es Ihnen, die Rollen dabei zu verteilen. Die Zusammenhänge zwischen Staat und Kirche werden nicht genugsam gewürdigt; jeder Staat ist in gewissem Sinne zugleich auch ein *Kirchenstaat*; er schließt eine Ehe mit der Kirche, und soll diese Ehe glücklich sein, so müssen beide zueinander passen. In Preußen passen sie zueinander. Und warum? Weil beide gleich dürftig angelegt, gleich eng geraten sind. Es sind Kleinexistenzen, beide bestimmt, in etwas Größerem auf- oder unterzugehen. Und zwar bald. Hannibal ante portas."

„Ich glaubte Sie dahin verstanden zu haben", erwiderte Schach, „daß uns Graf Haugwitz nicht den Untergang, wohl aber die Rettung und den Frieden gebracht habe."

„Das hat er. Aber er kann unser Geschick nicht wenden, wenigstens auf die Dauer nicht. Dies Geschick heißt Einverleibung in das Universelle. Der nationale wie der konfessionelle Standpunkt sind hinschwindende Dinge, vor allem aber ist es der preußische Standpunkt und sein alter ego, der lutherische. Beide sind künstliche Größen. Ich frage, was bedeuten sie? Welche Missionen erfüllen sie? Sie ziehen Wechsel aufeinander, sie sind sich gegenseitig Zweck und Aufgabe, das ist alles. Und das soll eine Weltrolle sein? Was hat Preußen der Welt geleistet? Was find ich, wenn ich nachrechne? Die großen Blauen König Friedrich Wilhelms I., den eisernen Ladestock, den Zopf, und jene wundervolle Moral, die den Satz erfunden hat: ‚Ich hab ihn an die Krippe gebunden, warum hat er nicht gefressen?' "

„Gut, gut. Aber Luther . . ."

„Nun wohl denn, es geht eine Sage, daß mit dem Manne von Wittenberg die Freiheit in die Welt gekommen sei, und beschränkte Historiker haben es dem norddeutschen Volke so lange versichert, bis man's geglaubt hat. Aber was hat er denn in Wahrheit in die Welt gebracht? Unduldsamkeit und Hexenprozesse, Nüchternheit und Langeweile. Das ist kein Kitt für Jahrtausende. Jener Weltmonarchie, der nur noch die letzte Spitze fehlt, wird auch eine Weltkirche folgen, denn wie die kleinen Dinge sich finden und im Zusammenhange stehen, so die großen noch viel mehr. Ich werde mir den Bühnen-Luther nicht ansehen, weil er mir in dieses Herren Zacharias Werner Verzerrung einfach ein Ding ist, das mich ärgert; aber ihn nicht ansehen, weil es Anstoß gebe, weil es *Entheiligung* sei, das ist mehr, als ich fassen kann."

„Und *wir,* lieber Bülow", unterbrach Frau von Carayon, „wir werden ihn uns ansehen, *trotzdem* es uns Anstoß gibt. Victoire hat recht, und wenn bei Iffland die Eitelkeit stärker sein darf als das Prinzip, so bei *uns* die Neugier. Ich hoffe, Herr von Schach und Sie, lieber Alvensleben, werden uns begleiten. Übrigens sind ein paar der eingelegten Lieder nicht übel. Wir erhielten sie gestern. Victoire, du könntest uns das ein oder andere davon singen."

„Ich habe sie kaum durchgespielt."

„Oh, dann bitt ich um so mehr", bemerkte Schach. „Alle Salonvirtuosität ist mir verhaßt. Aber was ich in der Kunst liebe, das ist ein solches poetisches Suchen und Tappen."

Bülow lächelte vor sich hin und schien sagen zu wollen: ‚Ein jeder nach seinen Mitteln.'

Schach aber führte Victoiren an das Klavier, und diese sang, während er begleitete:

> Die Blüte, sie schläft so leis und lind
> Wohl in der Wiege von Schnee;
> Einlullt sie der Winter: „Schlaf ein geschwind,
> Du blühendes Kind."

Und das Kind, es weint und verschläft sein Weh,
Und hernieder steigen aus duftiger Höh
Die Schwestern und lieben und blühn . . .

Eine kleine Pause trat ein, und Frau von Carayon fragte: „Nun, Herr Sander, wie besteht es vor Ihrer Kritik?" – „Es muß sehr schön sein", antwortete dieser. „Ich versteh es nicht. Aber hören wir weiter. Die Blüte, die vorläufig noch schläft, wird doch wohl mal erwachen."

Und kommt der Mai dann wieder so lind,
Dann bricht er die Wiege von Schnee,
Er schüttelt die Blüte: „Wach auf geschwind,
Du welkendes Kind."
Und es hebt die Äuglein, es tut ihm weh,
Und steigt hinauf in die leuchtende Höh,
Wo strahlend die Brüderlein blühn.

Ein lebhafter Beifall blieb nicht aus. Aber er galt ausschließlich Victoiren und der Komposition, und als schließlich auch der Text an die Reihe kam, bekannte sich alles zu Sanders ketzerischen Ansichten.

Nur Bülow schwieg. Er hatte, wie die meisten mit Staatenuntergang beschäftigten Frondeurs, auch seine schwachen Seiten, und eine davon war durch das Lied getroffen worden. An dem halbumwölkten Himmel draußen funkelten ein paar Sterne, die Mondsichel stand dazwischen, und er wiederholte, während er durch die Scheiben der hohen Balkontür hinaufblickte: „Wo strahlend die Brüderlein blühn."

Wider Wissen und Willen war er ein Kind seiner Zeit und romantisierte.

Noch ein zweites und drittes Lied wurde gesungen, aber das Urteil blieb dasselbe. Dann trennte man sich zu nicht allzu später Stunde.

Drittes Kapitel

BEI SALA TARONE

Die Turmuhren auf dem Gensdarmenmarkt schlugen elf, als die Gäste der Frau von Carayon auf die Behrenstraße hinaustraten und, nach links einbiegend, auf die Linden zuschritten. Der Mond hatte sich verschleiert, und die Regenfeuchte, die bereits in der Luft lag und auf Wetterumschlag deutete, tat allen wohl. An der Ecke der Linden empfahl sich Schach, allerhand Dienstliches vorschützend, während Alvensleben, Bülow und Sander übereinkamen, noch eine Stunde zu plaudern.

„Aber wo?" fragte Bülow, der im ganzen nicht wählerisch war, aber doch einen Abscheu gegen Lokale hatte, darin ihm „Aufpasser und Kellner die Kehle zuschnürten".

„Aber wo?" wiederholte Sander. „Sieh, das Gute liegt so nah", und wies dabei auf einen Eckladen, über dem in mäßig großen Buchstaben zu lesen stand: „Italiener Wein- und Delikatessenhandlung von Sala Tarone". Da schon geschlossen war, klopfte man an die Haustür, an deren einer Seite sich ein Einschnitt mit einer Klappe befand. Und wirklich, gleich darauf öffnete sich's von innen, ein Kopf erschien am Guckloch, und als Alvenslebens Uniform über den Charakter der etwas späten Gäste beruhigt hatte, drehte sich innen der Schlüssel im Schloß, und alle drei traten ein. Aber der Luftzug, der ging, löschte den Blaker aus, den der Küfer in Händen hielt, und nur eine ganz im Hintergrunde, dicht über der Hoftür, schwelende Laterne gab gerade noch Licht genug, um das Gefährliche der Passage kenntlich zu machen.

„Ich bitte Sie, Bülow, was sagen Sie zu diesem Défilé?" brummte Sander, sich immer dünner machend, und wirklich hieß es auf der Hut sein, denn in Front der zu beiden Seiten liegenden Öl- und Weinfässer standen Zitronen- und Apfelsinenkisten, deren Deckel nach vorn hin aufgeklappt waren.

„Achtung", sagte der Küfer. „Is hier allens voll Pinnen und Nägel. Habe mir gestern erst einen eingetreten."

„Also auch spanische Reiter ... Oh, Bülow! In solche Lage bringt einen ein militärischer Verlag."

Dieser Sandersche Schmerzensschrei stellte die Heiterkeit wieder her, und unter Tappen und Tasten war man endlich bis in die Nähe der Hoftür gekommen, wo, nach rechts hin, einige der Fässer weniger dicht nebeneinanderlagen. Hier zwängte man sich denn auch durch und gelangte mit Hilfe von vier oder fünf steilen Stufen in eine mäßig große Hinterstube, die, gelb gestrichen und halb verblakt und nach Art aller „Frühstücksstuben", um Mitternacht am vollsten war. Überall, an niedrigen Paneelen hin, standen lange, längst eingesessene Ledersofas, mit kleinen und großen Tischen davor, und nur *eine* Stelle war da, wo dieses Mobiliar fehlte. Hier stand vielmehr ein mit Kästen und Regalen überbautes Pult, vor welchem einer der Repräsentanten der Firma tagaus, tagein auf einem Drehschemel ritt und seine Befehle (gewöhnlich nur ein Wort) in einen unmittelbar neben dem Pult befindlichen Keller hinunterrief, dessen Falltür immer offenstand.

Unsere drei Freunde hatten in einer dem Kellerloch schräg gegenüber gelegenen Ecke Platz genommen, und Sander, der grad lange genug Verleger war, um sich auf lukullische Feinheiten zu verstehen, überflog eben die Wein- und Speisekarte. Diese war in russisch Leder gebunden, roch aber nach Hummer. Es schien nicht, daß unser Lukull gefunden hatte, was ihm gefiel; er schob also die Karte wieder fort und sagte: „Das Geringste, was ich von einem solchen hundstäglichen April erwarten kann, sind Maikräuter, Asperula odorata Linnéi. Denn ich hab auch Botanisches verlegt. Von dem Vorhandensein frischer Apfelsinen haben wir uns draußen mit Gefahr unseres Lebens überzeugt, und für den Mosel bürgt uns die Firma."

Der Herr am Pult rührte sich nicht, aber man sah deutlich, daß er mit seinem Rücken zustimmte, Bülow und Alvensleben taten desgleichen, und Sander resolvierte kurz: „Also Maibowle."

Das Wort war absichtlich laut und mit der Betonung einer

Odre gesprochen worden, und im selben Augenblick scholl es auch schon vom Drehstuhl her in das Kellerloch hinunter: „Fritz!" Ein zunächst nur mit halber Figur aus der Versenkung auftauchender dicker und kurzhalsiger Junge wurde, wie wenn auf eine Feder gedrückt worden wäre, sofort sichtbar, übersprang diensteifrig, indem er die Hand aufsetzte, die letzten zwei, drei Stufen und stand im Nu vor Sander, den er, allem Anscheine nach, am besten kannte.

„Sagen Sie, Fritz, wie verhält sich die Firma Sala Tarone zur Maibowle?"

„Gut. Sehr gut."

„Aber wir haben erst April, und sosehr ich im allgemeinen der Mann der Surrogate bin, so haß ich doch eins: die Tonkabohne. Die Tonkabohne gehört in die Schnupftabaksdose, nicht in die Maibowle. Verstanden?"

„Zu dienen, Herr Sander."

„Gut denn. Also Maikräuter. Und nicht lange ziehen lassen. Waldmeister ist nicht Kamillentee. Der Mosel, sagen wir ein Zeltinger oder ein Brauneberger, wird langsam über die Büschel gegossen; das genügt. Apfelsinenschnitten als bloßes Ornament. Eine Scheibe zuviel macht Kopfweh. Und nicht zu süß, und eine Cliquot extra. Extra, sag ich. Besser ist besser."

Damit war die Bestellung beendet, und ehe zehn Minuten um waren, erschien die Bowle, darauf nicht mehr als drei oder vier Waldmeisterblättchen schwammen, nur gerade genug, den Beweis der Echtheit zu führen.

„Sehen Sie, Fritz, das gefällt mir. Auf mancher Maibowle schwimmt es wie Entengrütze. Und das ist schrecklich. Ich denke, wir werden Freunde bleiben. Und nun grüne Gläser."

Alvensleben lachte. „Grüne?"

„Ja. Was sich dagegen sagen läßt, lieber Alvensleben, weiß ich und laß es gelten. Es ist in der Tat eine Frage, die mich seit länger beschäftigt und die, neben anderen, in die Reihe jener Zwiespalte gehört, die sich, wir mögen es anfangen, wie wir wollen, durch unser Leben hinziehen. Die Farbe des Weins geht verloren, aber die Farbe des Frühlings wird gewonnen, und mit ihr das festliche Gesamtkolorit. Und dies erscheint mir als der wichtigere Punkt. Unser Essen und Trinken, soweit es nicht der gemeinen Lebensnotdurft dient, muß mehr und mehr zur symbolischen Handlung werden, und ich begreife Zeiten des späteren Mittelalters, in denen der Tafelaufsatz und die Fruchtschalen mehr bedeuteten als das Mahl selbst."

„Wie gut Ihnen das kleidet, Sander", lachte Bülow. „Und doch dank ich Gott, Ihre Kapaunenrechnung nicht bezahlen zu müssen."

„Die Sie schließlich *doch* bezahlen."

„Ah, das *erste* Mal, daß ich einen dankbaren Verleger in Ihnen entdecke. Stoßen wir an ... Aber alle Welt, da steigt ja der lange Nostitz aus der Versenkung. Sehen Sie, Sander, er nimmt gar kein Ende ..."

Wirklich, es war Nostitz, der, unter Benutzung eines geheimen Eingangs, eben die Kellertreppe heraufstolperte, Nostitz von den Gensdarmes, der längste Leutnant der Armee, der, trotzdem er aus dem Sächsischen stammte, seiner sechs Fuß drei Zoll halber so ziemlich ohne Widerrede beim Eliteregiment Gensdarmes eingestellt und mit einem verbliebenen kleinen Reste von Antagonismus mittlerweile längst fertig geworden war. Ein tollkühner Reiter und ein noch tollkühnerer Cour- und Schuldenmacher, war er seit lang ein Allerbeliebtester im Regiment, so beliebt, daß ihn sich der „Prinz", der kein anderer war als Prinz Louis, bei Gelegenheit der vorjährigen Mobilisierung, zum Adjutanten erbeten hatte.

Neugierig, woher er komme, stürmte man mit Fragen auf ihn ein, aber erst als er sich in dem Ledersofa zurechtgerückt hatte, gab er Antwort auf all das, was man ihn fragte. „Woher ich komme? Warum ich bei den Carayons geschwänzt habe? Nun, weil ich in Französisch-Buchholz nachsehen wollte, ob die Störche schon wieder das sind, ob der Kuckuck schon wieder schreit und ob die Schulmeisterstochter noch so lange flachsblonde Flechten hat wie voriges Jahr. Ein reizendes Kind. Ich lasse mir immer die Kirche von ihr zeigen, und wir steigen dann in den Turm hinauf, weil ich eine Passion für alte Glokkeninschriften habe. Sie glauben gar nicht, was sich in solchem Turme alles entziffern läßt. Ich zähle das zu meinen glücklichsten und lehrreichsten Stunden."

„Und eine Blondine, sagten Sie. Dann freilich erklärt sich alles. Denn neben einer Prinzessin Flachshaar kann unser Fräulein Victoire nicht bestehen. Und nicht einmal die schöne Mama, die schön ist, aber doch am Ende brünett. Und blond geht immer vor schwarz."

„Ich möchte das nicht geradezu zum Axiom erheben", fuhr Nostitz fort. „Es hängt doch alles noch von Nebenumständen ab, die hier freilich ebenfalls zugunsten meiner Freundin sprechen. Die schöne Mama, wie Sie sie nennen, wird siebenunddreißig, bei welcher Addition ich wahrscheinlich galant genug bin, ihr ihre vier Ehejahre *halb* statt doppelt zu rechnen. Aber das ist Schachs Sache, der über kurz oder lang in der Lage sein wird, ihren Taufschein um seine Geheimnisse zu befragen."

„Wie das?" fragte Bülow.

„Wie das?" wiederholte Nostitz. „Was doch die Gelehrten, und wenn es gelehrte Militärs wären, für schlechte Beobachter sind. Ist Ihnen denn das Verhältnis zwischen beiden entgangen? Ein ziemlich vorgeschrittenes, glaub ich. C'est le premier pas, qui coûte . . ."

„Sie drücken sich etwas dunkel aus, Nostitz."

„Sonst nicht gerade mein Fehler."

„Ich meinerseits glaube Sie zu verstehen", unterbrach Alvensleben. „Aber Sie täuschen sich, Nostitz, wenn Sie daraus auf eine Partie schließen. Schach ist eine sehr eigenartige Natur, die, was man auch an ihr aussetzen mag, wenigstens manche psychologische Probleme stellt. Ich habe beispielsweise keinen Menschen kennengelernt, bei dem alles so ganz und gar auf das Ästhetische zurückzuführen wäre, womit es vielleicht in einem gewissen Zusammenhange steht, daß er überspannte

Vorstellungen von Intaktheit und Ehe hat. Wenigstens von einer Ehe, wie *er* sie zu schließen wünscht. Und so bin ich denn wie von meinem Leben überzeugt, er wird niemals eine Witwe heiraten, auch die schönste nicht. Könnt aber hierüber noch irgendein Zweifel sein, so würd ihn ein Umstand beseitigen, und dieser eine Umstand heißt: ‚*Victoire*'."

„Wie das?"

„Wie schon so mancher Heiratsplan an einer unrepräsentablen Mutter gescheitert ist, so würd er hier an einer unrepräsentablen Tochter scheitern. Er fühlt sich durch ihre mangelnde Schönheit geradezu geniert und erschrickt vor dem Gedanken, seine Normalität, wenn ich mich so ausdrücken darf, mit ihrer Unnormalität in irgendwelche Verbindung gebracht zu sehen. Er ist krankhaft abhängig, abhängig bis zur Schwäche, von dem Urteile der Menschen, speziell seiner Standesgenossen, und würde sich jederzeit außerstande fühlen, irgendeiner Prinzessin oder auch nur einer hochgestellten Dame Victoiren als seine Tochter vorzustellen."

„Möglich. Aber dergleichen läßt sich vermeiden."

„Doch schwer. Sie zurückzusetzen oder ganz einfach als Aschenbrödel zu behandeln, das widerstreitet seinem feinen Sinn, dazu hat er das Herz zu sehr auf dem rechten Fleck. Auch würde Frau von Carayon das einfach nicht dulden. Denn so gewiß sie Schach liebt, so gewiß liebt sie Victoire, ja, sie liebt diese noch um ein gut Teil *mehr*. Es ist ein absolut ideales Verhältnis zwischen Mutter und Tochter, und gerade dies Verhältnis ist es, was mir das Haus so wert gemacht hat und noch macht."

„Also begraben wir die Partie", sagte Bülow. „Mir persönlich zu besondrer Genugtuung und Freude, denn ich schwärme für diese Frau. Sie hat den ganzen Zauber des Wahren und Natürlichen, und selbst ihre Schwächen sind reizend und liebenswürdig. Und daneben dieser *Schach*! Er mag seine Meriten haben, meinetwegen, aber mir ist er nichts als ein Pedant und Wichtigtuer und zugleich die Verkörperung jener preußischen Beschränktheit, die nur drei Glaubensartikel hat:

erstes Hauptstück: ‚Die Welt ruht nicht sichrer auf den Schultern des Atlas als der preußische Staat auf den Schultern der preußischen Armee', zweites Hauptstück: ‚Der preußische Infanterieangriff ist unwiderstehlich', und drittens und letztens: ‚Eine Schlacht ist nie verloren, solange das Regiment Garde du Corps nicht angegriffen hat'. Oder natürlich auch das Regiment Gensdarmes. Denn sie sind Geschwister, Zwillingsbrüder. Ich verabscheue solche Redensarten, und der Tag ist nahe, wo die Welt die Hohlheit solcher Rodomontaden erkennen wird."

„Und doch unterschätzen Sie Schach. Er ist immerhin einer unserer Besten."

„Um so schlimmer."

„Einer unsrer Besten, sag ich, und *wirklich* ein Guter. Er spielt nicht bloß den Ritterlichen, er *ist* es auch. Natürlich auf seine Weise. Jedenfalls trägt er ein ehrliches Gesicht und keine Maske."

„Alvensleben hat recht", bestätigte Nostitz. „Ich habe nicht viel für ihn übrig, aber das ist wahr, alles an ihm ist echt, auch seine steife Vornehmheit, so langweilig und so beleidigend ich sie finde. Und *darin* unterscheidet er sich von uns. Er ist immer er selbst, gleichviel, ob er in den Salon tritt oder vorm Spiegel steht oder beim Zubettegehn sich seine safranfarbenen Nachthandschuh anzieht. Sander, der ihn nicht liebt, soll entscheiden und das letzte Wort über ihn haben."

„Es sind keine drei Tage", hob dieser an, „daß ich in der Haude und Spenerschen gelesen, der Kaiser von Brasilien habe den heiligen Antonius zum Obristleutnant befördert und seinen Kriegsminister angewiesen, besagtem Heiligen die Löhnung bis auf weiteres gutzuschreiben. Welche Gutschreibung mir einen noch größeren Eindruck gemacht hat als die Beförderung. Aber gleichviel. In Tagen derartiger Ernennungen und Beförderungen wird es nicht auffallen, wenn ich die Gefühle dieser Stunde, zugleich aber den von mir geforderten Entscheid und Richterspruch, in die Worte zusammenfasse: Seine Majestät der Rittmeister von Schach, er lebe hoch."

„Oh, vorzüglich, Sander", sagte Bülow, „damit haben Sie's getroffen. Die ganze Lächerlichkeit auf einen Schlag. Der kleine Mann in den großen Stiefeln! Aber meinetwegen, er lebe!"
„Da haben wir denn zum Überfluß auch noch die Sprache von ‚Seiner Majestät getreuster Opposition'", antwortete Sander und erhob sich. „Und nun, Fritz, die Rechnung. Erlauben die Herren, daß ich das Geschäftliche arrangiere."
„In besten Händen", sagte Nostitz.
Und fünf Minuten später traten alle wieder ins Freie. Der Staub wirbelte vom Tor her die Linden herauf, augenscheinlich war ein starkes Gewitter im Anzug, und die ersten großen Tropfen fielen bereits.
„Hâtez-vous."
Und jeder folgte der Weisung und mühte sich, so rasch wie möglich und auf nächstem Wege seine Wohnung zu erreichen.

Viertes Kapitel

IN TEMPELHOF

Der nächste Morgen sah Frau von Carayon und Tochter in demselben Eckzimmer, in dem sie den Abend vorher ihre Freunde bei sich empfangen hatten. Beide liebten das Zimmer und gaben ihm auf Kosten aller andern den Vorzug. Es hatte drei hohe Fenster, von denen die beiden untereinander im rechten Winkel stehenden auf die Behren- und Charlottenstraße sahen, während das dritte, türartige, das ganze, breit abgestumpfte Eck einnahm und auf einen mit einem vergoldeten Rokokogitter eingefaßten Balkon hinausführte. Sobald es die Jahreszeit erlaubte, stand diese Balkontür offen und gestattete, von beinah jeder Stelle des Zimmers aus, einen Blick auf das benachbarte Straßentreiben, das, der aristokratischen Gegend unerachtet, zu mancher Zeit ein besonders belebtes war, am meisten um die Zeit der Frühjahrsparaden, wo nicht bloß die berühmten alten Infanterieregimenter der Berliner Garnison, sondern, was für die Carayons wichtiger war, auch die Regimenter der Garde du Corps und Gensdarmes unter dem Klang ihrer silbernen Trompeten an dem Hause vorüberzogen. Bei solcher Gelegenheit (wo sich dann selbstverständlich die Augen der Herrn Offiziers zu dem Balkon hinaufrichteten) hatte das Eckzimmer erst seinen eigentlichen Wert und hätte gegen kein anderes vertauscht werden können.

Aber es war auch an stillen Tagen ein reizendes Zimmer, vornehm und gemütlich zugleich. Hier lag der türkische Teppich, der noch die glänzenden, fast ein halbes Menschenalter zurückliegenden Petersburger Tage des Hauses Carayon gesehen hatte, hier stand die malachitne Stutzuhr, ein Geschenk der Kaiserin Katharina, und hier paradierte vor allem auch der große, reich vergoldete Trumeau, der der schönen Frau täglich aufs neue versichern mußte, daß sie noch eine schöne Frau sei. Victoire ließ zwar keine Gelegenheit vorübergehn, die Mutter über diesen wichtigen Punkt zu beruhigen, aber Frau von Carayon war doch klug genug, es sich jeden Morgen durch ihr von ihr selbst zu kontrollierendes Spiegelbild neu bestätigen zu lassen. Ob ihr Blick in solchem Momente zu dem Bilde des mit einem roten Ordensband in ganzer Figur über dem Sofa hängenden Herrn von Carayon hinüberglitt, oder ob sich ihr ein stattlicheres Bild vor die Seele stellte, war für niemanden zweifelhaft, der die häuslichen Verhältnisse nur einigermaßen kannte. Denn Herr von Carayon war ein kleiner, schwarzer Koloniefranzose gewesen, der außer einigen in der Nähe von Bordeaux lebenden vornehmen Carayons und einer ihn mit Stolz erfüllenden Zugehörigkeit zur Legation nichts Erhebliches in die Ehe mitgebracht hatte. Am wenigsten aber männliche Schönheit.

Es schlug elf, erst draußen, dann in dem Eckzimmer, in welchem beide Damen an einem Tapisserierahmen beschäftigt waren. Die Balkontür war weit auf, denn trotz des Regens, der bis an den Morgen gedauert hatte, stand die Sonne schon wieder hell am Himmel und erzeugte so ziemlich dieselbe Schwüle, die schon den Tag vorher geherrscht hatte. Victoire blickte von ihrer Arbeit auf und erkannte den Schachschen kleinen Groom, der mit Stulpenstiefeln und zwei Farben am Hut, von denen sie zu sagen liebte, daß es die Schachschen „Landesfarben" seien, die Charlottenstraße heraufkam.

„O sieh nur", sagte Victoire, „da kommt Schachs kleiner Ned. Und wie wichtig er wieder tut! Aber er wird auch zu sehr verwöhnt und immer mehr eine Puppe. Was er nur bringen mag?"

Ihre Neugier sollte nicht lange unbefriedigt bleiben. Schon einen Augenblick später hörten beide die Klingel gehn, und ein alter Diener in Gamaschen, der noch die vornehmen Petersburger Tage miterlebt hatte, trat ein, um auf einem silbernen Tellerchen ein Billett zu überreichen. Victoire nahm es. Es war an Frau von Carayon adressiert.

„An *dich*, Mama."

„Lies nur", sagte diese.

„Nein, du selbst; ich hab eine Scheu vor Geheimnissen."

„Närrin", lachte die Mutter und erbrach das Billett und las: „Meine gnädigste Frau. Der Regen der vorigen Nacht hat nicht nur die Wege gebessert, sondern auch die Luft. Alles in allem ein so schöner Tag, wie sie der April uns Hyperboreern nur selten gewährt. Ich werde vier Uhr mit meinem Wagen vor Ihrer Wohnung halten, um Sie und Fräulein Victoire zu einer Spazierfahrt abzuholen. Über das Ziel erwarte ich Ihre Befehle. Wissen Sie doch, wie glücklich ich bin, Ihnen gehorchen zu können. Bitte Bescheid durch den Überbringer. Er ist gerade firm genug im Deutschen, um ein ‚Ja' oder ‚Nein' nicht zu verwechseln. Unter Gruß und Empfehlungen an meine liebe Freundin Victoire (die zu größerer Sicherheit vielleicht eine Zeile schreibt) Ihr Schach."

„Nun, Victoire, was lassen wir sagen . . .?"

„Aber du kannst doch nicht ernsthaft fragen, Mama?"

„Nun, denn also ‚ja'."

Victoire hatte sich mittlerweile bereits an den Schreibtisch gesetzt, und ihre Feder kritzelte: „Herzlichst akzeptiert, trotzdem die Ziele vorläufig im dunkeln bleiben. Aber ist der

Entscheidungsmoment erst da, so wird er uns auch das Richtige wählen lassen."

Frau von Carayon las über Victoires Schulter fort. „Es klingt so vieldeutig", sagte sie.

„So will ich ein bloßes Ja schreiben, und du kontrasignierst."

„Nein, laß es nur."

Und Victoire schloß das Blatt und gab es dem draußen wartenden Groom.

Als sie vom Flur her in das Zimmer zurückkehrte, fand sie die Mama nachdenklich. „Ich liebe solche Pikanterien nicht, und am wenigsten solche Rätselsätze."

„*Du* dürftest sie auch nicht schreiben. Aber ich? Ich darf alles. Und nun höre mich. Es muß etwas geschehen, Mama. Die Leute reden so viel, auch schon zu mir, und da Schach immer noch schweigt und du nicht sprechen *darfst,* so muß *ich* es tun statt eurer und euch verheiraten. Alles in der Welt kehrt sich einmal um. Sonst verheiraten Mütter ihre Töchter, hier liegt es anders, und ich verheirate dich. Er liebt dich, und du liebst ihn. In den Jahren seid ihr gleich, und ihr werdet das schönste Paar sein, das seit Menschengedenken im Französischen Dom oder in der Dreifaltigkeitskirche getraut wurde. Du siehst, ich lasse dir wenigstens hinsichtlich der Prediger und der Kirche die Wahl; mehr kann ich nicht tun in dieser Sache. Daß du mich mit in die Ehe bringst, ist nicht gut, aber auch nicht schlimm. Wo viel Licht ist, ist viel Schatten."

Frau von Carayons Auge wurde feucht. „Ach, meine süße Victoire, du siehst es anders, als es liegt. Ich will dich nicht mit Bekenntnissen überraschen, und in bloßen Andeutungen zu sprechen, wie du gelegentlich liebst, widerstreitet mir. Ich mag auch nicht philosophieren. Aber *das* laß dir sagen, es liegt alles vorgezeichnet in uns, und was Ursache scheint, ist meist schon wieder Wirkung und Folge. Glaube mir, deine kleine Hand wird das Band *nicht* knüpfen, das du knüpfen möchtest. Es geht nicht, es kann nicht sein. Ich weiß es besser. Und warum auch? Zuletzt lieb ich doch eigentlich nur *dich*."

Ihr Gespräch wurde durch das Erscheinen einer alten Dame,

Schwester des verstorbenen Herrn von Carayon, unterbrochen, die jeden Dienstag ein für allemal zu Mittag geladen war und unter „zu Mittag“ pünktlicherweise zwölf Uhr verstand, trotzdem sie wußte, daß bei den Carayons erst um drei Uhr gegessen wurde. Tante Marguerite, das war ihr Name, war noch eine echte Koloniefranzösin, d. h. eine alte Dame, die das damalige, sich fast ausschließlich im Dativ bewegende Berlinisch mit geprüntem Munde sprach, das ü dem i vorzog, entweder „Kürschen“ aß oder in die „Kürche“ ging und ihre Rede selbstverständlich mit französischen Einschiebseln und Anredefloskeln garnierte. Sauber und altmodisch gekleidet, trug sie Sommer und Winter denselben kleinen Seidenmantel und hatte jene halbe Verwachsenheit, die damals bei den alten Koloniedamen so allgemein war, daß Victoire einmal als Kind gefragt hatte: „Wie kommt es nur, liebe Mama, daß fast alle Tanten so ‚ich weiß nicht wie‘ sind?“ Und dabei hatte sie eine hohe Schulter gemacht. Zu dem Seidenmantel Tante Margueritens gehörten auch noch ein Paar seidene Handschuhe, die sie ganz besonders in Ehren hielt und immer erst auf dem obersten Treppenabsatz anzog. Ihre Mitteilungen, an denen sie's nie fehlen ließ, entbehrten all und jedes Interesses, am meisten aber dann, wenn sie, was sie sehr liebte, von hohen und höchsten Personen sprach. Ihre Spezialität waren die kleinen Prinzessinnen der königlichen Familie: la petite princesse Charlotte et la petite princesse Alexandrine, die sie gelegentlich in den Zimmern einer ihr befreundeten französischen Erzieherin sah und mit denen sie sich derart liiert fühlte, daß, als eines Tages die Brandenburger Torwache beim Vorüberfahren von la princesse Alexandrine versäumt hatte, reichtzeitig ins Gewehr zu treten und die Trommel zu rühren, sie nicht nur das allgemeine Gefühl der Empörung teilte, sondern das Ereignis überhaupt ansah, als ob Berlin ein Erdbeben gehabt habe.

Das war das Tantchen, das eben eintrat.

Frau von Carayon ging ihr entgegen und hieß sie herzlich willkommen, herzlicher als sonst wohl, und das einfach deshalb, weil durch ihr Erscheinen ein Gespräch unterbrochen worden war, das selbst fallenzulassen sie nicht mehr die Kraft gehabt hatte. Tante Marguerite fühlte sofort heraus, wie günstig heute die Dinge für sie lagen, und begann denn auch in demselben Augenblicke, wo sie sich gesetzt und die Seidenhandschuh in ihren Pompadour gesteckt hatte, sich dem hohen Adel königlicher Residenzen zuzuwenden, diesmal mit Umgehung der „Allerhöchsten Herrschaften". Ihre Mitteilungen aus der Adelssphäre waren ihren Hofanekdoten in der Regel weit vorzuziehen und hätten ein für allemal passieren können, wenn sie nicht die Schwäche gehabt hätte, die doch immerhin wichtige Personalfrage mit einer äußersten Geringschätzung zu behandeln. Mit andern Worten, sie verwechselte beständig die Namen, und wenn sie von einer Eskapade der Baronin Stieglitz erzählte, so durfte man sicher sein, daß sie die Gräfin Taube gemeint hatte. Solche Neuigkeiten eröffneten denn auch das heutige Gespräch, Neuigkeiten, unter denen *die*, „daß der Rittmeister von Schenk vom Regiment Garde du Corps der Prinzessin von Croy eine Serenade gebracht habe", die weitaus wichtigste war, ganz besonders, als sich nach einigem Hin- und Herfragen herausstellte, daß der Rittmeister von Schenk in den Rittmeister von Schach, das Regiment Garde du Corps in das Regiment Gensdarmes und die Prinzessin von Croy in die Prinzessin von Carolath zu transponieren sei. Solche Richtigstellungen wurden von seiten der Tante jedesmal ohne jede Spur von Verlegenheit entgegengenommen, und solche Verlegenheit kam ihr denn auch *heute* nicht, als ihr, zum Schluß ihrer Geschichte, mitgeteilt wurde, daß der Rittmeister von Schenk alias Schach noch im Laufe dieses Nachmittags erwartet werde, da man eine Fahrt über Land mit ihm verabredet habe. Vollkommener Kavalier, wie er sei, werde er sich sicherlich freuen, eine liebe Verwandte des Hauses an dieser Ausfahrt mit teilnehmen zu sehen. Eine Bemerkung, die von Tante Marguerite sehr wohlwollend aufgenommen und von einem unwillkürlichen Zupfen an ihrem Taftkleide begleitet wurde.

Um Punkt drei war man zu Tische gegangen, und um Punkt vier – „l'exactitude est la politesse des rois", würde Bülow gesagt haben – erschien eine zurückgeschlagene Halbchaise vor der Tür in der Behrenstraße. Schach, der selbst fuhr, wollte die Zügel dem Groom geben, beide Carayons aber grüßten schon reisefertig vom Balkon her und waren im nächsten Moment mit einer ganzen Ausstattung von Tüchern, Sonnen- und Regenschirmen unten am Wagenschlag. Mit ihnen auch Tante Marguerite, die nunmehr vorgestellt und von Schach mit einer ihm eigentümlichen Mischung von Artigkeit und Grandezza begrüßt wurde.

„Und nun das dunkle Ziel, Fräulein Victoire."

„Nehmen wir Tempelhof", sagte diese.

„Gut gewählt. Nur Pardon, es ist das undunkelste Ziel von der Welt. Namentlich heute. Sonne und wieder Sonne."

In raschem Trabe ging es die Friedrichstraße hinunter, erst auf das Rondell und das Hallesche Tor zu, bis der tiefe Sandweg, der zum Kreuzberg hinaufführte, zu langsamerem Fahren nötigte. Schach glaubte sich entschuldigen zu müssen, aber Victoire, die rückwärts saß und in halber Wendung bequem mit ihm sprechen konnte, war, als echtes Stadtkind, aufrichtig entzückt über all und jedes, was sie zu beiden Seiten des Weges sah, und wurde nicht müde, Fragen zu stellen und ihn durch das Interesse, das sie zeigte, zu beruhigen. Am meisten amüsierten sie die seltsam ausgestopften Altweibergestalten, die zwischen den Sträuchern und Gartenbeeten umherstanden und entweder eine Strohhutkiepe trugen oder mit ihren hundert Papilloten im Winde flatterten und klapperten.

Endlich war man den Abhang hinauf, und über den festen Lehmweg hin, der zwischen den Pappeln lief, trabte man jetzt wieder rascher auf Tempelhof zu. Neben der Straße stiegen Drachen auf, Schwalben schossen hin und her, und am Horizonte blitzten die Kirchtürme der nächstgelegenen Dörfer.

Tante Marguerite, die bei dem Winde, der ging, beständig

bemüht war, ihren kleinen Mantelkragen in Ordnung zu halten, übernahm es nichtsdestoweniger, den Führer zu machen, und setzte dabei beide Carayonsche Damen ebensosehr durch ihre Namensverwechselungen wie durch Entdeckung gar nicht vorhandener Ähnlichkeiten in Erstaunen.

„Sieh, liebe Victoire, dieser Wülmersdörfer Kürchtürm! Ähnelt er nicht unserer Dorotheenstädtschen Kürche?“

Victoire schwieg.

„Ich meine nicht um seiner Spitze, liebe Victoire, nein, um seinem Corps de Logis.“

Beide Damen erschraken. Es geschah aber, was gewöhnlich geschieht, *das* nämlich, daß alles das, was die Näherstehenden in Verlegenheit bringt, von den Fernerstehenden entweder überhört oder aber mit Gleichgültigkeit aufgenommen wird. Und nun gar Schach! Er hatte viel zu lang in der Welt alter Prinzessinnen und Hofdamen gelebt, um noch durch irgendein Dummheits- oder Nichtbildungszeichen in ein besonderes Erstaunen gesetzt werden zu können. Er lächelte nur und benutzte das Wort „Dorotheenstädtsche Kirche“, das gefallen war, um Frau von Carayon zu fragen, „ob sie schon von dem Denkmal Kenntnis genommen habe, das in ebengenannter Kirche seitens des hochseligen Königs seinem Sohne, dem Grafen von der Mark, errichtet worden sei?“

Mutter und Tochter verneinten. Tante Marguerite jedoch, die nicht gerne zugestand, etwas *nicht* zu wissen oder wohl gar nicht gesehen zu haben, bemerkte ganz ins allgemeine hin: „Ach, der liebe kleine Prinz. Daß er so früh sterben mußte. Wie jämmerlich. Und ähnelte doch seiner hochseligen Frau Mutter um beiden Augen.“

Einen Augenblick war es, als ob der in seinem Legitimitätsgefühle stark verletzte Schach antworten und den „von seiner hochseligen Mutter“ geborenen „lieben kleinen Prinzen“ aufs schmählichste dethronisieren wollte; rasch aber übersah er die Lächerlichkeit solcher Idee, wies also lieber, um doch wenigstens etwas zu tun, auf das eben sichtbar werdende grüne Kuppeldach des Charlottenburger Schlosses hin und bog im nächsten Augenblick in die große, mit alten Linden bepflanzte Dorfgasse von Tempelhof ein.

Gleich das zweite Haus war ein Gasthaus. Er gab dem Groom die Zügel und sprang ab, um den Damen beim Aussteigen behilflich zu sein. Aber nur Frau von Carayon und Victoire nahmen die Hilfe dankbar an, während Tante Marguerite verbindlich ablehnte, „weil sie gefunden habe, daß man sich auf seinen eigenen Händen immer am besten verlassen könne".

Der schöne Tag hatte viele Gäste hinausgelockt, und der von einem Staketenzaun eingefaßte Vorplatz war denn auch an allen seinen Tischen besetzt. Das gab eine kleine Verlegenheit. Als man aber eben schlüssig geworden war, in dem Hintergarten, unter einem halboffenen Kegelbahnhäuschen, den Kaffee zu nehmen, ward einer der Ecktische frei, so daß man in Front des Hauses, mit dem Blick auf die Dorfstraße, verbleiben konnte. Das geschah denn auch, und es traf sich, daß es der hübscheste Tisch war. Aus seiner Mitte wuchs ein Ahorn auf, und wenn es auch, ein paar Spitzen abgerechnet, ihm vorläufig noch an allem Laubschmuck fehlte, so saßen doch schon die Vögel in seinen Zweigen und zwitscherten. Und nicht *das* bloß sah man; Equipagen hielten in der Mitte der Dorfstraße, die Stadtkutscher plauderten, und Bauern und Knechte, die mit Pflug und Egge vom Felde hereinkamen, zogen an der Wagenreihe vorüber. Zuletzt kam eine Herde, die der Schäferspitz von rechts und links her zusammenhielt, und dazwischen hörte man die Betglocke, die läutete. Denn es war eben die sechste Stunde.

Die Carayons, so verwöhnte Stadtkinder sie waren, oder vielleicht auch *weil* sie's waren, enthusiasmierten sich über all und jedes, und jubelten, als Schach einen Abendspaziergang in die Tempelhofer Kirche zur Sprache brachte. Sonnenuntergang sei die schönste Stunde. Tante Marguerite freilich, die sich „vor dem unvernünftigen Viehe" fürchtete, wäre lieber am Kaffeetische zurückgeblieben; als ihr aber der zu weiterer Beruhigung herbeigerufene Wirt aufs eindringlichste versichert hatte, „daß sie sich um den Bullen nicht zu fürchten brauche,“ nahm sie Victoirens Arm und trat mit dieser auf die Dorfstraße hinaus, während Schach und Frau von Carayon folgten. Alles, was noch an dem Staketenzaune saß, sah ihnen nach.

„Es ist nichts so fein gesponnen“, sagte Frau von Carayon und lachte.

Schach sah sie fragend an.

„Ja, lieber Freund, ich weiß alles. Und niemand Geringeres als Tante Marguerite hat uns heute mittag davon erzählt.“

„Wovon?“

„Von der Serenade. Die Carolath ist eine Dame von Welt und vor allem eine Fürstin. Und Sie wissen doch; was Ihnen nachgesagt wird, ‚daß Sie der garstigsten Princesse vor der schönsten Bourgeoise den Vorzug geben würden‘. Jeder garstigen Prinzeß, sag ich. Aber zum Überfluß ist die Carolath auch noch schön. Un teint de lys et de rose. Sie werden mich eifersüchtig machen.“

Schach küßte der schönen Frau die Hand. „Tante Marguerite hat Ihnen richtig berichtet, und Sie sollen nun alles hören. Auch das Kleinste. Denn wenn es mir, wie zugestanden, eine Freude gewährt, einen solchen Abend unter meinen Erlebnissen zu haben, so gewährt es mir doch eine noch größere Freude, mit meiner schönen Freundin darüber plaudern zu können. Ihre Pläsanterien, die so kritisch und doch zugleich so voll guten Herzens sind, machen mir erst alles lieb und wert. Lächeln Sie nicht. Ach, daß ich Ihnen alles sagen könnte. Teure Josephine, Sie sind mir das Ideal einer Frau: klug und doch ohne Gelehrsamkeit und Dünkel, espritvoll und doch ohne Mokanterie. Die Huldigungen, die mein *Herz* darbringt, gelten nach wie vor nur Ihnen, Ihnen, der Liebenswürdigsten und Besten. Und das ist Ihr höchster Reiz, meine teure Freundin, daß Sie nicht einmal wissen, wie gut Sie sind und welch stille Macht Sie über mich üben.“

Er hatte fast mit Bewegung gesprochen, und das Auge der schönen Frau leuchtete, während ihre Hand in der seinen zitterte. Rasch aber nahm sie den scherzhaften Ton wieder auf und sagte: „Wie gut Sie zu sprechen verstehen. Wissen Sie wohl, so gut spricht man nur aus der Verschuldung heraus.“

„Oder aus dem Herzen. Aber lassen wir’s bei der Verschuldung, die nach Sühne verlangt. Und zunächst nach Beichte. Deshalb kam ich gestern. Ich hatte vergessen, daß Ihr Empfangsabend war, und erschrak fast, als ich Bülow sah und diesen aufgedunsenen Roturier, den Sander. Wie kommt er nur in Ihre Gesellschaft?“

„Er ist der Schatten Bülows.“

„Ein sonderbarer Schatten, der dreimal schwerer wiegt als der Gegenstand, der ihn wirft. Ein wahres Mammut. Nur seine Frau soll ihn noch übertreffen, weshalb ich neulich spöttisch erzählen hörte, ‚Sander, wenn er seine Brunnenpromenade vorhabe, gehe nur dreimal um seine Frau herum‘. Und *dieser* Mann Bülows Schatten! Wenn Sie lieber sagten, sein Sancho Pansa ...“

„So nehmen Sie Bülow selbst als Don Quijote?“

„Ja, meine Gnädigste ... Sie wissen, daß es mir im allgemeinen widersteht, zu medisieren, aber dies ist au fond nicht medisieren, ist eher Schmeichelei. Der gute Ritter von La Mancha war ein ehrlicher Enthusiast, und nun frag ich Sie, teuerste Freundin, läßt sich von Bülow dasselbe sagen? Enthusiast! Er ist exzentrisch, nichts weiter, und das Feuer, das in ihm brennt, ist einfach das einer infernalen Eigenliebe.“

„Sie verkennen ihn, lieber Schach. Er ist verbittert, gewiß; aber ich fürchte, daß er ein Recht hat, es zu sein.“

„Wer an krankhafter Überschätzung leidet, wird immer tausend Gründe haben, verbittert zu sein. Er zieht von Gesellschaft zu Gesellschaft und predigt die billigste der Weisheiten, die Weisheit post festum. Lächerlich. An allem, was uns das letzte Jahr an Demütigungen gebracht hat, ist, wenn man ihn hört, nicht der Übermut oder die Kraft unserer Feinde schuld, o nein, dieser Kraft würde man mit einer größeren Kraft unschwer haben begegnen können, wenn man sich unsrer Talente, will also sagen der Talente Bülows, rechtzeitig versichert hätte. Das unterließ die Welt, und daran geht sie zugrunde. So geht es endlos weiter. Darum Ulm und darum Austerlitz. Alles hätt ein andres Aussehen gewonnen, sich anders zugetragen, wenn diesem korsischen Thron- und Kronenräuber, diesem Engel der Finsternis, der sich Bonaparte nennt, die Lichtgestalt Bülows auf dem Schlachtfeld entgegengetreten wäre. Mir widerwärtig. Ich hasse solche Fanfaronaden. Er spricht von Braunschweig und Hohenlohe wie von lächerlichen Größen, *ich* aber halte zu dem friderizianischen Satze, daß die Welt nicht sicherer auf den Schultern des Atlas ruht als Preußen auf den Schultern seiner Armee."

Während dieses Gespräch zwischen Schach und Frau von Carayon geführt wurde, war das ihnen voranschreitende Paar bis an eine Wegstelle gekommen, von der aus ein Fußpfad über ein frisch gepflügtes Ackerfeld hin sich abzweigte.

„Das ist die Kürche", sagte das Tantchen und zeigte mit ihrem Parasol auf ein neugedecktes Turmdach, dessen Rot aus allerlei Gestrüpp und Gezweig hervorschimmerte. Victoire bestätigte, was sich ohnehin nicht bestreiten ließ, und wandte sich gleich danach nach rückwärts, um die Mama durch eine Kopf- und Handbewegung zu fragen, ob man den hier abzweigenden Fußpfad einschlagen wolle? Frau von Carayon nickte zustimmend, und Tante und Nichte schritten in der angedeuteten Richtung weiter. Überall aus dem braunen Acker stiegen Lerchen auf, die hier, noch ehe die Saat heraus war, schon ihr Furchennest gebaut hatten; ganz zuletzt aber kam noch ein Stück brachliegendes Feld, das bis an die Kirchhofsmauer lief und, außer einer spärlichen Grasnarbe, nichts aufwies als einen trichterförmigen Tümpel, in dem ein Unkenpaar musizierte, während der Rand des Tümpels in hohen Binsen stand.

„Sieh, Victoire, das sind Binsen."

„Ja, liebe Tante."

„Kannst du dir denken, ma chère, daß, als ich jung war, die Binsen als kleine Nachtlichter gebraucht wurden und auch wirklich ganz ruhig auf einem Glase schwammen, wenn man krank war oder auch bloß nicht schlafen konnte..."

„Gewiß", sagte Victoire. „Jetzt nimmt man Wachsfädchen, die man zerschneidet und in ein Kartenstückchen steckt."

„Ganz recht, mein Engelchen. Aber früher waren es Binsen, des joncs. Und sie brannten auch. Und deshalb erzähl ich es dir. Denn sie müssen doch ein natürliches Fett gehabt haben, ich möchte sagen etwas Kienenes."

„Es ist wohl möglich", antwortete Victoire, die der Tante nie widersprach, und horchte, während sie dies sagte, nach dem Tümpel hin, in dem das Musizieren der Unken immer lauter wurde. Gleich danach aber sah sie, daß ein halberwachsenes Mädchen von der Kirche her im vollen Lauf auf sie zukam und mit einem zottigen weißen Spitz sich neckte, der bellend und beißend an der Kleinen emporsprang. Dabei warf die Kleine, mitten im Lauf, einen an einem Strick und einem Klöppel hängenden Kirchenschlüssel in die Luft und fing ihn so geschickt wieder auf, daß weder der Schlüssel noch der Klöppel ihr weh tun konnten. Zuletzt aber blieb sie stehen und hielt die linke Hand vor die Augen, weil die niedergehende Sonne sie blendete.

„Bist du die Küsterstochter?" fragte Victoire.

„Ja", sagte das Kind.

„Dann bitte, gib uns den Schlüssel oder komm mit uns und schließ uns die Kirche wieder auf. Wir möchten sie gerne sehen, wir und die Herrschaften da."

„Gerne", sagte das Kind und lief wieder vorauf, überkletterte die Kirchhofsmauer und verschwand alsbald hinter den Haselnuß- und Hagebuttensträuchern, die hier so reichlich standen, daß sie, trotzdem sie noch kahl waren, eine dichte Hecke bildeten.

Das Tantchen und Victoire folgten ihr und stiegen langsam über verfallene Gräber weg, die der Frühling noch nirgends mit seiner Hand berührt hatte; nirgends zeigte sich ein Blatt, und nur unmittelbar neben der Kirche war eine schattig-feuchte Stelle wie mit Veilchen überdeckt. Victoire bückte sich, um hastig davon zu pflücken, und als Schach und Frau von Carayon im nächsten Augenblick den eigentlichen Hauptweg des Kirchhofes heraufkamen, ging ihnen Victoire entgegen und gab der Mutter die Veilchen.

Die Kleine hatte mittlerweile schon aufgeschlossen und saß wartend auf dem Schwellstein; als aber beide Paare heran waren, erhob sie sich rasch und trat, allen vorauf, in die Kirche, deren Chorstühle fast so schräg standen wie die Grabkreuze draußen. Alles wirkte kümmerlich und zerfallen; der eben sinkende Sonnenball aber, der hinter den nach Abend zu gelegenen Fenstern stand, übergoß die Wände mit einem rötlichen Schimmer und erneuerte, für Augenblicke wenigstens, die längst blind gewordene Vergoldung der alten Altarheiligen, die hier noch, aus der katholischen Zeit her, ihr Dasein fristeten. Es konnte nicht ausbleiben, daß das genferisch reformierte Tantchen aufrichtig erschrak, als sie dieser „Götzen" ansichtig wurde. Schach aber, der unter seine Liebhabereien auch die Genealogie zählte, fragte bei der Kleinen an, ob nicht vielleicht alte Grabsteine da wären?

„Einer ist da", sagte die Kleine. „Dieser hier", und wies auf ein abgetretenes, aber doch noch deutlich erkennbares Steinbild, das aufrecht in einen Pfeiler, dicht neben dem Altar, eingemauert war. Es war ersichtlich ein Reiteroberst.

„Und wer ist es?" fragte Schach.

„Ein Tempelritter", erwiderte das Kind, „und hieß der Ritter von Tempelhof. Und diesen Grabstein ließ er schon bei Lebzeiten machen, weil er wollte, daß er ihm ähnlich werden sollte."

Hier nickte das Tantchen zustimmend, weil das Ähnlichkeitsbedürfnis des angeblichen Ritters von Tempelhof eine verwandte Saite in ihrem Herzen traf.

„Und er baute diese Kirche", fuhr die Kleine fort, „und baute zuletzt auch das Dorf und nannte es Tempelhof, weil er selber Tempelhof hieß. Und die Berliner sagen ‚Templow'. Aber es ist falsch."

All das nahmen die Damen in Andacht hin, und nur Schach,

der neugierig geworden war, fragte weiter, „ob sie nicht das ein oder andere noch aus den Lebzeiten des Ritters wisse?"

„Nein, aus seinen Lebzeiten nicht. Aber nachher."

Alle horchten auf, am meisten das sofort einen leisen Grusel verspürende Tantchen; die Kleine hingegen fuhr in ruhigem Tone fort: „Ob es alles so wahr ist, wie die Leute sagen, das weiß ich nicht. Aber der alte Kossäte Maltusch hat es noch miterlebt."

„Aber was denn, Kind?"

„Er lag hier vor dem Altar über hundert Jahre, bis es ihn ärgerte, daß die Bauern und Einsegnungskinder immer auf ihm herumstanden und ihm das Gesicht abschurrten, wenn sie zum Abendmahl gingen. Und der alte Maltusch, der jetzt ins neunzigste geht, hat mir und meinem Vater erzählt, er hab es noch mit seinen eigenen Ohren gehört, daß es noch mitunter so gepoltert und gerollt hätte, wie wenn es drüben über Schmargendorf donnert."

„Wohl möglich."

„Aber sie verstanden nicht, was das Poltern und Rollen bedeutete", fuhr die Kleine fort. „Und so ging es bis das Jahr, wo der russische General, dessen Namen ich immer vergesse, hier auf dem Tempelhofer Felde lag. Da kam einen Sonnabend der vorige Küster und wollte die Singezahlen wegwischen und neue für den Sonntag anschreiben. Und nahm auch schon das Kreidestück. Aber da sah er mit einem Male, daß die Zahlen schon weggewischt und neue Gesangbuchzahlen und auch die Zahlen von einem Bibelspruch, Kapitel und Vers, mit angeschrieben waren. Alles altmodisch und undeutlich, und nur so grade noch zu lesen. Und als sie nachschlugen, da fanden sie: ‚Du sollst deinen Toten in Ehren halten und ihn nicht schädigen an seinem Antlitz.' Und nun wußten sie, wer die Zahlen geschrieben, und nahmen den Stein auf und mauerten ihn in diesen Pfeiler."

„Ich finde doch", sagte Tante Marguerite, die, je schrecklicher sie sich vor Gespenstern fürchtete, desto lebhafter ihr Vorhandensein bestritt, „ich finde doch, die Regierung sollte mehr gegen den Aberglauben tun." Und dabei wandte sie sich ängstlich von dem unheimlichen Steinbild ab und ging mit Frau von Carayon, die, was Gespensterfurcht anging, mit dem Tantchen wetteifern konnte, wieder dem Ausgange zu. Schach folgte mit Victoire, der er den Arm gereicht hatte.

„War es wirklich ein Tempelritter?" fragte diese. „Meine Tempelritterkenntnis beschränkt sich freilich nur auf den *einen* im ‚Nathan', aber wenn unsere Bühne die Kostümfrage nicht zu willkürlich behandelt hat, so müssen die Tempelritter durchaus anders ausgesehen haben. Hab ich recht?"

„*Immer* recht, meine liebe Victoire." Und der Ton dieser Worte traf ihr Herz und zitterte darin nach, ohne daß sich Schach dessen bewußt gewesen wäre.

„Wohl. Aber wenn kein Templer, was *dann?*" fragte sie weiter und sah ihn zutraulich und doch verlegen an.

„Ein Reiteroberst aus der Zeit des Dreißigjährigen Krieges. Oder vielleicht auch erst aus den Tagen von Fehrbellin. Ich las sogar seinen Namen: Achim von Haake."

„So halten Sie die ganze Geschichte für ein Märchen?"

„Nicht eigentlich das, oder wenigstens nicht in allem. Es ist erwiesen, daß wir Templer in diesem Lande hatten, und die Kirche hier mit ihren vorgotischen Formen mag sehr wohl bis in jene Templertage zurückreichen. Soviel ist glaubhaft."

„Ich höre so gern von diesem Orden."

„Auch ich. Er ist von der strafenden Hand Gottes am schwersten heimgesucht worden und ebendeshalb auch der poetischste und interessanteste. Sie wissen, was ihm vorgeworfen wird: Götzendienst, Verleugnung Christi, Laster aller Art. Und ich fürchte, mit Recht. Aber groß wie seine Schuld, so groß war auch seine Sühne, ganz dessen zu geschweigen, daß auch hier wieder der unschuldig Überlebende die Schuld voraufgegangener Geschlechter zu büßen hatte. Das Los und Schicksal aller Erscheinungen, die sich, auch da noch, wo sie fehlen und irren, dem Alltäglichen entziehen. Und so sehen wir denn den schuldbeladenen Orden, all seiner Unrühmlichkeiten unerachtet, schließlich in einem wiedergewonnenen Glorienschein zugrunde gehen. Es war der Neid, der ihn tötete, der Neid und der Eigennutz, und schuldig oder nicht, mich überwältigt seine Größe."

Victoire lächelte. „Wer Sie so hörte, lieber Schach, könnte meinen, einen nachgeborenen Templer in Ihnen zu sehen. Und doch war es ein mönchischer Orden, und mönchisch war auch sein Gelübde. Hätten Sie's vermocht, als Templer zu leben und zu sterben?"

„Ja."

„Vielleicht verlockt durch das Kleid, das noch kleidsamer war als die Supraweste der Gensdarmes."

„Nicht durch das Kleid, Victoire. Sie verkennen mich. Glauben Sie mir, es lebt etwas in mir, das mich vor keinem Gelübde zurückschrecken läßt."

„Um es zu halten?"

Aber eh er noch antworten konnte, fuhr sie rasch in wieder scherzhafter werdendem Ton fort: „Ich glaube, Philippe le Bel hat den Orden auf dem Gewissen. Sonderbar, daß alle historischen Personen, die den Beinamen des *‚Schönen'* führen, mir unsympathisch sind. Und ich hoffe, nicht aus Neid. Aber die Schönheit, das muß wahr sein, macht selbstisch, und wer selbstisch ist, ist undankbar und treulos."

Schach suchte zu widerlegen. Er wußte, daß sich Victoirens Worte, sosehr sie Pikanterien und Andeutungen liebte, ganz unmöglich gegen *ihn* gerichtet haben konnten. Und darin traf er's auch. Es war alles nur jeu d'esprit, eine Nachgiebigkeit gegen ihren Hang zu philosophieren. Und doch, alles, was sie gesagt hatte, so gewiß es absichtslos gesagt worden war, so gewiß war es doch auch aus einer dunklen Ahnung heraus gesprochen worden.

Als ihr Streit schwieg, hatte man den Dorfeingang erreicht, und Schach hielt, um auf Frau von Carayon und Tante Marguerite, die sich beide versäumt hatten, zu warten.

Als sie heran waren, bot er der Frau von Carayon den Arm und führte *diese* bis an das Gasthaus zurück.

Victoire sah ihnen betroffen nach und sann nach über den

Tausch, den Schach mit keinem Worte der Entschuldigung begleitet hatte. ‚Was war das?‘ Und sie verfärbte sich, als sie sich, aus einem plötzlichen Argwohn heraus, die selbstgestellte Frage beantwortet hatte.

Von einem Wiederplatznehmen vor dem Gasthause war keine Rede mehr, und man gab es um so leichter und lieber auf, als es inzwischen kühl geworden und der Wind, der den ganzen Tag über geweht hatte, nach Nordwesten hin umgesprungen war.

Tante Marguerite bat sich den Rücksitz aus, „um nicht gegen dem Winde zu fahren“.

Niemand widersprach. So nahm sie denn den erbetenen Platz, und während jeder in Schweigen überdachte, was ihm der Nachmittag gebracht hatte, ging es in immer rascherer Fahrt wieder auf die Stadt zurück.

Diese lag schon in Dämmer, als man bis an den Abhang der Kreuzberghöhe gekommen war, und nur die beiden Gensdarmentürme ragten noch mit ihren Kuppeln aus dem graublauen Nebel empor.

Fünftes Kapitel

VICTOIRE VON CARAYON
AN LISETTE VON PERBANDT

Berlin, den 3. Mai. Ma chère Lisette.

Wie froh war ich, endlich von Dir zu hören, und so Gutes. Nicht als ob ich es anders erwartet hätte; wenige Männer hab ich kennengelernt, die mir so ganz eine Garantie des Glückes zu bieten scheinen wie der Deinige. Gesund, wohlwollend, anspruchslos, und von jenem schönen Wissens- und Bildungsmaß, das ein gleich gefährliches Zuviel und Zuwenig vermeidet. Wobei ein „Zuviel“ das vielleicht noch Gefährlichere ist. Denn junge Frauen sind nur zu geneigt, die Forderung zu stellen: „Du sollst keine andren Götter haben neben mir.“ Ich sehe das beinah täglich bei Rombergs, und Marie weiß es ihrem klugen und liebenswürdigen Gatten wenig Dank, daß er über Politik und französische Zeitungen die Visiten und Toiletten vergißt.

Was mir allein eine Sorge machte, war Deine neue masurische Heimat, ein Stück Land, das ich mir immer als einen einzigen großen Wald mit hundert Seen und Sümpfen vorgestellt habe. Da dacht ich denn, diese neue Heimat könne Dich leicht in ein melancholisches Träumen versetzen, das dann immer der Anfang zu Heimweh oder wohl gar zu Trauer und Tränen ist. Und davor, so hab ich mir sagen lassen, erschrecken die Männer. Aber ich sehe zu meiner herzlichen Freude, daß Du auch *dieser* Gefahr entgangen bist und daß die Birken, die Dein Schloß umstehn, grüne Pfingstmaien und keine Trauerbirken sind. Apropos, über das Birkenwasser mußt Du mir gelegentlich schreiben. Es gehört zu den Dingen, die mich immer neugierig gemacht haben und die kennenzulernen mir bis diesen Augenblick versagt geblieben ist.

Und nun soll ich Dir über *uns* berichten. Du frägst teilnehmend nach all und jedem und verlangst sogar von Tante Margueritens neuester Prinzessin und neuester Namensverwechslung zu hören. Ich könnte Dir gerade *davon* erzählen, denn es sind keine drei Tage her, daß wir (wenigstens von diesen Verwechslungen) ein gerüttelt und geschüttelt Maß gehabt haben.

Es war auf einer Spazierfahrt, die Herr von *Schach* mit uns machte, nach Tempelhof, und zu der auch das Tantchen aufgefordert werden mußte, weil es ihr Tag war. Du weißt, daß wir sie jeden Dienstag als Gast in unserm Hause sehn. Sie war denn auch mit uns in der „Kürche", wo sie, beim Anblick einiger Heiligenbilder aus der katholischen Zeit her, nicht nur beständig auf Ausrottung des Aberglaubens drang, sondern sich mit eben diesem Anliegen auch regelmäßig an Schach wandte, wie wenn dieser im Konsistorium säße. Und da leg ich denn (weil ich nun mal die Tugend oder Untugend habe, mir alles gleich leibhaftig vorzustellen) während des Schreibens die Feder hin, um mich erst herzlich auszulachen.

Au fond freilich ist es viel weniger lächerlich, als es im ersten Augenblick erscheint. Er hat etwas konsistorialrätlich Feierliches, und wenn mich nicht alles täuscht, so ist es gerade dies Feierliche, was Bülow so sehr gegen ihn einnimmt. Viel, viel mehr als der Unterschied der Meinungen.

Und beinah klingt es, als ob ich mich in meiner Schilderung Bülow anschlösse. Wirklich, wüßtest Du's nicht besser, Du würdest dieser Charakteristik unsres Freundes nicht entnehmen können, wie sehr ich ihn schätze. Ja, mehr denn je, trotzdem es an manchem Schmerzlichen nicht fehlt. Aber in meiner Lage lernt man milde sein, sich trösten, verzeihn. Hätt ich es *nicht* gelernt, wie könnt ich leben, *ich,* die ich so gern lebe! Eine Schwäche, die (wie ich einmal gelesen) alle diejenigen haben sollen, von denen man es am wenigsten begreift.

Aber ich sprach von manchem Schmerzlichen, und es drängt mich, Dir davon zu erzählen.

Es war erst gestern auf unserer Spazierfahrt. Als wir den Gang aus dem Dorf in die Kirche machten, führte Schach Mama. Nicht zufällig, es war arrangiert, und zwar durch *mich.* Ich ließ beide zurück, weil ich eine Aussprache (Du weißt, *welche*) zwischen beiden herbeiführen wollte. Solche stillen Abende, wo man über Feld schreitet und nichts hört als das Anschlagen der Abendglocke, heben uns über kleine Rücksichten fort und machen uns freier. Und sind wir erst das, so findet sich auch das rechte Wort. Was zwischen ihnen gesprochen wurde, weiß ich nicht, jedenfalls nicht *das,* was gesprochen werden sollte. Zuletzt traten wir in die Kirche, die vom Abendrot wie durchglüht war, alles gewann Leben, und es war unvergeßlich schön. Auf dem Heimwege tauschte Schach und führt *mich.* Er sprach sehr anziehend und in einem Tone, der mir ebenso wohltat, als er mich überraschte. Jedes Wort ist mir noch in der Erinnerung geblieben und gibt mir zu denken. Aber was geschah? Als wir wieder am Eingange des Dorfes waren, wurd er schweigsamer und wartete auf die Mama. Dann bot er *ihr* den Arm, und so gingen sie durch das Dorf nach dem Gasthause zurück, wo die Wagen hielten und viele Leute versammelt waren. Es gab mir einen Stich durchs Herz, denn ich konnte mich des Gedankens nicht erwehren, daß es ihm peinlich gewesen sei, mit *mir* und an meinem Arm unter den Gästen zu erscheinen. In seiner Eitelkeit, von der ich ihn nicht freisprechen kann, ist es ihm unmöglich, sich über das Gerede der Leute hinwegzusetzen, und ein spöttisches Lächeln verstimmt ihn auf eine Woche. So selbstbewußt er ist, so schwach und abhängig ist er in diesem *einen* Punkte. Vor niemandem in der Welt, auch vor der Mama nicht, würd ich ein solches Bekenntnis ablegen, aber *Dir* gegenüber mußt ich es. Hab ich unrecht, so sage mir, daß mein Unglück mich mißtrauisch gemacht habe, so halte mir eine Strafpredigt in allerstrengsten Worten, und sei versichert, daß ich sie mit dankbarem Auge lesen werde. Denn all seiner Eitelkeit unerachtet, schätz ich ihn wie keinen andern. Es ist ein Satz, daß Männer nicht eitel sein dürfen, weil Eitelkeit lächerlich mache. Mir scheint dies übertrieben. Ist aber der Satz dennoch richtig, so bedeutet Schach eine Ausnahme. Ich hasse das Wort „ritterlich" und habe doch kein anderes für ihn. *Eines* ist er vielleicht noch mehr, diskret, imponierend, oder doch voll natürlichen Ansehns, und sollte sich mir *das* erfüllen, was ich um der Mama und auch um meinetwillen wünsche, so würd es mir nicht schwer werden, mich in eine Respektsstellung zu ihm hineinzufinden.

Und dazu noch eins. Du hast ihn nie für sehr gescheit gehalten, und ich meinerseits habe nur schüchtern widersprochen. Er hat aber doch die beste Gescheitheit, die mittlere, dazu die des redlichen Mannes. Ich empfinde dies jedesmal, wenn er seine Fehde mit Bülow führt. Sosehr ihm dieser überlegen ist, sosehr steht er doch hinter ihm zurück. Dabei fällt mir mitunter auf, wie der Groll, der sich in unserm Freunde regt, ihm eine gewisse Schlagfertigkeit, ja selbst Esprit verleiht. Gestern hat er Sander, dessen Persönlichkeit Du kennst, den Bülowschen Sancho Pansa genannt. Die weiteren Schlußfolgerungen ergeben sich von selbst, und ich find es nicht übel. Sanders Publikationen machen mehr von sich reden denn je;

die Zeit unterstützt das Interesse für eine lediglich polemische Literatur. Außer von Bülow sind auch Aufsätze von Massenbach und Phull erschienen, die von den Eingeweihten als etwas Besonderes und nie Dagewesenes ausgepriesen werden. Alles richtet sich gegen Österreich und beweist aufs neue, daß, wer den Schaden hat, für den Spott nicht sorgen darf. Schach ist empört über dies anmaßliche Besserwissen, wie er's nennt, und wendet sich wieder seinen alten Liebhabereien zu, Kupferstichen und Rennpferden. Sein kleiner Groom wird immer kleiner. Was bei den Chinesinnen die kleinen Füße sind, sind bei den Grooms die kleinen Proportionen überhaupt. Ich meinerseits verhalte mich ablehnend gegen beide, ganz besonders aber gegen die chinesisch eingeschnürten Füßchen, und bin umgekehrt froh, in einem bequemen Pantoffel zu stecken. Führen, schwingen werd ich ihn nie; das überlasse ich meiner teuren Lisette. Tu es mit der Milde, die Dir eigen ist. Empfiehl mich Deinem teuren Manne, der nur den *einen* Fehler hat, Dich mir entführt zu haben. Mama grüßt und küßt ihren Liebling, ich aber lege Dir den Wunsch ans Herz, vergiß in der Fülle des Glücks, das Dir zuteil wurde, nicht *ganz* Deine, wie Du weißt, auf ein bloßes Pflichtteil des Glückes gesetzte

Victoire.

Sechstes Kapitel

BEI PRINZ LOUIS

An demselben Abend, an dem Victoire von Carayon ihren Brief an Lisette von Perbandt schrieb, empfing Schach in seiner in der Wilhelmstraße gelegenen Wohnung ein Einladungsbillett von der Hand des Prinzen Louis.

Es lautete:

„Lieber Schach. Ich bin erst seit drei Tagen hier im Moabiter Land und dürste bereits nach Besuch und Gespräch. Eine Viertelmeile von der Hauptstadt hat man schon die Hauptstadt nicht mehr und verlangt nach ihr. Darf ich für morgen auf Sie rechnen? Bülow und sein verlegerischer Anhang haben zugesagt, auch Massenbach und Phull. Also lauter Opposition, die mich erquickt, auch wenn ich sie bekämpfe. Von Ihrem Regiment werden Sie noch Nostitz und Alvensleben treffen. Im Interimsrock und um fünf Uhr. Ihr *Louis,* Prinz von Pr."

Um die festgesetzte Stunde fuhr Schach, nachdem er Alvensleben und Nostitz abgeholt hatte, vor der prinzlichen Villa vor. Diese lag am rechten Flußufer, umgeben von Wiesen und Werftweiden, und hatte die Front, über die Spree fort, auf die Westlisière des Tiergartens. Anfahrt und Aufgang waren von der Rückseite her. Eine breite, mit Teppich belegte Treppe führte bis auf ein Podium und von diesem auf einen Vorflur, auf dem die Gäste vom Prinzen empfangen wurden. Bülow und Sander waren bereits da, Massenbach und Phull dagegen hatten sich entschuldigen lassen. Schach war es zufrieden, fand schon Bülow mehr als genug und trug kein Verlangen, die Zahl der Genialitätsleute verstärkt zu sehen. Es war heller Tag noch, aber in dem Speisesaal, in den sie von dem Vestibül aus eintraten, brannten bereits die Lichter und waren (übrigens bei offenstehenden Fenstern) die Jalousien geschlossen. Zu diesem künstlich hergestellten Licht, in das sich von außen her ein Tagesschimmer mischte, stimmte das Feuer in dem in der Mitte des Saales befindlichen Kamine. Vor ebendiesem, ihm den Rücken zukehrend, saß der Prinz und sah, zwischen den offenstehenden Jalousiebrettchen hindurch, auf die Bäume des Tiergartens.

„Ich bitte fürliebzunehmen", begann er, als die Tafelrunde sich arrangiert hatte. „Wir sind hier auf dem Lande; das muß als Entschuldigung dienen für alles, was fehlt. ‚A la guerre, comme à la guerre.' Massenbach, unser Gourmet, muß übrigens etwas derart geahnt, respektive gefürchtet haben. Was mich auch nicht überraschen würde. Heißt es doch, lieber Sander, Ihr guter Tisch habe mehr noch als Ihr guter Verlag die Freundschaft zwischen Ihnen besiegelt."

„Ein Satz, dem ich kaum zu widersprechen wage, Königliche Hoheit."

„Und doch *müßten* Sie's eigentlich. Ihr ganzer Verlag hat

keine Spur von jenem ‚laisser passer', das das Vorrecht, ja die Pflicht aller gesättigten Leute ist. Ihre Genies (Pardon, Bülow) schreiben alle wie Hungrige. Meinetwegen. Unsere Paradeleute geb ich Ihnen preis, aber daß Sie mir auch die Österreicher so schlecht behandeln, das mißfällt mir."

„Bin *ich* es, Königliche Hoheit? Ich, für meine Person, habe nicht die Prätension höherer Strategie. Nebenher freilich möcht ich, sozusagen aus meinem Verlage heraus, die Frage stellen dürfen: ‚War Ulm etwas Kluges?'"

„Ach, mein lieber Sander, was ist klug? Wir Preußen bilden uns beständig ein, es zu sein; und wissen Sie, was Napoleon über unsere vorjährige thüringische Aufstellung gesagt hat? Nostitz, wiederholen Sie's! ... Er will nicht. Nun, so muß ich es selber tun. ‚Ah, ces Prussiens', hieß es, ‚ils sont encore *plus* stupides que les Autrichiens.' Da haben Sie Kritik über unsere vielgepriesene Klugheit, noch dazu Kritik von einer allerberufensten Seite her. Und hätt er's damit getroffen, so müßten wir uns schließlich zu dem Frieden noch beglückwünschen, den uns Haugwitz erschachert hat. Ja, erschachert, indem er für ein Mitbringsel unsere Ehre preisgab. Was sollen wir mit Hannover? Es ist der Brocken, an dem der preußische Adler ersticken wird."

„Ich habe zu der Schluck- und Verdauungskraft unseres preußischen Adlers ein besseres Vertrauen", erwiderte Bülow. „Gerade *das* kann er und versteht er von alten Zeiten her. Indessen *darüber* mag sich streiten lassen, worüber sich aber *nicht* streiten läßt, das ist der Friede, den uns Haugwitz gebracht hat. Wir brauchen ihn wie das tägliche Brot und mußten ihn haben, so lieb uns unser Leben ist. Königliche Hoheit haben freilich einen Haß gegen den armen Haugwitz, der mich insoweit überrascht, als dieser Lombard, der doch die Seele des Ganzen ist, von jeher Gnade vor Eurer Königlichen Hoheit Augen gefunden hat!"

„Ah, Lombard! Den Lombard nehm ich nicht ernsthaft und stell ihm außerdem noch in Rechnung, daß er ein halber Franzose ist. Dazu hat er eine Form des Witzes, die mich entwaffnet. Sie wissen doch, sein Vater war *Friseur* und seiner Frau Vater ein *Barbier*. Und nun kommt ebendiese Frau, die nicht nur eitel ist bis zum Närrischwerden, sondern auch noch schlechte französische Verse macht, und fragt ihn, was schöner sei: ‚L'hirondelle *frise* la surface des eaux' oder ‚l'hirondelle *rase* la surface des eaux?' Und was antwortet er? ‚Ich sehe keinen Unterschied, meine Teure; l'hirondelle *frise* huldigt *meinem* Vater, und l'hirondelle *rase* dem *deinigen*.' In diesem Bonmot haben Sie den ganzen Lombard. Was mich aber persönlich angeht, so bekenn ich Ihnen offen, daß ich einer so witzigen Selbstpersiflage nicht widerstehen kann. Er ist ein Polisson, kein Charakter."

„Vielleicht, daß sich ein gleiches auch von Haugwitz sagen ließe, zum Guten wie zum Schlimmen. Und wirklich, ich geb Eurer Königlichen Hoheit den *Mann* preis. Aber *nicht* seine Politik. Seine Politik ist gut, denn sie rechnet mit gegebenen Größen. Und Eure Königliche Hoheit wissen das besser als ich. Wie steht es denn in Wahrheit mit unseren Kräften? Wir leben von der Hand in den Mund, und warum? Weil der Staat Friedrichs des Großen nicht ein Land mit einer Armee, sondern eine Armee mit einem Lande ist. Unser Land ist nur Standquartier und Verpflegungsmagazin. In sich selber entbehrt es aller großen Ressourcen. Siegen wir, so geht es; aber Kriege führen dürfen nur solche Länder, die Niederlagen ertragen können. Das können wir *nicht*. Ist die Armee hin, so ist alles hin. Und wie schnell eine Armee hinsein kann, das hat uns Austerlitz gezeigt. Ein Hauch kann uns töten, gerad auch *uns*. ‚Er blies, und die Armada zerstob in alle vier Winde.' Afflavit Deus et dissipati sunt."

„Herr von Bülow", unterbrach hier Schach, „möge mir eine Bemerkung verzeihn. Er wird doch, denk ich, in dem Höllenbrodem, der jetzt über die Welt weht, nicht den Odem Gottes erkennen wollen, nicht *den*, der die Armada zerblies."

„*Doch*, Herr von Schach. Oder glauben Sie wirklich, daß der Odem Gottes im Spezialdienste des Protestantismus oder gar Preußens und seiner Armee steht?"

„Ich hoffe, ja."

„Und ich fürchte, *nein.* Wir haben die ‚propreste Armee', das ist alles. Aber mit der ‚Propretät' gewinnt man keine Schlachten. Erinnern sich Königliche Hoheit der Worte des großen Königs, als General Lehwald ihm seine dreimal geschlagenen Regimenter in Parade vorführte? ‚Propre Leute', hieß es. ‚Da seh er meine. Sehen aus wie die Grasdeibel, *aber beißen.*' Ich fürchte, wir haben jetzt zu viel Lehwaldsche Regimenter und zu wenig altenfritzige. Der Geist ist heraus, alles ist Dressur und Spielerei geworden. Gibt es doch Offiziere, die, der großen Prallheit und Drallheit halber, ihren Uniformrock direkt auf dem Leibe tragen. Alles Unnatur. Selbst das Marschierenkönnen, diese ganz gewöhnliche Fähigkeit des Menschen, die Beine zu setzen, ist uns in dem ewigen Paradeschritt verlorengegangen. Und Marschierenkönnen ist jetzt die erste Bedingung des Erfolges. Alle modernen Schlachten sind mit den Beinen gewonnen worden."

„Und mit *Gold*", unterbrach hier der Prinz. „Ihr großer Empereur, lieber Bülow, hat eine Vorliebe für kleine Mittel. Ja, für allerkleinste. Daß er lügt, ist sicher. Aber er ist auch ein Meister in der Kunst der Bestechung. Und wer hat uns die Augen darüber geöffnet? Er selber. Lesen Sie, was er unmittelbar vor der Austerlitzer Bataille sagte. ‚Soldaten', hieß es, ‚der Feind wird marschieren und unsere Flanke zu gewinnen suchen; bei dieser Marschbewegung aber wird er die seinige preisgeben. Wir werden uns auf diese seine Flanke werfen und ihn schlagen und vernichten.' Und genauso verlief die Schlacht. Es ist unmöglich, daß er aus der bloßen Aufstellung der Österreicher auch schon ihren Schlachtplan erraten haben könnte."

Man schwieg. Da dies Schweigen aber dem lebhaften Prinzen um vieles peinlicher war als Widerspruch, so wandt er sich direkt an Bülow und sagte: „Widerlegen Sie mich."

„Königliche Hoheit befehlen, und so gehorch ich denn. Der Kaiser wußte genau, was geschehen werde, *konnt* es wissen, weil er sich die Frage, ‚was tut hier die *Mittelmäßigkeit?*' in vorausberechnender Weise nicht bloß gestellt, sondern auch beantwortet hatte. Die höchste Dummheit, wie zuzugestehen ist, entzieht sich ebenso der Berechnung wie die höchste Klugheit – das ist eine von den großen Seiten der echten und unverfälschten Stupidität. Aber jene ‚Mittelklugen', die gerade klug genug sind, um von der Lust, ‚es auch einmal mit etwas Geistreichem zu probieren', angewandelt zu werden, diese Mittelklugen sind allemal am leichtesten zu berechnen. Und warum? Weil sie jederzeit nur die Mode mitmachen und heute kopieren, was sie gestern sahen. Und das alles wußte der Kaiser. Hic haeret. Er hat sich nie glänzender bewährt als in dieser Austerlitzer Aktion, auch im Nebensächlichen nicht, auch nicht in jenen Impromptus und witzigen Einfällen auf dem Gebiete des Grausigen, die so recht eigentlich das Kennzeichen des Genies sind."

„Ein Beispiel."

„Eins für hundert. Als das Zentrum schon durchbrochen war, hatte sich ein Teil der russischen Garde, vier Bataillone, nach ebensoviel gefrornen Teichen hin zurückgezogen, und eine französische Batterie fuhr auf, um mit Kartätschen in die Bataillone hineinzufeuern. In diesem Augenblick erschien der Empereur. Er überblickte sofort das Besondere der Lage. ‚Wozu hier ein Sichabmühen en détail?' Und er befahl, mit Vollkugeln auf das *Eis* zu schießen. Eine Minute später, und das Eis barst und brach, und alle vier Bataillone gingen en carré in die morastige Tiefe. Solche vom Moment eingegebenen Blitze hat nur immer das Genie. Die Russen werden sich jetzt vornehmen, es bei nächster Gelegenheit ebenso zu machen, aber wenn Kutusow auf Eis wartet, wird er plötzlich in Wasser oder Feuer stecken. Österreichisch-russische Tapferkeit in Ehren, nur nicht ihr Ingenium. Irgendwo heißt es: ‚In meinem Wolfstornister regt sich des Teufels Küster, ein *Kobold,* heißt Genie' – nun, in dem russisch-österreichischen Tornister ist dieser ‚Kobold und Teufelsküster' nie und nimmer zu Hause gewesen. Und um dies Manko zu kassieren, bedient man sich der alten, elenden Trostgründe: Bestechung und Verräterei.

Jedem Besiegten wird es schwer, den Grund seiner Niederlagen an der einzig richtigen Stelle, nämlich *in sich selbst* zu suchen, und auch Kaiser Alexander, mein ich, verzichtet auf ein solches Nachforschen am recht eigentlichsten Platz."

„Und wer wollt ihm darüber zürnen?" antwortete Schach. „Er tat das Seine, ja mehr. Als die Höhe schon verloren und doch andrerseits die Möglichkeit einer Wiederherstellung der Schlacht noch nicht geschwunden war, ging er klingenden Spiels an der Spitze neuer Regimenter vor; sein Pferd ward ihm unter dem Leibe erschossen, er bestieg ein zweites, und eine halbe Stunde lang schwankte die Schlacht. Wahre Wunder der Tapferkeit wurden verrichtet, und die Franzosen selbst haben es in enthusiastischen Ausdrücken anerkannt."

Der Prinz, der bei der vorjährigen Berliner Anwesenheit des unausgesetzt als deliciae generis humani gepriesenen Kaisers keinen allzu günstigen Eindruck von ihm empfangen hatte, fand es einigermaßen unbequem, den „liebenswürdigsten der Menschen" auch noch zum „heldischsten" erhoben zu sehen. Er lächelte deshalb und sagte: „Seine kaiserliche Majestät in Ehren, so scheint es mir doch, lieber Schach, als ob Sie französischen Zeitungsberichten mehr Gewicht beilegten, als ihnen beizulegen *ist*. Die Franzosen sind kluge Leute. Je mehr Rühmens sie von ihrem Gegner machen, desto größer wird ihr eigner Ruhm, und dabei schweig ich noch von allen möglichen politischen Gründen, die jetzt sicherlich mitsprechen. ‚Man soll seinem Feinde goldene Brücken bauen', sagt das Sprichwort, und sagt es mit Recht, denn wer heute mein Feind war, kann morgen mein Verbündeter sein. Und in der Tat, es spukt schon dergleichen, ja, wenn ich recht unterrichtet bin, so verhandelt man bereits über eine neue Teilung der Welt, will sagen über die Wiederherstellung eines morgenländischen und abendländischen Kaisertums. Aber lassen wir Dinge, die noch in der Luft schweben, und erklären wir uns das dem Heldenkaiser gespendete Lob lieber einfach aus dem Rechnungssatze: ‚Wenn der unterlegene russische Mut einen vollen Zentner wog, so wog der siegreiche französische natürlich *zwei*.'"

Schach, der seit Kaiser Alexanders Besuch in Berlin das Andreaskreuz trug, biß sich auf die Lippen und wollte replizieren. Aber Bülow kam ihm zuvor und bemerkte: „Gegen ‚unter dem Leibe erschossene Kaiserpferde' bin ich überhaupt immer mißtrauisch. Und nun gar hier. All diese Lobeserhebungen müssen Seine Majestät sehr in Verlegenheit gebracht haben, denn es gibt ihrer zu viele, die das Gegenteil bezeugen können. Er ist der ‚gute Kaiser', und damit basta."

„Sie sprechen das so spöttisch, Herr von Bülow", antwortete Schach. „Und doch frag ich Sie, gibt es einen schöneren Titel?"

„O gewiß gibt es den. Ein *wirklich* großer Mann wird nicht um seiner Güte willen gefeiert und noch weniger danach benannt. Er wird umgekehrt ein Gegenstand beständiger Verleumdungen sein. Denn das Gemeine, das überall vorherrscht, liebt nur das, was ihm gleicht. Brenkenhof, der trotz seiner Paradoxien mehr gelesen werden sollte, als er gelesen wird, behauptet geradezu, ‚daß in unserem Zeitalter die besten Menschen die schlechteste Reputation haben müßten'. Der gute Kaiser! Ich bitte Sie. Welche Augen wohl König Friedrich gemacht haben würde, wenn man ihn den ‚guten Friedrich' genannt hätte."

„Bravo, Bülow", sagte der Prinz und grüßte mit dem Glase hinüber. „Das ist mir aus der Seele gesprochen."

Aber es hätte dieses Zuspruches nicht bedurft. „Alle Könige", fuhr Bülow in wachsendem Eifer fort, „die den Beinamen des ‚guten' führen, sind solche, die das ihnen anvertraute Reich zu Grabe getragen oder doch bis an den Rand der Revolution gebracht haben. Der letzte König von Polen war auch ein sogenannter ‚guter'. In der Regel haben solche Fürstlichkeiten einen großen Harem und einen kleinen Verstand. Und geht es in den Krieg, so muß irgendeine Kleopatra mit ihnen, gleichviel ob mit oder ohne Schlange."

„Sie meinen doch nicht, Herr von Bülow," entgegnete Schach, „durch Auslassungen wie *diese* den Kaiser Alexander charakterisiert zu haben."

„Wenigstens annähernd.“

„Da wär ich doch neugierig.“

„Es ist zu diesem Behufe nur nötig, sich den letzten Besuch des Kaisers in Berlin und Potsdam zurückzurufen. Um was handelte sich's? Nun, anerkanntermaßen um nichts Kleines und Alltägliches, um Abschluß eines Bündnisses auf Leben und Tod, und wirklich, bei Fackellicht trat man in die Gruft Friedrichs des Großen, um sich, über dem Sarge desselben, eine halbmystische Blutsfreundschaft zuzuschwören. Und was geschah unmittelbar danach? Ehe drei Tage vorüber waren, wußte man, daß der aus der Gruft Friedrichs des Großen glücklich wieder ans Tageslicht gestiegene Kaiser die fünf anerkanntesten Beautés des Hofes in ebenso viele Schönheitskategorien gebracht habe: beauté coquette und beauté triviale, beauté céleste und beauté du diable, und endlich fünftens ‚beauté, qui inspire seul du vrai sentiment'. Wobei wohl jeden die Neugier angewandelt haben mag, das allerhöchste ‚vrai sentiment' kennenzulernen!“

Siebentes Kapitel

EIN NEUER GAST

All diese Sprünge hatten die Heiterkeit des Prinzen erregt, der denn auch eben mit einem ihm bequem liegenden Capriccio über beauté céleste und beauté du diable beginnen wollte, als er vom Korridor her, unter dem halb zurückgeschlagenen Portierenteppich, einen ihm wohlbekannten kleinen Herrn von unverkennbaren Künstlerallüren erscheinen und gleich danach eintreten sah.

„Ah, Dussek, das ist brav“, begrüßte ihn der Prinz. „Mieux vaut tard que jamais. Rücken Sie ein. Hier. Und nun bitt ich, alles, was an Süßigkeiten noch da ist, in den Bereich unsres Künstlerfreundes bringen zu wollen. Sie finden noch tutti quanti, lieber Dussek. Keine Einwendungen. Aber was trinken Sie? Sie haben die Wahl. Asti, Montefiascone, Tokaier.“

„Irgendeinen Ungar."
„Herben?"
Dussek lächelte.
„Törichte Frage", korrigierte sich der Prinz und fuhr in gesteigerter guter Laune fort: „Aber nun, Dussek, erzählen Sie. Theaterleute haben, die Tugend selber ausgenommen, allerlei Tugenden, und unter diesen auch die der Mitteilsamkeit. Sie bleiben einem auf die Frage ‚was Neues' selten eine Antwort schuldig."
„Und auch heute nicht, Königliche Hoheit", antwortete Dussek, der, nachdem er genippt hatte, eben sein Bärtchen putzte.
„Nun, so lassen Sie hören. Was schwimmt obenauf?"
„Die ganze Stadt ist in Aufregung. Versteht sich, wenn ich sage: ‚die ganze Stadt', so mein ich das Theater."
„Das Theater *ist* die Stadt. Sie sind also gerechtfertigt. Und nun weiter."
„Königliche Hoheit befehlen. Nun denn, wir sind in unserem Haupt und Führer empfindlich gekränkt worden und haben denn auch aus ebendiesem Grunde nicht viel weniger als eine kleine Theateremeute gehabt. *Das* also, hieß es, seien die neuen Zeiten, *das* sei das bürgerliche Regiment, *das* sei der Respekt vor den preußischen ‚belles lettres et beaux arts'. Eine ‚Huldigung der Künste' lasse man sich gefallen, aber eine Huldigung *gegen* die Künste, die sei so fern wie je."
„Lieber Dussek", unterbrach der Prinz, „Ihre Reflexionen in Ehren. Aber da Sie gerade von Kunst sprechen, so muß ich Sie bitten, die Kunst der Retardierung nicht übertreiben zu wollen. Wenn es also möglich ist, Tatsachen. Um was handelt es sich?"
„Iffland ist gescheitert. Er wird den Orden, von dem die Rede war, *nicht* erhalten."
Alles lachte, Sander am herzlichsten, und Nostitz skandierte: „Parturiunt montes, nascetur ridiculus mus."
Aber Dussek war in wirklicher Erregung, und diese wuchs noch unter der Heiterkeit seiner Zuhörer. Am meisten verdroß ihn Sander. „Sie lachen, Sander. Und doch trifft es in

diesem Kreise nur Sie und mich. Denn gegen wen anders ist die Spitze gerichtet als gegen das Bürgertum überhaupt?"
Der Prinz reichte dem Sprecher über den Tisch hin die Hand. „Recht, lieber Dussek. Ich liebe solch Eintreten. Erzählen Sie. Wie kam es?"
„Vor allem ganz unerwartet. Wie ein Blitz aus heitrem Himmel. Königliche Hoheit wissen, daß seit lange von einer Dekorierung die Rede war, und wir freuten uns, alles Künstlerneides vergessend, als ob wir den Orden mitempfangen und mittragen sollten. In der Tat, alles ließ sich gut an, und die ‚Weihe der Kraft', für deren Aufführung der Hof sich interessiert, sollte den Anstoß und zugleich die spezielle Gelegenheit geben. Iffland ist Maçon (auch das ließ uns hoffen), die Loge nahm es energisch in die Hand, und die Königin war gewonnen. Und nun *doch* gescheitert. Eine kleine Sache, werden Sie sagen; aber nein, meine Herren, es ist eine große Sache. Dergleichen ist immer der Strohhalm, an dem man sieht, woher der Wind weht. Und er weht bei uns nach wie vor von der alten Seite her. Chi va piano va sano, sagt das Sprichwort. Aber im Lande Preußen heißt es ‚pianissimo'."
„Gescheitert, sagten Sie, Dussek. Aber gescheitert woran?"
„An dem Einfluß der Hofgeneralität. Ich habe Rüchels Namen nennen hören. Er hat den Gelehrten gespielt und darauf hingewiesen, wie niedrig das Histrionentum immer und ewig in der Welt gestanden habe, mit alleiniger Ausnahme der neronischen Zeiten. Und *die* könnten doch kein Vorbild sein. Das half. Denn welcher allerchristlichste König will Nero sein oder auch nur seinen Namen hören. Und so wissen wir denn, daß die Sache vorläufig ad acta verwiesen ist. Die Königin ist chagriniert, und an diesem allerhöchsten Chagrin müssen wir uns vorläufig genügen lassen. Neue Zeit und alte Vorurteile."
„Lieber Kapellmeister", sagte Bülow, „ich sehe zu meinem Bedauern, daß Ihre Reflexionen Ihren Empfindungen weit voraus sind. Übrigens ist das das Allgemeine. Sie sprechen von Vorurteilen, in denen wir stecken, und stecken selber drin.

Sie, samt Ihrem ganzen Bürgertum, das keinen neuen freien Gesellschaftszustand schaffen, sondern sich nur eitel und eifersüchtig in die bevorzugten alten Klassen einreihen will. Aber damit schaffen Sie's nicht. An die Stelle der Eifersüchtelei, die jetzt das Herz unsres dritten Standes verzehrt, muß eine Gleichgültigkeit gegen alle diese Kindereien treten, die sich einfach überlebt haben. Wer Gespenster wirklich ignoriert, für den gibt es keine mehr, und wer Orden ignoriert, der arbeitet an ihrer Ausrottung. Und dadurch an Ausrottung einer wahren Epidemie ..."

„Wie Herr von Bülow umgekehrt an Errichtung eines neuen Königreichs Utopien arbeitet", unterbrach Sander. „Ich meinerseits nehme vorläufig an, daß die Krankheit, von der er spricht, in der Richtung von Osten nach Westen immer weiter wachsen, aber nicht umgekehrt in der Richtung von Westen nach Osten hin absterben wird. Im Geiste seh ich vielmehr immer neue Multiplikationen und das Erblühen einer Ordensflora mit vierundzwanzig Klassen wie das Linnésche System."

Alle traten auf die Seite Sanders, am entschiedensten der Prinz. Es müsse durchaus etwas in der menschlichen Natur stecken, das, wie beispielsweise der Hang zu Schmuck und Putz, sich auch zu *dieser* Form der Quincaillerie hingezogen fühle. „Ja", so fuhr er fort, „es gibt kaum einen Grad der Klugheit, der davor schützt. Sie werden doch alle Kalckreuth für einen klugen Mann halten, ja mehr, für einen Mann, der, wie wenige, von dem ‚Alles ist eitel' unseres Tuns und Trachtens durchdrungen sein muß. Und doch, als er den Roten Adler erhielt, während er den Schwarzen erwartet hatte, warf er ihn wütend ins Schubfach und schrie: ‚Da liege, bis du *schwarz* wirst.' Eine Farbenänderung, die sich denn auch mittlerweile vollzogen hat."

„Es ist mit Kalckreuth ein eigen Ding", erwiderte Bülow, „und offen gestanden, ein anderer unserer Generäle, der gesagt haben soll: ‚Ich gäbe den Schwarzen drum, wenn ich den Roten wieder los wäre', gefällt mir noch besser. Übrigens bin ich minder streng, als es den Anschein hat. Es gibt auch Auszeichnungen, die *nicht* als Auszeichnung ansehn zu wollen einfach Beschränktheit oder niedrige Gesinnung wäre. Admiral Sidney Smith, berühmter Verteidiger von St. Jean d'Acre und Verächter aller Orden, legte *doch* Wert auf ein Schaustück, das ihm der Bischof von Acre mit den Worten überreicht hatte: ‚Wir empfingen dieses Schaustück aus den Händen König Richards Cœur de Lion und geben es nach sechshundert Jahren einem seiner Landsleute zurück, der, heldenmütig wie er, unsere Stadt verteidigt hat.' Und ein Elender und Narr, setz ich hinzu, der sich einer *solchen* Auszeichnung *nicht* zu freuen versteht."

„Schätze mich glücklich, ein solches Wort aus Ihrem Munde zu hören", erwiderte der Prinz. „Es bestärkt mich in meinen Gefühlen für Sie, lieber Bülow, und ist mir, Pardon, ein neuer Beweis, daß der Teufel nicht halb so schwarz ist, als er gemalt wird."

Der Prinz wollte weitersprechen. Als aber in ebendiesem Augenblick einer der Diener an ihn herantrat und ihm zuflüsterte, daß der Rauchtisch arrangiert und der Kaffee serviert sei, hob er die Tafel auf und führte seine Gäste, während er Bülows Arm nahm, auf den an den Eßsaal angebauten Balkon. Eine große, blau und weiß gestreifte Markise, deren Ringe lustig im Winde klapperten, war schon vorher herabgelassen worden, und unter ihren weit niederhängenden Fransen hinweg sah man flußaufwärts auf die halb im Nebel liegenden Türme der Stadt, flußabwärts aber auf die Charlottenburger Parkbäume, hinter deren eben ergrünendem Gezweige die Sonne niederging. Jeder blickte schweigend in das anmutige Landschaftsbild hinaus, und erst als die Dämmerung angebrochen und eine hohe Sinumbralampe gebracht worden war, nahm man Platz und setzte die holländischen Pfeifen in Brand, unter denen jeder nach Gefallen wählte. Dussek allein, weil er die Musikpassion des Prinzen kannte, war phantasierend an dem im Eßsaale stehenden Flügel zurückgeblieben und sah nur, wenn er den Kopf zur Seite wandte, die jetzt wieder lebhafter plaudernden Tischgenossen und ebenso die Lichtfunken, die von Zeit zu Zeit aus ihren Tonpfeifen aufflogen.

Das Gespräch hatte das Ordensthema nicht wieder aufgenommen, wohl aber sich der ersten Veranlassung desselben, also Iffland und dem in Sicht stehenden neuen Schauspiele, zugewandt, bei welcher Gelegenheit Alvensleben bemerkte, „daß er einige der in den Text eingestreuten Gesangsstücke während dieser letzten Tage kennengelernt habe. Gemeinschaftlich mit Schach. Und zwar im Salon der liebenswürdigen Frau von Carayon und ihrer Tochter Victoire. Diese habe gesungen und Schach begleitet."

„Die Carayons", nahm der Prinz das Wort. „Ich höre keinen Namen jetzt öfter als *den*. Meine teure Freundin Pauline hat mir schon früher von beiden Damen erzählt, und neuerdings auch die Rahel. Alles vereinigt sich, mich neugierig zu machen und Anknüpfungen zu suchen, die sich, mein ich, unschwer werden finden lassen. Entsinn ich mich doch des schönen Fräuleins vom Massowschen Kinderballe her, der, nach Art aller Kinderbälle, des Vorzugs genoß, eine ganz besondere Schaustellung erwachsener und voll erblühter Schönheiten zu sein. Und wenn ich sage: ‚voll erblühter', so sag ich noch wenig. In der Tat, an keinem Ort und zu keiner Zeit hab ich je so schöne Dreißigerinnen auftreten sehen als auf Kinderbällen. Es ist, als ob die Nähe der bewußt oder unbewußt auf Umsturz sinnenden Jugend alles, was heute noch herrscht, doppelt und dreifach anspornte, sein Übergewicht geltend zu machen, ein Übergewicht, das vielleicht morgen schon nicht mehr vorhanden ist. Aber gleichviel, meine Herren, es wird sich ein für allemal sagen lassen, daß Kinderbälle nur für Erwachsene da sind, und dieser interessanten Erscheinung in ihren Ursachen nachzugehen, wäre so recht eigentlich ein Thema für unsren Gentz. Ihr philosophischer Freund Buchholtz, lieber Sander, ist mir zu solchem Spiele nicht graziös genug. Übrigens nichts für ungut; er ist Ihr Freund."

„Aber doch nicht so", lachte Sander, „daß ich nicht jeden

Augenblick bereit wäre, ihn Eurer Königlichen Hoheit zu opfern. Und wie mir bei dieser Gelegenheit gestattet sein mag, hinzuzusetzen, nicht bloß aus einem allerspeziellsten, sondern auch noch aus einem ganz allgemeinen Grunde. Denn wenn die Kinderbälle, nach Ansicht und Erfahrung Eurer Königlichen Hoheit, eigentlich am besten ohne Kinder bestehen, so die Freundschaften am besten ohne Freunde. Die Surrogate bedeuten überhaupt alles im Leben und sind recht eigentlich die letzte Weisheitsessenz."

„Es muß sehr gut mit Ihnen stehen, lieber Sander", entgegnete der Prinz, „daß Sie sich zu solchen Ungeheuerlichkeiten offen bekennen können. Mais revenons à notre belle Victoire. Sie war unter den jungen Damen, die durch lebende Bilder das Fest damals einleiteten, und stellte, wenn mich mein Gedächtnis nicht trügt, eine Hebe dar, die dem Zeus eine Schale reichte. Ja, so war es, und indem ich davon spreche, tritt mir das Bild wieder deutlich vor die Seele. Sie war kaum fünfzehn, und von jener Taille, die jeden Augenblick zu zerbrechen scheint. Aber sie zerbrechen nie. ‚Comme un ange', sagte der alte Graf Neale, der neben mir stand und mich durch eine Begeisterung langweilte, die mir einfach als eine Karikatur der meinigen erschien. Es wäre mir eine Freude, die Bekanntschaft der Damen erneuern zu können."

„Eure Königliche Hoheit würden das Fräulein Victoire nicht wiedererkennen", sagte Schach, dem der Ton, in dem der Prinz sprach, wenig angenehm war. „Gleich nach dem Massowschen Balle wurde sie von den Blattern befallen und nur wie durch ein Wunder gerettet. Ein gewisser Reiz der Erscheinung ist ihr freilich geblieben, aber es sind immer nur Momente, wo die seltene Liebenswürdigkeit ihrer Natur einen Schönheitsschleier über sie wirft und den Zauber ihrer früheren Tage wiederherzustellen scheint."

„Also restitutio in integrum", sagte Sander.

Alles lachte.

„Wenn Sie so wollen, ja", antwortete Schach in einem spitzen Tone, während er sich ironisch gegen Sander verbeugte.

Der Prinz bemerkte die Verstimmung und wollte sie coupieren. „Es hilft Ihnen nichts, lieber Schach. Sie sprechen, als ob Sie mich abschrecken wollten. Aber weit gefehlt. Ich bitte Sie, was ist Schönheit? Einer der allervagesten Begriffe. Muß ich Sie an die fünf Kategorien erinnern, die wir in erster Reihe Seiner Majestät dem Kaiser Alexander und in zweiter unsrem Freunde Bülow verdanken? *Alles ist schön* und *nichts.* Ich persönlich würde der Beauté du diable jederzeit den Vorzug geben, will also sagen einer Erscheinungsform, die sich mit der des ci-devant schönen Fräuleins von Carayon einigermaßen decken würde."

„Königliche Hoheit halten zu Gnaden", entgegnete Nostitz, „aber es bleibt mir doch zweifelhaft, ob Königliche Hoheit die Kennzeichen der Beauté du diable an Fräulein Victoire wahrnehmen würden. Das Fräulein hat einen witzig-elegischen Ton, was auf den ersten Blick als ein Widerspruch erscheint und doch keiner ist, unter allen Umständen aber als ihr charakteristischster Zug gelten kann. Meinen Sie nicht auch, Alvensleben?"

Alvensleben bestätigte.

Der Prinz indessen, der ein Sicheinbohren in Fragen über die Maßen liebte, fuhr, indem er sich dieser Neigung auch heute hingab, immer lebhafter werdend, fort: „‚Elegisch', sagen Sie, ‚witzig-elegisch'; ich wüßte nicht, was einer Beauté du diable besser anstehen könnte. Sie fassen den Begriff offenbar zu eng, meine Herren. Alles, was Ihnen dabei vorschwebt, ist nur eine Spielart der alleralltäglichsten Schönheitsform, der Beauté coquette: das Näschen ein wenig mehr gestupst, der Teint ein wenig dunkler, das Temperament ein wenig rascher, die Manieren ein wenig kühner und rücksichtsloser. Aber damit erschöpfen Sie die höhere Form der Beauté du diable keineswegs. Diese hat etwas Weltumfassendes, das über eine bloße Teint- und Rassenfrage weit hinausgeht. Ganz wie die katholische Kirche. Diese wie jene sind auf ein Innerliches gestellt, und das Innerliche, das in *unserer* Frage den Ausschlag gibt, heißt Energie, Feuer, Leidenschaft."

Nostitz und Sander lächelten und nickten.

„Ja, meine Herren, ich gehe weiter und wiederhole: ‚Was ist Schönheit?‘ Schönheit, bah! Es kann nicht nur auf die gewöhnlichen Schönheitsformen verzichtet werden, ihr Fehlen kann sogar einen allerdirektesten Vorzug bedeuten. In der Tat, lieber Schach, ich habe wunderbare Niederlagen und noch wunderbarere Siege gesehen. Es ist auch in der Liebe wie bei Morgarten und Sempach, die schönen Ritter werden geschlagen, und die häßlichen Bauern triumphieren. Glauben Sie mir, das Herz entscheidet, *nur* das Herz. Wer liebt, wer die Kraft der Liebe hat, ist auch liebenswürdig, und es wäre grausam, wenn es anders wäre. Gehen Sie die Reihe der eigenen Erfahrungen durch. Was ist alltäglicher, als eine schöne Frau durch eine nicht schöne Geliebte verdrängt zu sehen! Und nicht etwa nach dem Satze toujours perdrix. O nein, es hat dies viel tiefere Zusammenhänge. Das Langweiligste von der Welt ist die lymphatisch-phlegmatische Beauté, die Beauté par excellence. Sie kränkelt hier, sie kränkelt da, ich will nicht sagen immer und notwendig, aber doch in der Mehrzahl der Fälle, während meine Beauté du diable die Trägerin einer allervollkommensten Gesundheit ist, jener Gesundheit, die zuletzt alles bedeutet und gleichwertig ist mit höchstem Reiz. Und nun frag ich Sie, meine Herren, wer hätte mehr davon als *die* Natur, die durch die größten und gewaltigsten Läuterungsprozesse wie durch ein Fegefeuer gegangen ist? Ein paar Grübchen in der Wange sind das Reizendste von der Welt, das hat schon bei den Römern und Griechen gegolten, und ich bin nicht ungalant und unlogisch genug, um einer Grübchen-Vielheit einen Respekt und eine Huldigung zu versagen, die der Einheit oder dem Pärchen von alters her gebührt. Das paradoxe ‚Le laid c'est le beau‘ hat seine vollkommene Berechtigung, und es heißt nichts anderes, als daß sich hinter dem anscheinend Häßlichen eine höhere Form der Schönheit verbirgt. Wäre meine Pauline hier, wie sie's leider *nicht* ist, sie würde mir zustimmen, offen und nachdrücklich, ohne durch persönliche Schicksale kaptiviert zu sein.“

Der Prinz schwieg. Es war ersichtlich, daß er auf einen allseitigen Ausdruck des Bedauerns wartete, Frau Pauline, die gelegentlich die Honneurs des Hauses machte, heute *nicht* anwesend zu sehen. Als aber niemand das Schweigen brach, fuhr er fort: „Es fehlen uns die Frauen, und damit dem Wein und unserm Leben der Schaum. Ich nehme meinen Wunsch wieder auf und wiederhole, daß es mich glücklich machen würde, die Carayonschen Damen in dem Salon meiner Freundin empfangen zu dürfen. Ich zähle darauf, daß diejenigen Herren, die dem Kreise der Frau von Carayon angehören, sich zum Interpreten meiner Wünsche machen. Sie, Schach, oder auch Sie, lieber Alvensleben."

Beide verneigten sich.

„Alles in allem wird es das beste sein, meine Freundin Pauline nimmt es persönlich in die Hand. Ich denke, sie wird den Carayonschen Damen einen ersten Besuch machen, und ich sehe Stunden eines angeregtesten geistigen Austausches entgegen."

Die peinliche Stille, womit auch diese Schlußworte hingenommen wurden, würde noch fühlbarer gewesen sein, wenn nicht Dussek in ebendiesem Moment auf den Balkon hinausgetreten wäre. „Wie schön", rief er und wies mit der Hand auf den westlichen, bis hoch hinauf in einem glühgelben Lichte stehenden Horizont.

Alle waren mit ihm an die Brüstung des Balkons getreten und sahen flußabwärts in den Abendhimmel hinein. Vor dem gelben Lichtstreifen standen schwarz und schweigend die hohen Pappeln, und selbst die Schloßkuppel wirkte nur noch als Schattenriß.

Einen jeden der Gäste berührte diese Schönheit. Am schönsten aber war der Anblick zahlloser Schwäne, die, während man in den Abendhimmel sah, vom Charlottenburger Park her in langer Reihe herankamen. Andere lagen schon in Front. Es war ersichtlich, daß die ganze Flottille durch irgendwas bis in die Nähe der Villa gelockt sein mußte, denn sobald sie die Höhe derselben erreicht hatte, schwenkten sie wie militärisch ein und verlängerten die Front derer, die hier schon still und regungslos und die Schnäbel unter dem Gefieder verborgen wie vor Anker lagen. Nur das Rohr bewegte sich leise in ihrem Rücken. So verging eine geraume Zeit. Endlich aber erschien einer in unmittelbarer Nähe des Balkons und reckte den Hals, als ob er etwas sagen wollte.

„Wem gilt es?" fragte Sander. „Dem Prinzen oder Dussek oder der Sinumbralampe?"

„Natürlich dem Prinzen", antwortete Dussek.

„Und warum?"

„Weil er nicht bloß Prinz ist, sondern auch Dussek und ‚sine umbra'."

Alles lachte (der Prinz mit), während Sander allerförmlichst zum „Hofkapellmeister" gratulierte. „Und wenn unser Freund", so schloß er, „in Zukunft wieder Strohhalme sammelt, um an ihnen zu sehen, ‚woher der Wind weht', so wird der Wind ihm allemal aus dem Lande geheiligter Traditionen und nicht mehr aus dem Lande der Vorurteile zu kommen scheinen."

Als Sander noch so sprach, setzte sich die Schwanenflottille, die wohl durch die Dusseksche Musik herbeigelockt sein mußte, wieder in Bewegung und segelte flußabwärts, wie sie bis dahin flußaufwärts gekommen war. Nur der Schwan, der den Obmann gemacht, erschien noch einmal, als ob er seinen Dank wiederholen und sich in zeremoniellster Weise verabschieden wolle.

Dann aber nahm auch *er* die Mitte des Flusses und folgte den übrigen, deren Tete schon unter dem Schatten der Parkbäume verschwunden war.

Achtes Kapitel

SCHACH UND VICTOIRE

Es war kurz nach diesem Diner beim Prinzen, daß in Berlin bekannt wurde, der König werde noch vor Schluß der Woche von Potsdam herüberkommen, um auf dem Tempelhofer Felde eine große Revue zu halten. Die Nachricht davon weckte diesmal ein mehr als gewöhnliches Interesse, weil die gesamte Bevölkerung nicht nur dem Frieden mißtraute, den Haugwitz mit heimgebracht hatte, sondern auch mehr und mehr der Überzeugung lebte, daß im letzten immer nur unsere eigene Kraft auch unsere Sicherheit beziehungsweise unsere Rettung sein werde. Welch andere Kraft aber hatten wir als die Armee, die Armee, die, was Erscheinung und Schulung anging, immer noch die friderizianische war.

In solcher Stimmung sah man dem Revuetage, der ein Sonnabend war, entgegen.

Das Bild, das die Stadt vom frühen Morgen an darbot, entsprach der Aufregung, die herrschte. Tausende strömten hinaus und bedeckten vom Halleschen Tore an die bergansteigende Straße, zu deren beiden Seiten sich die „Knapphänse“, diese bekannten Zivilmarketender, mit ihren Körben und Flaschen etabliert hatten. Bald danach erschienen auch die Equipagen der vornehmen Welt, unter diesen die Schachs, die für den heutigen Tag den Carayonschen Damen zur Disposition gestellt worden war. Im selben Wagen mit ihnen befand sich ein alter Herr von der Recke, früher Offizier, der, als naher Anverwandter Schachs, die Honneurs und zugleich den militärischen Interpreten machte. Frau von Carayon trug ein stahlgraues Seidenkleid und eine Mantille von gleicher Farbe, während von Victoirens breitrandigem Italienerhut ein blauer Schleier im Winde flatterte. Neben dem Kutscher saß der Groom und erfreute sich der Huld beider Damen, ganz besonders auch der ziemlich willkürlich akzentuierten englischen Worte, die Victoire von Zeit zu Zeit an ihn richtete.

Für elf Uhr war das Eintreffen des Königs angemeldet worden, aber lange vorher schon erschienen die zur Revue befohlenen, altberühmten Infanterieregimenter Alt-Larisch, von Arnim und Möllendorff, ihre Janitscharenmusik vorauf. Ihnen folgte die Kavallerie: Garde du Corps, Gensdarmes und Leibhusaren, bis ganz zuletzt in einer immer dicker werdenden Staubwolke die Sechs- und Zwölfpfünder heranrasselten und

-klapperten, die zum Teil schon bei Prag und Leuthen und neuerdings wieder bei Valmy und Pirmasens gedonnert hatten. Enthusiastischer Jubel begleitete den Anmarsch, und wahrlich, wer sie so heranziehen sah, dem mußte das Herz in patriotisch-stolzer Erregung höher schlagen. Auch die Carayons teilten das allgemeine Gefühl und nahmen es als bloße Verstimmung oder Altersängstlichkeit, als der alte Herr von der Recke sich vorbog und mit bewegter Stimme sagte: „Prägen wir uns diesen Anblick ein, meine Damen. Denn, glauben Sie der Vorahnung eines alten Mannes, wir werden diese Pracht nicht wiedersehen. Es ist die Abschiedsrevue der friderizianischen Armee."

Victoire hatte sich auf dem Tempelhofer Felde leicht erkältet und blieb in ihrer Wohnung zurück, als die Mama gegen Abend ins Schauspiel fuhr, ein Vergnügen, das sie jederzeit geliebt hatte, zu keiner Zeit aber mehr als damals, wo sich zu der künstlerischen Anregung auch noch etwas von wohltuender politischer Emotion gesellte. „Wallenstein", die „Jungfrau", „Tell" erschienen gelegentlich, am häufigsten aber Holbergs „Politischer Zinngießer", der, wie Publikum und Direktion gemeinschaftlich fühlen mochten, um ein erhebliches besser als die Schillersche Muse zu lärmenden Demonstrationen geeignet war.

Victoire war allein. Ihr tat die Ruhe wohl, und in einen türkischen Schal gehüllt, lag sie träumend auf dem Sofa, vor ihr ein Brief, den sie kurz vor ihrer Vormittagsausfahrt empfangen und in jenem Augenblicke nur flüchtig gelesen hatte. Desto langsamer und aufmerksamer freilich, als sie von der Revue wieder zurückgekommen war.

Es war ein Brief von Lisette.

Sie nahm ihn auch jetzt wieder zur Hand und las eine Stelle, die sie schon vorher mit einem Bleistiftstrich bezeichnet hatte: „... Du mußt wissen, meine liebe Victoire, daß ich, Pardon für dies offene Geständnis, mancher Äußerung in Deinem letzten Briefe keinen vollen Glauben schenke. Du suchst Dich und mich zu täuschen, wenn Du schreibst, daß Du Dich in ein Respektsverhältnis zu S. hineindenkst. Er würde selber lächeln, wenn er davon hörte. Daß Du Dich plötzlich so verletzt fühlen, ja, verzeihe, so pikiert werden konntest, als er den Arm Deiner Mama nahm, verrät Dich und gibt mir allerlei zu denken, wie denn auch andres noch, was Du speziell in dieser Veranlassung schreibst. Ich lerne Dich plötzlich von einer Seite kennen, von der ich Dich noch nicht kannte, von der argwöhnischen nämlich. Und nun, meine teure Victoire, habe ein freundliches Ohr für das, was ich Dir in bezug auf diesen wichtigen Punkt zu sagen habe. Bin ich doch die ältere. Du darfst Dich ein für allemal nicht in ein Mißtrauen gegen Personen hineinleben, die durchaus den entgegengesetzten Anspruch erheben dürfen. Und zu diesen Personen, mein ich, gehört Schach. Ich finde, je mehr ich den Fall überlege, daß Du ganz einfach vor einer Alternative stehst und entweder Deine gute Meinung über S. oder aber Dein Mißtrauen *gegen* ihn fallenlassen mußt. Er sei Kavalier, schreibst Du mir, ‚ja, das Ritterliche', fügst Du hinzu, ‚sei so recht eigentlich seine Natur', und im selben Augenblicke, wo Du dies schreibst, bezichtigt ihn Dein Argwohn einer Handlungsweise, die, träfe sie zu, das Unritterlichste von der Welt sein würde. Solche Widersprüche gibt es nicht. Man ist entweder ein Mann von Ehre, oder man ist es nicht. Im übrigen, meine teure Victoire, sei gutes Mutes und halte Dich ein für allemal versichert, *Dir lügt der Spiegel.* Es ist nur *eines,* um dessentwillen wir Frauen leben, wir leben, um uns ein Herz zu gewinnen, aber *wodurch* wir es gewinnen, ist gleichgültig."

Victoire faltete das Blatt wieder zusammen. ‚Es rät und tröstet sich leicht aus einem vollen Besitz heraus; sie hat alles, und nun ist sie großmütig. Arme Worte, die von des Reichen Tische fallen.'

Und sie bedeckte beide Augen mit ihren Händen.

In diesem Augenblick hörte sie die Klingel gehen und gleich danach ein zweites Mal, ohne daß jemand von der Dienerschaft gekommen wäre. Hatten es Beate und der alte Jannasch überhört? Oder waren sie fort? Eine Neugier überkam sie. Sie ging also leise bis an die Tür und sah auf den Vorflur hinaus. Es war Schach. Einen Augenblick schwankte sie, was zu tun sei, dann aber öffnete sie die Glastür und bat ihn einzutreten.

„Sie klingelten so leise. Beate wird es überhört haben."

„Ich komme nur, um nach dem Befinden der Damen zu fragen. Es war ein prächtiges Paradewetter, kühl und sonnig, aber der Wind ging doch ziemlich scharf . . ."

„Und Sie sehen mich unter seinen Opfern. Ich fiebre, nicht gerade heftig, aber wenigstens *so,* daß ich das Theater aufgeben mußte. Der Schal (in den ich bitte mich wieder einwickeln zu dürfen) und diese Tisane, von der Beate wahre Wunder erwartet, werden mir wahrscheinlich zuträglicher sein als ‚Wallensteins Tod'. Mama wollte mir anfänglich Gesellschaft leisten. Aber Sie kennen ihre Passion für alles, was Schauspiel heißt, und so hab ich sie fortgeschickt. Freilich auch aus Selbstsucht; denn daß ich es gestehe, mich verlangte nach Ruhe."

„Die nun mein Erscheinen *doch* wiederum stört. Aber nicht auf lange, nur gerade lange genug, um mich eines Auftrags zu entledigen, einer Anfrage, mit der ich übrigens leicht möglicherweise zu spät komme, wenn Alvensleben schon gesprochen haben sollte."

„Was ich nicht glaube, vorausgesetzt, daß es nicht Dinge sind, die Mama für gut befunden hat, selbst vor mir als Geheimnis zu behandeln."

„Ein sehr unwahrscheinlicher Fall. Denn es ist ein Auftrag, der sich an Mutter und Tochter gleichzeitig richtet. Wir hatten ein Diner beim Prinzen, cercle intime, zuletzt natürlich auch Dussek. Er sprach vom Theater (von was anderem sollt er?) und brachte sogar Bülow zum Schweigen, was vielleicht eine Tat war."

„Aber Sie medisieren ja, lieber Schach."

„Ich verkehre lange genug im Salon der Frau von Carayon, um wenigstens in den Elementen dieser Kunst unterrichtet zu sein."

„Immer schlimmer, immer größere Ketzereien. Ich werde Sie vor das Großinquisitoriat der Mama bringen. Und wenigstens der Tortur einer Sittenpredigt sollen Sie nicht entgehen."

„Ich wüßte keine liebere Strafe."

„Sie nehmen es zu leicht ... Aber nun der Prinz ..."

„Er will Sie sehen, *beide,* Mutter und Tochter. Frau Pauline, die, wie Sie vielleicht wissen, den Zirkel des Prinzen macht, soll Ihnen eine Einladung überbringen."

„Der zu gehorchen Mutter und Tochter sich zu besonderer Ehre rechnen werden."

„Was mich nicht wenig überrascht. Und Sie können, meine teure Victoire, dies kaum im Ernste gesprochen haben. Der Prinz ist mir ein gnädiger Herr, und ich lieb ihn de tout mon cœur. Es bedarf keiner Worte darüber. Aber er ist ein Licht mit einem reichlichen Schatten, oder, wenn Sie mir den Vergleich gestatten wollen, ein Licht, das mit einem Räuber brennt. Alles in allem, er hat den zweifelhaften Vorzug so vieler Fürstlichkeiten, in Kriegs- und in Liebesabenteuern gleich hervorragend zu sein, oder, es noch runder herauszusagen, er ist abwechselnd ein Helden- und ein Debauchenprinz. Dabei grundsatzlos und rücksichtslos, sogar ohne Rücksicht auf den Schein. Was vielleicht das allerschlimmste ist. Sie kennen seine Beziehungen zu Frau Pauline?"

„Ja."

„Und ..."

„Ich billige sie nicht. Aber sie nicht billigen ist etwas anderes als sie verurteilen. Mama hat mich gelehrt, mich über derlei Dinge nicht zu kümmern und zu grämen. Und hat sie nicht recht? Ich frage Sie, lieber Schach, was würd aus uns, ganz speziell aus uns zwei Frauen, wenn wir uns innerhalb unserer Umgangs- und Gesellschaftssphäre zu Sittenrichtern aufwerfen und Männlein und Weiblein auf die Korrektheit ihres Wandels hin prüfen wollten? Etwa durch eine Wasser- und Feuerprobe. Die Gesellschaft ist souverän. Was sie gelten läßt, gilt, was sie verwirft, ist verwerflich. Außerdem liegt hier alles exzeptionell. Der Prinz ist ein Prinz, Frau von Carayon ist eine Witwe, und ich ... bin ich."

„Und bei diesem Entscheide soll es bleiben, Victoire?"

„Ja. Die Götter balancieren. Und wie mir Lisette Perbandt eben schreibt: ‚Wem genommen wird, dem wird auch gegeben.' In meinem Falle liegt der Tausch etwas schmerzlich, und ich wünschte wohl, ihn nicht gemacht zu haben. Aber andrerseits geh ich nicht blind an dem eingetauschten Guten vorüber und freue mich meiner Freiheit. Wovor andre meines Alters und Geschlechts erschrecken, das darf ich. An dem Abend bei Massows, wo man mir zuerst huldigte, war ich, ohne mir dessen bewußt zu sein, eine Sklavin. Oder doch abhängig von hundert Dingen. Jetzt bin ich frei."

Schach sah verwundert auf die Sprecherin. Manches, was der Prinz über sie gesagt hatte, ging ihm durch den Kopf. Waren das Überzeugungen oder Einfälle? War es Fieber? Ihre Wangen hatten sich gerötet, und ein aufblitzendes Feuer in ihrem Auge traf ihn mit dem Ausdruck einer trotzigen Entschlossenheit. Er versuchte jedoch, sich in den leichten Ton, in dem ihr Gespräch begonnen hatte, zurückzufinden, und sagte: „Meine teure Victoire scherzt. Ich möchte wetten, es ist ein Band Rousseau, was da vor ihr liegt, und ihre Phantasie geht mit dem Dichter."

„Nein, es ist nicht Rousseau. Es ist ein anderer, der mich *mehr* interessiert."

„Und *wer*, wenn ich neugierig sein darf?"

„Mirabeau."

„Und warum *mehr*?"

„Weil er mir nähersteht. Und das Allerpersönlichste bestimmt immer unser Urteil. Oder doch fast immer. Er ist mein Gefährte, mein spezieller Leidensgenoß. Unter Schmeicheleien wuchs er auf. ‚Ah, das schöne Kind', hieß es tagein, tagaus. Und dann eines Tags war alles hin, hin wie ... wie ..."

„Nein, Victoire, Sie sollen das Wort nicht aussprechen."

„Ich *will* es aber und würde den Namen meines Gefährten und Leidensgenossen zu meinem *eigenen* machen, wenn ich es

könnte. Victoire *Mirabeau* de Carayon, oder sagen wir Mirabelle de Carayon, das klingt schön und ungezwungen, und wenn ich's recht übersetze, so heißt es ‚Wunderhold'."
Und dabei lachte sie voll Übermut und Bitterkeit. Aber die Bitterkeit klang vor.
„Sie dürfen *so* nicht lachen, Victoire, nicht so. Das kleidet Ihnen nicht, das verhäßlicht Sie. Ja, werfen Sie nur die Lippen – *verhäßlicht* Sie. Der Prinz hatte doch recht, als er enthusiastisch von Ihnen sprach. Armes Gesetz der Form und der Farbe. Was allein gilt, ist das ewig Eine, daß sich die Seele den Körper schafft oder ihn durchleuchtet und verklärt."
Victoirens Lippen flogen, ihre Sicherheit verließ sie, und ein Frost schüttelte sie. Sie zog den Schal höher hinauf, und Schach nahm ihre Hand, die eiskalt war, denn alles Blut drängte nach ihrem Herzen.
„Victoire, Sie tun sich unrecht; Sie wüten nutzlos gegen sich selbst und sind um nichts besser als der Schwarzseher, der nach allem Trüben sucht und an Gottes hellem Sonnenlicht vorübersieht. Ich beschwöre Sie, fassen Sie sich und glauben Sie wieder an Ihr Anrecht auf Leben und Liebe. War ich denn blind? In dem bittren Wort, in dem Sie sich demütigen wollten, in ebendiesem Worte haben Sie's getroffen, ein für allemal. Alles ist Märchen und Wunder an Ihnen; ja Mirabelle, ja Wunderhold!"
Ach, das waren die Worte, nach denen ihr Herz gebangt hatte, während es sich in Trotz zu wappnen suchte.
Und nun hörte sie sie willenlos und schwieg in einer süßen Betäubung.

Die Zimmeruhr schlug neun, und die Turmuhr draußen antwortete. Victoire, die den Schlägen gefolgt war, strich das Haar zurück und trat ans Fenster und sah auf die Straße.
„Was erregt dich?"
„Ich meinte, daß ich den Wagen gehört hätte."
„Du hörst zu fein."

Aber sie schüttelte den Kopf, und im selben Augenblick fuhr der Wagen der Frau von Carayon vor.
„Verlassen Sie mich ... Bitte."
„Bis auf morgen."
Und ohne zu wissen, ob es ihm glücken werde, der Begegnung mit Frau von Carayon auszuweichen, empfahl er sich rasch und huschte durch Vorzimmer und Korridor.
Alles war still und dunkel unten, und nur von der Mitte des Hausflurs her fiel ein Lichtschimmer bis in die Nähe der obersten Stufen. Aber das Glück war ihm hold. Ein breiter Pfeiler, der bis dicht an die Treppenbrüstung vorsprang, teilte den schmalen Vorflur in zwei Hälften, und hinter diesen Pfeiler trat er und wartete.
Victoire stand in der Glastür und empfing die Mama.
„Du kommst so früh. Ach, und wie hab ich dich erwartet!"
Schach hörte jedes Wort. ‚Erst die Schuld und dann die Lüge', klang es in ihm. ‚Das alte Lied.'
Aber die Spitze seiner Worte richtete sich gegen ihn und nicht gegen Victoire.
Dann trat er aus seinem Versteck hervor und schritt rasch und geräuschlos die Treppe hinunter.

Neuntes Kapitel

SCHACH ZIEHT SICH ZURÜCK

„Bis auf morgen", war Schachs Abschiedswort gewesen, aber er kam nicht. Auch am zweiten und dritten Tage nicht. Victoire suchte sich's zurechtzulegen, und wenn es nicht glücken wollte, nahm sie Lisettens Brief und las immer wieder die Stelle, die sie längst auswendig wußte. „Du darfst Dich, ein für allemal, nicht in ein Mißtrauen gegen Personen hineinleben, die durchaus den entgegengesetzten Anspruch erheben dürfen. Und zu diesen Personen, mein ich, gehört Schach. Ich finde, je mehr ich den Fall überlege, daß Du ganz einfach vor einer Alternative stehst und entweder Deine gute Meinung über S. oder aber Dein Mißtrauen gegen ihn fallenlassen mußt." Ja, Lisette hatte recht, und doch blieb ihr eine Furcht im Gemüte. „Wenn doch alles nur ..." Und es übergoß sie mit Blut.

Endlich am vierten Tage kam er. Aber es traf sich, daß sie kurz vorher in die Stadt gegangen war. Als sie zurückkehrte, hörte sie von seinem Besuch; er sei sehr liebenswürdig gewesen, habe zwei-, dreimal nach ihr gefragt und ein Bukett für sie zurückgelassen. Es waren Veilchen und Rosen, die das Zimmer mit ihrem Dufte füllten. Victoire, während ihr die Mama von dem Besuche vorplauderte, bemühte sich, einen leichten und übermütigen Ton anzuschlagen, aber ihr Herz war zu voll von widerstreitenden Gefühlen, und sie zog sich zurück, um sich in zugleich glücklichen und bangen Tränen auszuweinen.

Inzwischen war der Tag herangekommen, wo „Die Weihe der Kraft" gegeben werden sollte. Schach schickte seinen Diener und ließ anfragen, ob die Damen der Vorstellung beizuwohnen gedächten? Es war eine bloße Form, denn er wußte, daß es so sein werde.

Im Theater waren alle Plätze besetzt. Schach saß den Carayons gegenüber und grüßte mit großer Artigkeit. Aber bei diesem Gruße blieb es, und er kam nicht in ihre Loge hinüber, eine Zurückhaltung, über die Frau von Carayon kaum weniger betroffen war als Victoire. Der Streit indessen, den das hinsichtlich des Stücks in zwei Lager geteilte Publikum führte, war so heftig und aufregend, daß beide Damen ebenfalls mit hingerissen wurden und momentan wenigstens alles Persönliche vergaßen. Erst auf dem Heimweg kehrte die Verwunderung über Schachs Benehmen zurück.

Am andern Vormittage ließ er sich melden. Frau von Carayon war erfreut, Victoire jedoch, die schärfer sah, empfand ein tiefes Unbehagen. Er hatte ganz ersichtlich diesen Tag abgewartet, um einen bequemen Plauderstoff zu haben und mit Hilfe desselben über die Peinlichkeit eines ersten Wiedersehens mit ihr leichter hinwegzukommen. Er küßte der Frau von Carayon die Hand und wandte sich dann gegen Victoiren, um dieser sein Bedauern auszusprechen, sie bei seinem letzten Besuche verfehlt zu haben. Man entfremde sich fast, anstatt sich fester anzugehören. Er sprach dies so, daß ihr ein Zweifel blieb, ob er es mit tieferer Bedeutung oder aus bloßer Verlegenheit gesagt habe. Sie sann darüber nach, aber ehe sie zum Abschluß kommen konnte, wandte sich das Gespräch dem Stücke zu.

„Wie finden Sie's?" fragte Frau von Carayon.

„Ich liebe nicht Komödien", antwortete Schach, „die fünf Stunden spielen. Ich wünsche Vergnügen oder Erholung im Theater, aber keine Strapaze."

„Zugestanden. Aber dies ist etwas Äußerliches und beiläufig ein Mißstand, dem ehestens abgeholfen sein wird. Iffland selbst ist mit erheblichen Kürzungen einverstanden. Ich will Ihr Urteil über das Stück."

„Es hat mich *nicht* befriedigt."

„Und warum nicht?"

„Weil es alles auf den Kopf stellt. *Solchen* Luther hat es Gott sei Dank nie gegeben, und wenn ein solcher je käme, so würd er uns einfach dahin zurückführen, von wo der echte Luther uns seinerzeit wegführte. Jede Zeile widerstreitet dem Geist und Jahrhundert der Reformation; alles ist Jesuitismus oder Mystizismus und treibt ein unerlaubtes und beinah kindisches Spiel mit Wahrheit und Geschichte. Nichts paßt. Ich wurde beständig an das Bild Albrecht Dürers erinnert, wo Pilatus mit Pistolenhalftern reitet, oder an ein ebenso bekanntes Altarblatt in Soest, wo statt des Osterlamms ein westfälischer Schinken in der Schüssel liegt. In diesem seinwollenden Lutherstück aber liegt ein allerpfäffischster Pfaff in der Schüssel. Es ist ein Anachronismus von Anfang bis Ende."

„Gut. Das ist Luther. Aber, ich wiederhole, das *Stück*?"

„Luther ist das Stück. Das andre bedeutet nichts. Oder soll ich mich für Katharina von Bora begeistern, für eine Nonne, die schließlich keine war?"

Victoire senkte den Blick, und ihre Hand zitterte. Schach sah es, und über seinen Faux pas erschreckend, sprach er jetzt hastig und in sich überstürzender Weise von einer Parodie, die vorbereitet werde, von einem angekündigten Proteste der lutherischen Geistlichkeit, vom Hofe, von Iffland, vom Dichter selbst und schloß endlich mit einer übertriebenen Lobpreisung der eingelegten Lieder und Kompositionen. Er hoffe, daß Fräulein Victoire noch den Abend in Erinnerung habe, wo er diese Lieder am Klavier begleiten durfte.

All dies wurde sehr freundlich gesprochen, aber so freundlich es klang, so fremd klang es auch, und Victoire hörte mit feinem Ohr heraus, daß es nicht *die* Sprache war, die sie fordern durfte. Sie war bemüht, ihm unbefangen zu antworten, aber es blieb ein äußerliches Gespräch, bis er ging.

Den Tag nach diesem Besuche kam Tante Marguerite. Sie hatte bei Hofe von dem schönen Stücke gehört, „das so schön sei wie noch gar keins", und so wollte sie's gerne sehen. Frau von Carayon war ihr zu Willen, nahm sie mit in die zweite Vorstellung, und da wirklich sehr gekürzt worden war, blieb auch noch Zeit, daheim eine halbe Stunde zu plaudern.

„Nun, Tante Marguerite", fragte Victoire, „wie hat es dir gefallen?"

„Gut, liebe Victoire. Denn es berührt doch den Hauptpunkt in unserer gereinigten Kürche."

„Welchen meinst du, liebe Tante."

„Nun *den* von der chrüstlichen Ehe."

Victoire zwang sich, ernsthaft zu bleiben, und sagte dann: „Ich dachte, dieser Hauptpunkt in unserer Kirche läge doch noch in etwas anderem, also z. B. in der Lehre vom Abendmahl."

„O nein, meine liebe Victoire, *das* weiß ich ganz genau. Mit oder ohne Wein, das macht keinen so großen Unterschied; aber ob unsere Prédicateurs in einer sittlich getrauten Ehe leben oder nicht, *das,* mein Engelchen, ist von einer würklichen Importance."

„Und ich finde, Tante Marguerite hat ganz recht", sagte Frau von Carayon.

„Und das ist es auch", fuhr die gegen alles Erwarten Belobigte fort, „was das Stück *will* und was man um so deutlicher sieht, als die Bethmann würklich eine sehr hübsche Frau ist. Oder doch zum wenigsten viel hübscher, als sie würklich war. Ich meine die Nonne. Was aber nichts schadet, denn er war ja auch kein hübscher Mann und lange nicht so hübsch als *er*. Ja, werde nur rot, meine liebe Victoire, so viel weiß ich auch."

Frau von Carayon lachte herzlich.

„Und das muß wahr sein, unser Herr Rittmeister von Schach ist würklich ein *sehr* angenehmer Mann, und ich denke noch ümmer an Tempelhof und den aufrechtstehenden Ritter ... Und wißt ihr denn, in Wülmersdorf soll auch einer sein, und auch ebenso weggeschubbert. Und von wem ich das habe? Nun? Von la petite princesse Charlotte."

Zehntes Kapitel

„ES MUSS ETWAS GESCHEHN"

„Die Weihe der Kraft" wurde nach wie vor gegeben, und Berlin hörte nicht auf, in zwei Lager geteilt zu sein. Alles, was mystisch-romantisch war, war *für*, alles, was freisinnig war, *gegen* das Stück. Selbst im Hause Carayon setzte sich diese Fehde fort, und während die Mama teils um des Hofes, teils um ihrer eignen „Gefühle" willen überschwenglich mitschwärmte, fühlte sich Victoire von diesen Sentimentalitäten abgestoßen. Sie fand alles unwahr und unecht und versicherte, daß Schach in jedem seiner Worte recht gehabt habe.

Dieser kam jetzt von Zeit zu Zeit, aber doch immer nur, wenn er sicher sein durfte, Victoiren in Gesellschaft der Mutter zu treffen. Er bewegte sich wieder viel in den „großen Häusern" und legte, wie Nostitz spottete, den Radziwills und Carolaths zu, was er den Carayons entzog. Auch Alvensleben scherzte darüber, und selbst Victoire versuchte, den gleichen Ton zu treffen. Aber ohne daß es ihr glücken wollte. Sie träumte so hin, und nur eigentlich traurig war sie nicht. Noch weniger unglücklich.

Unter denen, die sich mit dem Stück, also mit der Tagesfrage, beschäftigten, waren auch die Offiziere vom Regiment Gensdarmes, obschon ihnen nicht einfiel, sich ernsthaft auf ein *Für* oder *Wider* einzulassen. Sie sahen alles ausschließlich auf seine komische Seite hin an und fanden in der Auflösung eines Nonnenklosters, in Katharina von Boras „neunjähriger Pflegetochter", und endlich in dem beständig flötespielenden Luther einen unerschöpflichen Stoff für ihren Spott und Übermut.

Ihr Lieblingsversammlungsort in jenen Tagen war die Wachtstube des Regiments, wo die jüngeren Kameraden den diensttuenden Offizier zu besuchen und sich bis in die Nacht hinein zu divertieren pflegten. Unter den Gesprächen, die man in Veranlassung der neuen Komödie hier führte, kamen Spöttereien, wie die vorgenannten, kaum noch von der Tagesordnung, und als einer der Kameraden daran erinnerte, daß das neuerdings von seiner früheren Höhe herabgestiegene Regiment eine Art patriotische Pflicht habe, sich mal wieder „als es selbst" zu zeigen, brach ein ungeheurer Jubel aus, an dessen Schluß alle einig waren, „daß etwas geschehen müsse". Daß es sich dabei lediglich um eine Travestie der „Weihe der Kraft", etwa durch eine Maskerade, handeln könne, stand von vornherein fest, und nur über das „Wie" gingen die Meinungen noch auseinander. Infolge davon beschloß man, ein paar Tage später eine *neue* Zusammenkunft abzuhalten, in der nach Anhörung einiger Vorschläge der eigentliche Plan fixiert werden sollte.

Rasch hatte sich's herumgesprochen, und als Tag und Stunde da waren, waren einige zwanzig Kameraden in dem vorerwähnten Lokal erschienen: Itzenplitz, Jürgaß und Britzke, Billerbeck und Diricke, Graf Haeseler, Graf Herzberg, von Rochow, von Putlitz, ein Kracht, ein Klitzing, und nicht zum letzten ein schon älterer Leutnant von Zieten, ein kleines, häßliches und säbelbeiniges Kerlchen, das durch entfernte Vetterschaft mit dem berühmten General und beinahe mehr noch durch eine keck in die Welt hineinkrähende Stimme zu balancieren wußte, was ihm an sonstigen Tugenden abging. Auch Nostitz und Alvensleben waren erschienen. Schach fehlte.

„Wer präsidiert?" fragte Klitzing.

„Nur zwei Möglichkeiten", antwortete Diricke. „Der Längste oder der Kürzeste. Will also sagen, Nostitz oder Zieten."

„Nostitz, Nostitz", riefen alle durcheinander, und der so durch Akklamation Gewählte nahm auf einem ausgebuchteten Gartenstuhle Platz. Flaschen und Gläser standen die lange Tafel entlang.

„Rede halten: Assemblée nationale . . ."

Nostitz ließ den Lärm eine Weile dauern und klopfte dann erst mit dem ihm als Zeichen seiner Würde zur Seite liegenden Pallasch auf den Tisch.

„Silentium, Silentium."

„Kameraden vom Regiment Gensdarmes, Erben eines alten Ruhmes auf dem Felde militärischer und gesellschaftlicher Ehre (denn wir haben nicht nur der Schlacht die Richtung, wir haben auch der Gesellschaft den *Ton* gegeben), Kameraden, sag ich, wir sind schlüssig geworden: *es muß etwas geschehn!*"

„Ja, ja. Es muß etwas geschehn."

„Und neu geweiht durch ‚Die Weihe der Kraft', haben wir, dem alten Luther und uns selber zuliebe, beschlossen, einen Aufzug zu bewerkstelligen, von dem die spätesten Geschlechter noch melden sollen. Es muß etwas Großes werden! Erinnern wir uns, wer nicht vorschreitet, der schreitet zurück. Ein Aufzug also. So viel steht fest. Aber Wesen und Charakter dieses Aufzuges bleibt noch zu fixieren, und zu diesem Behufe haben wir uns hier versammelt. Ich bin bereit, Ihre Vorschläge der Reihe nach entgegenzunehmen. Wer Vorschläge zu machen hat, melde sich."

Unter denen, die sich meldeten, war auch Leutnant von Zieten.

„Ich gebe dem Leutnant von Zieten das Wort."

Dieser erhob sich und sagte, während er sich leicht auf der Stuhllehne wiegte: „Was ich vorzuschlagen habe, heißt *Schlittenfahrt.*“

Alle sahen einander an, einige lachten.

„Im Juli?“

„Im Juli“, wiederholte Zieten. „Unter den Linden wird Salz gestreut, und über diesen Schnee hin geht unsre Fahrt. Erst ein paar aufgelöste Nonnen; in dem großen Hauptschlitten aber, der die Mitte des Zuges bildet, paradieren Luther und sein Famulus, jeder mit einer Flöte, während Katharinchen auf der Pritsche reitet. Ad libitum mit Fackel oder Schlittenpeitsche. Vorreiter eröffnen den Zug. Kostüme werden dem Theater entnommen oder angefertigt. Ich habe gesprochen.“

Ein ungeheurer Lärm antwortete, bis der Ruhe gebietende Nostitz endlich durchdrang. „Ich nehme diesen Lärm einfach als Zustimmung und beglückwünsche Kamerad Zieten, mit einem einzigen und ersten Meisterschuß gleich ins Schwarze getroffen zu haben. Also Schlittenfahrt. Angenommen?“

„Ja, ja.“

„So bleibt nur noch Rollenverteilung. Wer gibt den Luther?“

„Schach.“

„Er wird ablehnen.“

„Nicht doch“, krähte Zieten, der gegen den schönen, ihm bei mehr als einer Gelegenheit vorgezogenen Schach eine Spezialmalice hegte: „Wie kann man Schach so verkennen! Ich kenn ihn besser. Er wird es freilich eine halbe Stunde lang beklagen, sich hohe Backenknochen auflegen und sein Normal-Oval in eine bäurische tête carrée verwandeln zu müssen. Aber schließlich wird er Eitelkeit gegen Eitelkeit setzen und seinen Lohn darin finden, auf vierundzwanzig Stunden der Held des Tages zu sein.“

Ehe Zieten noch ausgesprochen hatte, war von der Wache her ein Gefreiter eingetreten, um ein an Nostitz adressiertes Schreiben abzugeben.

„Ah, lupus in fabula.“

„Von Schach?“

„Ja!"

„Lesen, lesen!"

Und Nostitz erbrach den Brief und las. „Ich bitte Sie, lieber Nostitz, bei der mutmaßlich in eben diesem Augenblick stattfindenden Versammlung unserer jungen Offiziere meinen Vermittler und, wenn nötig, auch meinen Anwalt machen zu wollen. Ich habe das Zirkular erhalten und war anfänglich gewillt zu kommen. Inzwischen aber ist mir mitgeteilt worden, um was es sich aller Wahrscheinlichkeit nach handeln wird, und diese Mitteilung hat meinen Entschluß geändert. Es ist Ihnen kein Geheimnis, daß all das, was man vorhat, meinem Gefühl widerstreitet, und so werden Sie sich mit Leichtigkeit herausrechnen können, wie viel oder wie wenig ich (dem schon ein *Bühnen*-Luther contre cœur war) für einen Mummenschanz-Luther übrighabe. Daß wir diesen Mummenschanz in eine Zeit verlegen, die nicht einmal eine Fastnachtsfreiheit in Anspruch nehmen darf, bessert sicherlich nichts. Jüngeren Kameraden soll aber durch diese meine Stellung zur Sache kein Zwang auferlegt werden, und jedenfalls darf man sich meiner Diskretion versichert halten. Ich bin nicht das Gewissen des Regiments, noch weniger sein Aufpasser. Ihr Schach."

„Ich wußt es", sagte Nostitz in aller Ruhe, während er das Schachsche Billett an dem ihm zunächst stehenden Lichte verbrannte. „Kamerad Zieten ist größer in Vorschlägen und Phantastik als in Menschenkenntnis. Er will mir antworten, seh ich, aber ich kann ihm nicht nachgeben, denn in diesem Augenblicke heißt es ausschließlich: wer spielt den Luther? Ich bringe den Reformator unter den Hammer. Der Meistbietende hat ihn. Zum ersten, zum zweiten und zum ... dritten. Niemand? So bleibt mir nichts übrig als Ernennung. Alvensleben, Sie."

Dieser schüttelte den Kopf. „Ich stehe dazu wie Schach; machen Sie das Spiel, ich bin kein Spielverderber, aber ich spiele persönlich nicht mit. Kann nicht und will nicht. Es steckt mir dazu zu viel Katechismus Lutheri im Leibe."

Nostitz wollte nicht gleich nachgeben. „Alles zu seiner Zeit“, nahm er das Wort, „und wenn der Ernst seinen Tag hat, so hat der Scherz wenigstens seine Stunde. Sie nehmen alles zu gewissenhaft, zu feierlich, zu pedantisch. Auch darin wie Schach. Keinerlei Ding ist an sich gut oder bös. Erinnern Sie sich, daß wir den alten Luther nicht verhöhnen wollen, im Gegenteil, wir wollen ihn rächen. Was verhöhnt werden soll, ist das *Stück,* ist die Lutherkarikatur, ist der Reformator in falschem Licht und an falscher Stelle. Wir sind Strafgericht, Instanz alleroberster Sittlichkeit. Tun Sie's. Sie dürfen uns nicht im Stiche lassen, oder es fällt alles in den Brunnen.“

Andere sprachen in gleichem Sinne. Aber Alvensleben blieb fest, und eine kleine Verstimmung schwand erst, als sich unerwartet (und ebendeshalb von allgemeinstem Jubel begrüßt) der junge Graf Herzberg erhob, um sich für die Lutherrolle zu melden.

Alles, was danach noch zu ordnen war, ordnete sich rasch, und ehe zehn Minuten um waren, waren bereits die Hauptrollen verteilt: Graf Herzberg den Luther, Diricke den Famulus, Nostitz, wegen seiner kolossalen Größe, die Katharina von Bora. Der Rest wurde einfach als Nonnenmaterial eingeschrieben, und nur Zieten, dem man sich besonders verpflichtet fühlte, rückte zur Äbtissin auf. Er erklärte denn auch sofort, auf seinem Schlitten ein „Jeu entrieren“ oder mit dem Klostervogt eine Partie Mariage spielen zu wollen. Ein neuer Jubel brach aus, und nachdem noch in aller Kürze der nächste Montag für die Maskerade festgesetzt, alles Ausplaudern aber aufs strengste verboten worden war, schloß Nostitz die Sitzung.

In der Tür drehte sich Diricke noch einmal um und fragte: „Aber wenn's regnet?“

„Es *darf* nicht regnen.“

„Und was wird aus dem Salz?“

„C'est pour les domestiques.“

„Et pour la canaille“, schloß der jüngste Kornett.

Elftes Kapitel

DIE SCHLITTENFAHRT

Schweigen war gelobt worden, und es blieb auch wirklich verschwiegen. Ein vielleicht einzig dastehender Fall. Wohl erzählte man sich in der Stadt, daß die Gensdarmes „etwas vorhätten" und mal wieder über einem jener tollen Streiche brüteten, um derentwillen sie vor andern Regimentern einen Ruf hatten, aber man erfuhr weder, worauf die Tollheit hinauslaufen werde, noch auch für welchen Tag sie geplant sei. Selbst die Carayonschen Damen, an deren letztem Empfangsabende weder Schach noch Alvensleben erschienen waren, waren ohne Mitteilung geblieben, und so brach denn die berühmte „Sommerschlittenfahrt" über Näher- und Fernerstehende gleichmäßig überraschend herein.

In einem der in der Nähe der Mittel- und Dorotheenstraße gelegenen Stallgebäude hatte man sich bei Dunkelwerden versammelt, und ein Dutzend prachtvoll gekleideter und von Fackelträgern begleiteter Vorreiter vorauf, ganz also wie Zieten es proponiert hatte, schoß man mit dem Glockenschlage neun an dem Akademiegebäude vorüber auf die Linden zu, jagte weiter abwärts erst in die Wilhelm-, dann aber, umkehrend, in die Behren- und Charlottenstraße hinein und wiederholte diese Fahrt um das eben bezeichnete Lindenkarree herum in einer immer gesteigerten Eile.

Als der Zug das *erste* Mal an dem Carayonschen Hause vorüberkam und das Licht der voraufreitenden Fackeln grell in alle Scheiben der Beletage fiel, eilte Frau von Carayon, die sich zufällig allein befand, erschreckt ans Fenster und sah auf die Straße hinaus. Aber statt des Rufes „Feuer!", den sie zu hören erwartete, hörte sie nur, wie mitten im Winter, ein Knallen großer Hetz- und Schlittenpeitschen mit Schellengeläut dazwischen, und ehe sie sich zurechtzufinden imstande war, war alles schon wieder vorüber und ließ sie verwirrt und fragend und in einer halben Betäubung zurück. In solchem Zustande war es, daß Victoire sie fand.

„Um Gottes willen, Mama, was ist?“
Aber ehe Frau von Carayon antworten konnte, war die Spitze der Maskerade zum *zweiten* Male heran, und Mutter und Tochter, die jetzt rasch und zu beßrer Orientierung von ihrem Eckzimmer aus auf den Balkon hinausgetreten waren, waren von diesem Augenblick an nicht länger mehr im Zweifel, was das Ganze bedeute. Verhöhnung, gleichviel auf wen und was. Erst unzüchtige Nonnen, mit einer Hexe von Äbtissin an der Spitze, johlend, trinkend und Karten spielend, und in der Mitte des Zuges ein auf Rollen laufender und in der Fülle seiner Vergoldung augenscheinlich als Triumphwagen gedachter Hauptschlitten, in dem Luther samt Famulus und auf der Pritsche Katharina von Bora saß. An der riesigen Gestalt erkannten sie Nostitz. Aber wer war der auf dem Vordersitz? fragte sich Victoire. Wer verbarg sich hinter dieser Luther-Maske? War *er* es? Nein, es war unmöglich. Und doch, auch wenn er es *nicht* war, er war doch immer ein Mitschuldiger in diesem widerlichen Spiele, das er gutgeheißen oder wenigstens nicht gehindert hatte. Welche verkommene Welt, wie pietätlos, wie bar aller Schicklichkeit! Wie schal und ekel. Ein Gefühl unendlichen Wehs ergriff sie, das Schöne verzerrt und das Reine durch den Schlamm gezogen zu sehen. Und warum? Um einen Tag lang von sich reden zu machen, um einer kleinlichen Eitelkeit willen. Und *das* war die Sphäre, darin sie gedacht und gelacht und gelebt und gewebt und darin sie nach Liebe verlangt und ach, das Schlimmste von allem, an Liebe geglaubt hatte!
„Laß uns gehen“, sagte sie, während sie den Arm der Mutter nahm, und wandte sich, um in das Zimmer zurückzukehren. Aber ehe sie's erreichen konnte, wurde sie wie von einer Ohnmacht überrascht und sank auf der Schwelle des Balkons nieder.
Die Mama zog die Klingel, Beate kam, und beide trugen sie bis an das Sofa, wo sie gleich danach von einem heftigen Brustkrampfe befallen wurde. Sie schluchzte, richtete sich auf, sank wieder in die Kissen, und als die Mutter ihr Stirn

und Schläfe mit Kölnischem Wasser waschen wollte, stieß sie sie heftig zurück. Aber im nächsten Augenblick riß sie der Mama das Flakon aus der Hand und goß es sich über Hals und Nacken. „Ich bin mir zuwider, zuwider wie die Welt. In meiner Krankheit damals hab ich Gott um mein Leben gebeten … Aber wir *sollen* nicht um unser Leben bitten … Gott weiß am besten, was uns frommt. Und wenn er uns zu sich hinaufziehen will, so sollen wir nicht bitten: laß uns noch … Oh, wie schmerzlich ich das fühle! Nun leb ich … Aber wie, wie!"

Frau von Carayon kniete neben dem Sofa nieder und sprach zu ihr. Denselben Augenblick aber schoß der Schlittenzug zum *dritten* Male an dem Hause vorüber, und wieder war es, als ob sich schwarze, phantastische Gestalten in dem glühroten Scheine jagten und haschten. „Ist es nicht wie die Hölle?" sagte Victoire, während sie nach dem Schattenspiel an der Decke zeigte.

Frau von Carayon schickte Beaten, um den Arzt rufen zu lassen. In Wahrheit aber lag ihr weniger an dem Arzt als an einem Alleinsein und einer Aussprache mit dem geliebten Kinde.

„Was ist dir? Und wie du nur fliegst und zitterst. Und siehst so starr. Ich erkenne meine heitere Victoire nicht mehr. Überlege, Kind, was ist denn geschehen? Ein toller Streich mehr, einer unter vielen, und ich weiß Zeiten, wo du diesen Übermut mehr belacht als beklagt hättest. Es ist etwas andres, was dich quält und drückt; ich seh es seit Tagen schon. Aber du verschweigst mir's, du hast ein Geheimnis. Ich beschwöre dich, Victoire, sprich. Du darfst es. Es sei, was es sei."

Victoire schlang ihren Arm um Frau von Carayons Hals, und ein Strom von Tränen entquoll ihrem Auge.

„Beste Mutter!"

Und sie zog sie fester an sich und küßte sie und beichtete ihr alles.

Zwölftes Kapitel

SCHACH BEI FRAU VON CARAYON

Am andern Vormittage saß Frau von Carayon am Bette der Tochter und sagte, während diese zärtlich und mit einem wiedergewonnenen ruhig-glücklichen Ausdruck zu der Mutter aufblickte: „Habe Vertrauen, Kind. Ich kenn ihn so lange Zeit. Er ist schwach und eitel nach Art aller schönen Männer, aber von einem nicht gewöhnlichen Rechtsgefühl und einer untadeligen Gesinnung."

In diesem Augenblicke wurde Rittmeister von Schach gemeldet, und der alte Jannasch setzte hinzu, „daß er ihn in den Salon geführt habe".

Frau von Carayon nickte zustimmend.

„Ich wußte, daß er kommen würde", sagte Victoire.

„Weil du's geträumt?"

„Nein, nicht geträumt; ich beobachte nur und rechne. Seit einiger Zeit weiß ich im voraus, an welchem Tag und bei welcher Gelegenheit er erscheinen wird. Er kommt immer, wenn etwas geschehen ist oder eine Neuigkeit vorliegt, über die sich bequem sprechen läßt. Er geht einer intimen Unterhaltung mit mir aus dem Wege. So kam er nach der Aufführung des Stücks, und heute kommt er nach der Aufführung der Schlittenfahrt. Ich bin doch begierig, ob er mit dabei war. War er's, so sag ihm, wie sehr es mich verletzt hat. Oder sag es lieber nicht."

Frau von Carayon war bewegt. „Ach, meine süße Victoire, du bist zu gut, viel zu gut. Er verdient es nicht; keiner." Und sie streichelte die Tochter und ging über den Korridor fort in den Salon, wo Schach ihrer wartete.

Dieser schien weniger befangen als sonst und verbeugte sich, ihr die Hand zu küssen, was sie freundlich geschehen ließ. Und doch war ihr Benehmen verändert. Sie wies mit einem Zeremoniell, das ihr sonst fremd war, auf einen der zur Seite stehenden japanischen Stühle, schob sich ein Fußkissen heran und nahm ihrerseits auf dem Sofa Platz.

„Ich komme, nach dem Befinden der Damen zu fragen und zugleich in Erfahrung zu bringen, ob die gestrige Maskerade Gnade vor ihren Augen gefunden hat oder nicht."

„Offen gestanden, nein. Ich, für meine Person, fand es wenig passend, und Victoire fühlte sich beinahe widerwärtig davon berührt."

„Ein Gefühl, das ich teile."

„So waren Sie nicht mit von der Partie?"

„Sicherlich nicht. Und es überrascht mich, es noch erst versichern zu müssen. Sie kennen ja meine Stellung zu dieser Frage, meine teure Josephine, kennen sie seit jenem Abend, wo wir zuerst über das Stück und seinen Verfasser sprachen. Was ich damals äußerte, gilt ebenso noch heut. Ernste Dinge fordern auch eine ernste Behandlung, und es freut mich aufrichtig, Victoire auf meiner Seite zu sehen. Ist sie zu Haus?"

„Zu Bett."

„Ich hoffe nichts Ernstliches."

„Ja und nein. Die Nachwirkungen eines Brust- und Weinkrampfes, von dem sie gestern abend befallen wurde."

„Mutmaßlich infolge dieser Maskeradentollheit. Ich beklag es von ganzem Herzen."

„Und doch bin ich ebendieser Tollheit zu Danke verpflichtet. In dem Dégoût über die Mummerei, deren Zeuge sie sein mußte, löste sich ihr die Zunge; sie brach ihr langes Schweigen und vertraute mir ein Geheimnis an, ein Geheimnis, das Sie kennen."

Schach, der sich doppelt schuldig fühlte, war wie mit Blut übergossen.

„Lieber Schach", fuhr Frau von Carayon fort, während sie jetzt seine Hand nahm und ihn aus ihren klugen Augen freundlich, aber fest ansah, „lieber Schach, ich bin nicht albern genug, Ihnen eine Szene zu machen oder gar eine Sittenpredigt zu halten; zu den Dingen, die mir am meisten verhaßt sind, gehört auch Tugendschwätzerei. Ich habe von Jugend auf in der Welt gelebt, kenne die Welt und habe manches an meinem eignen Herzen erfahren. Und wär ich heuchlerisch ge-

nug, es vor mir und andern verbergen zu wollen, wie könnt ich es vor *Ihnen*?"
Sie schwieg einen Augenblick, während sie mit ihrem Batisttuch ihre Stirn berührte. Dann nahm sie das Wort wieder auf und setzte hinzu: „Freilich, es gibt ihrer, und nun gar unter uns Frauen, die den Spruch von der Linken, die nicht wissen soll, was die Rechte tut, dahin deuten, daß das Heute nicht wissen soll, was das Gestern tat. Oder wohl gar das Vorgestern! Ich aber gehöre nicht zu diesen Virtuosinnen des Vergessens. Ich leugne nichts, will es nicht, mag es nicht. Und nun verurteilen Sie mich, wenn Sie können."
Er war ersichtlich getroffen, als sie so sprach, und seine ganze Haltung zeigte, welche Gewalt sie noch immer über ihn ausübte.
„Lieber Schach", fuhr sie fort, „Sie sehen, ich gebe mich Ihrem Urteil preis. Aber wenn ich mich auch bedingungslos einer jeden Verteidigung oder Anwaltschaft für Josephine von Carayon enthalte, für *Josephine* (Verzeihung, Sie haben eben selbst den alten Namen wieder heraufbeschworen), so darf ich doch nicht darauf verzichten, der Anwalt der *Frau* von Carayon zu sein, ihres Hauses und ihres Namens."
Es schien, daß Schach unterbrechen wollte. Sie ließ es aber nicht zu. „Noch einen Augenblick. Ich werde gleich gesagt haben, was ich zu sagen habe. Victoire hat mich gebeten, über *alles* zu schweigen, nichts zu verraten, auch *Ihnen* nicht, und nichts zu verlangen. Zur Sühne für eine halbe Schuld (und ich rechne hoch, wenn ich von einer *halben* Schuld spreche) will sie die *ganze* tragen, auch vor der Welt, und will sich in jenem romantischen Zuge, der ihr eigen ist, aus ihrem Unglück ein Glück erziehen. Sie gefällt sich in dem Hochgefühl des Opfers, in einem süßen Hinsterben für *den,* den sie liebt, und für *das,* was sie lieben *wird.* Aber so schwach ich in meiner Liebe zu Victoire bin, so bin ich doch nicht schwach genug, ihr in dieser Großmutskomödie zu Willen zu sein. Ich gehöre der Gesellschaft an, deren Bedingungen ich erfülle, deren Gesetzen ich mich unterwerfe; daraufhin bin ich erzogen,

und ich habe nicht Lust, einer Opfermarotte meiner einzig geliebten Tochter zuliebe, meine gesellschaftliche Stellung mit zum Opfer zu bringen. Mit andern Worten, ich habe nicht Lust, ins Kloster zu gehen oder die dem Irdischen entrückte Säulenheilige zu spielen, auch nicht um Victoirens willen. Und so muß ich denn auf Legitimisierung des Geschehenen dringen. Dies, mein Herr Rittmeister, war es, was ich Ihnen zu sagen hatte."

Schach, der inzwischen Gelegenheit gefunden hatte, sich wieder zu sammeln, erwiderte, „daß er wohl wisse, wie jegliches Ding im Leben seine natürliche Konsequenz habe. Und solcher Konsequenz gedenk er sich nicht zu entziehen. Wenn ihm *das,* was er jetzt wisse, bereits früher bekannt geworden sei, würd er um ebendie Schritte, die Frau von Carayon jetzt fordere, seinerseits aus freien Stücken gebeten haben. Er habe den Wunsch gehabt, unverheiratet zu bleiben, und von einer solchen langgehegten Vorstellung Abschied zu nehmen, schaffe momentan eine gewisse Verwirrung. Aber er fühle mit nicht mindrer Gewißheit, daß er sich zu dem Tage zu beglückwünschen habe, der binnen kurzem diesen Wechsel in sein Leben bringen werde. Victoire sei der Mutter Tochter, das sei die beste Gewähr seiner Zukunft, die Verheißung eines wirklichen Glücks."

All dies wurde sehr artig und verbindlich gesprochen, aber doch zugleich auch mit einer bemerkenswerten Kühle.

Dies empfand Frau von Carayon in einer ihr nicht nur schmerzlichen, sondern sie geradezu verletzenden Weise; das, was sie gehört hatte, war weder die Sprache der Liebe noch der Schuld, und als Schach schwieg, erwiderte sie spitz: „Ich bin Ihnen sehr dankbar für Ihre Worte, Herr von Schach, ganz besonders auch für *das,* was sich darin an meine Person richtete. Daß Ihr ‚Ja' rückhaltloser und ungesuchter hätte klingen können, empfinden Sie wohl am eignen Herzen. Aber gleichviel, mir genügt das ‚Ja'. Denn, wonach dürst ich denn am Ende? Nach einer Trauung im Dom und einer Galahochzeit. Ich will mich einmal wieder in gelbem Atlas sehen, der mich kleidet, und haben wir dann erst unsren Fackeltanz getanzt und Victoirens Strumpfband zerschnitten – denn ein wenig prinzeßlich werden wir's doch wohl halten müssen, schon um Tante Margueritens willen –, nun, so geb ich Ihnen carte blanche. Sie sind dann wieder frei, frei wie der Vogel in der Luft, in Tun und Lassen, in Haß und Liebe, denn es ist dann einfach geschehen, was geschehen *mußte*."

Schach schwieg.

„Ich nehme vorläufig ein stilles Verlöbnis an. Über alles andre werden wir uns leicht verständigen. Wenn es sein muß, schriftlich. Aber die Kranke wartet jetzt auf mich, und so verzeihen Sie."

Frau von Carayon erhob sich, und gleich danach verabschiedete sich Schach in aller Förmlichkeit, ohne daß weiter ein Wort zwischen ihnen gesprochen worden wäre.

Dreizehntes Kapitel

„LE CHOIX DU SCHACH"

In beinahe offener Gegnerschaft hatte man sich getrennt. Aber es ging alles besser, als nach dieser gereizten Unterhaltung erwartet werden konnte, wozu sehr wesentlich ein Brief beitrug, den Schach anderntags an Frau von Carayon schrieb. Er bekannte sich darin in allem Freimut schuldig, schützte, wie schon während des Gespräches selbst, Überraschung und Verwirrung vor, und traf in all diesen Erklärungen einen wärmeren Ton, eine herzlichere Sprache. Ja, sein Rechtsgefühl, dem er ein Genüge tun wollte, ließ ihn vielleicht mehr sagen, als zu sagen gut und klug war. Er sprach von seiner Liebe zu Victoiren und vermied absichtlich oder zufällig all jene Versicherungen von Respekt und Wertschätzung, die so bitter wehe tun, wo das einfache Geständnis einer herzlichen Neigung gefordert wird. Victoire sog jedes Wort ein, und als die Mama schließlich den Brief aus der Hand legte, sah diese letztere nicht ohne Bewegung, wie zwei Minuten Glück ausgereicht hatten, ihrem armen Kinde die Hoffnung und *mit* dieser Hoffnung auch die verlorene Frische zurückzugeben. Die Kranke strahlte, fühlte sich wie genesen, und Frau von Carayon sagte: „Wie hübsch du bist, Victoire."

Schach empfing am selben Tage noch ein Antwortsbillett, das ihm unumwunden die herzliche Freude seiner alten Freundin ausdrückte. Manches Bittre, was sie gesagt habe, mög er vergessen; sie habe sich, lebhaft, wie sie sei, hinreißen lassen. Im übrigen sei noch nichts Ernstliches und Erhebliches versäumt, und wenn, dem Sprichworte nach, aus Freude Leid erblühe, so kehre sich's auch wohl um. Sie sehe wieder hell in die Zukunft und hoffe wieder. Was sie persönlich zum Opfer bringe, bringe sie gern, wenn dies Opfer die Bedingung für das Glück ihrer Tochter sei.

Schach, als er das Billett gelesen, wog es hin und her und war ersichtlich von einer gemischten Empfindung. Er hatte sich, als er in seinem Briefe von Victoire sprach, einem ihr nicht leicht von irgendwem zu versagenden, freundlich-herzlichen Gefühl überlassen und diesem Gefühle (dessen entsann er sich) einen besonders lebhaften Ausdruck gegeben. Aber das, woran ihn das Billett seiner Freundin jetzt aufs neue gemahnte, das war *mehr,* das hieß einfach Hochzeit, Ehe; Worte, deren bloßer Klang ihn von alter Zeit her erschreckte. Hochzeit! Und Hochzeit mit *wem*? Mit einer Schönheit, die, wie der Prinz sich auszudrücken beliebt hatte, „durch ein Fegefeuer gegangen war". „Aber", so fuhr er in seinem Selbstgespräche fort, „ich stehe nicht auf dem Standpunkt des Prinzen, ich schwärme nicht für ‚Läuterungsprozesse', hinsichtlich deren nicht feststeht, ob der Verlust nicht größer ist als der Gewinn, und wenn ich mich auch persönlich zu diesem Standpunkte bekehren könnte, so bekehr ich doch nicht die Welt ... Ich bin rettungslos dem Spott und Witz der Kameraden verfallen, und das Ridikül einer allerglücklichsten ‚Landehe', die wie das Veilchen im Verborgenen blüht, liegt in einem wahren Musterexemplare vor mir. Ich sehe genau, wie's kommt: ich quittiere den Dienst, übernehme wieder

Wuthenow, ackre, melioriere, ziehe Raps oder Rübsen und befleißige mich einer allerehelichsten Treue. Welch Leben, welche Zukunft! An *einem* Sonntage Predigt, am *andern* Evangelium oder Epistel, und dazwischen Whist en trois, immer mit demselben Pastor. Und dann kommt einmal ein Prinz in die nächste Stadt, vielleicht Prinz Louis in Person, und wechselt die Pferde, während ich erschienen bin, um am Tor oder am Gasthof ihm aufzuwarten. Und er mustert mich und meinen altmodischen Rock und frägt mich, ‚wie mir's gehe?‘ Und dabei drückt jede seiner Mienen aus: ‚O Gott, was doch drei Jahr aus einem Menschen machen können!‘ Drei Jahre... Und vielleicht werden es dreißig.“

Er war in seinem Zimmer auf und ab gegangen und blieb vor einer Spiegelkonsole stehen, auf der der Brief lag, den er während des Sprechens beiseite gelegt hatte. Zwei-, dreimal hob er ihn auf und ließ ihn wieder fallen. „Mein Schicksal. Ja, ‚der Moment entscheidet‘. Ich entsinne mich noch, so schrieb sie damals. Wußte sie, was kommen würde? *Wollte* sie's? O pfui, Schach, verunglimpfe nicht das süße Geschöpf! Alle Schuld liegt bei *dir*. Deine *Schuld* ist dein Schicksal. Und ich will sie tragen.“

Er klingelte, gab dem Diener einige Weisungen und ging zu den Carayons.

Es war, als ob er sich durch das Selbstgespräch, das er geführt, von dem Drucke, der auf ihm lastete, frei gemacht habe. Seine Sprache der alten Freundin gegenüber war jetzt natürlich, beinah herzlich, und ohne daß auch nur eine kleinste Wolke das wiederhergestellte Vertrauen der Frau von Carayon getrübt hätte, besprachen beide, was zu tun sei. Schach zeigte sich einverstanden mit allem: in einer Woche Verlobung und nach drei Wochen die Hochzeit. Unmittelbar nach der Hochzeit aber sollte das junge Paar eine Reise nach Italien antreten und nicht vor Ablauf eines Jahres in die Heimat zurückkehren, Schach nach der Hauptstadt, Victoire nach Wuthenow, dem alten Familiengute, das ihr, von einem früheren Besuche her (als Schachs Mutter noch lebte), in dankbarer und freundlicher Erinnerung war. Und war auch das *Gut* inzwischen in Pacht gegeben, so war doch noch das *Schloß* da, stand frei zur Verfügung und konnte jeden Augenblick bezogen werden.

Nach Festsetzungen wie diese trennte man sich. Ein Sonnenschein lag über dem Hause Carayon, und Victoire vergaß aller Betrübnis, die vorausgegangen war.

Auch Schach legte sich's zurecht. Italien wiederzusehen war ihm seit seinem ersten, erst um wenige Jahre zurückliegenden Aufenthalte daselbst ein brennender Wunsch geblieben; *der* erfüllte sich nun; und kehrten sie dann zurück, so ließ sich ohne Schwierigkeit auch aus der geplanten doppelten Wirtschaftsführung allerlei Nutzen und Vorteil ziehen. Victoire hing an Landleben und Stille. Von Zeit zu Zeit nahm er dann Urlaub und fuhr oder ritt hinüber. Und dann gingen sie durch die Felder und plauderten. Oh, sie plauderte ja so gut und war einfach und espritvoll zugleich. Und nach abermals einem Jahr oder einem zweiten und dritten, je nun, da hatte sich's verblutet, da war es tot und vergessen. Die Welt vergißt so leicht und die Gesellschaft noch leichter. Und dann hielt man seinen Einzug in das Eckhaus am Wilhelmsplatz und freute sich beiderseits der Rückkehr in Verhältnisse, die doch schließlich nicht bloß seine, sondern auch *ihre* Heimat bedeuteten. Alles war überstanden und das Lebensschiff an der Klippe des Lächerlichen *nicht* gescheitert.

Armer Schach! Es war anders in den Sternen geschrieben.

Die Woche, die bis zur Verlobungsanzeige vergehen sollte, war noch nicht um, als ihm ein Brief mit voller Titelaufschrift und einem großen roten Siegel ins Haus geschickt wurde. Den ersten Augenblick hielt er's für ein amtliches Schreiben (vielleicht eine Bestallung) und zögerte mit dem Öffnen, um die Vorfreude der Erwartung nicht abzukürzen. Aber woher kam es? Von wem? Er prüfte neugierig das Siegel und erkannte nun leicht, daß es überhaupt kein Siegel, sondern ein Gemmenabdruck sei. Sonderbar. Und nun erbrach er's und ein Bild fiel ihm entgegen, eine radierte Skizze mit der Unterschrift: „Le choix du Schach". Er wiederholte sich das Wort, ohne sich in ihm oder dem Bilde selbst zurechtfinden zu können, und empfand nur ganz allgemein und aufs Unbestimmte hin etwas von Angriff und Gefahr. Und wirklich, als er sich orientiert hatte, sah er, daß sein erstes Gefühl ein richtiges gewesen war. Unter einem Thronhimmel saß der persische Schach, erkennbar an seiner hohen Lammfellmütze, während an der untersten Thronstufe zwei weibliche Gestalten standen und des Augenblicks harrten, wo der von seiner Höhe her kalt und vornehm Dreinschauende seine Wahl zwischen ihnen getroffen haben würde. Der persische Schach aber war einfach *unser* Schach, und zwar in allerfrappantester Porträtähnlichkeit, während die beiden ihn fragend anblickenden und um vieles flüchtiger skizzierten Frauenköpfe wenigstens ähnlich genug waren, um Frau von Carayon und Victoire mit aller Leichtigkeit erkennen zu lassen. Also nicht mehr und nicht weniger als eine Karikatur. Sein Verhältnis zu den Carayons hatte sich in der Stadt herumgesprochen, und einer seiner Neider und Gegner, deren er nur zu viele hatte, hatte die Gelegenheit ergriffen, seinem boshaften Gelüst ein Genüge zu tun.

Schach zitterte vor Scham und Zorn, alles Blut stieg ihm zu Kopf, und es war ihm, als würd er vom Schlage getroffen.

Einem natürlichen Verlangen nach Luft und Bewegung folgend oder vielleicht auch von der Ahnung erfüllt, daß der letzte Pfeil noch nicht abgeschossen sei, nahm er Hut und Degen, um einen Spaziergang zu machen. Begegnungen und Geplauder sollten ihn zerstreuen, ihm seine Ruhe wiedergeben. Was war es denn schließlich? Ein kleinlicher Akt der Rache.

Die Frische draußen tat ihm wohl; er atmete freier und hatte seine gute Laune fast schon wiedergewonnen, als er, vom Wilhelmsplatz her in die Linden einbiegend, auf die schattigere Seite der Straße hinüberging, um hier ein paar Bekannte, die des Weges kamen, anzusprechen. Sie vermieden aber ein Gespräch und wurden sichtlich verlegen. Auch

Zieten kam, grüßte nonchalant und, wenn nicht alles täuschte, sogar mit hämischer Miene. Schach sah ihm nach und sann und überlegte noch, was die Suffisance des einen und die verlegenen Gesichter der andern bedeutet haben mochten, als er, einige hundert Schritte weiter aufwärts, einer ungewöhnlich großen Menschenmenge gewahr wurde, die vor einem kleinen Bilderladen stand. Einige lachten, andere schwatzten, alle jedoch schienen zu fragen, „was es eigentlich sei?“ Schach ging im Bogen um die Zuschauermenge herum, warf einen Blick über die Köpfe weg und wußte genug. An dem Mittelfenster hing dieselbe Karikatur, und der absichtlich niedrig normierte Preis war mit Rotstift groß daruntergeschrieben.

Also eine Verschwörung.

Schach hatte nicht die Kraft mehr, seinen Spaziergang fortzusetzen, und kehrte in seine Wohnung zurück.

Um Mittag empfing Sander ein Billett von Bülow: „Lieber Sander. Eben erhalt ich eine Karikatur, die man auf Schach und die Carayonschen Damen gemacht hat. In Zweifel darüber, ob Sie dieselbe schon kennen, schließ ich sie diesen Zeilen bei. Bitte, suchen Sie dem Ursprunge nachzugehn. Sie wissen ja alles und hören das Berliner Gras wachsen. Ich meinerseits bin empört. *Nicht* Schachs halber, der diesen ‚Schach von Persien‘ einigermaßen verdient (denn er ist wirklich so was), aber der Carayons halber. Die liebenswürdige Victoire! So bloßgestellt zu werden. Alles Schlechte nehmen wir uns von den Franzosen an, und an ihrem Guten, wohin auch die Gentilezza gehört, gehen wir vorüber. Ihr B.“

Sander warf nur einen flüchtigen Blick auf das Bild, das er kannte, setzte sich an sein Pult und antwortete: „Mon Général! Ich brauche dem Ursprunge nicht nachzugehen, er ist *mir* nachgegangen. Vor etwa vier, fünf Tagen erschien ein Herr in meinem Kontor und befragte mich, ob ich mich dazu verstehen würde, den Vertrieb einiger Zeichnungen in die Hand zu nehmen. Als ich sah, um was es sich handelte, lehnte ich ab. Es waren drei Blätter, darunter auch ‚Le choix du Schach‘. Der bei mir erschienene Herr gerierte sich als ein

Fremder, aber er sprach, alles gekünstelten Radebrechens unerachtet, das Deutsche so gut, daß ich seine Fremdheit für bloße Maske halten mußte. Personen aus dem Prinz R.schen Kreise nehmen Anstoß an seinem Gelieble mit der Prinzessin und stecken vermutlich dahinter. Irr ich aber in dieser Annahme, so wird mit einer Art von Sicherheit auf Kameraden seines Regiments zu schließen sein. Er ist nichts weniger als beliebt; wer den Aparten spielt, ist es nie. Die Sache möchte hingehen, wenn nicht, wie Sie sehr richtig hervorheben, die Carayons mit hineingezogen wären. Um *ihret*willen beklag ich den Streich, dessen Gehässigkeit sich in diesem *einen* Bilde schwerlich erschöpft haben wird. Auch die beiden andern, deren ich eingangs erwähnte, werden mutmaßlich folgen. Alles in diesem anonymen Angriff ist klug berechnet, und klug berechnet ist auch der Einfall, das Gift nicht gleich auf einmal zu geben. Es wird seine Wirkung nicht verfehlen, und nur auf das ‚Wie‘ haben wir zu warten. Tout à vous S.“

In der Tat, die Besorgnis, die Sander in diesen Zeilen an Bülow ausgesprochen hatte, sollte sich nur als zu gerechtfertigt erweisen. Intermittierend wie das Fieber, erschienen in zweitägigen Pausen auch die beiden andern Blätter und wurden, wie das erste, von jedem Vorübergehenden gekauft oder wenigstens begafft und besprochen. Die Frage Schach-Carayon war über Nacht zu einer Cause célèbre geworden, trotzdem das neugierige Publikum nur die Hälfte wußte. Schach, so hieß es, habe sich von der schönen Mutter ab- und der unschönen Tochter zugewandt. Über das Motiv erging man sich in allerlei Mutmaßungen, ohne dabei das Richtige zu treffen.

Schach empfing auch die beiden andern Blätter unter Kuvert. Das Siegel blieb dasselbe. Blatt 2 hieß „La gazza ladra“ oder „Die diebische *Schach*-Elster“ und stellte eine Elster dar, die, zwei Ringe von ungleichem Werte musternd, den unscheinbareren aus der Schmuckschale nimmt.

Am weitaus verletzendsten aber berührte das den Salon der

Frau von Carayon als Szenerie nehmende dritte Blatt. Auf dem Tische stand ein Schachbrett, dessen Figuren, wie nach einem verlorengegangenen Spiel und wie um die Niederlage zu besiegeln, umgeworfen waren. Daneben saß Victoire, gut getroffen, und ihr zu Füßen kniete Schach, wieder in der persischen Mütze des ersten Bildes. Aber diesmal bezipfelt und eingedrückt. Und darunter stand: „Schach – matt."

Der Zweck dieser wiederholten Angriffe wurde nur zu gut erreicht. Schach ließ sich krank melden, sah niemand und bat um Urlaub, der ihm auch umgehend von seinem Chef, dem Obersten von Schwerin, gewährt wurde.

So kam es, daß er am selben Tag, an dem, nach gegenseitigem Abkommen, seine Verlobung mit Victoire veröffentlicht werden sollte, Berlin verließ. Er ging auf sein Gut, ohne sich von den Carayons (deren Haus er all die Zeit über nicht betreten hatte) verabschiedet zu haben.

Vierzehntes Kapitel

IN WUTHENOW AM SEE

Es schlug Mitternacht, als Schach in Wuthenow eintraf, an dessen entgegengesetzter Seite das auf einem Hügel erbaute, den Ruppiner See nach rechts und links hin überblickende Schloß Wuthenow lag. In den Häusern und Hütten war alles längst in tiefem Schlaf, und nur aus den Ställen her hörte man noch das Stampfen eines Pferdes oder das halblaute Brüllen einer Kuh.

Schach passierte das Dorf und bog am Ausgang in einen schmalen Feldweg ein, der, allmählich ansteigend, auf den Schloßhügel hinaufführte. Rechts lagen die Bäume des Außenparks, links eine gemähte Wiese, deren Heugeruch die Luft erfüllte. Das Schloß selbst aber war nichts als ein alter, weißgetünchter und von einer schwarzgeteerten Balkenlage durchzogener Fachwerkbau, dem erst Schachs Mutter, die „verstorbene Gnädige", durch ein Doppeldach, einen Blitzableiter und eine prächtige, nach dem Muster von Sanssouci hergerichtete Terrasse das Ansehen allernüchternster Tagtäglichkeit genommen hatte. Jetzt freilich, unter dem Sternenschein, lag alles da wie das Schloß im Märchen, und Schach hielt öfters an und sah hinauf, augenscheinlich betroffen von der Schönheit des Bildes.

Endlich war er oben und ritt auf das Einfahrtstor zu, das sich in einem flachen Bogen zwischen dem Giebel des Schlosses und einem danebenstehenden Gesindehause wölbte. Vom Hof her vernahm er im selben Augenblick ein Bellen und Knurren und hörte, wie der Hund wütend aus seiner Hütte fuhr und mit seiner Kette nach rechts und links hin an der Holzwandung umherschrammte.

„Kusch dich, Hektor." Und das Tier, die Stimme seines Herrn erkennend, begann jetzt vor Freude zu heulen und zu winseln und abwechselnd auf die Hütte hinauf- und wieder hinunterzuspringen.

Vor dem Gesindehause stand ein Walnußbaum mit weitem Gezweige. Schach stieg ab, schlang den Zügel um den Ast und klopfte halblaut an einen der Fensterläden. Aber erst als er das zweite Mal gepocht hatte, wurd es lebendig drinnen, und er hörte von dem Alkoven her eine halb verschlafene Stimme:

„Wat is?"

„Ich, Krist."

„Jott, Mutter, dat 's joa de junge Herr."

„Joa, dat is hei. Steih man upp un mach flink."

Schach hörte jedes Wort und rief gutmütig in die Stube hinein, während er den nur angelegten Laden halb öffnete: „Laß dir Zeit, Alter."

Aber der Alte war schon aus dem Bette heraus und sagte nur immer, während er hin und her suchte: „Glieks, junger Herr, glieks. Man noch en beten."

Und wirklich, nicht lange, so sah Schach einen Schwefelfaden brennen und hörte, daß eine Laternentür auf- und wieder zugeknipst wurde. Richtig, ein erster Lichtschein blitzte jetzt durch die Scheiben, und ein paar Holzpantinen klappten über den Lehmflur hin. Und nun wurde der Riegel zurückgeschoben, und Krist, der in aller Eile nichts als ein leinenes Beinkleid übergezogen hatte, stand vor seinem jungen Herrn. Er hatte vor manchem Jahr und Tag, als der alte „gnädge Herr" gestorben war, den durch diesen Todesfall erledigten Ehren- und Respektstitel auf seinen jungen Herrn übertragen wollen, aber dieser, der mit Krist das erste Wasserhuhn geschossen und die erste Bootsfahrt über den See gemacht hatte, hatte von dem neuen Titel nichts wissen wollen.

„Jott, junge Herr, sunst schrewen S' doch ümmer ihrst, o'r schicken uns Baarschen o'r den kleenen inglischen Kierl. Un nu keen Wort nich. Awers ick wußt et joa, as de Poggen hüt oabend mit ehr Gequoak nich to Enn koam künn'n. ‚Jei, jei, Mutter', seggt ick, ‚dat bedüt wat.' Awers as de Fruenslüd sinn! Wat seggt se? ‚Wat sall et bedüden?' seggt se, ‚Regen bedüt et. Un dat 's man gaud. Denn uns' Tüffeln bruken 't.' "

„Ja, ja", sagte Schach, der nur mit halbem Ohr hingehört hatte, während der Alte die kleine Tür aufschloß, die von der Giebelseite her ins Schloß führte. „Ja, ja. Regen ist gut. Aber geh nur vorauf."

Krist tat, wie sein junger Herr ihm geheißen, und beide gingen nun einen mit Fliesen gedeckten, schmalen Korridor entlang. Erst in der Mitte verbreiterte sich dieser und bildete nach links hin eine geräumige Treppenhalle, während nach rechts hin eine mit Goldleisten und Rokokoverzierungen reich ausgelegte Doppeltür in einen Gartensalon führte, der als Wohn- und Empfangszimmer der verstorbenen Frau Generalin von Schach, einer sehr vornehmen und sehr stolzen alten Dame, gedient hatte. Hierher richteten sich denn auch die Schritte beider, und als Krist die halb verquollene Tür, nicht ohne Müh und Anstrengung, geöffnet hatte, trat man ein.

Unter dem vielen, was an Kunst- und Erinnerungsgegenständen in diesem Gartensalon umherstand, war auch ein bronzener Doppelleuchter, den Schach selber, vor drei Jahren erst, von seiner italienischen Reise mit nach Hause gebracht und seiner Mutter verehrt hatte. Diesen Leuchter nahm jetzt Krist vom Kamin und zündete die beiden Wachslichter an, die seit lange schon in den Leuchtertellern steckten und ihrerzeit der verstorbenen Gnädigen zum Siegeln ihrer Briefe gedient hatten. Die Gnädige selbst aber war erst seit einem Jahre tot, und da Schach von jener Zeit an nicht wieder hier gewesen war, so hatte noch alles den alten Platz. Ein paar kleine Sofas standen wie früher an den Schmalseiten einander gegenüber, während zwei größere die Mitte der Längswand einnahmen und nichts als die vergoldete Rokokodoppeltür zwischen sich hatten. Auch der runde Rosenholztisch (ein Stolz der Generalin) und die große Marmorschale, darin alabasterne Weintrauben und Orangen und ein Pinienapfel lagen, standen unverändert an ihrem Platz. In dem ganzen Zimmer aber, das seit lange nicht gelüftet war, war eine stikkige Schwüle.

„Mach ein Fenster auf", sagte Schach. „Und dann gib mir eine Decke. Die da."

„Wullen S' sich denn *hier* henleggen, junge Herr?"

„Ja, Krist. Ich habe schon schlechter gelegen."

„Ick weet. Jott, wenn de oll jnädge Herr uns *doa*vunn vertellen deih! Ümmer so platsch in 'n Kalkmodder rin. Nei, nei, dat wihr nix för mi. ‚Jott, jnädge Herr', seggt ick denn ümmer, ‚ick gloob, de Huut geit em runner.' Awers denn lachte joa de oll jnädge Herr ümmer und seggte: ‚Nei, Krist, *uns'* Huut sitt fast.' "

Während der Alte noch so sprach und vergangener Zeiten gedachte, griff er zugleich doch nach einem breiten, aus Rohr geflochtenen Ausklopfer, der in einer Kaminecke stand, und versuchte damit das eine Sofa, das sich Schach als Lagerstätte ausgewählt hatte, wenigstens aus dem Gröbsten herauszubringen. Aber der dichte Staub, der aufstieg, zeigte nur das Vergebliche solcher Bemühungen, und Schach sagte mit einem Anfluge von guter Laune: „Störe den Staub nicht in seinem Frieden." Und erst als er's gesprochen hatte, fiel ihm der Doppelsinn darin auf, und er gedachte der Eltern, die drunten in der Dorfkirche in großen Kupfersärgen und mit einem aufgelöteten Kruzifix darauf in der alten Gruft der Familie standen.

Aber er hing dem Bilde nicht weiter nach und warf sich aufs Sofa. „Meinem Schimmel gib ein Stück Brot und einen Eimer Wasser; dann hält er aus bis morgen. Und nun stelle das Licht ans Fenster und laß es brennen . . . Nein, nicht da, nicht ans offene; an das daneben. Und nun gute Nacht, Krist. Und schließe von außen zu, daß sie mich nicht wegtragen."

„Ih, se wihren doch nich . . ."

Und Schach hörte bald danach die Pantinen, wie sie den Korridor hinunterklapperten. Ehe Krist aber die Giebeltür noch erreicht und von außen her zugeschlossen haben konnte, legte sich's schwer und bleiern auf seines Herrn überreiztes Gehirn.

Freilich nicht auf lang. Aller auf ihm lastenden Schwere zum Trotz, empfand er deutlich, daß etwas über ihn hinsumme, ihn streife und kitzle, und als ein Sichdrehen und Wenden und selbst ein unwillkürliches und halbverschlafenes Umherschlagen mit der Hand nichts helfen wollte, riß er sich endlich auf und zwang sich ins Wachen zurück. Und nun sah er, was es war. Die beiden eben verschwelenden Lichter, die mit ihrem Qualme die schon stickige Luft noch stickiger gemacht hatten, hatten allerlei Getier vom Garten her in das Zimmer gelockt, und nur über Art und Beschaffenheit desselben war noch ein Zweifel. Einen Augenblick dachte er an Fledermäuse; sehr bald aber mußt er sich überzeugen, daß es einfach riesige Motten und Nachtschmetterlinge waren, die zu ganzen Dutzenden in dem Saale hin und her flogen, an die Scheiben stießen und vergeblich das offene Fenster wiederzufinden suchten.

Er raffte nun die Decke zusammen und schlug mehrmals durch die Luft, um die Störenfriede wieder hinauszujagen. Aber das unter diesem Jagen und Schlagen immer nur ängstlicher werdende Geziefer schien sich zu verdoppeln und summte nur dichter und lauter als vorher um ihn herum. An

Schlaf war nicht mehr zu denken, und so trat er denn ans offene Fenster und sprang hinaus, um, draußen umhergehend, den Morgen abzuwarten.

Er sah nach der Uhr. Halb zwei. Die dicht vor dem Salon gelegene Gartenanlage bestand aus einem Rondell mit Sonnenuhr, um das herum, in meist dreieckigen und von Buchsbaum eingefaßten Beeten, allerlei Sommerblumen blühten: Reseda und Rittersporn und Lilien und Levkoien. Man sah leicht, daß eine ordnende Hand hier neuerdings gefehlt hatte, trotzdem Krist zu seinen vielfachen Ämtern auch das eines Gärtners zählte; die Zeit indes, die seit dem Tode der Gnädigen vergangen war, war andrerseits eine viel zu kurze noch, um schon zu vollständiger Verwilderung geführt zu haben. Alles hatte nur erst den Charakter eines wuchernden Blühens angenommen, und ein schwerer und doch zugleich auch erquicklicher Levkoienduft lag über den Beeten, den Schach in immer volleren Zügen einsog.

Er umschritt das Rondell, einmal, zehnmal, und balancierte, während er einen Fuß vor den andern setzte, zwischen den nur handbreiten Stegen hin. Er wollte dabei seine Geschicklichkeit proben und die Zeit mit guter Manier hinter sich bringen. Aber diese Zeit wollte nicht schwinden, und als er wieder nach der Uhr sah, war erst eine Viertelstunde vergangen.

Er gab nun die Blumen auf und schritt auf einen der beiden Laubengänge zu, die den großen Parkgarten flankierten und von der Höhe bist fast an den Fuß des Schloßhügels herniederstiegen. An mancher Stelle waren die Gänge nach oben hin überwachsen, an andern aber offen, und es unterhielt ihn eine Weile, den abwechselnd zwischen Dunkel und Licht liegenden Raum in Schritten auszumessen. Ein paarmal erweiterte sich der Gang zu Nischen und Tempelrundungen, in denen allerhand Sandsteinfiguren standen: Götter und Göttinnen, an denen er früher viele hundert Male vorübergegangen war, ohne sich auch nur im geringsten um sie zu kümmern oder ihrer Bedeutung nachzuforschen; heut aber blieb er stehen und freute sich besonders aller derer, denen die Köpfe fehlten, weil sie die dunkelsten und unverständlichsten waren und sich am schwersten erraten ließen. Endlich war er den Laubengang hinunter, stieg ihn wieder hinauf und wieder hinunter und stand nun am Dorfausgang und hörte, daß es zwei schlug. Oder bedeuteten die beiden Schläge halb, war es halb drei? Nein, es war erst zwei.

Er gab es auf, das Auf und Nieder seiner Promenade noch weiter fortzusetzen, und beschrieb lieber einen Halbkreis um den Fuß des Schloßhügels herum, bis er in Front des Schlosses selber war. Und nun sah er hinauf und sah die große Terrasse, die, von Orangeriekübeln und Zypressenpyramiden eingefaßt, bis dicht an den See hinunterführte. Nur ein schmales Stück Wiese lag noch dazwischen, und auf ebendieser Wiese stand eine uralte Eiche, deren Schatten Schach jetzt umschritt, einmal, vielemal, als würd er in ihrem Bann gehalten. Es war ersichtlich, daß ihn der Kreis, in dem er ging, an einen andern Kreis gemahnte, denn er murmelte vor sich hin: „Könnt ich heraus!"

Das Wasser, das hier so verhältnismäßig nah an die Schloßterrasse herantrat, war ein bloßer toter Arm des Sees, nicht der See selbst. Auf diesen See hinauszufahren aber war in seinen Knabenjahren immer seine höchste Wonne gewesen.

‚Ist ein Boot da, so fahr ich.' Und er schritt auf den Schilfgürtel zu, der die tief einmündende Bucht von drei Seiten her einfaßte. Nirgends schien ein Zugang. Schließlich indes fand er einen überwachsenen Steg, an dessen Ende das große Sommerboot lag, das seine Mama viele Jahre lang benutzt hatte, wenn sie nach Karwe hinüberfuhr, um den Knesebecks einen Besuch zu machen. Auch Ruder und Stangen fanden sich, während der flache Boden des Boots, um einen trockenen Fuß zu haben, mit hochaufgeschüttetem Binsenstroh überdeckt war. Schach sprang hinein, löste die Kette vom Pflock und stieß ab. Irgendwelche Ruderkünste zu zeigen, war ihm vorderhand noch unmöglich, denn das Wasser war so seicht und schmal, daß er bei jedem Schlage das Schilf getroffen haben würde. Bald aber verbreiterte sich's, und er konnte nun die Ruder einlegen. Eine tiefe Stille herrschte; der Tag war noch nicht wach, und Schach hörte nichts als ein leises Wehen und Rauschen und den Ton des Wassers, das sich glucksend an dem Schilfgürtel brach. Endlich aber war er in dem großen und eigentlichen See, durch den der Rhin fließt, und die Stelle, wo der Strom ging, ließ sich an einem Gekräusel der sonst spiegelglatten Fläche deutlich erkennen. In diese Strömung bog er jetzt ein, gab dem Boote die rechte Richtung, legte sich und die Ruder ins Binsenstroh und fühlte sofort, wie das Treiben und ein leises Schaukeln begann.

Immer blasser wurden die Sterne, der Himmel rötete sich im Osten, und er schlief ein.

Als er erwachte, war das mit dem Strom gehende Boot schon weit über die Stelle hinaus, wo der tote Arm des Sees nach Wuthenow hin abbog. Er nahm also die Ruder wieder in die Hand und legte sich mit aller Kraft ein, um aus der Strömung heraus und an die verpaßte Stelle zurückzukommen, und freute sich der Anstrengung, die es ihn kostete.

Der Tag war inzwischen angebrochen. Über dem First des Wuthenower Herrenhauses hing die Sonne, während drüben am andern Ufer die Wolken im Widerschein glühten und die Waldstreifen ihren Schatten in den See warfen. Auf dem See selbst aber begann es sich zu regen, und ein die Morgenbrise benutzender Torfkahn glitt mit ausgespanntem Segel an Schach vorüber. Ein Frösteln überlief diesen. Aber dies Frösteln tat ihm wohl, denn er fühlte deutlich, wie der Druck, der auf ihm lastete, sich dabei minderte. „Nahm er es nicht zu schwer? Was war es denn am Ende? Bosheit und Übelwollen. Und wer kann sich *dem* entziehn! Es kommt und geht. Eine Woche noch, und die Bosheit hat sich ausgelebt."

Aber während er so sich tröstete, zogen auch wieder andere Bilder herauf, und er sah sich in einem Kutschwagen bei den prinzlichen Herrschaften vorfahren, um ihnen Victoire von Carayon als seine Braut vorzustellen. Und er hörte deutlich, wie die alte Prinzeß Ferdinand ihrer Tochter, der schönen

Radziwill, zuflüsterte: „Est-elle riche?“ – „Sans doute.“ – „Ah, je comprends.“

Unter so wechselnden Bildern und Betrachtungen bog er wieder in die kurz vorher so stille Bucht ein, in deren Schilf jetzt ein buntes und bewegtes Leben herrschte. Die darin nistenden Vögel kreischten oder gurrten, ein paar Kiebitze flogen auf, und eine Wildente, die sich neugierig umsah, tauchte nieder, als das Boot plötzlich in Sicht kam. Eine Minute später, und Schach hielt wieder am Steg, schlang die Kette fest um den Pflock und stieg, unter Vermeidung jedes Umwegs, die Terrasse hinauf, auf deren oberstem Absatz er Krists Frau, der alten Mutter Kreepschen, begegnete, die schon auf war, um ihrer Ziege das erste Grünfutter zu bringen.

„Tag, Mutter Kreepschen.“

Die Alte schrak zusammen, ihren drinnen im Gartensalon vermuteten jungen Herrn (um dessentwillen sie die Hühner nicht aus dem Stall gelassen hatte, bloß damit ihr Gackern ihn nicht im Schlafe stören sollte) jetzt von der Frontseite des Schlosses her auf sie zukommen zu sehen.

„Jott, junge Herr. Wo kümmen S' denn her?“

„Ich konnte nicht schlafen, Mutter Kreepschen.“

„Wat wihr denn los? Hätt et wedder spökt?“

„Beinah. Mücken und Motten waren's. Ich hatte das Licht brennen lassen. Und der eine Fensterflügel war auf.“

„Awers worümm hebben S' denn dat Licht nicht utpuust? Dat weet doch jed-een, wo Licht is, doa sinn ook ümmer Gnitzen un Motten. Ick weet nich! Und mien oll Kreepsch, he woahrd ook ümmer dümmscher. Jei, jei. Un nich en Oog to.“

„Doch, Mutter Kreepschen. Ich habe geschlafen, im Boot, und ganz gut und ganz fest. Aber jetzt frier ich. Und wenn's Feuer brennt, dann bringt Ihr mir wohl was Warmes. Nicht wahr? 'ne Suppe oder 'nen Kaffee.“

„Jott, et brennt joa all lang, junge Herr; Füer is ümmer dat ihrst. Versteiht sich, versteiht sich, wat Warm's. Un ick bring et ook glieks; man blot de oll Zick, de geiht för. Se jloben joar nich, junge Herr, wie schabernacksch so 'n oll Zick is. De weet, als ob se ne Uhr in 'n Kopp hätt, ob et feif is o'r söss. Und wenn 't söss is, denn wohrd se falsch. Un kumm ick denn un will ehr melken, joa, wat jloben Se woll, wat se denn deiht? Denn stött se mi. Un ümmer hier in 't Krüz, dicht bi de Hüft. Un worümm? Wiel se weet, dat ick doa miene Wehdag hebben deih. Awers nu kummen S' man ihrst in uns' Stuw, un setten sich en beten dahl. Mien oll Kreepsch is joa nu groad bie 't Pierd und schütt't em wat in. Awers keen Viertelstunn mihr, junge Herr, denn hebben S' Ehren Koffe. Un ook wat dato. De oll Semmelfru von Herzberg wihr joa all hier."

Unter diesen Worten war Schach in Kreepschens gute Stube getreten. Alles darin war sauber und rein, nur die Luft nicht. Ein eigentümlicher Geruch herrschte vor, der von einem Pfeffer- und Koriandermixtum herrührte, das die Kreepschen als Mottenvertreibungsmittel in die Sofaecken gesteckt hatte. Schach öffnete deshalb das Fenster, kettelte den Haken ein und war nun erst imstande, sich all der Kleinigkeiten zu freuen, die die „gute Stube" schmückten. Über dem Sofa hingen zwei kleine Kalenderbildchen, Anekdoten aus dem Leben des Großen Königs darstellend. „Du, du!" stand unter dem einen, und „Bon soir, Messieurs!" unter dem andern. Um die Bilderchen und ihre Goldborte herum hingen zwei dicke Immortellenkränze mit schwarzen und weißen Schleifen daran, während auf dem kleinen, niedrigen Ofen eine Vase mit Zittergras stand. Das Hauptschmuckstück aber war ein Schilderhäuschen mit rotem Dach, in dem früher, aller Wahrscheinlichkeit nach, ein Eichkätzchen gehaust und seinen Futterwagen an der Kette herangezogen hatte. Jetzt war es leer, und der Wagen hatte stille Tage.

Schach war eben mit seiner Musterung fertig, als ihm auch schon gemeldet wurde, „daß drüben alles klar sei".

Und wirklich, als er in den Gartensalon eintrat, der ihm ein Nachtlager so beharrlich verweigert hatte, war er überrascht, was Ordnungssinn und ein paar freundliche Hände mittlerweile daraus gemacht hatten. Tür und Fenster standen auf, die Morgensonne füllte den Raum mit Licht, und aller Staub war von Tisch und Sofa verschwunden. Einen Augenblick später erschien auch schon Krists Frau mit dem Kaffee, die Semmeln in einen Korb gelegt, und als Schach eben den Deckel von der kleinen Meißner Kanne heben wollte, klangen vom Dorfe her die Kirchenglocken herauf.

„Was ist denn *das*?“ fragte Schach. „Es kann ja kaum sieben sein.“

„Justement sieben, junge Herr.“

„Aber sonst war es doch erst um elf. Und um zwölfe dann Predigt.“

„Joa, so wihr et. Awers nu nich mihr. Un ümmer den dritt'n Sünndag is et anners. Twee Sünndag, wenn de Radenslebensche kümmt, denn is 't um twölwen, wiel he joa ihrst in Radensleben preestern deiht, awers den dritten Sünndag, wenn de oll Ruppinsche röwer kümmt, denn is et all um achten. Un ümmer, wenn uns' oll Kriwitz von sine Turmluk ut unsen Ollschen von dröwen abstötten seiht, denn treckt he joa sien Klock. Und dat 's ümmer um sebn.“

„Wie heißt denn jetzt der Ruppinsche?“

„Na, wie sall he heten? He heet ümmer noch so. Is joa ümmer noch de oll Bienengräber.“

„Bei dem bin ich ja eingesegnet. War immer ein sehr guter Mann.“

„Joa, dat is he. Man blot, he hett keene Teihn mihr, ook nich een, un nu brummelt un mummelt he ümmerto, un keen Minsch versteiht em.“

„Das ist gewiß nicht so schlimm, Mutter Kreepschen. Aber die Leute haben immer was auszusetzen. Und nun gar erst die Bauern! Ich will hingehen und mal wieder nachsehen, was mir der alte Bienengräber zu sagen hat, mir und den andern. Hat er denn noch in seiner Stube das große Hufeisen, dran ein Zehnpfundgewicht hing? Das hab ich mir immer angesehen, wenn ich nicht aufpaßte.“

„Dat woahrd he woll noch hebben. De Jungens passen joa all nich upp.“

Und nun ging sie, um ihren jungen Herrn nicht länger zu stören, und versprach, ihm ein Gesangbuch zu bringen.

Schach hatte guten Appetit und ließ sich die Herzberger Semmeln schmecken. Denn seit er Berlin verlassen, war noch kein Bissen über seine Lippen gekommen. Endlich aber stand er auf, um in die Gartentür zu treten, und sah von hier aus über das Rundell und die Buchsbaumrabatten und weiter dahinter über die Baumwipfel des Parkes fort, bis sein Auge schließlich auf einem sonnenbeschienenen Storchenpaar ausruhte, das unten, am Fuße des Hügels, über eine mit Ampfer und Ranunkeln rot und gelb gemusterte Wiese hinschritt.

Er verfiel im Anblicke dieses Bildes in allerlei Betrachtungen; aber es läutete gerade zum dritten Male, und so ging er denn ins Dorf hinunter, um von dem herrschaftlichen Chorstuhl aus zu hören, „was ihm der alte Bienengräber zu sagen habe".

Bienengräber sprach gut genug, so recht aus dem Herzen und der Erfahrung heraus, und als der letzte Vers gesungen und die Kirche wieder leer war, wollte Schach auch wirklich in die Sakristei gehen, dem Alten danken für manches gute Wort aus längst vergangener Zeit her und ihn in seinem Boot über den See hin zurückbegleiten. Unterwegs aber wollt er ihm alles sagen, ihm beichten und seinen Rat erbitten. Er würde schon Antwort wissen. Das Alter sei allemal weise, und wenn nicht von Weisheits, so doch bloß von Alters wegen. „Aber", unterbrach er sich mitten in diesem Vorsatze, „was soll mir schließlich seine Antwort? Hab ich diese Antwort nicht schon vorweg? Hab ich sie nicht in mir selbst? Kenn ich nicht die Gebote? Was mir fehlt, ist bloß die Lust, ihnen zu gehorchen."

Und während er so vor sich hin redete, ließ er den Plan eines Zwiegesprächs fallen und stieg den Schloßberg wieder hinauf.

Er hatte von dem Gottesdienst in der Kirche nichts abgehandelt, und *doch* schlug es erst zehn, als er wieder oben anlangte.

Hier ging er jetzt durch alle Zimmer, einmal, zweimal, und sah sich die Bilder aller der Schachs an, die zerstreut und in Gruppen an den Wänden umherhingen. Alle waren in hohen Stellungen in der Armee gewesen, alle trugen sie den Schwarzen Adler oder den Pour le mérite. *Das* hier war der General, der bei Malplaquet die große Redoute nahm, und *das* hier war das Bild seines eigenen Großvaters, des Obersten im Regiment Itzenplitz, der den Hochkirchner Kirchhof mit vierhundert Mann eine Stunde lang gehalten hatte. Schließlich fiel er, zerhauen und zerschossen, wie alle die, die mit ihm waren. Und dazwischen hingen die Frauen, einige schön, am schönsten aber seine Mutter.

Als er wieder in dem Gartensalon war, schlug es zwölf. Er warf sich in die Sofaecke, legte die Hand über Aug und Stirn und zählte die Schläge. „Zwölf. Jetzt bin ich zwölf Stunden hier, und mir ist, als wären es zwölf Jahre ... Wie wird es sein? Alltags die Kreepschen und sonntags Bienengräber oder der Radenslebensche, was keinen Unterschied macht. Einer wie der andre. Gute Leute, versteht sich, alle gut ... Und dann gehe ich mit Victoire durch den Garten, und aus dem Park auf die Wiese, dieselbe Wiese, die wir vom Schloß aus immer und ewig und ewig und immer sehen und auf der der Ampfer und die Ranunkeln blühen. Und dazwischen spazieren die Störche. Vielleicht sind wir allein; aber vielleicht läuft auch ein kleiner Dreijähriger neben uns her und singt in einem fort: ‚Adebar, du Bester, bring mir eine Schwester!‘ Und meine Schloßherrin errötet und wünscht sich das Schwesterchen *auch*. Und endlich sind elf Jahre herum, und wir halten an der ‚ersten Station‘, an der ersten Station, die die ‚stroherne Hochzeit‘ heißt. Ein sonderbares Wort. Und dann ist auch allmählich die Zeit da, sich malen zu lassen, malen zu lassen für die Galerie. Denn wir dürfen doch am Ende nicht fehlen! Und zwischen die Generäle rück ich dann als Rittmeister ein, und zwischen die schönen Frauen kommt Victoire. Vorher aber hab ich eine Konferenz mit dem Maler und sag ihm: ‚Ich rechne darauf, daß Sie den *Ausdruck* zu treffen wissen. Die Seele macht ähnlich.‘ Oder soll ich ihm geradezu sagen: ‚Machen Sie’s gnädig‘ ... Nein, nein!“

Fünfzehntes Kapitel

DIE SCHACHS UND DIE CARAYONS

Was immer geschieht, geschah auch diesmal: die Carayons erfuhren nichts von dem, was die halbe Stadt wußte. Dienstag, wie gewöhnlich, erschien Tante Marguerite, fand Victoiren „um dem Kinn etwas spitz“ und warf im Laufe der Tischunterhaltung hin: „Wißt ihr denn schon, es sollen ja Karikatüren erschienen sein?“

Aber dabei blieb es, da Tante Marguerite jenen alten Gesellschaftsdamen zuzählte, die nur immer von allem „gehört haben“, und als Victoire fragte: „*Was* denn, liebe Tante?“ wiederholte sie nur: „Karikatüren, liebes Kind. Ich weiß es ganz genau.“ Und damit ließ man den Gesprächsgegenstand fallen.

Es war gewiß ein Glück für Mutter und Tochter, daß sie von den Spott- und Zerrbildern, deren Gegenstand sie waren, nichts in Erfahrung brachten; aber für den *Dritt*beteiligten, für Schach, war es ebenso gewiß ein Unglück und eine Quelle neuer Zerwürfnisse. Hätte Frau von Carayon, als deren schönster Herzenszug ein tiefes Mitgefühl gelten konnte, nur die kleinste Vorstellung von all dem Leid gehabt, das, die ganze Zeit über, über ihren Freund ausgeschüttet worden war, so würde sie von der ihm gestellten Forderung zwar nicht Abstand genommen, aber ihm doch Aufschub gewährt und Trost und Teilnahme gespendet haben; ohne jede Kenntnis jedoch von dem, was inzwischen vorgefallen war, ägrierte sie sich gegen Schach immer mehr und erging sich von dem Augenblick an, wo sie von seinem Rückzug nach Wuthenow erfuhr, über seinen „Wort- und Treubruch“, als den sie’s ansah, in den heftigsten und unschmeichelhaftesten Ausdrücken.

Es war sehr bald, daß sie von diesem Rückzuge hörte. Denselben Abend noch, an dem Schach seinen Urlaub angetreten hatte, ließ sich Alvensleben bei den Carayons melden. Victoire, der jede Gesellschaft peinlich war, zog sich zurück, Frau von Carayon aber ließ bitten und empfing ihn mit besonderer Herzlichkeit.

„Daß ich Ihnen sagen könnte, lieber Alvensleben, wie sehr ich mich freue, Sie nach so vielen Wochen einmal wiederzusehen. Eine Welt von Dingen hat sich seitdem zugetragen. Und ein Glück, daß Sie standhaft blieben, als man Ihnen den Luther aufzwingen wollte. Das hätte mir Ihr Bild ein für allemal verdorben."

„Und doch, meine Gnädigste, schwankt ich einen Augenblick, ob ich ablehnen sollte."

„Und weshalb?"

„Weil unser beiderseitiger Freund unmittelbar *vorher* abgelehnt hatte. Nachgerade widersteht es mir, immer wieder und wieder in seine Fußtapfen zu treten. Gibt es ihrer doch ohnehin schon genug, die mich einfach als seinen Abklatsch bezeichnen, an der Spitze Zieten, der mir erst neulich wieder zurief: ‚Hüten Sie sich, Alvensleben, daß Sie nicht als Schach II. in die Rang- und Quartierliste kommen.' "

„Was nicht zu befürchten steht. Sie sind eben doch anders."

„Aber nicht besser."

„Wer weiß."

„Ein Zweifel, der mich aus dem Munde meiner schönen Frau von Carayon einigermaßen überrascht und unserm verwöhnten Freunde, wenn er davon hörte, seine Wuthenower Tage vielleicht verleiden würde."

„Seine Wuthenower Tage?"

„Ja, meine Gnädigste. Mit unbestimmtem Urlaub. Und Sie wissen nicht davon? Er wird sich doch nicht ohne vorgängigen Abschied von Ihnen in sein altes Seeschloß zurückgezogen haben, von dem Nostitz neulich behauptete, daß es halb Wurmfraß und halb Romantik sei."

„Und doch ist es geschehen. Er ist launenhaft, wie Sie wissen." Sie wollte mehr sagen, aber es gelang ihr, sich zu bezwingen und das Gespräch über allerhand Tagesneuigkeiten fortzusetzen, bei welcher Gelegenheit Alvensleben zu seiner Beruhigung wahrnahm, daß sie von der Haupttagesneuigkeit, von dem Erscheinen der Bilder, nicht das geringste wußte. Wirklich, es war der Frau von Carayon auch in der zwischenliegenden halben Woche nicht einen Augenblick in den Sinn gekommen, etwas Näheres über das von dem Tantchen Angedeutete hören zu wollen.

Endlich empfahl sich Alvensleben, und Frau von Carayon, alles Zwanges nunmehr los und ledig, eilte, während Tränen ihren Augen entstürzten, in Victoirens Zimmer, um ihr die Mitteilung von Schachs Flucht zu machen. Denn eine Flucht war es.

Victoire folgte jedem Wort. Aber, ob es nun ihre Hoffnung und Zuversicht oder umgekehrt ihre Resignation war, gleichviel, sie blieb ruhig.

„Ich bitte dich, urteile nicht zu früh. Ein Brief von ihm wird eintreffen und über alles Aufklärung geben. Laß es uns abwarten; du wirst sehn, daß du deinem Verdacht und deiner Verstimmung gegen ihn mehr nachgegeben hast, als recht und billig war."

Aber Frau von Carayon wollte sich nicht umstimmen lassen.

„Ich kannt ihn schon, als du noch ein Kind warst. Nur zu gut. Er ist eitel und hochfahrend, und die prinzlichen Höfe haben ihn vollends überschraubt. Er verfällt mehr und mehr ins Ridiküle. Glaube mir, er will Einfluß haben und zieht sich im stillen irgendeinen politischen oder gar staatsmännischen Ehrgeiz groß. Was mich am meisten verdrießt, ist das, er hat sich plötzlich auf seinen Obotritenadel besonnen und fängt an, sein Schach- oder Schachentum für etwas ganz Besondres in der Weltgeschichte zu halten."

„Und tut damit nicht mehr, als was *alle* tun ... Und die Schachs sind doch *wirklich* eine alte Familie."

„Daran mag er denken und das Pfauenrad schlagen, wenn er

über seinen Wuthenower Hühnerhof hingeht. Und solche Hühnerhöfe gibt es hier überall. Aber, was soll *uns* das? Oder, zum wenigsten, was soll es *dir*? An mir hätt er vorbeistolzieren und der bürgerlichen Generalpächterstochter, der kleinen Roturière, den Rücken kehren können. Aber du, Victoire, du; du bist nicht bloß meine Tochter, du bist auch deines Vaters Tochter, du bist eine *Carayon*!"

Victoire sah die Mama mit einem Anfluge schelmischer Verwunderung an.

„Ja, lache nur, Kind, lache laut, ich verüble dir's nicht. Hast du mich doch selber oft genug über diese Dinge lachen sehen. Aber, meine süße Victoire, die Stunden sind nicht gleich, und heute bitt ich deinem Vater ab und dank ihm von Herzen, weil er mir in seinem Adelsstolze, mit dem er mich zur Verzweiflung gebracht und aus seiner Nähe hinweggelangweilt hat, eine willkommene Waffe gegen diesen mir unerträglichen Dünkel in die Hand gibt. Schach, Schach! Was ist Schach? Ich kenn ihre Geschichte nicht und *will* sie nicht kennen, aber ich wette diese meine Brosche gegen eine Stecknadel, daß du, wenn du das ganze Geschlecht auf die Tenne wirfst, da, wo der Wind am schärfsten geht, daß nichts übrigbleibt, sag ich, als ein halbes Dutzend Obersten und Rittmeister, alle devotest erstorben und alle mit einer Pontaknase. Lehre mich *diese* Leute kennen!"

„Aber, Mama ..."

„Und nun die Carayons! Es ist wahr, ihre Wiege hat nicht an der Havel und nicht einmal an der Spree gestanden, und weder im Brandenburger noch im Havelberger Dom ist je geläutet worden, wenn einer von ihnen kam oder ging. Oh, ces pauvres gens, ces malheureux Carayons! Sie hatten ihre Schlösser, beiläufig *wirkliche* Schlösser, so bloß armselig an der Gironde hin, waren bloß Girondins, und deines Vaters leibliche Vettern fielen unter der Guillotine, weil sie treu und frei zugleich waren und uneingeschüchtert durch das Geschrei des Berges für das Leben ihres Königs gestimmt hatten."

Immer verwunderter folgte Victoire.

„Aber", fuhr Frau von Carayon fort, „ich will nicht von Jüngstgeschehenem sprechen, will nicht sprechen von *heute.* Denn ich weiß wohl, das Vonheutesein ist immer ein Verbrechen in den Augen derer, die schon gestern da waren, gleichviel *wie.* Nein, ich will von alten Zeiten sprechen, von Zeiten, als der erste Schach ins Land und an den Ruppiner See kam und einen Wall und Graben zog und eine lateinische Messe hörte, von der er nichts verstand. Eben damals zogen die Carayons, ces pauvres et malheureux Carayons, mit vor Jerusalem und eroberten es und befreiten es. Und als sie heimkamen, da kamen Sänger an ihren Hof, und sie sangen selbst, und als Victoire de Carayon (ja, sie hieß auch Victoire) sich dem großen Grafen von Lusignan vermählte, dessen erlauchter Bruder Großprior des hohen Ordens vom Spital und endlich König von Zypern war, da waren wir mit einem Königshause versippt und verschwägert, mit den Lusignans, aus deren großem Hause die schöne Melusine kam, unglücklichen, aber, Gott sei Dank, unprosaischen Angedenkens. Und von uns Carayons, die wir ganz andere Dinge gesehen haben, will sich dieser Schach abwenden und sich hochmütig zurückziehen? *Unsrer* will er sich schämen? Er, Schach. Will er es als Schach oder will er es als Grundherr von Wuthenow? Ah, bah! Was ist es denn mit beiden? Schach ist ein blauer Rock mit einem roten Kragen und Wuthenow ist eine Lehmkate."

„Mama, glaube mir, du tust ihm unrecht. Ich such es nach einer andern Seite hin. Und da *find* ich es auch."

Frau von Carayon beugte sich zu Victoire nieder und küßte sie leidenschaftlich. „Ach, wie gut du bist, viel, viel besser als deine Mama. Und nur *eines* ist gut an ihr, daß sie dich liebt. Er aber sollte dich *auch* lieben! Schon um deiner Demut willen."

Victoire lächelte.

„Nein, nicht so. Der Glaube, daß du verarmt und ausgeschieden seiest, beherrscht dich mit der Macht einer fixen Idee. Du *bist* nicht so verarmt. Und auch er . . ."

Sie stockte.

„Sieh, du warst ein schönes Kind, und Alvensleben hat mir erzählt, in welch enthusiastischen Worten der Prinz erst neulich wieder von deiner Schönheit auf dem Massowschen Balle gesprochen habe. Das ist nicht hin, davon blieb dir, und jeder muß es finden, der ihm liebevoll in deinen Zügen nachzugehen den Sinn und das Herz hat. Und wenn wer dazu verpflichtet ist, so ist *er's*! Aber er sträubt sich, denn so hautain er ist, so konventionell ist er. Ein kleiner ängstlicher Aufmerker. Er hört auf das, was die Leute sagen, und wenn das ein Mann tut (*wir* müssen's), so heiß ich das Feigheit und lâcheté. Aber er soll mir Rede stehn. Ich habe meinen Plan jetzt fertig und will ihn demütigen, so gewiß er *uns* demütigen wollte."

Frau von Carayon kehrte nach diesem Zwiegespräch in das Eckzimmer zurück, setzte sich an Victoirens kleinen Schreibtisch und schrieb:

„Einer Mitteilung Herrn von Alvensleben entnehm ich, daß Sie, mein Herr von Schach, heute, Sonnabend abend, Berlin verlassen und sich für einen Landaufenthalt in Wuthenow entschieden haben. Ich habe keine Veranlassung, Ihnen diesen Landaufenthalt zu mißgönnen oder Ihre Berechtigung dazu zu bestreiten, muß aber Ihrem Rechte das meiner Tochter gegenüberstellen. Und so gestatten Sie mir denn, Ihnen in Erinnerung zu bringen, daß die Veröffentlichung des Verlöbnisses für morgen, Sonntag, zwischen uns verabredet worden ist. Auf diese Veröffentlichung besteh ich auch heute noch. Ist sie bis Mittwoch früh nicht erfolgt, erfolgen meinerseits andre, durchaus selbständige Schritte. Sosehr dies meiner Natur widerspricht (Victoirens ganz zu schweigen, die von diesem meinem Schreiben nichts weiß und nur bemüht sein würde, mich daran zu hindern), so lassen mir doch die Verhältnisse, die Sie, das mindeste zu sagen, nur zu gut kennen, keine Wahl. Also bis auf Mittwoch! Josephine von Carayon."

Sie siegelte den Brief und übergab ihn persönlich einem

Boten mit der Weisung, sich bei Tagesanbruch nach Wuthenow hin auf den Weg zu machen.
Auf Antwort zu warten war ihm eigens untersagt worden.

Sechzehntes Kapitel

FRAU VON CARAYON UND DER ALTE KÖCKRITZ

Der Mittwoch kam und ging, ohne daß ein Brief Schachs oder gar die geforderte Verlobungsankündigung erschienen wäre. Frau von Carayon hatte dies nicht anders erwartet und ihre Vorbereitungen daraufhin getroffen.
Am Donnerstag früh hielt ein Wagen vor ihrem Hause, der sie nach Potsdam hinüberführen sollte, wo sich der König seit einigen Wochen aufhielt. Sie hatte vor, einen Fußfall zu tun, ihm den ihr widerfahrenen Affront vorzustellen und seinen Beistand anzurufen. Daß es in des Königs Macht stehen werde, diesen Beistand zu gewähren und einen Ausgleich herbeizuführen, war ihr außer Zweifel. Auch über die Mittel und Wege, sich Seiner Majestät zu nähern, hatte sie nachgedacht und mit gutem Erfolge. Sie kannte den Generaladjutanten von Köckritz, der vor dreißig Jahren und länger als ein junger Leutnant oder Stabskapitän in ihrem elterlichen Hause verkehrt und der „kleinen Josephine“, dem allgemeinen Verzuge, manche Bonbonniere geschenkt hatte. Der war jetzt Liebling des Königs, einflußreichste Person seiner nächsten Umgebung, und durch *ihn,* zu dem sie wenigstens in oberflächlichen Beziehungen geblieben war, hoffte sie sich einer Audienz versichert halten zu dürfen.
Um die Mittagsstunde war Frau von Carayon drüben, stieg im „Einsiedler“ ab, ordnete ihre Toilette und begab sich sofort ins Schloß. Aber hier mußte sie von einem zufällig die Freitreppe herabkommenden Kammerherrn in Erfahrung bringen, daß Seine Majestät Potsdam bereits wieder verlassen und sich zur Begrüßung Ihrer Majestät der Königin, die tags darauf aus Bad Pyrmont zurückzukehren gedenke, nach

Paretz begeben habe, wo man, frei vom Zwange des Hofes, eine Woche lang in glücklicher Zurückgezogenheit zu verleben gedenke.

Das war nun freilich eine böse Nachricht. Wer sich zu einem peinlichen Gange (und wenn es der „hochnotpeinlichste" wäre) anschickt und mit Sehnsucht auf das Schreckensende wartet, für den ist nichts härter als Vertagung. Nur rasch, rasch! Eine kurze Strecke geht es, aber dann versagen die Nerven.

Schweren Herzens und geängstigt durch die Vorstellung, daß ihr dieser Fehlschlag vielleicht einen Fehlschlag überhaupt bedeute, kehrte Frau von Carayon in das Gasthaus zurück. An eine Fahrt nach Paretz hinaus war für heute nicht mehr zu denken, um so weniger, als zu so später Nachmittagszeit unmöglich noch eine Audienz erbeten werden konnte. So denn also warten bis morgen! Sie nahm ein kleines Diner, setzte sich wenigstens zu Tisch und schien entschlossen, die langen, langen Stunden in Einsamkeit auf ihrem Zimmer zu verbringen. Aber die Gedanken und Bilder, die vor ihr aufstiegen, und vor allem die feierlichen Ansprachen, die sie sich zum hundertsten Male wiederholte, so lange wiederholte, bis sie zuletzt fühlte, sie werde, wenn der Augenblick da sei, kein einziges Wort hervorbringen können – alles das gab ihr zuletzt den gesunden Entschluß ein, sich gewaltsam aus ihren Grübeleien herauszureißen und in den Straßen und Umgebungen der Stadt umherzufahren. Ein Lohndiener erschien denn auch, um ihr seine Dienste zur Verfügung zu stellen, und um die sechste Stunde hielt eine mittelelegante Mietschaise vor dem Gasthause, da sich das von Berlin her benutzte Gefährt, nach seiner halbtägigen Anstrengung im Sommersand, als durchaus ruhebedürftig herausgestellt hatte.

„Wohin befehlen gnädige Frau?"

„Ich überlaß es Ihnen. Nur keine Schlösser oder doch so wenig wie möglich; aber Park und Garten und Wasser und Wiesen."

„Ah, je comprends", radebrechte der Lohndiener, der sich

daran gewöhnt hatte, seine Fremden ein für allemal als Halbfranzosen zu nehmen oder vielleicht auch dem französischen Namen der Frau von Carayon einige Berücksichtigung schuldig zu sein glaubte. „Je comprends." Und er gab dem in einem alten Tressenhut auf dem Bock sitzenden Kutscher Ordre, zunächst in den „Neuen Garten" zu fahren.

In dem „Neuen Garten" war es wie tot, und eine dunkle, melancholische Zypressenallee schien gar kein Ende nehmen zu wollen. Endlich lenkte man nach rechts hin in einen neben einem See hinlaufenden Weg ein, dessen einreihig gepflanzte Bäume mit ihrem weit ausgestreckten und niederhängenden Gezweige den Wasserspiegel berührten. In dem Gitterwerke der Blätter aber glomm und glitzerte die niedergehende Sonne. Frau von Carayon vergaß über dieser Schönheit all ihr Leid und fühlte sich dem Zauber derselben erst wieder entrissen, als der Wagen aus dem Uferweg abermals in den großen Mittelgang einbog und gleich danach vor einem aus Backstein aufgeführten, im übrigen aber mit Gold und Marmor reich geschmückten Hause hielt.

„Wem gehört es?"

„Dem König."

„Und wie heißt es?"

„Das Marmorpalais."

„Ah, das Marmorpalais. Das ist also das Palais ..."

„Zu dienen, gnädige Frau. Das ist das Palais, in dem weiland Seine Majestät König Friedrich Wilhelm der Zweite seiner langen und schmerzlichen Wassersucht allerhöchst erlag. Und steht auch noch alles ebenso, wie's damals gestanden hat. Ich kenne das Zimmer ganz genau, wo der gute, gnädige Herr immer ‚den Lebensgas' trank, den ihm der Geheimrat Hufeland in einem kleinen Ballon ans Bett bringen ließ oder vielleicht auch bloß in einer Kalbsblase. Wollen die gnädige Frau das Zimmer sehen? Es ist freilich schon spät. Aber ich kenne den Kammerdiener, und er tut es, denk ich, auf meinen Empfehl ... versteht sich ... Und ist auch dasselbe kleine Zimmer, worin sich eine Figur von der Frau Rietz oder, wie manche sagen, von der Mamsell Enken oder der Gräfin Lichtenau befindet, das heißt, nur eine kleine Figur, so bloß bis an die Hüften oder noch weniger."

Frau von Carayon dankte. Sie war bei dem Gange, der ihr für morgen bevorstand, nicht in der Laune, das Allerheiligste der Rietz oder auch nur ihre Porträtbüste kennenlernen zu wollen. Sie sprach also den Wunsch aus, immer weiter in den Park hineinzufahren, und ließ erst umkehren, als schon die Sonne nieder war und ein kühlerer Lufthauch den Abend ankündigte. Wirklich, es schlug neun, als man auf der Rückfahrt an der Garnisonkirche vorüberkam, und ehe noch das Glockenspiel seinen Choral ausgespielt hatte, hielt der Wagen wieder vor dem „Einsiedler".

Die Fahrt hatte sie gekräftigt und ihr ihren Mut zurückgegeben. Dazu kam eine wohltuende Müdigkeit, und sie schlief besser als seit lange. Selbst was sie träumte, war hell und licht.

Am andern Morgen erschien, wie verabredet, ihre nun wieder ausgeruhte Berliner Equipage vor dem Hotel; da sie jedoch allen Grund hatte, der Kenntnis und Umsicht ihres eigenen Kutschers zu mißtrauen, engagierte sie, wie zur Aushilfe, denselben Lohndiener wieder, der sich gestern, aller kleinen Eigenheiten seines Standes unerachtet, so vorzüglich bewährt hatte. Das gelang ihm denn auch heute wieder. Er wußte von jedem Dorf und Lustschloß, an dem man vorüberkam, zu berichten, am meisten von Marquardt, aus dessen Parke, zu wenigstens vorübergehendem Interesse der Frau von Carayon, jenes Gartenhäuschen hervorschimmerte, darin unter Zutun und Anleitung des Generals von Bischoffswerder dem „dicken Könige" (wie sich der immer konfidentieller werdende Cicerone jetzt ohne weiteres ausdrückte) die Geister erschienen waren.

Eine Viertelmeile hinter Marquardt hatte man die Wublitz, einen von Mummeln überblühten Havelarm, zu passieren, dann folgten Äcker und Wiesengründe, die hoch in Gras und Blumen standen, und ehe noch die Mittagsstunde heran war,

war ein Brückensteg und alsbald auch ein offenstehendes Gittertor erreicht, das den Paretzer Parkeingang bildete.
Frau von Carayon, die sich ganz als Bittstellerin empfand, ließ in dem ihr eigenen feinen Gefühl an dieser Stelle halten und stieg aus, um den Rest des Weges zu Fuß zu machen. Es war nur eine kleine, sonnenbeschienene Strecke noch, aber gerade das Sonnenlicht war ihr peinlich, und so hielt sie sich denn seitwärts unter den Bäumen hin, um nicht vor der Zeit gesehen zu werden.
Endlich indes war sie bis an die Sandsteinstufen des Schlosses heran, und sie schritt tapfer hinauf. Die Nähe der Gefahr hatte ihr einen Teil ihrer natürlichen Entschlossenheit zurückgegeben.
„Ich wünsche den General von Köckritz zu sprechen", wandte sie sich an einen im Vestibül anwesenden Lakaien, der sich gleich beim Eintritt der schönen Dame von seinem Sitz erhoben hatte.
„Wen hab ich dem Herrn General zu melden?"
„Frau von Carayon."
Der Lakai verbeugte sich und kam mit der Antwort zurück: Der Herr General lasse bitten, in das Vorzimmer einzutreten.
Frau von Carayon hatte nicht lange zu warten. General von Köckritz, von dem die Sage ging, daß er außer seiner leidenschaftlichen Liebe zu seinem König keine weitere Passion als eine Pfeife Tabak und einen Rubber Whist habe, trat ihr von seinem Arbeitszimmer her entgegen, entsann sich sofort der alten Zeit und bat sie mit verbindlichster Handbewegung, Platz zu nehmen. Sein ganzes Wesen hatte so sehr den Ausdruck des Gütigen und Vertrauenerweckenden, daß die Frage nach seiner Klugheit nur sehr wenig daneben bedeutete. Namentlich für solche, die, wie Frau von Carayon, mit einem Anliegen kamen. Und das sind bei Hofe die meisten. Er bestätigte durchaus die Lehre, daß eine *wohlwollende* Fürstenumgebung einer geistreichen immer weit vorzuziehen ist. Nur freilich sollen diese fürstlichen Privatdiener nicht auch

Staatsdiener sein und nicht mitbestimmen und mitregieren wollen.
General von Köckritz hatte sich so gesetzt, daß ihn Frau von Carayon im Profil hatte. Sein Kopf steckte halb in einem überaus hohen und steifen Uniformkragen, aus dem nach vorn hin ein Jabot quoll, während nach hinten ein kleiner, sauber behandelter Zopf fiel. Dieser schien ein eigenes Leben zu führen und bewegte sich leicht und mit einer gewissen Koketterie hin und her, auch wenn an dem Manne selbst nicht die geringste Bewegung wahrzunehmen war.
Frau von Carayon, ohne den Ernst ihrer Lage zu vergessen, erheiterte sich doch offenbar an diesem eigentümlich neckischen Spiel, und erst einmal ins Heitere gekommen, erschien ihr das, was ihr oblag, um vieles leichter und bezwingbarer und befähigte sie, mit Freimut über all und jedes zu sprechen, auch über das, was man als den „delikaten Punkt" in ihrer oder ihrer Tochter Angelegenheit bezeichnen konnte.
Der General hatte nicht nur aufmerksam, sondern auch teilnahmevoll zugehört und sagte, als Frau von Carayon schwieg: „Ja, meine gnädigste Frau, das sind sehr fatale Sachen, Sachen, von denen Seine Majestät nicht zu hören liebt, weshalb ich im allgemeinen darüber zu schweigen pflege, wohlverstanden, solange nicht Abhilfe zu schaffen und überhaupt nichts zu bessern ist. Hier aber *ist* zu bessern, und ich würde meine Pflicht versäumen und Seiner Majestät einen schlechten Dienst erweisen, wenn ich ihm einen Fall wie den Ihrigen vorenthalten oder, da Sie selber gekommen sind, Ihre Sache vorzutragen, Sie, meine gnädigste Frau, durch künstlich erfundene Schwierigkeiten an solchem Vortrage behindern wollte. Denn solche Schwierigkeiten sind allemalen erfundene Schwierigkeiten in einem Lande wie das unsre, wo von alter Zeit her die Fürsten und Könige das Recht ihres Volkes wollen und nicht gesonnen sind, der Forderung eines solchen Rechtes bequem aus dem Wege zu gehen. Am allerwenigsten aber mein Allergnädigster König und Herr, der ein starkes Gefühl für das *Ebenmäßige* des Rechts und ebendeshalb

einen wahren Widerwillen und rechten Herzensabscheu gegen alle *die*jenigen hat, die sich, wie manche Herren Offiziers, insonderheit aber die sonst so braven und tapfren Offiziers von Dero Regiment Gensdarmes, aus einem schlechten Dünkel allerlei Narretei zu permittieren geneigt sind und es für angemessen und löblich oder doch zum mindesten für nicht unstatthaft halten, das Glück und den Ruf andrer ihrem Übermut und ihrer schlechten moralité zu opfern."

Frau von Carayons Augen füllten sich mit Tränen. „Que vous êtes bon, mon cher Général."

„Nicht ich, meine teure Frau. Aber mein Allergnädigster König und Herr, *der* ist gut. Und ich denke, Sie sollen den Beweis dieser seiner Herzensgüte bald in Händen halten, trotzdem wir heut einen schlimmen oder sagen wir lieber einen schwierigen Tag haben. Denn, wie Sie vielleicht schon in Erfahrung gebracht haben, der König erwartet in wenig Stunden die Königin zurück; um nicht gestört zu werden in der Freude des Wiedersehens, *des*halb befindet er sich hier, *des*halb ist er hierher gegangen, nach Paretz. Und nun läuft ihm in dies Idyll ein Rechtsfall und eine Streitsache nach. Und eine Streitsache von so delikater Natur. Ja, wirklich ein Schabernack ist es und ein rechtes Schnippchen, das ihm die Laune der Frau Fortuna schlägt. Er will sich seines Liebesglückes freuen (Sie wissen, wie sehr er die Königin liebt), und in demselben Augenblicke fast, der ihm sein Liebesglück bringen soll, hört er eine Geschichte von unglücklicher Liebe. Das verstimmt ihn. Aber er ist zu gütig, um dieser Verstimmung nicht Herr zu werden, und treffen wir's nur einigermaßen leidlich, so müssen wir uns aus ebendiesem Zusammentreffen auch noch einen besonderen Vorteil zu ziehen wissen. Denn das eigne Glück, das er erwartet, wird ihn nur noch geneigter machen als sonst, das getrübte Glück andrer wiederherzustellen. Ich kenn ihn ganz in seinem Rechtsgefühl und in der Güte seines Herzens. Und so geh ich denn, meine teure Frau, Sie bei dem Könige zu melden."

Er hielt aber plötzlich wie nachdenkend inne, wandte sich

noch einmal wieder und setzte hinzu: „Irr ich nicht, so hat er sich eben in den Park begeben. Ich kenne seinen Lieblingsplatz. Lassen Sie mich also sehen. In wenig Minuten bring ich Ihnen Antwort, ob er Sie hören will oder nicht. Und nun noch einmal, seien Sie guten Mutes! Sie dürfen es."

Und damit nahm er Hut und Stock und trat durch eine kleine Seitentür unmittelbar in den Park hinaus.

In dem Empfangszimmer, in dem Frau von Carayon zurückgeblieben war, hingen allerlei Buntdruckbilder, wie sie damals von England her in der Mode waren: Engelsköpfe von Josua Reynolds, Landschaften von Gainsborough, auch ein paar Nachbildungen italienischer Meisterwerke, darunter eine büßende Magdalena. War es die von Correggio? Das wundervoll tiefblau getönte Tuch, das die Büßende halb verhüllte, fesselte Frau von Carayons Aufmerksamkeit, und sie trat heran, um sich über den Maler zu vergewissern. Aber ehe sie noch seinen Namen entziffern konnte, kehrte der alte General zurück und bat seinen Schützling, ihm zu folgen.

Und so traten sie denn in den Park, drin eine tiefe Stille herrschte. Zwischen Birken und Edeltannen hin schlängelte sich der Weg und führte bis an eine künstliche, von Efeu überwachsene Felswand, in deren Front (der alte Köckritz war jetzt zurückgeblieben) der König auf einer Steinbank saß.

Er erhob sich, als er die schöne Frau sich nähern sah, und trat ihr ernst und freundlich entgegen. Frau von Carayon wollte sich auf ein Knie nierderlassen, der König aber litt es nicht, nahm sie vielmehr aufrichtend bei der Hand und sagte: „Frau von Carayon? Mir sehr wohl bekannt... Erinnere Kinderball... schöne Tochter... Damals..."

Er schwieg einen Augenblick, entweder in Verlegenheit über das ihm entschlüpfte letzte Wort oder aber aus Mitgefühl mit der tiefen Bewegung der unglücklichen und beinah zitternd vor ihm stehenden Mutter, und fuhr dann fort: „Köckritz mir eben Andeutungen gemacht... *Sehr* fatal... Aber bitte... sich setzen, meine Gnädigste... Mut... Und nun sprechen Sie."

Siebzehntes Kapitel

SCHACH IN CHARLOTTENBURG

Eine Woche später hatten König und Königin Paretz wieder verlassen, und schon am Tage danach ritt Rittmeister von Schach in Veranlassung eines ihm in Schloß Wuthenow übergebenen Kabinettsschreibens nach Charlottenburg hinaus, wohin inzwischen der Hof übersiedelt war. Er nahm seinen Weg durchs Brandenburger Tor und die große Tiergartenallee, links hinter ihm Ordonnanz Baarsch, ein mit einem ganzen Linsengericht von Sommersprossen überdeckter Rotkopf mit übrigens noch röterem Backenbart, auf welchen roten und etwas abstehenden Bart hin Zieten zu versichern pflegte, „daß man auch *diesen* Baarsch an seinen Flossen erkennen könne". Wuthenower Kind und seines Gutsherrn und Rittmeisters ehemaliger Spielgefährte, war er diesem und allem, was Schach hieß, selbstverständlich in unbedingten Treuen ergeben.

Es war vier Uhr nachmittags und der Verkehr nicht groß, trotzdem die Sonne schien und ein erquickender Wind wehte. Nur wenige Reiter begegneten ihnen, unter diesen auch ein paar Offiziere von Schachs Regiment. Schach erwiderte ihren Gruß, passierte den Landwehrgraben und ritt bald danach in die breite Charlottenburger Hauptstraße mit ihren Sommerhäusern und Vorgärten ein.

Am Türkischen Zelt, das sonst wohl sein Ziel zu sein pflegte, wollte sein Pferd einbiegen; er zwang es aber und hielt erst bei dem Morellischen Kaffeehause, das ihm heute für den Gang, den er vorhatte, bequemer gelegen war. Er schwang sich aus dem Sattel, gab der Ordonnanz den Zügel und ging ohne Versäumnis auf das Schloß zu. Hier trat er nach Passierung eines öden und von der Julisonne längst verbrannten Grasvierecks erst in ein geräumiges Treppenhaus und bald danach in einen schmalen Korridor ein, an dessen Wänden in anscheinend überlebensgroßen Porträts die glotzäugigen blauen Riesen Friedrich Wilhelms I. paradierten. Am Ende dieses Ganges aber traf er einen Kammerdiener, der ihn, nach vorgängiger Meldung, in das Arbeitskabinett des Königs führte.

Dieser stand an einem Pult, auf dem Karten ausgebreitet lagen, ein paar Pläne der Austerlitzer Schlacht. Er wandte sich sofort, trat auf Schach zu und sagte: „Habe Sie rufen lassen, lieber Schach ... Die Carayon; fatale Sache. Spiele nicht gern den Moralisten und Splitterrichter; mir verhaßt; auch meine Verirrungen. Aber in Verirrungen nicht steckenbleiben; wiedergutmachen. Übrigens nicht recht begreife. Schöne Frau, die Mutter; mir *sehr* gefallen; kluge Frau."

Schach verneigte sich.

„Und die Tochter! Weiß wohl, weiß, armes Kind ... Aber, enfin, müssen sie doch charmant gefunden haben. Und was man einmal charmant gefunden, findet man, wenn man nur will, auch wieder. Aber das ist *Ihre* Sache, geht mich nichts an. Was mich angeht, das ist die Honnêteté. *Die* verlang ich, und um dieser Honnêteté willen verlang ich Ihre Heirat mit dem Fräulein von Carayon. Oder Sie müßten denn Ihren Abschied nehmen und den Dienst quittieren wollen."

Schach schwieg, verriet aber durch Haltung und Miene, daß ihm dies das schmerzlichste sein würde.

„Nun, denn bleiben also; schöner Mann; liebe das. Aber Remedur muß geschafft werden, und bald, und gleich. Übrigens alte Familie, die Carayons, und wird Ihren Fräulein Töchtern (Pardon, lieber Schach) die Stiftsanwartschaft auf Marienfließ oder Heiligengrabe nicht verderben. Abgemacht also. Rechne darauf, dringe darauf. Und werden mir Meldung machen."

„Zu Befehl, Ew. Majestät."

„Und noch eins; habe mit der Königin darüber gesprochen; will Sie sehn; Frauenlaune. Werden sie drüben in der Orangerie treffen ... Dank Ihnen."

Schach war gnädig entlassen, verbeugte sich und ging den Korridor hinunter auf das am entgegengesetzten Flügel des

Schlosses gelegene große Glas- und Gewächshaus zu, von dem der König gesprochen hatte.

Die Königin aber war noch nicht da, vielleicht noch im Park. So trat er denn in diesen hinaus und schritt auf einem Fliesengange zwischen einer Menge hier aufgestellter römischer Kaiser auf und ab, von denen ihn einige faunartig anzulächeln schienen. Endlich sah er die Königin von der Fährbrücke her auf sich zukommen, eine Hofdame mit ihr, allem Anscheine nach das jüngere Fräulein von Viereck. Er ging beiden Damen entgegen und trat in gemessener Entfernung beiseite, um die militärischen Honneurs zu machen. Das Hoffräulein aber blieb um einige Schritte zurück.

„Ich freue mich, Sie zu sehen, Herr von Schach. Sie kommen vom Könige."

„Zu Befehl, Ew. Majestät."

„Es ist etwas gewagt", fuhr die Königin fort, „daß ich Sie habe bitten lassen. Aber der König, der anfänglich dagegen war und mich darüber verspottete, hat es schließlich gestattet. Ich bin eben eine Frau, und es wäre hart, wenn ich mich meiner Frauenart entschlagen müßte, nur weil ich eine *Königin* bin. Als Frau interessiert mich alles, was unser Geschlecht angeht, und was ging uns näher an als eine solche question d'amour."

„Majestät sind so gnädig."

„Nicht gegen Sie, lieber Schach. Es ist um des Fräuleins willen ... Der König hat mir alles erzählt und Köckritz hat von dem Seinen hinzugetan. Es war denselben Tag, als ich von Pyrmont wieder in Paretz eintraf, und ich kann Ihnen kaum aussprechen, wie groß meine Teilnahme mit dem Fräulein war. Und nun wollen Sie, gerade *Sie,* dem lieben Kinde diese Teilnahme versagen und mit dieser Teilnahme zugleich sein Recht. Das ist unmöglich. Ich kenne Sie so lange Zeit und habe Sie jederzeit als einen Kavalier und Mann von Ehre befunden. Und dabei, denk ich, belassen wir's. Ich habe von den Spottbildern gehört, die publiziert worden sind, und diese Bilder, so nehm ich an, haben Sie verwirrt und Ihnen

Ihr ruhiges Urteil genommen. Ich begreife das, weiß ich doch aus allereigenster Erfahrung, wie weh dergleichen tut und wie der giftige Pfeil uns nicht bloß in unserem Gemüte verwundet, sondern auch verwandelt und *nicht* verwandelt zum Besseren. Aber wie dem auch sei, Sie mußten sich auf sich selbst besinnen und damit zugleich auch auf *das,* was Pflicht und Ehre von Ihnen fordern."

Schach schwieg.

„Und Sie *werden* es", fuhr die Königin, immer lebhafter werdend, fort, „und werden sich als einen Reuigen und Bußfertigen zeigen. Es kann Ihnen nicht schwer werden, denn selbst aus der Anklage gegen Sie, so versicherte mir der König, habe noch immer ein Ton der Zuneigung gesprochen. Seien Sie dessen gedenk, wenn Ihr Entschluß je wieder ins Schwanken kommen sollte, was ich nicht fürchte. Wüßt ich doch kaum etwas, was mir in diesem Augenblicke so lieb wäre, wie die Schlichtung dieses Streites und der Bund zweier Herzen, die mir füreinander bestimmt erscheinen. Auch durch eine recht eigentliche Liebe. Denn Sie werden doch, hoff ich, nicht in Abrede stellen wollen, daß es ein geheimnisvoller Zug war, was Sie zu diesem lieben und einst so schönen Kinde hinführte. Das Gegenteil anzunehmen widerstreitet mir. Und nun eilen Sie heim und machen Sie glücklich und werden Sie glücklich! Meine Wünsche begleiten Sie, Sie *beide.* Sie werden sich zurückziehen, solang es die Verhältnisse gebieten; unter allen Umständen aber erwart ich, daß Sie mir Ihre Familienereignisse melden und den Namen Ihrer Königin als erste Taufpatin in Ihr Wuthenower Kirchenbuch eintragen lassen. Und nun Gott befohlen."

Ein Gruß und eine freundliche Handbewegung begleiteten diese Worte; Schach aber, als er sich kurz vor der Gartenfront noch einmal umsah, sah, wie beide Damen in einen Seitenweg einbogen und auf eine schattigere, mehr der Spree zu gelegene Partie des Parks zuschritten.

Er selbst saß eine Viertelstunde später wieder im Sattel; Ordonnanz Baarsch folgte.

Die gnädigen Worte beider Majestäten hatten eines Eindrucks auf ihn nicht verfehlt; trotzdem war er nur getroffen, in nichts aber umgestimmt worden. Er wußte, was er dem König schuldig sei: *Gehorsam!* Aber sein Herz widerstritt, und so galt es denn für ihn, etwas ausfindig zu machen, was Gehorsam und Ungehorsam in sich vereinigte, was dem Befehle seines Königs und dem Befehle seiner eigenen Natur gleichmäßig entsprach. Und dafür gab es nur *einen* Weg. Ein Gedanke, den er schon in Wuthenow gefaßt hatte, kam ihm jetzt wieder und reifte rasch zum Entschluß, und je fester er ihn werden fühlte, desto mehr fand er sich in seine frühere gute Haltung und Ruhe zurück. „Leben", sprach er vor sich hin. „Was ist leben? Eine Frage von Minuten, eine Differenz von heut auf morgen." Und er fühlte sich, nach Tagen schweren Druckes, zum ersten Male wieder leicht und frei.

Als er, heimreitend, bis an die Wegstelle gekommen war, wo eine alte Kastanienallee nach dem Kurfürstendamm hin abzweigte, bog er in diese Allee ein, winkte Baarsch an sich heran und sagte, während er den Zügel fallen ließ und die linke Hand auf die Kruppe seines Pferdes stemmte: „Sage, Baarsch, was hältst du eigentlich vom Heiraten?"

„Jott, Herr Rittmeister, wat soll ich davon halten? Mein Vater selig sagte man ümmer: Heiraten is gut, aber nich heiraten is noch besser."

„Ja, das mag er wohl gesagt haben. Aber wenn *ich* nun heirate, Baarsch?"

„Ach, Herr Rittmeister werden doch nich!"

„Ja, wer weiß ... Ist es denn ein solches Malheur?"

„Jott, Herr Rittmeister, vor *Ihnen* grade nich, aber vor mir ..."

„Wie das?"

„Weil ich mit Untroff'zier Czepanski gewett't hab, es würd *doch* nichts. Un wer verliert, muß die ganze Korporalschaft freihalten."

„Aber woher wußtet ihr denn davon?"

„J Jott, des munkelt ja nu all lang. Un wie nu vorige Woch ooch noch die Bilders kamen ..."
„Ah, so ... Nu sage, Baarsch, wie steht es denn eigentlich mit der Wette? Hoch?"
„J nu, 's jeht, Herr Rittmeister. 'ne Cottbusser un 'n Kümmel. Aber vor jed' een."
„Nu, Baarsch, du sollst dabei nicht zu Schaden kommen. Ich werde die Wette bezahlen."
Und danach schwieg er und murmelte nur noch vor sich hin: „Et payer les pots cassés."

Achtzehntes Kapitel

FATA MORGANA

Schach war zu guter Stunde wieder heim, und noch denselben Abend schrieb er ein Billett an Frau von Carayon, in dem er in anscheinend aufrichtigen Worten um seines Benehmens willen um Entschuldigung bat. Ein Kabinettsschreiben, das er vorgestern in Wuthenow empfangen habe, hab ihn heute nachmittag nach Charlottenburg hinausgeführt, wo König und Königin ihn an *das,* was seine Pflicht sei, gemahnt hätten. Er bedaure, solche Mahnung verschuldet zu haben, finde den Schritt, den Frau von Carayon getan, gerechtfertigt, und bäte, morgen im Laufe des Vormittags sich beiden Damen vorstellen zu dürfen, um ihnen sein Bedauern über diese neuen Versäumnisse persönlich zu wiederholen. In einer Nachschrift, die länger als der Brief selbst war, war hinzugefügt, „daß er durch eine Krisis gegangen sei; diese Krisis aber liege jetzt hinter ihm, und er hoffe sagen zu dürfen, ein Grund, an ihm oder seinem Rechtsgefühl zu zweifeln, werde *nicht* wiederkehren. Er lebe nur noch dem einen Wunsch und Gedanken, alles, was geschehen sei, durch Gesetzlichkeit auszugleichen. Über ein Mehr lege er sich vorläufig Schweigen auf."
Dies Billett, das der kleine Groom überbrachte, wurde, trotz

der schon vorgerückten Stunde, von Frau von Carayon auf der Stelle beantwortet. Sie freue sich, in seinen Zeilen einer so versöhnlichen Sprache zu begegnen. Über alles, was seinem Briefe nach als ein nunmehr Zurückliegendes anzusehen sei, werd es am besten sein zu schweigen; auch *sie* fühle, daß sie ruhiger und rücksichtsvoller hätte handeln sollen, sie habe sich hinreißen lassen, und nur das *eine* werd ihr vielleicht zur Entschuldigung dienen dürfen, daß sie von jenen hämischen Angriffen in Wort und Bild, die sein Benehmen im Laufe der letzten Woche bestimmt zu haben schienen, erst seit zwei Tagen Kenntnis habe. Hätte sie diese Kenntnis früher gehabt, so würde sie vieles milder beurteilt, jedenfalls aber eine abwartende Haltung ihm und seinem Schweigen gegenüber eingenommen haben. Sie hoffe jetzt, daß alles wieder einklingen werde. Victoirens große Liebe (nur zu groß) und seine eigene Gesinnung, die, wie sie sich überzeugt halte, wohl schwanken, aber nie dauernd erschüttert werden könne, gäben ihr die Gewähr einer friedlichen und, wenn ihre Bitten Erhörung fänden, auch einer glücklichen Zukunft.

Am andern Vormittage wurde Schach bei Frau von Carayon gemeldet. Sie ging ihm entgegen, und das sich sofort entspinnende Gespräch verriet auf beiden Seiten weniger Verlegenheit, als nach dem Vorgefallenen hätte vorausgesetzt werden sollen. Und doch erklärte sich's auch wieder. Alles, was geschehen war, so schmerzlich es hüben und drüben berührt hatte, war doch schließlich von jeder der beiden Parteien verstanden worden, und wo Verständnis ist, ist auch Verzeihung oder wenigstens die Möglichkeit einer solchen. Alles hatte sich in natürlicher Konsequenz aus den Verhältnissen heraus entwickelt, und weder die Flucht, die Schach bewerkstelligt, noch die Klage, die Frau von Carayon an oberster Stelle geführt hatte, hatten Übelwollen oder Gehässigkeit ausdrücken sollen.

Als das Gespräch einen Augenblick zu stocken begann, erschien Victoire. Sie sah sehr gut aus, nicht abgehärmt, vielmehr frischer als sonst. Er trat ihr entgegen, nicht kalt und zeremoniös, sondern herzlich, und der Ausdruck einer innigen und aufrichtigen Teilnahme, womit er auf sie sah und ihr die Hand reichte, besiegelte den Frieden. Es war kein Zweifel, er war ergriffen, und während Victoire vor Freude strahlte, füllten Tränen das Auge der Mutter.

Es war der beste Moment, das Eisen zu schmieden. Sie bat also Schach, der sich schon erhoben hatte, seinen Platz noch einmal auf einen kurzen Augenblick einnehmen zu wollen, um gemeinschaftlich mit ihm die nötigsten Festsetzungen zu treffen. Was sie zu sagen habe, seien nur wenige Worte. So viel sei gewiß, Zeit sei versäumt worden, und diese Versäumnis wieder einzubringen, empfehle sich wohl zunächst. Ihre langjährige freundschaftliche Beziehung zum alten Konsistorialrat Bocquet, der sie selber getraut und Victoiren eingesegnet habe, böte dazu die beste Gelegenheit. Es werde leicht sein, an die Stelle des herkömmlichen dreimaligen Aufgebots ein einmaliges zu setzen; das müsse nächsten Sonntag geschehen, und am Freitag der nächsten Woche – denn die Freitage, die gemeinhin für Unglückstage gelten, hätte sie persönlich von der durchaus entgegengesetzten Seite kennengelernt – werde dann die Hochzeit zu folgen haben. Und zwar in ihrer eigenen Wohnung, da sie Hochzeiten in einem Hotel oder Gasthause von ganzer Seele hasse. Was dann weiter zu geschehen habe, das stehe bei dem jungen Paare; sie sei neugierig, ob Venedig über Wuthenow oder Wuthenow über Venedig den Sieg davontragen werde. Die Lagunen hätten sie gemeinsam und die Gondel auch, und nur um eines müsse sie bitten, daß der kleine Brückensteg unterm Schilf, an dem die Gondel liege, nie zur Seufzerbrücke erhoben werde.

So ging das Geplauder, und so verging der Besuch.

Am Sonntage, wie verabredet, erfolgte das Aufgebot, und der Freitag, an dem die Hochzeit stattfinden sollte, rückte heran. Alles im Carayonschen Hause war in Aufregung, am aufgeregtesten Tante Marguerite, die jetzt täglich erschien und durch ihre naive Glückseligkeit alles Unbequeme balancierte, das sonst unzertrennlich von ihrem Erscheinen war.

Abends kam Schach. Er war heitrer und in seinem Urteile milder als sonst und vermied nur in ebenso bemerkenswerter wie zum Glück unbemerkt bleibender Weise, von der Hochzeit und den Vorbereitungen dazu zu sprechen. Wurd er gefragt, ob er dies oder jenes wünsche, so bat er mit einer Art von Empressement, „ganz nach eigenem Dafürhalten verfahren zu wollen; er kenne den Takt und guten Geschmack der Damen und wisse, daß ohne sein Raten und Zutun alles am besten entschieden werden würde; wenn ihm dabei manches dunkel und geheimnisvoll bleibe, so sei dies ein Vorteil mehr für ihn, hab er doch von Jugend auf eine Neigung gehabt, sich überraschen zu lassen".

Unter solchen Ausflüchten entzog er sich jedem Geplauder, das, wie Tante Marguerite sich ausdrückte, „den Ehrentag en vue hatte", war aber um so plauderhafter, wenn das Gespräch auf die Reisetage *nach* der Hochzeit hinüberlenkte. Denn Venedig, aller halben Widerrede der Frau von Carayon zum Trotz, hatte doch schließlich über Wuthenow gesiegt, und Schach, wenn die Rede darauf kam, hing mit einer ihm sonst völlig fremden Phantastik allen erdenklichen Reiseplänen und Reisebildern nach. Er wollte nach Sizilien hinüber und die Sireneninseln passieren, „ob frei oder an den Mast gebunden, überlaß er Victoiren und ihrem Vertrauen". Und dann wollten sie nach Malta. Nicht um Maltas willen, o nein. Aber auf dem Wege dahin sei die Stelle, wo der geheimnisvolle schwarze Weltteil in Luftbildern und Spiegelungen ein allererstes Mal zu dem in Nebel und Schnee geborenen Hyperboreer spräche. *Das* sei die Stelle, wo die bilderreiche Fee wohne, die *stumme* Sirene, die mit dem Zauber ihrer Farbe fast noch verführerischer locke als die singende. Beständig wechselnd seien die Szenen und Gestalten ihrer Laterna magica, und während eben noch ein ermüdeter Zug über den gelben Sand ziehe, dehne sich's plötzlich wie grüne Triften, und unter der schattengebenden Palme säße die Schar der Männer, die Köpfe gebeugt und alle Pfeifen in Brand, und schwarze und braune Mädchen, ihre Flechten gelöst und wie zum Tanze geschürzt, erhüben die Becken und schlügen das Tamburin. Und mitunter sei's, als lach es. Und dann schwieg es und schwänd es wieder. Und diese Spiegelung aus der geheimnisvollen Ferne, *das* sei das Ziel!

Und Victoire jubelte, hingerissen von der Lebhaftigkeit seiner Schilderung.

Aber im selben Augenblick überkam es sie bang und düster, und in ihrer Seele rief eine Stimme: *Fata Morgana.*

Neunzehntes Kapitel

DIE HOCHZEIT

Die Trauung hatte stattgefunden, und um die vierte Stunde versammelten sich die zur Hochzeit Geladenen in dem nach dem Hofe hinaus gelegenen großen Eßsaale, der für gewöhnlich als ein bloßes unbequemes Anhängsel der Carayonschen Wohnung angesehen und seit einer ganzen Reihe von Jahren heute zum ersten Male wieder in Gebrauch genommen wurde. Dies erschien tunlich, trotzdem die Zahl der Gäste keine große war. Der alte Konsistorialrat Bocquet hatte sich bewegen lassen, dem Mahle mit beizuwohnen, und saß, dem Brautpaare gegenüber, neben der Frau von Carayon; unter den anderweit Geladenen aber waren, außer dem Tantchen und einigen alten Freunden aus der Generalfinanzpächterzeit her, in erster Reihe Nostitz, Alvensleben und Sander zu nennen. Auf letzteren hatte Schach, aller sonstigen, auch bei Feststellung der Einladungsliste beobachteten Indifferenz unerachtet, mit besonderem Nachdruck bestanden, weil ihm inzwischen das rücksichtsvolle Benehmen desselben bei Gelegenheit des Verlagsantrages der drei Bilder bekannt geworden war, ein Benehmen, das er um so höher anschlug, als er es von *dieser* Seite her nicht erwartet hatte. Bülow, Schachs alter Gegner, war nicht mehr in Berlin und hätte wohl auch gefehlt, wenn er noch dagewesen wäre.

Die Tafelstimmung verharrte bis zum ersten Trinkspruch in

der herkömmlichen Feierlichkeit; als indessen der alte Konsistorialrat gesprochen und in einem dreigeteilten und als „historischer Rückblick“ zu bezeichnenden Toast erst des großväterlichen Generalfinanzpächterhauses, dann der Trauung der Frau von Carayon und drittens (und zwar unter Zitierung des ihr mit auf den Lebensweg gegebenen Bibelspruches) der Konfirmation Victoirens gedacht, endlich aber mit einem halb ehrbaren, halb scherzhaften Hinweis auf den „ägyptischen Wundervogel, in dessen verheißungsvolle Nähe man sich begeben wolle“, geschlossen hatte, war das Zeichen zu einer Wandlung der Stimmung gegeben. Alles gab sich einer ungezwungenen Heiterkeit hin, an der sogar Victoire teilnahm, und nicht zum wenigsten, als sich schließlich auch das zu Ehren des Tages in einem grasgrünen Seidenkleid und einem hohen Schildpattkamme erschienene Tantchen erhob, um einen *zweiten* Toast auf das Brautpaar auszubringen. Ihr verschämtes Klopfen mit dem Dessertmesser an die Wasserkaraffe war eine Zeitlang unbemerkt geblieben und kam erst zur Geltung, als Frau von Carayon erklärte: Tante Marguerite wünsche zu sprechen.

Diese verneigte sich denn auch zum Zeichen der Zustimmung und begann ihre Rede mit viel mehr Selbstbewußtsein, als man nach ihrer anfänglichen Schüchternheit erwarten durfte. „Der Herr Konsistorialrat hat so schön und so lange gesprochen, und ich ähnle nur dem Weibe Ruth, das über dem Felde geht und Ähren sammelt, was auch der Text war, worüber am letzten Sonntag in der kleinen Melonenkürche gepredigt wurde, die wieder sehr leer war, ich glaube nicht mehr als ölf oder zwölf. Aber als Tante der lieben Braut, in welcher Beziehung ich wohl die Älteste bin, erheb ich dieses Glas, um noch einmal auf dem Wohle des jungen Paares zu trinken.“

Und danach setzte sie sich wieder, um die Huldigungen der Gesellschaft entgegenzunehmen. Schach versuchte der alten Dame die Hand zu küssen, was sie jedoch wehrte, wogegen sie Victoirens Umarmung mit allerlei kleinen Liebkosungen und zugleich mit der Versicherung erwiderte: „Sie hab es alles vorher gewußt, von dem Nachmittag an, wo sie die Fahrt nach Tempelhof und den Gang nach der Kürche gemacht hätten. Denn sie hab es wohl gesehen, daß Victoire neben dem großen, für die Mama bestimmten Veilchenstrauß auch noch einen kleinen Strauß in der Hand gehalten hätte, den habe sie dem lieben Bräutigam, dem Herrn von Schach, in der Kürchentüre präsentieren wollen. Aber als er dann gekommen sei, habe sie das kleine Bukett wieder weggeworfen und es sei dicht neben der Tür auf ein Kindergrab gefallen, was immer etwas bedeute und auch *diesmal* etwas bedeutet habe. Denn sosehr sie gegen dem Aberglauben sei, so glaube sie doch an Sympathie, natürlich bei abnehmendem Mond. Und der ganze Nachmittag stehe noch so deutlich vor ihr, als wär es gestern gewesen, und wenn manche so täten, als wisse man nichts, so hätte man doch auch seine zwei gesunden Augen und wisse recht gut, wo die besten Kürschen hingen." In diesen Satz vertiefte sie sich immer mehr, ohne daß die Bedeutung desselben dadurch klarer geworden wäre.

Nach Tante Margueritens Toast löste sich die Tafelreihe; jeder verließ seinen Platz, um abwechselnd hier oder dort eine Gastrolle geben zu können, und als bald danach auch die großen Jostyschen Devisenbonbons umhergereicht und allerlei Sprüche wie beispielsweise „Liebe, wunderbare Fee, selbst dein Wehe tut nicht weh", aller kleinen und undeutlichen Schrift unerachtet, entziffert und verlesen worden waren, erhob man sich von der Tafel. Alvensleben führte Frau von Carayon, Sander Tante Marguerite, bei welcher Gelegenheit, und zwar über das Ruth-Thema, von seiten Sanders allerlei kleine Neckereien verübt wurden, Neckereien, die der Tante so sehr gefielen, daß sie Victoiren, als der Kaffee serviert wurde, zuflüsterte: „Charmanter Herr. Und so galant. Und so bedeutungsvoll."

Schach sprach viel mit Sander, erkundigte sich nach Bülow, „der ihm zwar nie sympathisch, aber trotz all seiner Schrullen immer ein Gegenstand des Interesses gewesen sei", und bat

Sander, ihm, bei sich darbietender Gelegenheit, dies ausdrükken zu wollen. In allem, was er sagte, sprach sich Freundlichkeit und ein Hang nach Versöhnung aus.

In diesem Hange nach Versöhnung stand er aber nicht allein da, sondern begegnete sich darin mit Frau von Carayon. Als ihm diese persönlich eine zweite Tasse präsentierte, sagte sie, während er den Zucker aus der Schale nahm: „Auf ein Wort, lieber Schach, aber im Nebenzimmer."

Und sie ging ihm dahin vorauf.

„Lieber Schach", begann sie, hier auf einem großgeblümten Kanapee Platz nehmend, von dem aus beide mit Hilfe der offenstehenden Flügeltür einen Blick auf das Eckzimmer hin frei hatten, „es sind dies unsere letzten Minuten, und ich möchte mir, ehe wir Abschied voneinander nehmen, noch manches von der Seele heruntersprechen. Ich will nicht mit meinem Alter kokettieren, aber ein Jahr ist eine lange Zeit, und wer weiß, ob wir uns wiedersehen. Über Victoire kein Wort. Sie wird Ihnen keine trübe Stunde machen: sie liebt Sie zu sehr, um es zu können oder zu wollen. Und Sie, lieber Schach, werden sich dieser Liebe würdig zeigen. Sie werden ihr nicht wehe tun, diesem süßen Geschöpf, das nur Demut und Hingebung ist. Es ist unmöglich. Und so verlang ich denn kein Versprechen von Ihnen. Ich weiß im voraus, ich hab es."

Schach sah vor sich hin, als Frau von Carayon diese Worte sprach, und tröpfelte, während er die Tasse mit der Linken hielt, den Kaffee langsam aus dem zierlichen kleinen Löffel.

„Ich habe seit unserer Versöhnung", fuhr sie fort, „mein Vertrauen wieder. Aber dies Vertrauen, wie mein Brief Ihnen schon aussprach, war in Tagen, die nun glücklicherweise hinter uns liegen, um vieles mehr, als ich es für möglich gehalten hätte, von mir gewichen, und in diesen Tagen hab ich harte Worte gegen Sie gebraucht, harte Worte, wenn ich mit Victoiren sprach, und noch härtere, wenn ich mit mir allein war. Ich habe Sie kleinlich und hochmütig, eitel und bestimmbar gescholten, und habe Sie, was das Schlimmste war, der Undankbarkeit und der lâcheté geziehen. Und das beklag ich jetzt und schäme mich einer Stimmung, die mich unsre Vergangenheit so vergessen lassen konnte."

Sie schwieg einen Augenblick. Aber als Schach antworten wollte, litt sie's nicht und sagte: „Nur ein Wort noch. Alles, was ich in jenen Tagen gesagt und gedacht habe, bedrückte mich und verlangte nach dieser Beichte. Nun erst ist alles wieder klar zwischen uns, und ich kann Ihnen wieder frei ins Auge sehen. Aber nun genug. Kommen Sie. Man wird uns ohnehin schon vermißt haben."

Und sie nahm seinen Arm und scherzte: „Nicht wahr? On revient toujours à ses premiers amours. Und ein Glück, daß ich es Ihnen lachend aussprechen kann, und in einem Momente reiner und ganzer Freude."

Victoire trat Schach und ihrer Mama von dem Eckzimmer her entgegen und sagte: „Nun, was war es?"

„Eine Liebeserklärung."

„Ich dacht es. Und ein Glück, Schach, daß wir morgen reisen. Nicht wahr? Ich möchte der Welt um keinen Preis das Bild einer eifersüchtigen Tochter geben."

Und Mutter und Tochter nahmen auf dem Sofa Platz, wo sich Alvensleben und Nostitz ihnen gesellten.

In diesem Augenblick wurde Schach der Wagen gemeldet, und es war, als ob er sich bei dieser Meldung verfärbe. Frau von Carayon sah es auch. Er sammelte sich aber rasch wieder, empfahl sich und trat in den Korridor hinaus, wo der kleine Groom mit Mantel und Hut auf ihn wartete. Victoire war ihm bis an die Treppe hinaus gefolgt, auf der noch vom Hof her ein halber Tagesschein flimmerte.

„Bis auf morgen", sagte Schach, und trennte sich rasch und ging.

Aber Victoire beugte sich weit über das Geländer vor und wiederholte leise: „Bis auf morgen. Hörst du? ... Wo sind wir morgen?"

Und siehe, der süße Klang ihrer Stimme verfehlte seines Eindrucks *nicht,* auch in *diesem* Augenblicke nicht. Er sprang die Stufen wieder hinauf, umarmte sie, wie wenn er Abschied nehmen wolle für immer, und küßte sie.

„Auf Wiedersehen, Mirabelle."

Und nachhorchend hörte sie noch seinen Schritt auf dem Flur. Dann fiel die Haustür ins Schloß, und der Wagen rollte die Straße hinunter.

Auf dem Bocke saßen Ordonnanz Baarsch und der Groom, von denen jener sich's eigens ausbedungen hatte, seinen Rittmeister und Gutsherrn an diesem seinem Ehrentage fahren zu dürfen. Was denn auch ohne weiteres bewilligt worden war. Als der Wagen aus der Behren- in die Wilhelmstraße einbog, gab es einen Ruck oder Schlag, ohne daß ein Stoß von unten her verspürt worden wäre.

„Damn", sagte der Groom. „What's that?"

„Wat et is? Wat soll et sind, Kleener? En Steen is et; en doter Feldwebel."

„Oh no, Baarsch. Nich stone. 't was something ... dear me ... like shooting."

„Schuting? Nanu."

„Yes, pistol-shooting ..."

Aber der Satz kam nicht mehr zu Ende, denn der Wagen hielt vor Schachs Wohnung, und der Groom sprang in Angst und Eile vom Bock, um seinem Herrn beim Aussteigen behilflich zu sein. Er öffnete den Wagenschlag, ein dichter Qualm schlug ihm entgegen, und Schach saß aufrecht in der Ecke, nur wenig zurückgelehnt. Auf dem Teppich zu seinen Füßen lag das Pistol. Entsetzt warf der Kleine den Schlag wieder ins Schloß und jammerte: „Heavens, he is dead."

Die Wirtsleute wurden alarmiert, und so trugen sie den Toten in seine Wohnung hinauf.

Baarsch fluchte und flennte und schob alles auf die „Menschheit", weil er's aufs Heiraten zu schieben nicht den Mut hatte. Denn er war eine diplomatische Natur wie alle Bauern.

Zwanzigstes Kapitel

BÜLOW AN SANDER

Königsberg, 14. Sept. 1806.

... Sie schreiben mir, lieber Sander, auch von Schach. Das rein Tatsächliche wußt ich schon, die Königsberger Zeitung hatte der Sache kurz erwähnt, aber erst Ihrem Briefe verdank ich die Aufklärung, soweit sie gegeben werden kann. Sie kennen meine Neigung (und dieser folg ich auch heut), aus dem einzelnen aufs Ganze zu schließen, aber freilich auch umgekehrt aus dem Ganzen aufs einzelne, was mit dem Generalisieren zusammenhängt. Es mag das sein Mißliches haben und mich oft zu weit führen. Indessen, wenn jemals eine Berechtigung dazu vorlag, so hier, und speziell *Sie* werden es begreiflich finden, daß mich dieser Schach-Fall, der nur ein Symptom ist, um eben seiner symptomatischen Bedeutung willen aufs ernsteste beschäftigt. Er ist durchaus Zeiterscheinung, aber, wohlverstanden, mit lokaler Begrenzung, ein in seinen Ursachen ganz abnormer Fall, der sich in dieser Art und Weise nur in Seiner Königlichen Majestät von Preußen Haupt- und Residenzstadt, oder, wenn über diese hinaus, immer nur in den Reihen unserer nachgeborenen friderizianischen Armee zutragen konnte, einer Armee, die statt der Ehre nur noch den Dünkel, und statt der Seele nur noch ein Uhrwerk hat – ein Uhrwerk, das bald genug abgelaufen sein wird. Der große König hat diesen schlimmen Zustand der Dinge vorbereitet, aber daß er *so* schlimm werden konnte, dazu mußten sich die großen Königsaugen erst schließen, vor denen bekanntermaßen jeder mehr erbangte als vor Schlacht und Tod.

Ich habe lange genug dieser Armee angehört, um zu wissen, daß „Ehre" das dritte Wort in ihr ist; eine Tänzerin ist charmant „auf Ehre", eine Schimmelstute magnifique „auf Ehre", ja, mir sind Wucherer empfohlen und vorgestellt worden, die superb „auf Ehre" waren. Und dies beständige Sprechen von

Ehre, von einer falschen Ehre, hat die Begriffe verwirrt und die richtige Ehre totgemacht.

All das spiegelt sich auch in diesem Schach-Fall, in Schach selbst, der, all seiner Fehler unerachtet, immer noch einer der Besten war.

Wie lag es denn? Ein Offizier verkehrt in einem adligen Hause; die Mutter gefällt ihm, und an einem schönen Maitage gefällt ihm auch die Tochter, vielleicht, oder sagen wir lieber sehr wahrscheinlich, weil ihm Prinz Louis eine halbe Woche vorher einen Vortrag über „beauté du diable" gehalten hat. Aber gleichviel, sie gefällt ihm, und die Natur zieht ihre Konsequenzen. Was, unter so gegebenen Verhältnissen, wäre nun wohl einfacher und natürlicher gewesen als Ausgleich durch einen Eheschluß, durch eine Verbindung, die weder gegen den äußeren Vorteil noch gegen irgendein Vorurteil verstoßen hätte. Was aber geschieht? Er flieht nach Wuthenow, einfach weil das holde Geschöpf, um das sich's handelt, ein paar Grübchen mehr in der Wange hat, als gerade modisch oder herkömmlich ist, und weil diese „paar Grübchen zuviel" unsren glatten und wie mit Schachtelhalm polierten Schach auf vier Wochen in eine von seinen Feinden bewitzelte Stellung hätten bringen können. Er flieht also, sag ich, löst sich feige von Pflicht und Wort, und als ihn schließlich, um ihn selber sprechen zu lassen, sein „Allergnädigster König und Herr" an Pflicht und Wort erinnert und strikten Gehorsam fordert, da gehorcht er, aber nur, um im Momente des Gehorchens den Gehorsam in einer allerbrüskesten Weise zu brechen. Er kann nun mal Zietens spöttischen Blick nicht ertragen, noch viel weniger einen neuen Ansturm von Karikaturen, und in Angst gesetzt durch einen Schatten, eine Erbsenblase, greift er zu dem alten Auskunftsmittel der Verzweifelten: un peu de poudre.

Da haben Sie das Wesen der falschen Ehre. Sie macht uns abhängig von dem Schwankendsten und Willkürlichsten, was es gibt, von dem auf Triebsand aufgebauten Urteile der Gesellschaft, und veranlaßt uns, die heiligsten Gebote, die schönsten und natürlichsten Regungen ebendiesem Gesellschaftsgötzen zum Opfer zu bringen. Und diesem Kultus einer falschen Ehre, die nichts ist als Eitelkeit und Verschrobenheit, ist denn auch Schach erlegen, und Größeres als er wird folgen. Erinnern Sie sich dieser Worte. Wir haben wie Vogel Strauß den Kopf in den Sand gesteckt, um nicht zu hören und nicht zu sehen. Aber diese Straußenvorsicht hat noch nie gerettet. Als es mit der Mingdynastie zur Neige ging und die siegreichen Mandschuheere schon in die Palastgärten von Peking eingedrungen waren, erschienen immer noch Boten und Abgesandte, die dem Kaiser von Siegen und wieder Siegen meldeten, weil es gegen „den Ton“ der guten Gesellschaft und des Hofes war, von Niederlagen zu sprechen. Oh, dieser gute Ton! Eine Stunde später war ein Reich zertrümmert und ein Thron gestürzt. Und warum? Weil alles Geschraubte zur Lüge führt und alle Lüge zum Tod.

Entsinnen Sie sich des Abends in Frau von Carayons Salon, wo bei dem Thema „Hannibal ante portas“ Ähnliches über meine Lippen kam? Schach tadelte mich damals als unpatriotisch. Unpatriotisch! Die Warner sind noch immer bei diesem Namen genannt worden. Und nun! Was ich damals als etwas bloß Wahrscheinliches vor Augen hatte, jetzt ist es *tatsächlich* da. Der Krieg ist erklärt. Und was das bedeutet, steht in aller Deutlichkeit vor meiner Seele. Wir werden an derselben Welt des Scheins zugrunde gehen, an der Schach zugrunde gegangen ist.

Ihr Bülow.

Nachschrift. Dohna (früher bei der Garde du Corps), mit dem ich eben über die Schachsche Sache gesprochen habe, hat eine Lesart, die mich an frühere Nostitzsche Mitteilungen erinnerte. Schach habe die Mutter geliebt, was ihn, in einer Ehe mit der Tochter, in seltsam peinliche Herzenskonflikte geführt haben würde. Schreiben Sie mir doch darüber. Ich persönlich find es pikant, aber nicht zutreffend. Schachs Eitelkeit hat ihn zeitlebens bei voller Herzenskühle erhalten, und seine

Vorstellungen von Ehre (hier ausnahmsweise die richtige) würden ihn außerdem, wenn er die Ehe mit der Tochter wirklich geschlossen hätte, vor jedem Fauxpas gesichert haben.

B.

Einundzwanzigstes Kapitel

VICTOIRE VON SCHACH AN LISETTE VON PERBANDT

Rom, 18. August 1807.

Ma chère Lisette.

Daß ich Dir sagen könnte, wie gerührt ich war über so liebe Zeilen! Aus dem Elend des Krieges, aus Kränkungen und Verlusten heraus, hast Du mich mit Zeichen alter, unveränderter Freundschaft überschüttet und mir meine Versäumnisse nicht zum Üblen gedeutet.

Mama wollte mehr als einmal schreiben, aber ich selber bat sie, damit zu warten.

Ach, meine teure Lisette, Du nimmst teil an meinem Schicksal und glaubst, der Zeitpunkt sei nun da, mich gegen Dich auszusprechen. Und Du hast recht. Ich will es tun, so gut ich's kann.

„Wie sich das alles erklärt?" fragst Du und setzest hinzu: „Du stündest vor einem Rätsel, das sich Dir nicht lösen wolle." Meine liebe Lisette, wie lösen sich die Rätsel? Nie. Ein Rest von Dunklem und Unaufgeklärtem bleibt, und in die letzten und geheimsten Triebfedern andrer oder auch nur unsrer eignen Handlungsweise hineinzublicken ist uns versagt. Er sei, so versichern die Leute, der schöne Schach gewesen, und ich, das mindeste zu sagen, die nicht-schöne Victoire – das habe den Spott herausgefordert, und diesem Spotte Trotz zu bieten, dazu hab er nicht die Kraft gehabt. Und so sei er denn aus Furcht vor dem Leben in den Tod gegangen.

So sagt die Welt, und in vielem wird es zutreffen. Schrieb er mir doch Ähnliches und verklagte sich darüber. Aber wie die

Welt strenger gewesen ist als nötig, so vielleicht auch er selbst. Ich seh es in einem andern Licht. Er wußte sehr wohl, daß aller Spott der Welt schließlich erlahmt und erlischt, und war im übrigen auch Manns genug, diesen Spott zu bekämpfen, im Fall er *nicht* erlahmen und *nicht* erlöschen wollte. Nein, er fürchtete sich nicht vor diesem Kampf, oder wenigstens nicht so, wie vermutet wird; aber eine kluge Stimme, die die Stimme seiner eigensten und innersten Natur war, rief ihm beständig zu, daß er diesen Kampf *umsonst* kämpfen und daß er, wenn auch siegreich gegen die Welt, *nicht* siegreich gegen sich selber sein würde. *Das* war es. Er gehörte durchaus, und mehr als irgendwer, den ich kennengelernt habe, zu *den* Männern, die *nicht* für die Ehe geschaffen sind. Ich erzählte Dir schon, bei früherer Gelegenheit, von einem Ausfluge nach Tempelhof, der überhaupt in mehr als einer Beziehung einen Wendepunkt für uns bedeutete. Heimkehrend aus der Kirche, sprachen wir über Ordensritter und Ordensregeln, und der ungesucht ernste Ton, mit dem er, trotz meiner Neckereien, den Gegenstand behandelte, zeigte mir deutlich, welchen Idealen er nachhing. Und unter diesen Idealen – all seiner Liaisons unerachtet, oder vielleicht auch um dieser Liaisons willen – war sicherlich *nicht* die Ehe. Noch jetzt darf ich Dir versichern, und die Sehnsucht meines Herzens ändert nichts an dieser Erkenntnis, daß es mir schwer, ja fast unmöglich ist, ihn mir au sein de sa famille vorzustellen. Ein Kardinal (ich seh ihrer hier täglich) läßt sich eben nicht als Ehemann denken. Und Schach auch nicht.

Da hast Du mein Bekenntnis, und Ähnliches muß er selber gedacht und empfunden haben, wenn er auch freilich in seinem Abschiedsbriefe darüber schwieg. Er war seiner ganzen Natur nach auf Repräsentation und Geltendmachung einer gewissen Grandezza gestellt, auf mehr *äußerliche* Dinge, woraus Du sehen magst, daß ich ihn nicht überschätze. Wirklich, wenn ich ihn in seinen Fehden mit Bülow immer wieder und wieder unterliegen sah, so fühlt ich nur zu deutlich, daß er weder ein Mann von hervorragender geistiger Bedeutung noch von superiorem Charakter sei; zugegeben das alles; und doch war er andererseits durchaus befähigt, innerhalb enggezogener Kreise zu glänzen und zu herrschen. Er war wie dazu bestimmt, der Halbgott eines prinzlichen Hofes zu sein, und würde diese Bestimmung, Du darfst darüber nicht lachen, nicht bloß zu seiner persönlichen Freude, sondern auch zum Glück und Segen anderer, ja vieler anderer, erfüllt haben. Denn er war ein guter Mensch, und auch klug genug, um immer das Gute zu wollen. An dieser Laufbahn als ein prinzlicher Liebling und Plénipotentiaire hätt ich ihn verhindert, ja, hätt ihn, bei meinen anspruchslosen Gewohnheiten, aus all und jeder Karriere herausgerissen und ihn nach Wuthenow hingezwungen, um mit mir ein Spargelbeet anzulegen oder der Kluckhenne die Küchelchen wegzunehmen. Davor erschrak er. Er sah ein kleines und beschränktes Leben vor sich und war, ich will nicht sagen auf ein großes gestellt, aber doch auf ein solches, das *ihm* als groß erschien.

Über meine Nichtschönheit wär er hinweggekommen. Ich hab ihm, ich zögre fast es niederzuschreiben, nicht eigentlich mißfallen, und vielleicht hat er mich wirklich geliebt. Befrag ich seine letzten, an mich gerichteten Zeilen, so wär es in Wahrheit so. Doch ich mißtraue diesem süßen Wort. Denn er war voll Weichheit und Mitgefühl, und alles Weh, was er mir bereitet hat durch sein Leben und sein Sterben, er wollt es ausgleichen, soweit es auszugleichen war.

Alles Weh! Ach wie so fremd und strafend mich dieses Wort ansieht! Nein, meine liebe Lisette, nichts von Weh. Ich hatte früh resigniert und vermeinte kein Anrecht an jenes Schönste zu haben, was das Leben hat. Und nun hab ich es gehabt. Liebe. Wie mich das erhebt und durchzittert und alles Weh in Wonne verkehrt. Da liegt das Kind und schlägt eben die blauen Augen auf. *Seine* Augen. Nein, Lisette, viel Schweres ist mir auferlegt worden, aber es federt leicht in die Luft, gewogen neben meinem Glück. –

Das Kleine, Dein Patchen, war krank bis auf den Tod, und nur durch ein Wunder ist es mir erhalten geblieben.

Und davon muß ich Dir erzählen.
Als der Arzt nicht mehr Hilfe wußte, ging ich mit unserer Wirtin (einer echten, alten Römerin in ihrem Stolz und ihrer Herzensgüte) nach der Kirche Araceli hinauf, einem neben dem Kapitol gelegenen alten Rundbogenbau, wo sie den „Bambino", das Christkind, aufbewahren, eine hölzerne Wickelpuppe mit großen Glasaugen und einem ganzen Diadem von Ringen, wie sie dem Christkind, um seiner gespendeten Hilfe willen, von unzähligen Müttern verehrt worden sind. Ich bracht ihm einen Ring mit, noch eh ich seiner Fürsprache sicher war, und dieses Zutrauen muß den Bambino gerührt haben. Denn sieh, er half. Eine Krisis kam unmittelbar, und der Dottore verkündigte sein „va bene"; die Wirtin aber lächelte, wie wenn sie selber das Wunder verrichtet hätte.
Und dabei kommt mir die Frage, was wohl Tante Marguerite, wenn sie davon hörte, zu all dem „Aberglauben" sagen würde? Sie würde mich vor der „alten Kürche" warnen, und mit *mehr* Grund, als sie weiß.
Denn nicht nur *alt* ist Araceli, sondern auch trostreich und labevoll, und kühl und schön.
Sein schönstes aber ist sein Name, der *„Altar des Himmels"* bedeutet. Und auf diesem Altar steigt tagtäglich das Opfer meines Dankes auf.

L'ADULTERA

1

KOMMERZIENRAT VAN DER STRAATEN

Der Kommerzienrat van der Straaten, Große Petristraße 4, war einer der vollgültigsten Finanziers der Hauptstadt, eine Tatsache, die dadurch wenig alteriert wurde, daß er mehr eines geschäftlichen als eines persönlichen Ansehens genoß. An der Börse galt er bedingungslos, in der Gesellschaft nur bedingungsweise. Es hatte dies, wenn man herumhorchte, seinen Grund zu sehr wesentlichem Teile darin, daß er zuwenig „draußen“ gewesen war und die Gelegenheit versäumt hatte, sich einen allgemein gültigen Weltschliff oder auch nur die seiner Lebensstellung entsprechenden Allüren anzueignen. Einige neuerdings erst unternommene Reisen nach Paris und Italien, die übrigens niemals über ein paar Wochen hinaus ausgedehnt worden waren, hatten an diesem Tatbestande nichts Erhebliches ändern können und ihm jedenfalls ebenso seinen spezifisch lokalen Stempel wie seine Vorliebe für drastische Sprichwörter und heimische „geflügelte Worte“ von der derberen Observanz gelassen. Er pflegte, um ihn selber mit einer seiner Lieblingswendungen einzuführen, „aus seinem Herzen keine Mördergrube zu machen“ und hatte sich, als reicher Leute Kind, von Jugend auf daran gewöhnt, alles zu tun und zu sagen, was zu tun und zu sagen er lustig war. Er haßte zweierlei: sich zu genieren und sich zu ändern. Nicht als ob er sich in der Theorie für besserungsunbedürftig gehalten hätte; keineswegs; er bestritt nur in der Praxis eine besondere Benötigung dazu. Die meisten Menschen, so hieß es dann wohl in seinen jederzeit gern gegebenen Auseinandersetzungen, seien einfach erbärmlich und so grundschlecht, daß er, verglichen mit ihnen, an einer wahren Engelgrenze stehe. Er sähe mithin nicht ein, warum er an sich arbeiten und sich Unbequemlichkeiten machen solle. Zudem könne man jeden Tag an jedem beliebigen Konventikler oder Predigtamtskandidaten erkennen, daß es *doch* zu nichts führe. Es sei eben immer die alte Geschichte, und um den Teufel auszutreiben, werde Beelzebub zitiert. Er zög es deshalb vor, alles beim alten zu belassen. Und wenn er so gesprochen, sah er sich selbstzufrieden um und schloß behaglich und gebildet: „O rühret, rühret nicht daran", denn er liebte das Einstreuen lyrischer Stellen, ganz besonders solcher, die seinem echtberlinischen Hange zum bequem Gefühlvollen einen Ausdruck gaben. Daß er eben diesen Hang auch wieder ironisierte, versteht sich von selbst.

Van der Straaten, wie hiernach zu bemessen, war eine sentimental-humoristische Natur, deren Berolinismen und Zynismen nichts weiter waren als etwas wilde Schößlinge seines Unabhängigkeitsgefühls und einer immer ungetrübten Laune. Und in der Tat, es gab nichts in der Welt, zu dem er allezeit so beständig aufgelegt gewesen wäre wie zu Bonmots und scherzhaften Repartis, ein Zug seines Wesens, der sich schon bei Vorstellungen in der Gesellschaft zu zeigen pflegte. Denn die bei diesen und ähnlichen Gelegenheiten nie ausbleibende Frage nach seinen näheren oder ferneren Beziehungen zu dem Gutzkowschen Vanderstraaten, ward er nicht müde, prompt und beinahe paragraphenweise dahin zu beantworten, daß er jede Verwandtschaft mit dem von der Bühne her so bekannt gewordenen Manasse Vanderstraaten ablehnen müsse, 1. weil er seinen Namen nicht einwortig, sondern dreiwortig schreibe, 2. weil er trotz seines Vornamens Ezechiel nicht bloß überhaupt getauft worden sei, sondern auch das nicht jedem Preußen zuteil werdende Glück gehabt habe, durch einen evangelischen Bischof, und zwar durch den alten Bischof Roß, in die christliche Gemeinschaft aufgenommen zu sein, und 3. und letztens, weil er seit längerer Zeit des Vorzugs genieße, die Honneurs seines Hauses nicht durch eine Judith, sondern durch eine Melanie machen lassen zu können, durch eine Melanie, die, zu weiterem Unterschiede, nicht seine Tochter, sondern seine „Gemahlin" sei. Und dies Wort sprach er dann mit einer gewissen Feierlichkeit, in der Scherz und Ernst geschickt zusammenklangen.

Aber der Ernst überwog, wenigstens in seinem Herzen. Und

es konnte nicht anders sein, denn die junge Frau war fast noch mehr sein Stolz als sein Glück. Älteste Tochter Jean de Caparoux', eines Adligen aus der französischen Schweiz, der als Generalkonsul eine lange Reihe von Jahren in der norddeutschen Hauptstadt gelebt hatte, war sie ganz und gar als das verwöhnte Kind eines reichen und vornehmen Hauses großgezogen und in all ihren Anlagen aufs glücklichste herangebildet worden. Ihre heitere Grazie war fast noch größer als ihr Esprit, und ihre Liebenswürdigkeit noch größer als beides. Alle Vorzüge französischen Wesens erschienen in ihr vereinigt. Ob auch die Schwächen? Es verlautete nichts darüber. Ihr Vater starb früh, und statt eines gemutmaßten großen Vermögens fanden sich nur Debets über Debets. Und um diese Zeit war es denn auch, daß der zweiundvierzigjährige van der Straaten um die siebzehnjährige Melanie warb und ihre Hand erhielt. Einige Freunde beider Häuser ermangelten selbstverständlich nicht, allerhand Trübes zu prophezeien. Aber sie schienen im Unrecht bleiben zu sollen. Zehn glückliche Jahre, glücklich für beide Teile, waren seitdem vergangen, Melanie lebte wie die Prinzeß im Märchen, und van der Straaten seinerseits trug mit freudiger Ergebung seinen Necknamen „Ezel", in den die junge Frau den langatmigen und etwas suspekten „Ezechiel" umgewandelt hatte. Nichts fehlte. Auch Kinder waren da: zwei Töchter, die jüngere des Vaters, die ältere der Mutter Ebenbild, groß und schlank und mit herabfallendem, dunklem Haar. Aber während die Augen der Mutter immer lachten, waren die der Tochter ernst und schwermütig, als sähen sie in die Zukunft.

2

L'ADULTERA

Die Wintermonate pflegten die van der Straatens in ihrer Stadtwohnung zuzubringen, die, trotzdem sie altmodisch war, doch an Komfort nichts vermissen ließ. Jedenfalls aber bot sie für das gesellschaftliche Treiben der Saison eine größere Bequemlichkeit als die spreeabwärts am Nordwestrande des Tiergartens gelegene Villa.

Der erste Subskriptionsball war gewesen, vor zwei Tagen, und van der Straaten und Frau nahmen wie gewöhnlich in dem hochpaneelierten Wohn- und Arbeitszimmer des ersteren ihr gemeinschaftliches Frühstück ein. Von dem beinah unmittelbar vor ihrem Fenster aufragenden Petrikirchturme herab schlug es eben neun, und die kleine französische Stutzuhr sekundierte pünktlich, lief aber in ihrer Hast und Eile den dumpfen und langsamen Schlägen, die von draußen her laut wurden, weit voraus. Alles atmete Behagen, am meisten der Hausherr selbst, der, in einen Schaukelstuhl gelehnt und die Morgenzeitung in der Hand, abwechselnd seinen Kaffee und den Subskriptionsballbericht einschlürfte. Nur dann und wann ließ er seine Hand mit der Zeitung sinken und lachte.

„Was lachst du wieder, Ezel?" sagte Melanie, während sie mit ihrem linken Morgenschuh kokettisch hin und her klappte. „Was lachst du wieder? Ich wette die Robe, die du mir noch heute kaufen wirst, gegen dein häßliches, rotes und mir zum Tort wieder schief umgeknotetes Halstuch, daß du nichts gefunden hast als ein paar Zweideutigkeiten."

„Er schreibt *zu* gut", antwortete van der Straaten, ohne den hingeworfenen Fehdehandschuh aufzunehmen. „Und was mich am meisten freut, sie nimmt es alles für Ernst."

„Wer denn?"

„Nun, wer! Die Maywald, deine Rivalin. Und nun höre. Oder lieš es selbst."

„Nein, ich mag nicht. Ich liebe nicht diese Berichte mit ausgeschnittenen Kleidern und Anfangsbuchstaben."

„Und warum nicht? Weil du noch nicht an der Reihe warst. Ja, Lanni, er geht stolz an dir vorüber."

„Ich würd es mir auch verbitten."

„Verbitten! Was heißt verbitten? Ich verstehe dich nicht. Oder glaubst du vielleicht, daß gewesene Generalkonsulstöchter in vestalisch-priesterlicher Unnahbarkeit durchs Leben

schreiten oder sakrosankt sind wie Botschafter und Ambassaden! Ich will dir ein Sprichwort sagen, das ihr in Genf nicht haben werdet..."
„Und das wäre?"
„‚Sieht doch die Katz den Kaiser an.' Und ich sage dir, Lanni, was man ansehen darf, das darf man auch beschreiben. Oder verlangst du, daß ich ihn fordern sollte? Pistolen und zehn Schritte Barriere?"
Melanie lachte. „Nein, Ezel, ich stürbe, wenn du mir totgeschossen würdest."
„Höre, dies solltest du dir doch überlegen. Das Beste, was einer jungen Frau wie dir passieren kann, ist doch immer die Witwenschaft, oder ‚le Veuvage', wie meine Pariser Wirtin mir einmal über das andere zu versichern pflegte. Beiläufig, meine beste Reisereminiszenz. Und dabei hättest du sie sehen sollen, die kleine, korpulente, schwarze Madame..."
„Ich sehne mich nicht danach. Ich will lieber wissen, wie alt sie war."
„Fünfzig. Die Liebe fällt nicht immer auf ein Rosenblatt..."
„Nun, da mag es dir und ihr verziehen sein."
Und dabei stand Melanie von ihrem hochlehnigen Stuhl auf, legte den Kanevas beiseite, an dem sie gestickt hatte, und trat an das große Mittelfenster.
Unten bewegte sich das bunte Treiben eines Markttages, dem die junge Frau gern zuzusehen pflegte. Was sie daran am meisten fesselte, waren die Gegensätze. Dicht an der Kirchentür, an einem kleinen, niedrigen Tische, saß ein Mütterchen, das ausgelassenen Honig in großen und kleinen Gläsern verkaufte, die mit ausgezacktem Papier und einem roten Wollfaden zugebunden waren. Ihr zunächst erhob sich eine Wildhändlerbude, deren sechs aufgehängte Hasen mit traurigen Gesichtern zu Melanie hinübersahen, während in Front der Bude (das erfrorene Gesicht in einer Kapuze) ein kleines Mädchen auf und ab lief und ihre Schäfchen, wie zur Weihnachtszeit, an die Vorübergehenden feilbot. Über dem Gan-

zen aber lag ein grauer Himmel, und ein paar Flocken federten und tanzten, und wenn sie niederfielen, wurden sie vom Luftzuge neu gefaßt und wieder in die Höhe gewirbelt.
Etwas wie Sehnsucht überkam Melanie beim Anblick dieses Flockentanzes, als müsse es schön sein, so zu steigen und zu fallen und dann wieder zu steigen, und eben wollte sie sich vom Fenster her ins Zimmer zurückwenden, um in leichtem Scherze, ganz wie sie's liebte, sich und ihre Sehnsuchtsanwandlung zu persiflieren, als sie, von der Brüderstraße her, eines jener langen und auf niedrigen Rädern gehenden Gefährte vorfahren sah, die die hauptstädtischen Bewohner Rollwagen nennen. Es konnte das Exemplar, das eben hielt, als ein Musterstück seiner Gattung gelten, denn nichts fehlte. Nach hinten zu war der zum Abladen dienende Doppelbaum in vorschriftsmäßigem rechten Winkel aufgerichtet, vorn stand der Kutscher mit Vollbart und Lederschurz, und in der Mitte lief ein kleiner Bastard von Spitz und Rattenfänger hin und her und bellte jeden an, der nur irgendwie Miene machte, sich auf fünf Schritte dem Wagen zu nähern. Er hatte kaum noch ein Recht zu diesen Äußerungen übertriebener Wachsamkeit, denn auf dem ganzen langen Wagenbrette lag nur noch ein einziges Kolli, das der Rollkutscher jetzt zwischen seine zwei Riesenhände nahm und in den Hausflur hineintrug, als ob es eine Pappschachtel wäre.
Van der Straaten hatte mittlerweile seine Lektüre beendet und war an ein unmittelbar neben dem Eckfenster stehendes Pult getreten, an dem er zu schreiben pflegte.
„Wie schön diese Leute sind", sagte Melanie. „Und so stark. Und dieser wundervolle Bart. So denk ich mir Simson."
„Ich nicht", entgegnete van der Straaten trocken.
„Oder Wieland den Schmied."
„Schon eher. Und über kurz oder lang denk ich, wird diese Sache spruchreif sein. Denn ich wette zehn gegen eins, daß ihn der ‚Meister' in irgend etwas Zukünftigem bereits unterm Hammer hat. Oder sagen wir auf dem Amboß. Es klingt etwas vornehmer."

„Ich muß dich bitten, Ezel ... Du weißt ..."
Aber ehe sie schließen konnte, wurde geklopft, und einer der jungen Kontoristen erschien in der Tür, um seinem Chef, unter gleichzeitiger Verbeugung gegen Melanie, einen Frachtbrief einzuhändigen, auf dem in großen Buchstaben und in italienischer Sprache vermerkt war: „Zu eigenen Händen des Empfängers."
Van der Straaten las und war sofort wie elektrisiert. „Ah, von Salviati! ... Das ist hübsch, das ist schön ... Gleich die Kiste heraufschaffen! ... Und du bleibst, Melanie ... Hat er doch Wort gehalten ... Freut mich, freut mich wirklich. Und dich wird es auch freuen. Etwas Venezianisches, Lanni ... Du warst so gern in Venedig."
Und während er in derartig kurzen Sätzen immer weiter perorierte, hatte er aus einem Kasten seines Arbeitstisches ein Stemmeisen herausgenommen und hantierte damit, als die Kiste hereingebracht worden war, so vertraut und so geschickt, als ob es ein Korkzieher oder irgendein anderes Werkzeug alltäglicher Benutzung gewesen wäre. Mit Leichtigkeit hob er den Deckel ab und setzte das daran angeschraubte Bild auf ein großes, staffeleiartiges Gestell, das er schon vorher aus einer der Zimmerecken ans Fenster geschoben hatte. Der junge Kommis hatte sich inzwischen wieder entfernt; van der Straaten aber, während er Melanie mit einer gewissen Feierlichkeit vor das Bild führte, sagte: „Nun, Lanni, wie findest du's? ... Ich will dir übrigens zu Hilfe kommen ... Ein Tintoretto."
„Kopie?"
„Freilich", stotterte van der Straaten etwas verlegen. „Originale werden nicht hergegeben. Und würden auch meine Mittel übersteigen. Dennoch dächt ich ..."
Melanie hatte mittlerweile die Hauptfiguren des Bildes mit ihrem Lorgnon gemustert und sagte jetzt: „Ah, l'Adultera! ... Jetzt erkenn ich's. Aber daß du gerade *das* wählen mußtest! Es ist eigentlich ein gefährliches Bild, fast so gefährlich wie der Spruch ... Wie heißt er doch?"

„Wer unter euch ohne Sünde ist ..."

„Richtig. Und ich kann mir nicht helfen, es liegt so was Ermutigendes darin. Und dieser Schelm von Tintoretto hat es auch ganz in diesem Sinne genommen. Sieh nur! ... Geweint hat sie ... Gewiß ... Aber warum? Weil man ihr immer wieder und wieder gesagt hat, wie schlecht sie sei. Und nun glaubt sie's auch, oder *will* es wenigstens glauben. Aber ihr Herz wehrt sich dagegen und kann es nicht finden ... Und daß ich dir's gestehe, sie wirkt eigentlich rührend auf mich. Es ist so viel Unschuld in ihrer Schuld ... Und alles wie vorherbestimmt."

Melanie, während sie so sprach, war ernster geworden und von dem Bilde zurückgetreten. Nun aber fragte sie: „Hast du schon einen Platz dafür?"

„Ja, hier." Und er wies auf eine Wandstelle neben seinem Schreibpult."

„Ich dachte", fuhr Melanie fort, „du würdest es in die Galerie schicken. Und offen gestanden, es wird sich an diesem Pfeiler etwas sonderbar ausnehmen. Es wird ..."

„Unterbrich dich nicht."

„Es wird den Witz herausfordern und die Bosheit, und ich höre schon Reiff und Duquede medisieren, vielleicht auf deine Kosten und gewiß auf meine."

Van der Straaten hatte seinen Arm auf das Pult gelehnt und lächelte.

„Du lächelst, und sonst lachst du doch mehr, als gut ist, und namentlich lauter, als gut ist. Es steckt etwas dahinter. Sage, was hast du gegen mich? Ich weiß recht gut, du bist nicht so harmlos, wie du dich stellst. Und ich weiß auch, daß es wunderliche Gemütlichkeiten gibt. Ich habe mal von einem russischen Fürsten gelesen, ich glaube Suboff war sein Name. Eigentlich waren es zwei, zwei Brüder. Die spielten Karten, und dann ermordeten sie den Kaiser Paul, und dann spielten sie wieder Karten. Ich glaube beinah, du könntest auch so was! Und alles mit gutem Gewissen und gutem Schlaf."

„Also *darum* König Ezel!" lachte van der Straaten.

„O nein. Nicht darum. Als ich dich so hieß, war ich noch ein halbes Kind. Und ich kannte dich damals noch nicht. Jetzt aber kenn ich dich und weiß nur nicht, ob es etwas sehr Gutes oder etwas sehr Schlimmes ist, was in dir steckt... Aber nun komm. Unser Kaffee ist kalt geworden."

Und sie gab ihren Platz am Fenster auf, setzte sich wieder auf ihren hochlehnigen Stuhl und nahm Nadel und Kanevas und tat ein paar rasche Stiche. Zugleich aber ließ sie kein Auge von ihm, denn sie wollte wissen, was in seiner Seele vorging.

Und er wollt es auch nicht länger verbergen. War er doch ohnehin, aller Freundschaft unerachtet, ohne Freund und Vertrauten, und so trieb es ihn denn, angesichts dieses Bildes einmal aus sich herauszugehen.

„Ich habe dich nie mit Eifersucht gequält, Lanni."

„Und ich habe dir nie Veranlassung dazu gegeben."

„Nein. Aber heute rot und morgen tot. Das heißt, alles wechselt im Leben. Und sieh, als wir letzten Sommer in Venedig waren und ich dies Bild sah, da stand es auf einmal alles deutlich vor mir. Und da war es denn auch, daß ich Salviati bat, mir das Bild kopieren zu lassen. Ich will es vor Augen haben, so als Memento mori, wie die Kapuziner, die sonst nicht mein Geschmack sind. Denn sieh, Lanni, auch in ihrer Furcht unterscheiden sich die Menschen. Da sind welche, die halten es mit dem Vogel Strauß und stecken den Kopf in den Sand und wollen nichts wissen. Aber andere haben eine Neigung, ihr Geschick immer vor sich zu sehen und sich mit ihm einzuleben. Sie wissen genau, den und den Tag sterb ich, und sie lassen sich einen Sarg machen und betrachten ihn fleißig. Und die beständige Vorstellung des Todes nimmt auch dem Tode schließlich seine Schrecken. Und sieh, Lanni, so will ich es auch machen, und das Bild soll mir dazu helfen... Denn es ist erblich in unserm Haus... und so gewiß dieser Zeiger..."

„Aber Ezel", unterbrach ihn Melanie, „was hast du nur? Ich

bitte dich, wo soll das hinaus? Wenn du die Dinge so siehst, so weiß ich nicht, warum du mich nicht heut oder morgen einmauern läßt."

„An dergleichen hab ich auch schon gedacht. Und ich bekenne, ‚Melanie, die Nonne' klänge nicht übel, und es ließe sich eine Ballade darauf machen. Aber es hilft zu nichts. Denn du glaubst gar nicht, was Liebende bei gutem Willen alles durchsetzen. Und sie haben immer guten Willen."

„Oh, ich glaub es schon."

„Nun siehst du", lachte van der Straaten, den diese scherzhafte Wendung plötzlich wieder zu heiterer Laune stimmte. „So hör ich dich gern. Und zur Belohnung: das Bild soll nicht an den Eckpfeiler, sondern wirklich in die Galerie. Verlaß dich darauf. Und um dir nichts zu verschweigen, ich hab auch über all das so meine wechselnden und widerstreitenden Gedanken, und mitunter denk ich: ich sterbe vielleicht darüber hin. Und das wäre das beste. Zeit gewonnen, alles gewonnen. Es ist nichts Neues. Aber die trivialsten Sätze sind immer die richtigsten."

„Dann vergiß auch nicht *den,* daß man den Teufel nicht an die Wand malen soll!"

Er nickte. „Da hast du recht. Und wir *wollen's* auch nicht und wollen diese Stunde vergessen. Ganz und gar. Und wenn ich dich je wieder daran erinnere, so sei's im Geiste des Friedens und zum Zeichen der Versöhnung. Lache nicht. Es kommt, was kommen soll. Und wie sagtest du doch? Es sei so viel Unschuld in ihrer Schuld ..."

„... Und vorherbestimmt, sagt ich. Prädestiniert! ... Aber vorherbestimmt ist *heute,* daß wir ausfahren, und das ist die Hauptsache. Denn ich brauche die Robe viel, viel nötiger, als du den Tintoretto brauchst. Und ich war eigentlich eine Törin und ein Kindskopf, daß ich alles so bitter ernsthaft genommen und dir jedes Wort geglaubt habe! Du hast das Bild haben wollen, c'est tout. Und nun gehab dich wohl, mein Dänenprinz, mein Träumer. Sein oder Nichtsein ... Variationen von Ezechiel van der Straaten!"

Und sie stand auf und lachte und stieg die kleine durchbrochene Treppe hinauf, die, von van der Straatens Zimmer aus, in die Schlafzimmer des zweiten Stockes führte.

3

LOGIERBESUCH

Van der Straaten, um es zu wiederholen, bewegte sich gern in dem Gegensatze von derb und gefühlvoll, überhaupt in Gegensätzen, und so war es wenig verwunderlich, daß das vor dem Tintoretto geführte Gespräch in seinem Herzen nicht allzulange nachtönte. Freilich auch nicht in dem seiner Frau. Nur solang es geführt worden war, war Melanie wirklich überrascht gewesen, nicht um des sentimentalen Tones willen, den sie kannte, sondern weil alles eine viel persönlichere Richtung nahm als bei früheren Gelegenheiten. Aber nun war es vorüber. Das Bild erhielt seinen Platz in der Galerie, man sah es nicht mehr, und van der Straaten, wenn er ihm zufällig begegnete, lächelte nur in beinah heiterer Resignation. Er besaß eben ganz den fatalistischen Zug der Humoristen, der sich verdoppelt, wenn sie nebenher auch noch Lebemänner sind.

Es war eine belebte Saison gewesen; aber Ostern, trotzdem es spät fiel, lag schon wieder zurück, und die Wochen waren wieder da, wo herkömmlich die Frage verhandelt zu werden pflegte: „Wann ziehen wir hinaus?"

„Bald", sagte Melanie, die bereits die Tage zählte.

„Aber, die ‚gestrengen Herren' waren noch nicht da."

„Die regieren nicht lange."

„Zugestanden", lachte van der Straaten. „Und um so lieber, als ich nur *so* meine Hausherrschaft garantiert finde. Wenigstens mittelbar. Und immer noch besser schwach regieren als gar nicht."

Diese Worte waren an einem der letzten Apriltage beim Frühstück gewechselt worden, und es mochte Mittag sein, als der Kommerzienrat von seinem Kontor aus die Frau Kommerzienrätin bitten ließ, mit ihrer Ausfahrt eine Viertelstunde warten zu wollen, weil er ihr zuvor eine Mitteilung zu machen habe. Melanie ließ zurücksagen, „daß sie sich freuen würde, ihn zu sehen, und rechne danach auf seine Begleitung".

In Courtoisien dieser Art, denen übrigens auch ein gelegentlicher Revers nicht fehlte, hatten sich die van der Straatens seit Jahren eingelebt, namentlich *er*, der nach seiner eigenen Versicherung „dem adligen Hause de Caparoux einiges Ritterdienstliche schuldig zu sein glaubte" und zu diesem Ritterdienstlichen in erster Reihe Pünktlichkeit und Nichtwartenlassen zählte.

So erschien er denn auch heute, bald nach erfolgter Anmeldung, im Zimmer seiner Frau.

Dieses Zimmer entsprach in seinen räumlichen Verhältnissen ganz dem ihres Gatten, war aber um vieles heller und heiterer, einmal weil die hohe Paneelierung, aber mehr noch, weil die vielen nachgedunkelten Bilder fehlten. Statt dieser vielen war nur ein einziges da: das Porträt Melanies in ganzer Figur, ein wogendes Kornfeld im Hintergrunde und sie selber eben beschäftigt, ein paar Mohnblumen an ihren Hut zu stecken. Die Wände, wo sie frei waren, zeigten eine weiße Seidentapete, tief in den Fensternischen erhoben sich Hyazinthenestraden, und vor einer derselben, auf einem zierlichen Marmortische, stand ein blitzblankes Bauer, drin ein grauer Kakadu, der eigentliche Tyrann des Hauses, sein von der Dienerschaft gleichmäßig gehaßtes und beneidetes Dasein führte. Melanie sprach eben mit ihm, als Ezechiel in einer gewissen humoristischen Aufgeregtheit eintrat und seine Frau, nach vorgängiger respektvoller Verneigung gegen den Kakadu, bis an ihren Sofaplatz zurückführte. Dann schob er einen Fauteuil heran und setzte sich neben sie.

Die Feierlichkeit, mit der all dies geschah, machte Melanie lachen.

„Ist es doch, als ob du dich auf eine ganz besondere Beichte vorzubereiten hättest. Ich will es dir aber leicht machen. Ist es etwas Altes? Etwas aus deiner dunklen Vergangenheit . . .?“

„Nein, Lanni, es ist etwas Gegenwärtiges.“

„Nun, da will ich doch abwarten und mich zu keinem Generalpardon hinreißen lassen. Und nun sage, was ist es?“

„Eine Bagatelle.“

„Was deine Verlegenheit bestreitet.“

„Und doch eine Bagatelle. Wir werden einen Besuch empfangen, oder vielmehr einen Gast oder, wenn ich mich des Ausdrucks bedienen darf, einen Dauergast. Also kurz und gut, denn was hilft es, es muß heraus: einen neuen Hausgenossen.“

Melanie, die bis dahin ein Schokoladenbiskuit, das noch auf dem Teller lag, zerkrümelt hatte, legte jetzt ihren Zeigefinger auf van der Straatens Hand und sagte: „Und das nennst du eine Bagatelle? Du weißt recht gut, daß es etwas sehr Ernsthaftes ist. Ich habe nicht den Vorzug, ein Kind dieser eurer Stadt zu sein, bin aber doch lange genug in eurer exquisiten Mitte gewesen, um zu wissen, was es mit einem ‚Logierbesuch‘ auf sich hat. Schon das Wort, das sich sonst nirgends findet, kann einen ängstlich machen. Und was ist ein Logierbesuch gegen eine neue Hausgenossenschaft . . . Ist es eine Dame?“

„Nein, ein Herr.“

„Ein Herr. Ich bitte dich, Ezel . . .“

„Ein Volontär, ältester Sohn eines mir befreundeten Frankfurter Hauses. War in Paris und London, selbstverständlich, und kommt eben jetzt von New York, um hier am Ort eine Filiale zu gründen. Vorher aber will er in unserem Hause die Sitte dieses Landes kennenlernen, oder sag ich lieber *wieder* kennenlernen, weil er sie draußen halb vergessen hat. Es ist ein besonderer Vertrauensakt. Ich bin überdies dem Vater verpflichtet und bitte dich herzlich, mir eine Verlegenheit ersparen zu wollen. Ich denke, wir geben ihm die zwei leerstehenden Zimmer auf dem linken Korridor.“

„Und zwingen ihn also, einen Sommer lang auf die Fliesen unseres Hofes und auf Christels Geraniumtöpfe hinunterzusehen."

„Es kann nicht die Rede davon sein, mehr zu geben, als man hat. Und er selbst wird es am wenigsten erwarten. Alle Personen, die viel in der Welt umher waren, pflegen am gleichgültigsten gegen derlei Dinge zu sein. Unser Hof bietet freilich nicht viel; aber was hätt er Besseres in der Front? Ein Stück Kirchengitter mit Fliederbusch, und an den Markttagen die Hasenbude."

„Eh bien, Ezel. Faisons le jeu. Ich hoffe, daß nichts Schlimmes dahinter lauert, keine Konspirationen, keine Pläne, die du mir verschweigst. Denn du bist eine versteckte Natur. Und wenn es deine Geheimnisse nicht stört, so möcht ich schließlich wenigstens den Namen unseres neuen Hausgenossen hören."

„Ebenezer Rubehn ..."

„Ebenezer Rubehn", wiederholte Melanie langsam und jede Silbe betonend. „Ich bekenne dir offen, daß mir etwas Christlich-Germanisches lieber gewesen wäre. Viel lieber. Als ob wir an deinem Ezechiel nicht schon gerade genug hätten! Und nun Ebenezer. Ebenezer Rubehn! Ich bitte dich, was soll dieser Accent grave, dieser Ton auf der letzten Silbe? Suspekt, im höchsten Grade suspekt!"

„Du mußt wissen, er schreibt sich mit einem h."

„Mit einem h! Du wirst doch nicht verlangen, daß ich dies h für echt und ursprünglich nehmen soll? Einschiebsel, versuchte Leugnung des Tatsächlichen, absichtliche Verschleierung, hinter der ich nichtsdestoweniger alle zwölf Söhne Jakobs stehen sehe. Und er selber als Flügelmann."

„Und doch irrst du, Lanni. Wie stand es denn mit Rubens? Ich meine mit dem großen Peter Paul? Nun, der hatte freilich ein s. Aber was dem s recht ist, ist dem h billig. Und kurz und gut, er ist getauft. Ob durch einen Bischof, stehe dahin; ich weiß es nicht und wünsch es nicht, denn ich möcht etwas vor ihm voraushaben. Aber allen Ernstes, du tust ihm unrecht. Er ist nicht bloß christlich, er ist auch protestantisch, so gut wie du und ich. Und wenn du noch zweifelst, so lasse dich durch den Augenschein überzeugen."

Und hierbei versuchte van der Straaten aus einem kleinen gelben Kuvert, das er schon bereithielt, eine Visitenkarten-photographie herauszunehmen. Aber Melanie litt es nicht und sagte nur in immer wachsender Heiterkeit: „Sagtest du nicht New York? Sagtest du nicht London? Ich war auf einen Gentleman gefaßt, auf einen Mann von Welt, und nun schickt er sein Bildnis, als ob es sich um ein Rendezvous handelte. Krugs Garten mit einer Verlobung im Hintergrund."

„Und doch ist er unschuldig. Glaube mir. Ich wollte sichergehen, um deinetwillen sichergehen, und deshalb schrieb ich an den alten Goeschen, Firma Goeschen, Goldschmidt und Kompanie; diskreter alter Herr. Und daher stammt es. Ich bin schuld, nicht er, wahr und wahrhaftig, und wenn du mir das Wort gestattest, sogar ‚auf Ehre'."

Melanie nahm das Kuvert und warf einen flüchtigen Blick auf das eingeschlossene Bild. Ihre Züge veränderten sich plötzlich, und sie sagte: „Ah, der gefällt mir. Er hat etwas Distinguiertes: Offizier in Zivil oder Gesandtschaftsattaché. Das lieb ich. Und nun gar ein Bändchen. Ist es die Ehrenlegion?"

„Nein, du kannst es näher suchen. Er stand bei den fünften Dragonern und hat für Chartres und Poupry das Kreuz empfangen."

„Ist das eine Schlacht von deiner Erfindung?"

„Nein. Dergleichen kommt vor, und als freie Schweizerin solltest du wissen, daß fremde Sprachen nicht immer gebührende Rücksicht auf die verpönten Klangformen einer anderen nehmen. Ja, Lanni, ich bin mitunter besser als mein Ruf."

„Und wann dürfen wir unseren neuen Hausfreund erwarten?"

„Hausgenossen", verbesserte van der Straaten. „Es ist nicht

nötig, ihn, mit Rücksicht auf seine militärische Charge, so Hals über Kopf avancieren zu lassen. Übrigens ist er verlobt, oder so gut wie verlobt."

„Schade."

„Schade? Warum?"

„Weil Verlobte meistens langweilig sind. Sind sie beisammen, so sind sie zärtlich, bedrückend zärtlich für ihre Umgebung, und sind sie getrennt, so schreiben sie sich Briefe oder bereiten sich in ihrem Gemüt darauf vor. Und der Bräutigam ist immer der schlimmere von beiden. Und will man sich gar in ihn verlieben, so heißt das nicht mehr und nicht weniger, als zwei Lebenskreise stören."

„Zwei?"

„Ja, Bräutigam und Braut."

„Ich hätte drei gezählt", lachte van der Straaten. „Aber so seid ihr. Ich wette, du hast den dritten in Gnaden vergessen. Ehemänner zählen überhaupt nicht mit. Und wenn sie sich darüber wundern, so machen sie sich ridikül. Ich werde mich übrigens davor hüten, den Mohren der Weltgeschichte, das seid ihr, weißwaschen zu wollen. Apropos, kennst du das Bild ‚Die Mohrenwäsche'?"

„Ach, Ezel, du weißt ja, ich kenne keine Bilder. Und am wenigsten alte."

„Süße Simplicitas aus dem Hause de Caparoux", jubelte van der Straaten, der nie glücklicher war, wie wenn Melanie sich eine Blöße gab oder auch klugerweise nur so tat. „Altes Bild! Es ist nicht älter als ich."

„Nun, dann ist es gerade alt genug."

„Bravissimo. Sieh, so hab ich dich gern. Übermütig und boshaft. Und nun sage, was beginnen wir, wohin gondeln wir?"

„Ich bitte dich, Ezel, nur keine Berolinismen. Du hast mir doch gestern erst..."

„Und ich halt es auch. Aber wenn mir wohl ums Herze wird, da bricht es wieder durch. Und jetzt komm, wir wollen zu Haas und uns einen Teppich ansehen... ‚Gerade alt genug' ... Vorzüglich, vorzüglich ... Und nun sage Papachen, wie heißt die schönste Frau im Land?"

„Melanie."

„Und die liebste, die klügste, die beste Frau?"

„Melanie, Melanie."

„Gut, gut ... Und nun gehab dich wohl, du Menschenkenner!"

4

DER ENGERE ZIRKEL

Die „drei gestrengen Herren" waren ganz ausnahmsweise streng gewesen, aber nicht zu Verdruß beider van der Straatens, die vielmehr nun erst wußten, daß der Winter all seine Pfeile verschossen und unweigerlich und ohne weitere Widerstandsmöglichkeit seinen Rückzug angetreten habe. Nun erst konnte man freien Herzens hinaus, hinaus ohne Sorge vor frostigen Vormittagen oder gar vor Eingeschneitwerden über Nacht. Alles freute sich auf den Umzug, auch die Kinder, am meisten aber van der Straaten, der, um ihn selber sprechen zu lassen, „unter allen vorkommenden Geburtsszenen einzig und allein der des Frühlings beizuwohnen liebte". Vorher aber sollte noch ein kleines Abschiedsdiner stattfinden, und zwar unter ausschließlicher Heranziehung des dem Hause zunächst stehenden Kreises.

Es war das, übrigens von mehr verwandtschaftlicher als befreundeter Seite her, in erster Reihe der in der Alsenstraße wohnende Major von Gryczinski, ein noch junger Offizier mit abstehendem, englisch gekräuseltem Backenbart und klugen blauen Augen, der vor etwa drei Jahren die reizende Jacobine de Caparoux heimgeführt hatte, eine jüngere Schwester Melanies und nicht voll so schön wie diese, aber rotblond, was in den Augen einiger das Gleichgewicht zwischen beiden wiederherstellte. Gryczinski war Generalstäbler und hielt, wie jeder dieses Standes, an dem Glauben fest, daß es in der ganzen Welt nicht zwei so grundverschiedene Farben gäbe, wie das allgemeine preußische Militär-Rot und das Generalstabs-Rot. Daß er den Strebern zugehörte, war eine selbstverständliche Sache; wohl aber verdient es, in Rücksicht gegen den Ernst der Historie, schon an dieser Stelle hervorgehoben zu werden, daß er, alles Strebertums unerachtet, in allen nicht zu verlockenden Fällen ein bescheidenes Maß von Rücksichtnahme gelten ließ und den Kampf ums Dasein nicht absolut als einen Übergang über die Beresina betrachtete. Wie sein großer Chef, war er ein Schweiger, unterschied sich aber von ihm durch ein beständiges, jeden Sprecher ermutigendes Lächeln, das er, alle nutzlose Parteinahme klug vermeidend, über Gerechte und Ungerechte gleichmäßig scheinen ließ.

Gryczinski, wie schon angedeutet, war mehr Verwandter als Freund des Hauses. Unter diesen letzteren konnte der Baron Duquede, Legationsrat a. D., als der angesehenste gelten. Er war über sechzig, hatte bereits unter van der Straatens Vater dem damals ausgedehnteren Kreise des Hauses angehört und durfte sich, wie um anderer Qualitäten so auch schon um seiner Jahre willen, seinem hervorstechendsten Charakterzuge, dem des Absprechens, Verkleinerns und Verneinens, ungehindert hingeben. Daß er, infolge davon, den Beinamen „Herr Negationsrat" erhalten hatte, hatte selbstverständlich seine milzsüchtige Krakeelerei nicht zu bessern vermocht. Er empörte sich eigentlich über alles, am meisten über Bismarck, von dem er seit 1866, dem Jahre seiner eigenen Dienstentlassung, unaufhörlich versicherte, „daß er überschätzt werde". Von einer beinah gleichen Empörung war er gegen das zum Französieren geneigte Berlinertum erfüllt, das ihn, um seines „qu" willen, als einen Koloniefranzosen ansah und seinen altmärkischen Adelsnamen nach der Analogie von Admiral Duquesne auszusprechen pflegte. „Was er sich gefallen lassen könne", hatte Melanie hingeworfen, von welchem Tag an eine stille Gegnerschaft zwischen beiden herrschte.

Dem Legationsrat an Jahren und Ansehn am nächsten stand Polizeirat Reiff, ein kleiner behäbiger Herr mit roten und glänzenden Backenknochen, auch Feinschmecker und Geschichtenerzähler, der, solange die Damen bei Tische waren, kein Wasser trüben zu können schien, im Moment ihres Verschwindens aber in Anekdoten exzellierte, wie sie, nach Zahl und Inhalt, immer nur einem Polizeirat zu Gebote stehen. Selbst van der Straaten, dessen Talente doch nach derselben Seite hin lagen, erging sich dann in lautem und mitunter selbst stürmischem Beifall oder zwinkerte seinen Tischnachbarn seine neidlose Bewunderung zu.

Diese Tischnachbarn waren in der Regel zwei Maler: der Landschaftler Arnold Gabler, ebenfalls wie Reiff und der Legationsrat ein Erbstück aus des Vaters Tagen her, und Elimar Schulze, Porträt- und Genremaler, der sich erst in den letzten Jahren angefunden hatte. Seine Zugehörigkeit zu der vorgeschilderten Tafelrunde basierte zumeist auf dem Umstande, daß er nur ein halber Maler, zur andern Hälfte aber Musiker und enthusiastischer Wagnerianer war, auf welchen „Titul" hin, wie van der Straaten sich ausdrückte, Melanie seine Aufnahme betrieben und durchgesetzt hatte. Die bei dieser Gelegenheit abgegebene Bemerkung ihres Eheherrn, „daß er gegen den Aufzunehmenden nichts einzuwenden habe, wenn er einfach übertreten und seine Zugehörigkeit zu der alleinseligmachenden Musik offen und ehrlich aussprechen wolle", war von dem immer gutgelaunten Elimar mit der Bitte beantwortet worden, „ihm diesen Schritt erlassen zu wollen, und zwar einfach deshalb, weil doch schließlich nur das Gegenteil von dem Gewünschten dabei herauskommen würde. Denn während er jetzt als Maler allgemein für einen Musiker gehalten werde, werd er als Musiker sicherlich für einen Maler gehalten und dadurch vom Standpunkte des Herrn Kommerzienrats aus in die relativ höhere Rangstufe wieder hinaufgehoben werden."

Diesem Verwandten- und Freundeskreise waren die zu heute sieben Uhr Geladenen entnommen. Denn van der Straaten liebte die Spät-Diners und erging sich mitunter in nicht üblen Bemerkungen über den gewaltigen Unterschied zwischen einer um vier Uhr künstlich hergestellten und einer um sieben

Uhr natürlich erwachsenen Dunkelheit. Eine künstliche Vier-Uhr-Dunkelheit sei nicht besser als ein junger Wein, den man in einen Rauchfang gehängt und mit Spinnweb umwickelt habe, um ihn alt und ehrwürdig erscheinen zu lassen. Aber eine feine Zunge schmecke den jungen Wein und ein feines Nervensystem schmecke die junge Dunkelheit heraus. Bemerkungen, die, namentlich in ihrer „das feine Nervensystem“ betonenden Schlußwendung, von Melanie regelmäßig mit einem allerherzlichsten Lachen begleitet wurden.

Das van der Straatensche Stadthaus – wodurch es sich neben anderem von der mit allem Komfort ausgestatteten Tiergartenvilla unterschied – hatte keinen eigentlichen Speisesaal, und die zwei großen und vier kleinen Diners, die sich über den Winter hin verteilten, mußten in dem ersten, als Entree dienenden Zimmer der großen Gemäldegalerie gegeben werden. Es griff dieser Teil der Galerie noch aus dem rechten Seitenflügel in das Vorderhaus über und lag unmittelbar hinter Melanies Zimmer, aus dem denn auch, sobald die breiten Flügeltüren sich öffneten, der Eintritt stattfand.

Und wie gewöhnlich, so auch heute. Van der Straaten nahm den Arm seiner blonden Schwägerin, Duquede den Melanies, während die vier anderen Herren paarweise folgten, eine herkömmliche Form des Aufmarsches, bei der der Major ebenso geschickt zwischen den beiden Malern zu wechseln, als den Polizeirat zu vermeiden wußte. Denn so bereit und ergeben er war, die Geschichten Reiffs bei Tag oder Nacht über sich ergehen zu lassen, so konnt er sich doch nicht entschließen, ihm ebenbürtig den Arm zu bieten. Er stand vielmehr ganz in den Anschauungen seines Standes und bekannte sich, mit einem durch persönliches Fühlen unterstützten Nachdruck, zu dem alten Gegensatze von Militär und Polizei.

Jeder der Eintretenden war an dieser Stelle zu Haus und hatte keine Veranlassung mehr zum Staunen und Bewundern. Wer aber zum ersten Male hier eintrat, der wurde sicherlich durch eine Schönheit überrascht, die gerade darin ihren Grund hatte, daß der als Speisesaal dienende Raum kein eigentlicher Speisesaal war. Ein reichgegliederter Kronleuchter von französischer Bronze warf seine Lichter auf eine von guter italienischer Hand herrührende prächtige eingerahmte Kopie der Veronesischen „Hochzeit zu Cana“, die von Uneingeweihten auch wohl ohne weiteres für das Original genommen wurde, während daneben zwei Stilleben in fast noch größeren und reicheren Barockrahmen hingen. Es waren, von einiger vegetabilischer Zutat abgesehen, Hummer, Lachs und blaue Makrelen, über deren absolute Naturwahrheit sich van der Straaten in der ein für allemal gemünzten Bewunderungsformel ausließ, „es werd ihm, als ob er taschentuchlos über den Cöllnischen Fischmarkt gehe“.

Nach hinten zu stand das Büfett, und daneben war die Tür, die mit der im Erdgeschoß gelegenen Küche bequeme Verbindung hielt.

5

BEI TISCH

„Nehmen wir Platz“, sagte van der Straaten. „Meine Frau hat mich aller Placierungsmühen überhoben und Karten gelegt.“

Und dabei nahm er eine derselben in die Hand und ließ sein von Natur gutes und durch vieles Sehen kunstgeübtes Auge darüber hingleiten. „Ah, ah, sehr gut. Das ist Tells Geschoß. Gratuliere, Elimar. Allerliebst, allerliebst. Natürlich Amor, der schießt. Daß ihr Maler doch über diesen ewigen Schützen nicht wegkommen könnt.“

„Gegen dessen Abschaffung oder Dienstentlassung wir auch feierlich protestieren würden“, sagte die rotblonde Schwester.

Alle hatten sich inzwischen placiert, und es ergab sich, daß Melanie bei der von ihr getroffenen Anordnung vom Herkömmlichen abgewichen war. Van der Straaten saß zwischen Schwägerin und Frau, ihm gegenüber der Major, von Gabler und Elimar flankiert, an den Schmalseiten aber Polizeirat Reiff und Legationsrat Duquede.

Die Suppe war eben genommen und der im kommerzienrätlichen Hause von alter Zeit her berühmte Montefiascone gerade herumgereicht, als van der Straaten sich über den Tisch hin zu seinem Schwager wandte.
„Gryczinski, Major und Schwager", hob er leicht und mit überlegener Vertraulichkeit an, „binnen heut und drei Monaten haben wir Krieg. Ich bitte dich, sage nicht nein, wolle mir nicht widersprechen. Ihr, die ihr's schließlich machen müßt, erfahrt es erfahrungsmäßig immer am spätesten. Im Juni haben wir die Sache wieder fertig oder wenigstens eingerührt. Es zählt jetzt zu den sogenannten berechtigten Eigentümlichkeiten preußischer Politik, allen Geheimräten, wozu, in allem was Karlsbad und Teplitz angeht, auch die Kommerzienräte gehören, ihre Brunnen- und Badekur zu verderben. Helgoland mit eingeschlossen. Ich wiederhole dir, in zwei Monaten haben wir die Sache fertig und in drei haben wir den Krieg. Irgendwas Benedettihaftes wird sich doch am Ende finden lassen, und Ems liegt unter Umständen überall in der Welt."
Gryczinski zwirbelte mit der Linken an der breitesten Stelle seines Backenbartes und sagte: „Schwager, du stehst zu sehr unter Börsengerüchten, um nicht zu sagen unter dem Einfluß der Börsenspekulation. Ich versichere dich, es ist kein Wölkchen am Horizont, und wenn wir zur Zeit wirklich einen Kriegsplan ausarbeiten, so betrifft er höchstens die hypothetische Bestimmung der Stelle, wo Rußland und England zusammenstoßen und ihre große Schlacht schlagen werden."
Beide Damen, die von der entschiedensten Friedenspartei waren, die brünette, weil sie nicht gern das Vermögen, die blonde, weil sie nicht gern den Mann einbüßen wollte, jubelten dem Sprecher zu, während der Polizeirat, immer kleiner werdend, bemerkte: „Bitte dem Herrn Major meine gehorsamste Zustimmung aussprechen zu dürfen, und zwar von ganzem Herzen und von ganzem Gemüte." Wobei gesagt werden muß, daß er mit Vorliebe von seinem Gemüte sprach. „Überhaupt", fuhr er fort, „nichts falscher und irriger, als sich Seine

Durchlaucht den Fürsten, einen in Wahrheit friedliebenden Mann, als einen Kanonier mit ewig brennender Lunte vorzustellen, jeden Augenblick bereit, das Kruppsche Monstregeschütz eines europäischen Krieges auf gut Glück hin abzufeuern. Ich sage, nichts falscher und irriger als das. Hasardieren ist die Lust derer, die nichts besitzen, weder Vermögen noch Ruhm. Und der Fürst besitzt beides. Ich wette, daß er nicht Lust hat, seinen hochaufgespeicherten Doppelschatz immer wieder auf die Kriegskarte zu setzen. Er gewann 1864 (nur eine Kleinigkeit), dublierte 1866 und triplierte 1870, aber er wird sich hüten, sich auf ein six-le-va einzulassen. Er ist ein sehr belesener Mann und kennt ohne Zweifel das Märchen vom ‚Fischer un sine Fru' ..."

„... Dessen pikante Schlußwendung uns unser polizeirätlicher Freund hoffentlich nicht vorenthalten will", bemerkte van der Straaten, in dem sich der Übermut der Tafelstimmung bereits zu regen begann.

Aber der Polizeirat, während er sich wie zur Gewährleistung jeder Sicherheit gegen die Damen hin verneigte, ließ das Märchen und seine notorische Schlußzeile fallen und sagte nur: „Wer alles gewinnen will, verliert alles. Und das Glück ist noch launenhafter als die Damen. Ja, meine Damen, als die Damen. Denn die Launenhaftigkeit, ich lebe selbst in einer glücklichen Ehe, ist das Vorrecht und der Zauber ihres Geschlechts. Der Fürst hat Glück gehabt, aber gerade weil er es gehabt hat ..."

„... Wird er sich hüten, es zu versuchen", schloß mit ironischer Emphase der Legationsrat. „Aber, wenn er es *dennoch* täte? He? Der Fürst hat Glück gehabt, versichert uns unser Freund Reiff mit polizeirätlich unschuldiger Miene. Glück gehabt! Allerdings. Und zwar kein einfaches und gewöhnliches, sondern ein stupendes, ein nie dagewesenes Glück. Eines, das in seiner kolossalen Größe den Mann selber wegfrißt und verschlingt. Und sowenig ich geneigt bin, ihm dies Glück zu mißgönnen, ich kenne keine Mißgunst, so reizt es mich doch, einen Heroenkultus an dieses Glück geknüpft zu sehen. Er wird überschätzt, sag ich. Glauben Sie mir, er hat etwas Plagiatorisches. Es mögen sich Erklärungen finden lassen, meinetwegen auch Entschuldigungen, eines aber bleibt: er wird überschätzt. Ja, meine Freunde, den Heroenkultus haben wir, und den Götterkultus *werden* wir haben. Bildsäulen und Denkmäler sind bereits da, und die Tempel werden kommen. Und in einem dieser Tempel wird sein Bildnis sein, und Göttin Fortuna ihm zu Füßen. Aber man wird es nicht den Fortunatempel nennen, sondern den Glückstempel. Ja, den Glückstempel, denn es wird darin gespielt, und unser vorsichtiger Freund Reiff hat es mit seinem six-le-va, das über kurz oder lang kommen wird, besser getroffen, als er weiß. Alles Spiel und Glück, sag ich, und daneben ein unendlicher Mangel an Erleuchtung, an Gedanken und vor allem an großen schöpferischen Ideen."

„Aber, lieber Legationsrat", unterbrach hier van der Straaten, „es liegen doch einige Kleinigkeiten vor: Exmittierung Österreichs, Aufbau des Deutschen Reiches . . ."

„. . . Ekrasierung Frankreichs und Dethronisierung des Papstes! Pah, van der Straaten, ich kenne die ganze Litanei. Wem aber haben wir dafür zu danken, wenn überhaupt dafür zu danken ist? Wem? Einer ihm feindlichen Partei, feindlich ihm und mir, einer Partei, der er ihren Schlachtruf genommen hat. Er hat etwas Plagiatorisches, sag ich, er hat sich die Gedanken anderer einfach angeeignet, gute und schlechte, und sie mit Hilfe reichlich vorhandener Mittel in Taten umgesetzt. Das konnte schließlich jeder, jeder von uns: Gabler, Elimar, du, ich, Reiff . . ."

„Ich möchte doch bitten . . ."

„In Taten umgesetzt", wiederholte Duquede.

„Ein Umsatz- und Wechselgeschäft, das ich hasse, solange nicht der selbsteigene Gedanke dahinter steht. Aber Taten mit gar keiner oder mit erheuchelter oder mit erborgter Idee haben etwas Rohes und Brutales, etwas Dschingiskhanartiges. Und ich wiederhole, ich hasse solche Taten. Am meisten aber haß ich sie, wenn sie die Begriffe verwirren und die Gegensätze mengen und wenn wir es erleben müssen, daß sich hinter den altehrwürdigen Formen unseres staatserhaltenden Prinzips, hinter der Maske des Konservatismus, ein revolutionärer Radikalismus birgt. Ich sage dir, van der Straaten, er segelt unter falscher Flagge. Und eines seiner einschlägigsten Mittel ist der beständige Flaggenwechsel. Aber ich hab ihn erkannt und weiß, was seine eigentliche Flagge ist . . ."

„Nennen . . ."

„Die schwarze."

„Die Piratenflagge?"

„Ja. Und Sie werden dessen über kurz oder lang alle gewahr werden. Ich sage dir, van der Straaten, und Ihnen, Elimar, und Ihnen, Reiff, der Sie's morgen in Ihr schwarzes Buch eintragen können, meinetwegen, denn ich bin ein altmärkischer Edelmann und habe den Dienst dieses mir widerstrebenden Eigennützlings längst quittiert, ich sag es jedem, alt oder jung: sehen Sie sich vor. Ich warne Sie vor Täuschung, vor allem aber vor Überschätzung dieses falschen Ritters, dieses Glücks-Tempelherrn, an den die blöde Menge glaubt, weil er die Jesuiten aus dem Lande geschafft hat. Aber wie steht es damit? Die Bösen sind wir los, der Böse ist geblieben."

Gryczinski hatte mit vornehmem Lächeln zugehört; van der Straaten indes, der, trotzdem er eigentlich ein Bismarckschwärmer war, in seiner Eigenschaft als kritiksüchtiger Berliner nichts Reizenderes kannte als Größenniedermetzelung und Generalnivellierung, immer vorausgesetzt, daß er selber als einsam überragender Bergkegel übrigblieb, grüßte zu Duquede hinüber und rief einem der Diener zu, dem Legationsrat, der sich geopfert habe, noch einmal von der letzten Schüssel zu präsentieren.

„Eine spanische Zwiebel, Duquede. Nimm. Das ist etwas für dich. Scharf, scharf. Ich mache mir nicht viel aus Spanien, aber um zweierlei beneid ich es: um seine Zwiebeln und um seinen Murillo."

„Überrascht mich", sagte Gabler. „Und am meisten überrascht mich die dir entschlüpfte Murillo-, will also sagen Madonnenbewunderung."

„Nicht entschlüpft, Arnold, nicht entschlüpft. Ich unterscheide nämlich, wie du wissen solltest, kalte und warme Madonnen. Die kalten sind mir allerdings verhaßt, aber die warmen hab ich desto lieber. A la bonne heure, die berauschen mich, und ich fühl es in allen Fingerspitzen, als ob es elfer Rheinwein wäre. Und zu diesen glühenden und sprühenden zähl ich all diese spanischen Immaculatas und Concepciones, wo die Mutter Gottes auf einer Mondsichel steht, und um ihr dunkles Gewand her leuchten goldene Wolken und Engelsköpfe. Ja, Reiff, dergleichen gibt es. Und so blickt sie brünstig oder sagen wir lieber inbrünstig gen Himmel, als wolle die Seele flügge werden in einem Brütofen von Heiligkeit."

„In einem Brütofen von Heiligkeit", wiederholte der Polizeirat, in dessen Augen es heimlich und verstohlen zu zwinkern begann. „In einem Brütofen! Oh, das ist magnifique, das ist herrlich, und eine Andeutung, die jeder von uns nach dem Maße seiner Erkenntnis interpretieren und weiterspinnen kann."

Beide junge Frauen, einigermaßen überrascht, ihren sonst so zurückhaltenden Freund auf dieser Messerschneide balancieren zu sehen, trafen sich mit ihren Blicken, und Melanie, rasch erkennend, daß es sich jeden Moment um eine jener Katastrophen handeln könne, wie sie bei den kommerzienrätlichen Diners eben nicht allzu selten waren, suchte vor allem von dem heiklen Murillothema loszukommen, was bei van der Straatens Eigensinn allerdings nur durch eine geschickte Diversion geschehen konnte. Und solche gelang denn auch momentan, indem Melanie mit anscheinender Unbefangenheit bemerkte: „Van der Straaten wird mich auslachen, in Bild- und Malerfragen eine Meinung haben zu wollen. Aber ich muß ihm offen bekennen, daß ich mich, wenn seine gewagte Madonneneinteilung überhaupt akzeptiert werden soll, ohne weiteres für eine von ihm ignorierte Mittelgruppe, nämlich für die temperierten, entscheiden würde. Die Tizianischen scheinen mir diese wohltuend gemäßigte Temperatur zu haben. Ich lieb ihn überhaupt.“

„Ich auch, Melanie. Brav, brav. Ich hab es immer gesagt, daß ich noch einen Kunstprofessor in dir großziehe. Nicht wahr, Arnold, ich hab es gesagt? Beschwör es. Eine Schwurbibel ist nicht da, aber wir haben Reiff, und ein Polizeirat ist immer noch ebensogut wie ein Evangelium. Du lachst, Schwager; natürlich; ihr merkt es nicht, aber wir. Übrigens hat Reiff ein leeres Glas. Und Elimar auch. Friedrich, alter Pomuchelskopf, steh nicht in Liebesgedanken. Allons enfants. Wo bleibt der Mouet? Flink, sag ich. Bei den Gebeinen des unsterblichen Roller, ich lieb es nicht, meinen Champagner in den letzten fünf Minuten in kümmerlicher Renommage schäumen zu sehen. Und noch dazu in diesen vermaledeiten Spitzgläsern, mit denen ich nächstens kurzen Prozeß machen werde. Das sind Rechnungsrats-, aber nicht Kommerzienratsgläser. Übrigens mit dem Tizian hast du doch unrecht. Das heißt halb. Er versteht sich auf alles mögliche, nur nicht auf Madonnen. Auf Frau Venus versteht er sich. Das ist seine Sache. Fleisch, Fleisch. Und immer lauert irgendwo der kleine, liebe Bogenschütze. Pardon, Elimar, ich bin nicht für Massen-Amors auf Tischkarten, aber für den Einzel-Amor bin ich, und ganz besonders für den des Tizianischen roten Ruhebetts mit zurückgezogener grüner Damastgardine. Ja, meine Herrschaften, da gehört er hin, und immer ist er wieder reizend, ob er ihr zu Häupten oder zu Füßen sitzt, ob er hinter dem Bett oder der Gardine hervorguckt, ob er seinen Bogen eben gespannt oder eben abgeschossen hat. Und was ist vorzuziehen? Eine feine Frage, Reiff. Ich denke mir, wenn er ihn spannt ... Und diese ruhende linke Hand mit dem ewigen Spitzentaschentuch. Oh, superbe. Ja, Melanie, *den* Tag will ich deine Bekehrung feiern, wo du mir zugestehst: Suum cuique, dem Tizian die Venus und dem Murillo die Madonna.“

„Ich fürchte, van der Straaten, da wirst du lange zu warten haben, und am längsten auf meine Murillo-Bekehrung. Denn diese gelben Dunstwolken, aus denen etwas inbrünstig Gläubiges in seelisch-sinnlicher Verzückung aufsteigt, sind mir unheimlich. Es hat die Grenze des Bezaubernden überschritten, und statt des Bezaubernden find ich etwas Behexendes darin."

Gryczinski nickte leise der Schwägerin zu, während jetzt Elimar das Glas erhob und um Erlaubnis bat, nach dem eben gehörten Wort einer echt deutschen Frau („Französin", schrie van der Straaten dazwischen) auf das Wohl der schönen und liebenswürdigen Dame des Hauses anstoßen zu dürfen. Und die Gläser klangen zusammen. Aber in ihren Zusammenklang mischte sich für die schärfer Hörenden schon etwas wie Zittern und Mißakkord, und ehe noch das allgemeine Lächeln verflogen war (das des Polizeirats hielt sich am längsten), brach van der Straaten durch alle bis dahin mühsam eingehaltenen Gehege durch und debütierte mal wieder ganz als er selbst. Er sei, so hob er an, leider nicht in der Lage, der für die „Frau Kommerzienrätin" gewiß höchst wertvollen Zustimmung seines Freundes Elimar Schulze (wobei er Vor- und Zuname gleich ironisch betonte) *seinerseits* zustimmen zu können. Es gebe freilich einen Gegensatz von Bezauberung und Behexung, aber manches in der Welt gelte für Behexung, was Bezauberung, und noch mehr gelte für Bezauberung, was Behexung sei. Und er bitte sagen zu dürfen, daß er es seinerseits mit der Konsequenz halte und mit Farbebekennen, und nicht mit heute so und morgen so. Am verdrießlichsten aber sei ihm zweierlei Maß.

Er hielt hier einen Augenblick inne und war vielleicht überhaupt gewillt, es bei diesen Allgemeinsätzen bewenden zu lassen. Aber die junge Gryczinska, die sich, nach Art aller Schwägerinnen, etwas herausnehmen durfte, sah ihn jetzt, in plötzlich wiedererwachtem Mute, keck und zuversichtlich an und bat ihn, aus seinen Orakelsprüchen heraus und zu bestimmteren Erklärungen übergehen zu wollen.

„O gewiß, meine Gnädigste", sagte der jetzt immer hitziger werdende van der Straaten. „O gewiß, mein geliebtes Rotblond. Ich stehe zu Befehl und will aus allen Orakulosen und Mirakulosen heraus und will in die Trompete blasen, daß ihr aus eurer Dämmerung und meinetwegen auch aus eurer Götterdämmerung erwachen sollt, als ob die Feuerwehr vorüberführe."

„Ah", sagte Melanie, die jetzt auch ihrerseits alle Ruhe zu verlieren begann. „Also da hinaus soll es."

„Ja, süßer Engel, da hinaus. Da. Ihr stellt euch stolz und gemütlich auf die Höhen aller Kunst und zieht als reine Casta diva am Himmel entlang, als ob ihr von Ozon und Keuschheit leben wolltet. Und *wer* ist euer Abgott? Der Ritter von Bayreuth, ein Behexer, wie es nur je einen gegeben hat. Und an diesen Tannhäuser und Venusberg-Mann setzt ihr, als ob ihr wenigstens die Voggenhuber wäret, eurer Seelen Seligkeit und singt und spielt ihn morgens, mittags und abends. Oder dreimal täglich, wie auf euren Pillenschachteln steht. Und euer Elimar immer mit. Und sein ewiger Samtrock wird ihn auch nicht retten. Nicht ihn und nicht euch. Oder wollt ihr mir das alles als himmlischen Zauber kredenzen? Ich sag euch, fauler Zauber. Und das ist es, was ich zweierlei Maß genannt habe. Den Murillo-Zauber möchtet ihr zur Hexerei stempeln, und die Wagner-Hexerei möchtet ihr in Zauber verwandeln. Ich aber sag euch, es liegt umgekehrt, und wenn es *nicht* umgekehrt liegt, so sollt ihr mir wenigstens keinen Unterschied machen. Denn es ist schließlich alles ganz egal und mit Permission zu sagen alles Jacke ..."

Der aus der vergleichendsten Kleidersprache genommene Berolinismus, mit dem er seinen Satz abzuschließen gedachte, wurde auch wirklich gesprochen, aber er verklang in einem Getöse, das der Major durch einen geschickt kombinierten Angriff von Gläserklopfen und Stuhlrücken in Szene zu setzen gewußt hatte. Zugleich begann er: „Meine verehrten Freunde, das Wort Hexenmeister ist gefallen. Ein vorzügliches Wort! So lassen wir sie denn leben, alle diese Tannhäuser, wobei sich jeder das Seine denken mag. Ich trinke auf das Wohl der Hexenmeister. Denn alle Kunst ist Hexerei.

Rechten wir nicht mit dem Wort. Was sind Worte? Schall und Rauch. Stoßen wir an. Hoch, hoch!"

Und mit einer wohlgemeinten Kraftanstrengung, in der jetzt jeder zitternde Ton fehlte, wurde zugestimmt, namentlich auch von seiten der beiden Maler, und kaum einer war da, der nicht an eine glücklich beseitigte Gefahr geglaubt hätte. Aber mit Unrecht. Van der Straaten, absolut unerzogen, konnte, vielleicht weil er dies Manko fühlte, nichts so wenig ertragen, als auf Unerzogenheiten aufmerksam gemacht zu werden: er vergaß sich dann ganz und gar, und der Dünkel des reichen Mannes, der gewohnt war zu helfen, nach allen Seiten hin zu helfen, stieg ihm dann zu Kopf und schlug in Wellen über ihm zusammen. Und so auch jetzt. Er erhob sich und sagte: „Kupierungen sind etwas Wundervolles. Keine Frage. Ich beispielsweise kupiere Kupons. Ein inferiores Geschäft, das unter Umständen nichtsdestoweniger einen Anspruch darauf gibt, gegen Wort- und Redekupierungen gesichert zu sein, namentlich gegen solche, die reprimandieren und erziehen wollen. Ich bin erzogen."

Er hatte mit vor Erregung zitternder Stimme gesprochen, aber mit zugekniffenem Auge fest zu dem Major hinübergesehen. Dieser, ein vollkommener Weltmann, lächelte vor sich hin und blinkte nur leise den beiden Damen zu, daß sie sich beruhigen möchten. Dann ergriff er sein Glas ein zweites Mal, gab seinen Zügen, ohne sich sonderlich anzustrengen, einen freundlichen Ausdruck und sagte zu van der Straaten: „Es ist so viel von Kupieren gesprochen worden; kupieren wir auch das. Ich lebe der festen Überzeugung . . ."

In ebendiesem Augenblicke sprang der Pfropfen von einer der im Weinkühler stehenden Flaschen, und Gryczinski, rasch den Vorteil erspähend, den er aus diesem Zwischenfall ziehen konnte, brach inmitten des Satzes ab und sagte nur, während er unter leiser Verbeugung seines Schwagers Glas füllte: „Friede sei ihr erst Geläute!"

Solchem Appell zu widerstehen war van der Straaten der letzte. „Mein lieber Gryczinski", hob er in plötzlich erwachter

Sentimentalität an, „wir verstehen uns, wir haben uns immer verstanden. Gib mir deine Hand. Lacrimae Christi, Friedrich. Rasch. Das Beste daran ist freilich der Name. Aber er hat ihn nun mal. Jeder hat nun mal das Seine, der eine dies, der andere das.

„Allerdings", lachte Gabler.

„Ach, Arnold, du überschätzt das. Glaube mir, der Selige hatte recht. Gold ist nur Schimäre. Und Elimar würd es mir bestätigen, wenn es nicht ein Satz aus einer überwundenen Oper wäre. Ich muß sagen, leider überwunden. Denn ich liebe Nonnen, die tanzen. Aber da kommt die Flasche. Laß nur Staub und Spinnweb. Sie muß in ihrer ganzen unabgeputzten Heiligkeit verbleiben. Lacrimae Christi. Wie das klingt!"

Und die frühere Heiterkeit kehrte wieder oder schien wenigstens wiederzukehren, und als van der Straaten fortfuhr, in wahren Ungeheuerlichkeiten über Christustränen, Erlöserblut und Versöhnungswein zu sprechen, durfte Melanie schließlich die Bemerkung wagen: „Du vergißt, Ezel, daß der Polizeirat katholisch ist."

„Ich bitte recht sehr", sagte Reiff, als ob er auf etwas Unerlaubtem ertappt worden wäre.

Van der Straaten aber verschwor sich hoch und teuer, daß ein vierzig Jahre lang treu geleisteter Sicherheitsdienst über alles konfessionelle Plus oder Minus hinaus entscheidend sein und vor dem Richterstuhle der Ewigkeit angerechnet werden müsse. Und als bald darauf die Gläser abermals gefüllt und geleert worden waren, rückte Melanie den Stuhl, und man erhob sich, um im Nebenzimmer den Kaffee zu nehmen.

6

AUF DEM HEIMWEGE

Die Kaffeestunde verlief ohne Zwischenfall, und es war bereits gegen zehn, als der Diener meldete, daß der Wagen vorgefahren sei. Diese Meldung galt dem Gryczinskischen Paare, das an den Dinertagen seine Heimfahrt in der ihm bei dieser Gelegenheit ein für allemal zur Verfügung gestellten kommerzienrätlichen Equipage zu machen pflegte. Mäntel und Hüte wurden gebracht, und die schöne Jacobine, Hals und Kopf in ein weißes Filettuch gehüllt, stand alsbald in der Mitte des Kreises und wartete lachend und geduldig auf die beiden Maler, denen Gryczinski noch im letzten Augenblicke die Mitfahrt angeboten hatte. Das Parlamentieren darüber wollte kein Ende nehmen, und erst als man unten am Wagenschlage stand, entschied sich's, und Gabler placierte sich nunmehr ohne weiteres auf den Rücksitz, während Elimar mit einem kräftigen Turnerschwunge seinen Platz auf dem Bocke nahm, angeblich aus Rücksicht gegen die Wageninsassen, in Wahrheit aus eigener Bequemlichkeit und Neugier. Er sehnte sich nämlich nach einem Gespräche mit dem Kutscher.

Dieser, auch noch ein Erbstück aus des alten van der Straaten Zeiten her, führte den unkutscherlichen Namen Emil, der jedoch seit lange seinen Verhältnissen angepaßt und in ein plattdeutsches „Ehm" abgekürzt worden war. Mit um so größerem Recht, als er wirklich in Fritz Reuterschen Gegenden das Licht der Welt erblickt und sich bis diesen Tag neben seinem Berliner Jargon einen Rest heimatlicher Sprache konserviert hatte. Elimar, einer seiner Bevorzugten, nahm gleich im ersten Momente des Zurechtrückens ein mehrklappiges Lederfutteral heraus, steckte dem Alten eine der obenaufliegenden Zigarren zu und sagte vertraulich: „Für 'n Rückweg, Ehm."

Dieser fuhr mit der Rechten dankend an seinen Kutscherhut, und damit waren die Präliminarien geschlossen.

Als sie bald darauf bei der Normaluhr auf dem Spittelmarkte vorüberkamen und in eine der schlechtgepflasterten Seitenstraßen einbogen, hielt Elimar den ersehnten Zeitpunkt für gekommen und sagte:

„Ist denn der neue Herr schon da?"

„Der Frankfurtsche? Ne, noch nich, Herr Schulze."

„Na, dann muß er aber doch bald ..."
„I, woll. Bald muß er. Ich denke, so nächste Woche. Un de Stuben sind ooch all tapziert. Jott, se duhn ja, wie wenn 't en Prinz wär, erst der Herr un nu ooch de Jnädge. Un Christel meent, he sall man en Jüdscher sinn."
„Aber reich. Und Offizier. Das heißt bei der Landwehr oder so."
„Is et möglich?"
„Und er soll auch singen."
„Ja, singen wird er woll."
Elimar war eitel genug, an dieser letzteren Äußerung Anstoß zu nehmen, und da sich's gerade traf, daß in ebendiesem Augenblicke der Wagen aus dem Wallstraßenportal auf den abendlich-stillen Opernplatz einbog, so gab er das Gespräch um so lieber auf, als er nicht wollte, daß dasselbe von den Insassen des Wagens verstanden würde.
Von seiten dieser war bis dahin kein Wort gewechselt worden, nicht aus Verstimmung, sondern nur aus Rücksicht gegen die junge Frau, die, herzlich froh über den zur Hälfte frei gebliebenen Rücksitz, ihre kleinen Füße gegen das Polsterkissen gestemmt und sich bequem in den Fond des Wagens zurückgelehnt hatte. Sie war gleich beim Einsteigen ersichtlich müde gewesen, hatte wie zur Entschuldigung etwas von Champagner und Kopfweh gesprochen, das Filettuch dabei höher gezogen und ihre Augen geschlossen. Erst als sie zwischen dem Palais und dem Friedrichsmonumente hinfuhren, richtete sie sich wieder auf, weil sie jenen Allerloyalsten zugehörte, die sich schon beglückt fühlen, einen bloßen Schattenriß an dem herabgelassenen Vorhange des Eckfensters gesehen zu haben. Und wirklich, sie sah ihn und gab in ihrer reizenden, halb kindlich, halb koketten Weise der Freude darüber Ausdruck.
Ihr Geplauder hatte noch nicht geendet, als der Wagen am Brandenburger Tore hielt. Im Nu waren beide Maler, deren Weg hier abzweigte, von ihren Plätzen herunter und empfahlen sich dankend dem liebenswürdigen Paare, das nun seiner-

seits durch die breite Schrägallee auf das Siegesdenkmal und die dahintergelegene Alsenstraße zufuhr.

Als sie mitten auf dem von bunten Lichtern überstrahlten Platze waren, schmiegte sich die schöne junge Frau zärtlich an ihren Gatten und sagte: „War das ein Tag, Otto. Ich habe dich bewundert."

„Es wurde mir leichter, als du denkst. Ich spiele mit ihm. Er ist ein altes Kind."

„Und Melanie! ... Glaube mir, sie fühlt es. Und sie tut mir leid. Du lächelst so. Dir nicht?"

„Ja und nein, ma chère. Man hat eben nichts umsonst in der Welt. Sie hat eine Villa und eine Bildergalerie ..."

„Aus der sie sich nichts macht. Du weißt ja, wie wenig sie daran hängt ..."

„Und hat zwei reizende Kinder ..."

„Um die ich sie fast beneide."

„Nun, siehst du", lachte der Major. „Ein jeder hat die Kunst zu lernen, sich zu bescheiden und einzuschränken. Wär ich mein Schwager, so würd ich sagen ..."

Aber sie schloß ihm den Mund mit einem Kuß, und im nächsten Augenblicke hielt der Wagen.

Die beiden Räte, der Legations- und der Polizeirat, waren an der Ecke des Petriplatzes in eine Droschke gestiegen, um bis an das Potsdamer Tor zu fahren. Von hier aus wollten sie den Rest des Weges um der frischen Abendluft willen zu Fuß machen. In Wahrheit aber hielten sie bloß zu dem Satze, „daß man im kleinen sparen müsse, um sich im großen legitimieren zu können", wobei leider nur zu bedauern blieb, daß ihnen die „großen Gelegenheiten" entweder nie gekommen oder regelmäßig von ihnen versäumt worden waren.

Unterwegs, solange die Fahrt dauerte, war kein Wort gewechselt worden, und erst beim Aussteigen hatte, bei der nun nötig werdenden Division von zwei in sechs, ein Gespräch begonnen, das alle Parteien zufriedengestellt zu haben schien. Nur nicht den Kutscher. Beide Räte hüteten sich deshalb auch, sich nach dem letzteren umzusehen, vor allem Duquede, der, außerdem noch ein abgeschworener Feind aller Platzübergänge mit Eisenbahnschienen und Pferdebahngeklingel, überhaupt erst wieder in Ruhe kam, als er die schon frisch in Knospen stehende Bellevuestraße glücklich erreicht hatte.

Reiff folgte, schob sich artig und respektvoll an die linke Seite des Legationsrates und sagte plötzlich und unvermittelt:

„Es war doch wieder eine recht peinliche Geschichte heute. Finden Sie nicht? Und ehrlich gestanden, ich begreif ihn nicht. Er ist doch nun Fünfzig und darüber und sollte sich die Hörner abgelaufen haben. Aber er ist und bleibt ein Durchgänger."

„Ja", sagte Duquede, der einen Augenblick stillstand, um Atem zu schöpfen, „etwas Durchgängerisches hat er. Aber, lieber Freund, warum soll er es nicht haben? Ich taxier ihn auf eine Million, seine Bilder ungerechnet, und ich sehe nicht ein, warum einer in seinem eigenen Haus und an seinem eigenen Tisch nicht sprechen soll, wie ihm der Schnabel gewachsen ist. Ich bekenn Ihnen offen, Reiff, ich freue mich immer, wenn er mal so zwischenfährt. Der Alte war auch so, nur viel schlimmer, und es hieß schon damals vor vierzig Jahren: ‚Es sei doch ein sonderbares Haus und man könne eigentlich nicht hingehen.' Aber uneigentlich ging alles hin. Und so war es und so ist es geblieben."

„Es fehlt ihm aber doch wirklich an Bildung und Erziehung."

„Ach, ich bitte Sie, Reiff, gehen Sie mir mit Bildung und Erziehung. Das sind so zwei ganz moderne Wörter, die der ‚Große Mann' aufgebracht haben könnte, so sehr haß ich sie. Bildung und Erziehung. Erstlich ist es in der Regel nicht viel damit, und wenn es mal was ist, dann ist es auch noch nichts. Glauben Sie mir, es wird überschätzt. Und kommt auch nur bei uns vor. Und warum? Weil wir nichts Besseres haben. Wer gar nichts hat, der ist gebildet. Wer aber so viel hat wie van der Straaten, der braucht all die Dummheiten nicht. Er hat einen guten Verstand und einen guten Witz, und was noch mehr sagen will, einen guten Kredit. Bildung, Bildung! Es ist zum Lachen."

„Ich weiß doch nicht, ob Sie recht haben, Duquede. Ja, wenn es geblieben wäre wie früher. Junggesellenwirtschaft. Aber nun hat er die junge Frau geheiratet, jung und schön und klug ..."

„Nu, nu, Reiff. Nur nicht extravagant. Es ist damit nicht so weit her, wie Sie glauben; sie ist 'ne Fremde, französische Schweiz, und an allem Fremden verkucken sich die Berliner. Das ist wie Amen in der Kirche. Sie hat so ein bißchen Genfer Chic. Aber was will das am Ende sagen! Alles, was die Genfer haben, ist doch auch bloß aus zweiter Hand. Und nun gar klug. Ich bitte Sie, was heißt klug? Er ist viel klüger! Oder glauben Sie, daß es auf 'ne französische Vokabel ankommt? Oder auf den Erlkönig? Ich gebe zu, sie hat ein paar niedliche Manierchen und weiß sich unter Umständen ein Air zu geben. Aber es ist nicht viel dahinter, alles Firlefanz, und wird kolossal überschätzt."

„Ich weiß doch nicht, ob Sie recht haben", wiederholte der Polizeirat. „Und dann ist sie doch schließlich von Familie."

Duquede lachte. „Nein, Reiff, *das* ist sie nun schließlich nicht. Und ich sag Ihnen, da haben wir den Punkt, auf den ich keinen Spaß verstehe. Caparoux. Es klingt nach was. Zugestanden. Aber was heißt es denn am Ende? Rotkapp oder Rotkäppchen? Das ist ein Märchenname, aber kein Adelsname. Ich habe mich darum gekümmert und nachgeschlagen. Und im Vertrauen, Reiff, es gibt gar keine de Caparoux."

„Aber bedenken Sie doch den Major! Er hat alle Sorten Stolz und wird sich doch schwerlich eine Mesalliance nachsagen lassen wollen."

„Ich kenn ihn besser. Er ist ein Streber. Oder sagen wir einfach, er ist ein Generalstäbler. Ich hasse die ganze Gesellschaft, und glauben Sie mir, Reiff, ich weiß, warum. Unsere Generalstäbler werden überschätzt, kolossal überschätzt."

„Ich weiß doch nicht, ob Sie recht haben", ließ sich der Polizeirat ein drittes Mal vernehmen. „Bedenken Sie bloß, was Stoffel gesagt hat. Und nachher kam es auch so. Aber ich will nur von Gryczinski sprechen. Wie liebenswürdig benahm er sich heute wieder! Wie liebenswürdig und wie vornehm."

„Ah, bah, vornehm. Ich bilde mir auch ein, zu wissen, was vornehm ist. Und ich sag Ihnen, Reiff, Vornehmheit ist anders. Vornehm! Ein Schlaukopf ist er und weiter nichts. Oder glauben Sie, daß er die kleine Rotblondine mit den ewigen Schmachtaugen geheiratet hat, weil sie Caparoux hieß, oder meinetwegen auch de Caparoux? Er hat sie geheiratet, weil sie die Schwester ihrer Schwester ist. Du himmlischer Vater, daß ich einem Polizeirat solche Lektion halten muß."

Der Polizeirat, dessen Schwachheiten nach der erotischen Seite hin lagen, las aus diesen andeutenden Worten ein Liebesverhältnis zwischen dem Major und Melanie heraus und sah den langen hageren Duquede von der Seite her betroffen an.

Dieser aber lachte und sagte: „Nicht *so,* Reiff, nicht *so*; Karrieremacher sind immer nur Courmacher. Nichts weiter. Es gibt heutzutage Personen (und auch *das* verdanken wir unserem großen Reichsbaumeister, der die soliden Werkleute fallenläßt oder beiseite schiebt), es gibt, sag ich, heutzutage Personen, denen alles bloß Mittel zum Zweck ist. Auch die Liebe. Und zu diesen Personen gehört auch unser Freund, der Major. Ich hätte nicht sagen sollen, er hat die Kleine geheiratet, weil sie die Schwester ihrer Schwester ist, sondern weil sie die Schwägerin ihres Schwagers ist. Er *braucht* diesen Schwager, und ich sag Ihnen, Reiff, denn ich kenne den Ton und die Strömung oben, es gibt weniges, was nach oben hin *so* empfiehlt wie das. Ein Schwager-Kommerzienrat ist nicht viel weniger wert als ein Schwiegervater-Kommerzienrat und rangiert wenigstens gleich dahinter. Unter allen Umständen aber sind Kommerzienräte wie konsolidierte Fonds, auf die jeden Augenblick gezogen werden kann. Es ist immer Dekkung da."

„Sie wollen also sagen ..."

„Ich will gar nichts sagen, Reiff ... Ich meine nur so."

Und damit waren sie bis an die Bendlerstraße gekommen, wo beide sich trennten. Reiff ging auf die Von-der-Heydt-Brücke zu, während Duquede seinen Weg in gerader Richtung fortsetzte.

Er wohnte dicht an der Hofjägerallee, sehr hoch, aber in einem sehr vornehmen Hause.

7

EBENEZER RUBEHN

Wenige Tage später hatte Melanie das Stadthaus verlassen und die Tiergartenvilla bezogen. Van der Straaten selbst machte diesen Umzug nicht mit und war, sosehr er die Villa liebte, doch immer erst vom September an andauernd draußen. Und auch das nur, weil er ein noch leidenschaftlicherer Obstzüchter als Bildersammler war. Bis dahin erschien er nur jeden dritten Tag als Gast und versicherte dabei jedem, der es hören wollte, daß dies die stundenweis ihm nachgezahlten Flitterwochen seiner Ehe seien. Melanie hütete sich wohl zu widersprechen, war vielmehr die Liebenswürdigkeit selbst und genoß in den dazwischenliegenden Tagen das Glück ihrer Freiheit. Und dieses Glück war um vieles größer, als man, ihrer Stellung nach, die so dominierend und so frei schien, hätte glauben sollen. Denn sie dominierte nur, weil sie sich zu zwingen verstand; aber dieses Zwanges los und ledig zu sein blieb doch ihr Wunsch, ihr beständiges, stilles Verlangen. Und das erfüllten ihr die Sommertage. Da hatte sie Ruhe vor seinen Liebesbeweisen und seinen Ungeniertheiten, nicht immer, aber doch meist, und das Bewußtsein davon gab ihr ein unendliches Wohlgefühl.

Und dieses Wohlgefühl steigerte sich noch in dem entzückenden und beinah ungestörten Stilleben, dessen sie draußen genoß. Wohl liebte sie Stadt und Gesellschaft und den Ton der großen Welt; aber wenn die Schwalben wieder zwitscherten und der Flieder wieder zu knospen begann, da zog sie's doch in die Parkeinsamkeit hinaus, die wiederum kaum eine Einsamkeit war, denn neben der Natur, deren Sprache sie wohl verstand, hatte sie Bücher und Musik und – die Kinder. Die Kinder, die sie während der Saison oft tagelang nicht sah und an deren Aufwachsen und Lernen sie draußen in der Villa den regsten Anteil nahm. Ja, sie half selber nach in den Sprachen, vor allem im Französischen, und durchblätterte mit ihnen Atlas und historische Bilderbücher. Und an alles knüpfte sie Geschichten, die sie dem Gedächtnis der Kinder einzuprägen wußte. Denn sie war gescheit und hatte die Gabe, von allem, worüber sie sprach, ein klares und anschauliches Bild zu geben.

Es waren glückliche, stille Tage.

Möglich dennoch, daß es zu stille Tage gewesen wären, wenn das tiefste Bedürfnis der Frauennatur: das Plauderbedürfnis, unbefriedigt geblieben wäre. Aber dafür war gesorgt. Wie fast alle reichen Häuser, hatten auch die van der Straatens einen Anhang ganz alter und halb alter Damen, die zu Weihnachten beschenkt und im Laufe des Jahres zu Kaffees und Landpartien eingeladen wurden. Es waren ihrer sieben oder acht, unter denen jedoch zwei durch eine besonders intime Stellung hervorragten, und zwar das kleine verwachsene Fräulein Friederike von Sawatzki und das stattlich hochaufgeschossene Klavier- und Singefräulein Anastasia Schmidt. Ihrer apart bevorzugten Stellung entsprach es denn auch, daß sie jeden zweiten Osterfeiertag durch van der Straaten in Person befragt wurden, ob sie sich entschließen könnten, seiner Frau während der Sommermonate draußen in der Villa Gesellschaft zu leisten, eine Frage, die jedesmal mit einer Verbeugung und einem freundlichen „Ja" beantwortet wurde. Aber doch nicht *zu* freundlich, denn man wollte nicht verraten, daß die Frage erwartet war.

Und beide Damen waren auch in diesem Jahre, wie herkömmlich, als Dames d'honneur installiert worden, hatten den Umzug mitgemacht und erschienen jeden Morgen auf der Veranda, um gegen neun Uhr mit den Kindern das erste und um zwölf mit Melanie das zweite Frühstück zu nehmen.

Auch heute wieder.

Es mochte schon gegen eins sein, und das Frühstück war beendet. Aber der Tisch noch nicht abgedeckt. Ein leiser Luftzug, der ging und sich verstärkte, weil alle Türen und Fenster offenstanden, bewegte das rotgemusterte Tischtuch, und von dem am anderen Ende des Korridors gelegenen Musikzimmer her hörte man ein Stück der Cramerschen Klavierschule, dessen mangelhaften Takt in Ordnung zu bringen Fräulein Anastasia Schmidt sich anstrengte. „Eins, zwei; eins, zwei." Aber niemand achtete dieser Anstrengungen, am wenigsten Melanie, die neben Fräulein Riekchen, wie man sie gewöhnlich hieß, in einem Gartenstuhle saß und dann und wann von ihrer Handarbeit aufsah, um das reizende Parkbild unmittelbar um sie her, trotzdem sie jeden kleinsten Zug darin kannte, auf sich wirken zu lassen.

Es war selbstverständlich die schönste Stelle der ganzen Anlage. Denn von hundert Gästen, die kamen, begnügten sich neunundneunzig damit, den Park von hier aus zu betrachten und zu beurteilen. Am Ende des Hauptganges, zwischen den eben ergrünenden Bäumen hin, sah man das Zittern und Flimmern des vorüberziehenden Stromes, aus der Mitte der überall eingestreuten Rasenflächen aber erhoben sich Aloen und Bosketts und Glaskugeln und Bassins. Eines der kleineren plätscherte, während auf der Einfassung des großen ein Pfauhahn saß und die Mittagsonne mit seinem Gefieder einzusaugen schien. Tauben und Perlhühner waren bis in unmittelbarer Nähe der Veranda gekommen, von der aus Riekchen ihnen eben Krumen streute.

„Du gewöhnst sie zu sehr an diesen Platz", sagte Melanie. „Und wir werden einen Krieg mit van der Straaten haben."

„Ich fecht ihn schon aus", entgegnete die Kleine.

„Ja, du darfst es dir wenigstens zutrauen. Und wirklich, Riekchen, ich könnte jaloux werden, so sehr bevorzugt er dich. Ich glaube, du bist der einzige Mensch, der ihm alles sagen darf, und soviel ich weiß, ist er noch nie heftig gegen dich geworden. Ob ihm dein alter Adel imponiert? Sage mir deinen vollen Namen und Titel. Ich hör es so gern und vergeß es immer wieder."

„Aloysia Friederike Sawat von Sawatzki, genannt Sattler von der Hölle, Stiftsanwärterin auf Kloster Himmelpfort in der Uckermark."

„Wunderschön", sagte Melanie. „Wenn ich doch so heißen könnte! Und du kannst es glauben, Riekchen, das ist es, was einen Eindruck auf ihn macht."

Alles das war in herzlicher Heiterkeit gesagt und von Riekchen auch so beantwortet worden. Jetzt aber rückte diese den Stuhl näher an Melanie heran, nahm die Hand der jungen Frau und sagte: „Eigentlich sollt ich böse sein, daß du deinen Spott mit mir hast. Aber wer könnte dir böse sein?"

„Ich spotte nicht", entgegnete Melanie. „Du mußt doch selber finden, daß er dich artiger und rücksichtsvoller behandelt als jeden andren Menschen."

„Ja", sagte jetzt das arme Fräulein, und ihre Stimme zitterte vor Bewegung. „Er behandelt mich gut, weil er ein gutes Herz hat, ein viel besseres, als mancher denkt und vielleicht auch als du selber denkst. Und er ist auch gar nicht so rücksichtslos. Er kann nur nicht leiden, daß man ihn stört oder herausfordert, ich meine solche, die's eigentlich nicht sollten oder dürften. Sieh, Kind, dann beherrscht er sich nicht länger, aber nicht weil er's nicht könnte, nein, weil er nicht *will*. Und er braucht es auch nicht zu wollen. Und wenn man gerecht sein will, er kann es auch nicht wollen. Denn er ist reich, und alle reichen Leute lernen die Menschen von ihrer schlechtesten Seite kennen. Alles überstürzt sich, erst in Dienstfertigkeit und hinterher in Undank. Und Undank ernten ist eine schlechte Schule für Zartheit und Liebe. Und deshalb glauben die Reichen an nichts Edles und Aufrichtiges in der Welt. Aber, das sag ich dir und muß ich dir immer wieder sagen, dein van der Straaten ist besser, als mancher denkt und als du selber denkst."

Es entstand eine kleine Pause, nicht ganz ohne Verlegenheit; dann nickte Melanie freundlich dem alten Fräulein zu und sagte: „Sprich nur weiter. Ich höre dich gerne so."

„Und ich will auch", sagte diese. „Sieh, ich habe dir schon gesagt, er behandelt mich gut, weil er ein gutes Herz hat. Aber das ist es noch nicht alles. Er ist auch so freundlich gegen mich, weil er mitleidig ist. Und mitleidig sein ist noch viel mehr als bloß gütig sein und ist eigentlich das Beste, was die Menschen haben. Er lacht *auch* immer, wenn er meinen langen Namen hört, gerade so wie du, aber ich hab es gern, ihn so lachen zu hören, denn ich höre wohl heraus, was er dabei denkt und fühlt."

„Und was fühlt er denn?"

„Er fühlt den Gegensatz zwischen dem Anspruch meines Namens und dem, was ich bin: arm und alt und einsam und ein bloßes Figürchen. Und wenn ich sage Figürchen, so beschönige ich noch und schmeichle noch mir selbst."

Melanie hatte das Batisttuch ans Auge gedrückt und sagte: „Du hast recht. Du hast immer recht. Aber wo nur Anastasia bleibt, die Stunde nimmt ja gar kein Ende. Sie quält mir die Liddy viel zu sehr, und das Ende vom Lied ist, daß sie dem Kind einen Widerwillen beibringt. Und dann ist es vorbei. Denn ohne Lieb und ohne Lust ist nichts in der Welt. Auch nicht einmal in der Musik ... Aber da kommt ja Teichgräber und will uns einen Besuch anmelden. Ich bin außer mir. Hätte viel lieber noch mit dir weitergeplaudert."

In ebendiesem Augenblicke war der alte Parkhüter, der sich vergeblich nach einem von der Hausdienerschaft umgesehen hatte, bis an die Veranda herangetreten und überreichte eine Karte.

Melanie las: „Ebenezer Rubehn (Firma Jakob Rubehn und Söhne), Leutnant in der Reserve des 5. Dragonerregiments ..."

„Ah, sehr willkommen ... Ich lasse bitten ...“ Und während sich der Alte wieder entfernte, fuhr Melanie gegen das kleine Fräulein in übermütiger Laune fort: „Auch wieder einer. Und noch dazu aus der Reserve! Mir widerwärtig, dieser ewige Leutnant. Es gibt gar keine Menschen mehr.“

Und sehr wahrscheinlich, daß sie diese Betrachtungen fortgesetzt hätte, wenn nicht auf dem Kiesweg ein Knirschen hörbar geworden wäre, das über das rasche Näherkommen des Besuchs keinen Zweifel ließ. Und wirklich im nächsten Augenblicke stand der Angemeldete vor der Veranda und verneigte sich gegen beide Damen.

Melanie hatte sich erhoben und war ihm einen Schritt entgegengegangen. „Ich freue mich, Sie zu sehen. Erlauben Sie mir, Sie zunächst mit meiner lieben Freundin und Hausgenossin bekannt machen zu dürfen ... Herr Ebenezer Rubehn ... Fräulein Friederike von Sawatzki!“

Ein flüchtiges Erstaunen spiegelte sich ersichtlich in Rubehns Zügen, das, wenn Melanie richtig interpretierte, mehr noch dem kleinen verwachsenen Fräulein als ihr selber galt. Ebenezer war indessen Weltmann genug, um seines Erstaunens rasch wieder Herr zu werden, und sich ein zweites Mal gegen die Freundin hin verneigend, bat er um Entschuldigung, seinen Besuch auf der Villa bis heute hinausgeschoben zu haben.

Melanie ging leicht darüber hin, ihrerseits bittend, die Gemütlichkeit dieses ländlichen Empfanges und vor allem eines unabgeräumten Frühstückstisches entschuldigen zu wollen. „Mais à la guerre, comme à la guerre, eine kriegerische Wendung, an die mir's im übrigen ferne liegt, ernsthafte Kriegsgespräche knüpfen zu wollen.“

„Gegen die Sie sich vielmehr unter allen Umständen gesichert haben möchten“, lachte Rubehn. „Aber fürchten Sie nichts. Ich weiß, daß sich Damen für das Kapitel Krieg nur so lange begeistern, als es Verwundete zu pflegen gibt. Von dem Augenblick an, wo der letzte Kranke das Lazarett verläßt, ist es mit dem Kriegseifer vorbei. Und wie die Frauen in allem recht haben, so auch hierin. Es ist das Traurigste von der Welt, immer wieder eine Durchschnittsheldengeschichte von zweifelhaftem Wert und noch zweifelhafterer Wahrheit hören zu müssen; aber es ist das Schönste, was es gibt, zu helfen und zu heilen."

Melanie hatte, während er sprach, ihre Handarbeit in den Schoß gelegt und ihn fest und freundlich angesehen. „Ei, das lob ich und hör ich gern. Aber wer mit so warmer Empfindung von dem Hospitaldienst und dem Helfen und Heilen, das uns so wohl kleidet, zu sprechen versteht, der hat diese Wohltat wohl an sich selbst erfahren. Und so plaudern Sie mir denn wider Willen, nach fünf Minuten schon, Ihre Geheimnisse aus. Versuchen Sie nicht, mich zu widerlegen, Sie würden scheitern damit, und da Sie die Frauenherzen so gut zu kennen scheinen, so werden Sie natürlich auch unsere zwei stärksten Seiten kennen: unseren Eigensinn und unser Rätselraten. Wir erraten alles ..."

„Und immer richtig?"

„Nicht immer, aber meist. Und nun erzählen Sie mir, wie Sie Berlin finden, unsere gute Stadt, und unser Haus, und ob Sie das Zutrauen zu sich haben, in Ihrem Hofkerker, dem eigentlich nur noch die Gitterstäbe fehlen, nicht melancholisch zu werden. Aber wir hatten nichts Besseres. Und wo nichts ist, hat, wie das Sprichwort sagt ..."

„Oh, Sie beschämen mich, meine gnädigste Frau. Jetzt erst, nach meinem Eintreffen, weiß ich, wie groß das Opfer ist, das Sie mir gebracht haben. Und ich darf füglich sagen, daß ich bei besserer Kenntnis ..."

Aber er sprach nicht aus und horchte plötzlich nach dem Hause hin, aus dem eben (die Musikstunde hatte schon vorher geschlossen) ein virtuoses und in jeder feinsten Nuancierung erkennbares Spiel bis auf die Veranda herausklang. Es war „Wotans Abschied", und Rubehn erschien so hingerissen, daß es ihm Anstrengung kostete, sich loszumachen und das Gespräch wieder aufzunehmen. Endlich aber fand er sich zurück und sagte, während er sich abermals gegen Riekchen

verneigte: „Pardon, meine Gnädigste. Hatt ich recht gehört? Fräulein von Sawatzki?"
Das Fräulein nickte.
„Mit einem jungen Offizier dieses Namens war ich einen Sommer über in Wildbad-Gastein zusammen. Unmittelbar nach dem Kriege. Ein liebenswürdiger, junger Kavalier. Vielleicht ein Anverwandter . . .?"
„Ein Vetter", sagte Fräulein Riekchen. „Es gibt nur wenige meines Namens, und wir sind alle verwandt. Ich freue mich, aus Ihrem Munde von ihm zu hören. Er wurde noch in dem Nachspiel des Krieges verwundet, fast am letzten Tage. Bei Pontarlier. Und sehr schwer. Ich habe lange nicht von ihm gehört. Hat er sich erholt?"
„Ich glaube sagen zu dürfen, vollkommen. Er tut wieder Dienst im Regiment, wovon ich mich, ganz neuerdings erst, durch einen glücklichen Zufall überzeugen konnte . . . Aber, mein gnädigstes Fräulein, wir werden unser Thema fallenlassen müssen. Die gnädige Frau lächelt bereits und bewundert die Geschicklichkeit, mit der ich, unter Heranziehung Ihres Herrn Vetters, in das Kriegsabenteuer und all seine Konsequenzen einzumünden trachte. Darf ich also vorschlagen, lieber dem wundervollen Spiele zuzuhören, das . . . Oh, wie schade; jetzt bricht es ab . . ."
Er schwieg, und erst als es drinnen stillblieb, fuhr er in einer ihm sonst fremden, aber in diesem Augenblicke völlig aufrichtigen Emphase fort: „Oh, meine gnädigste Frau, welch ein Zaubergarten, in dem Sie leben. Ein Pfau, der sich sonnt, und Tauben, so zahm und so zahllos, als wäre diese Veranda der Markusplatz oder die Insel Zypern in Person! Und dieser plätschernde Strahl, und nun gar dieses Lied . . . In der Tat, wenn nicht auch der aufrichtigste Beifall unstatthaft und zudringlich sein könnte . . ."
Er unterbrach sich, denn vom Korridore her waren eben Schritte hörbar geworden, und Melanie sagte mit einer halben Wendung: „Ah, Anastasia! Du kommst gerade zu guter Zeit, um den Dank und die Bewunderung unseres lieben

Gastes und neuen Hausgenossen allerpersönlichst in Empfang zu nehmen. Erlauben Sie mir, daß ich Sie miteinander bekannt mache: Herr Ebenezer Rubehn, Fräulein Anastasia Schmidt... Und hier meine Tochter Lydia", setzte Melanie hinzu, nach dem schönen Kinde hinzeigend, das auf der Türschwelle neben dem Musikfräulein stehengeblieben war und den Fremden ernst und beinah feindselig musterte.
Rubehn bemerkte den Blick. Aber es war ein Kind, und so wandt er sich ohne weiteres gegen Anastasia, um ihr allerhand Schmeichelhaftes über ihr Spiel und die Richtung ihres Geschmackes zu sagen.
Diese verbeugte sich, während Melanie, der kein Wort entgangen war, aufs lebhafteste fortfuhr: „Ei, da dürfen wir Sie, wenn ich recht verstanden habe, wohl gar zu den Unseren zählen? Anastasia, das träfe sich gut! Sie müssen nämlich wissen, Herr Rubehn, daß wir hier in zwei Lagern stehen und daß sich das van der Straatensche Haus, das nun auch das Ihrige sein wird, in bilderschwärmende Montecchi und musikschwärmende Capuletti teilt. Ich, tout à fait Capulet und Julia. Doch mit untragischem Ausgang. Und ich füge zum Überfluß hinzu, daß wir, Anastasia und ich, jener kleinen Gemeinde zugehören, deren Namen und Mittelpunkt ich Ihnen nicht zu nennen brauche. Nur eines will ich auf der Stelle wissen. Und ich betrachte das als mein weibliches Neugiersrecht. Welcher seiner Arbeiten erkennen Sie den höchsten Preis zu? Worin erscheint er Ihnen am bedeutendsten oder doch am eigenartigsten?"
„In den ‚Meistersingern'."
„Zugestanden. Und nun sind wir einig, und bei nächster Gelegenheit können wir van der Straaten und Gabler und vor allem den langen und langweiligen Legationsrat in die Luft sprengen. Den langen Duquede. Oh, der steigt wie ein Raketenstock. Nicht wahr, Anastasia?"
Rubehn hatte seinen Hut genommen. Aber Melanie, die durch die ganze Begegnung ungewöhnlich erfreut und angeregt war, fuhr in wachsendem Eifer fort: „Alles das sind

erst Namen. Eine Woche noch oder zwei, und Sie werden unsere kleine Welt kennengelernt haben. Ich wünsche, daß Sie die Gelegenheit dazu nicht hinausschieben. Unsere Veranda hat für heute die Repräsentation des Hauses übernehmen müssen. Erinnern Sie sich, daß wir auch einen Flügel haben, und versuchen Sie bald und oft, ob er Ihnen paßt. Au revoir."

Er küßte der schönen Frau die Hand, und unter gemessener Verbeugung gegen Riekchen und Anastasia verließ er die Damen. Über Lydia sah er fort.

Aber diese nicht über ihn.

„Du siehst ihm nach", sagte Melanie. „Hat er dir gefallen?"

„Nein."

Alle lachten. Aber Lydia ging in das Haus zurück, und in ihrem großen Auge stand eine Träne.

8

AUF DER STRALAUER WIESE

Nach dem ersten Besuche Rubehns waren Wochen vergangen, und der günstige Eindruck, den er auf die Damen gemacht hatte, war im Steigen geblieben wie das Wetterglas. Jeden zweiten, dritten Tag erschien er in Gesellschaft van der Straatens, der seinerseits an der allgemeinen Vorliebe für den neuen Hausgenossen teilnahm und nie vergaß, ihm einen Platz anzubieten, wenn er selber in seinem hochrädrigen Kabriolett hinausfuhr. Ein wolkenloser Himmel stand in jenen Wochen über der Villa, drin es mehr Lachen und Plaudern, mehr Medisieren und Musizieren gab als seit lange. Mit dem Musizieren vermochte sich van der Straaten freilich auch jetzt nicht auszusöhnen, und es fehlte nicht an Wünschen wie der, „mit von der Schiffsmannschaft des fliegenden Holländers zu sein"; aber im Grunde genommen war er mit dem „anspruchsvollen Lärm" um vieles zufriedener, als er einräumen wollte, weil der von nun an in eine neue, gesteigerte Phase tretende Wagnerkultus ihm einen unerschöpflichen Stoff für seine Lieblingsformen der Unterhaltung bot. Siegfried und Brünnhilde, Tristan und Isolde, welche dankbaren Tummelfelder! Und es konnte, wenn er in Veranlassung dieser Themata seinem Renner die Zügel schießen ließ, mitunter zweifelhaft erscheinen, ob die Musizierenden am Flügel oder er und sein Übermut die Glücklicheren waren.

Und so war Hochsommer gekommen und fast schon vorüber, als an einem wundervollen Augustnachmittage van der Straaten den Vorschlag einer Land- und Wasserpartie machte. „Rubehn ist jetzt ein rundes Vierteljahr in unserer Stadt und hat nichts gesehen, als was zwischen unserem Comptoir und dieser unserer Villa liegt. Er muß aber endlich unsere landschaftlichen Schätze, will sagen unsere Wasserflächen und Stromufer kennenlernen, erhabene Wunder der Natur, neben denen die ganze heraufgepuffte Main- und Rheinherrlichkeit verschwindet. Also Treptow und Stralow, und zwar rasch, denn in acht Tagen haben wir den Stralauer Fischzug, der an und für sich zwar ein liebliches Fest der Maien, im übrigen aber etwas derb und nicht allzu günstig für Wiesewachs und frischen Rasen ist. Und so proponier ich denn eine Fahrt auf morgen nachmittag. Angenommen?"

Ein wahrer Jubel begleitete den Schluß der Ansprache, Melanie sprang auf, um ihm einen Kuß zu geben, und Fräulein Riekchen erzählte, daß es nun gerade dreiunddreißig Jahre sei, seit sie zum letzten Male in Treptow gewesen, an einem großen Dobremontschen Feuerwerkstage – derselbe Dobremont, der nachher mit seinem ganzen Laboratorium in die Luft geflogen. „Und in die Luft geflogen warum? Weil die Leute, die mit dem Feuer spielen, immer zu sicher sind und immer die Gefahr vergessen. Ja, Melanie, du lachst. Aber, es ist so, immer die Gefahr vergessen."

Es wurde nun gleich zu den nötigen Verabredungen geschritten, und man kam überein, am anderen Tage zu Mittag in die Stadt zu fahren, daselbst ein kleines Gabelfrühstück einzunehmen und gleich danach die Partie beginnen zu lassen: die drei Damen im Wagen, van der Straaten und Rubehn entweder zu Fuß oder zu Schiff. Alles regelte sich rasch, und nur die Frage, wer noch aufzufordern sei, schien auf kleine Schwierigkeiten stoßen zu sollen.

„Gryczinskis?" fragte van der Straaten und war zufrieden, als alles schwieg. Denn so sehr er an der rotblonden Schwägerin hing, in der er, um ihres anschmiegenden Wesens willen, ein kleines Frauenideal verehrte, so wenig lag ihm an dem Major, dessen superiore Haltung ihn bedrückte.

„Nun denn, Duquede?" fuhr van der Straaten fort und hielt das Crayon an die Lippe, mit dem er eventuell den Namen des Legationsrates notieren wollte.

„Nein", sagte Melanie. „Duquede nicht. Und so verhaßt mir der ewige Vergleich vom ‚Meltau' ist, so gibt es doch für Duquede keinen andern. Er würde von Stralow aus beweisen, daß Treptow, und von Treptow aus beweisen, daß Stralow überschätzt werde, und zu Feststellung dieses Satzes brauchen wir weder einen Legationsrat a. D. noch einen Altmärkischen von Adel."

„Gut, ich bin es zufrieden", erwiderte van der Straaten. „Aber Reiff?"

„Ja, Reiff", hieß es erfreut. Alle drei Damen klatschten in die Hände, und Melanie setzte hinzu: „Er ist artig und manierlich und kein Spielverderber und trägt einem die Sachen. Und dann, weil ihn alle kennen, ist es immer, als führe man unter Eskorte, und alles grüßt so verbindlich, und mitunter ist es mir schon gewesen, als ob die Brandenburger Torwache ‚heraus' rufen müsse."

„Ach, das ist ja nicht um des alten Reiff willen", sagte Anastasia, die nicht gern eine Gelegenheit vorübergehen ließ, sich durch eine kleine Schmeichelei zu insinuieren. „Das ist um *deinetwillen*. Sie haben dich für eine Prinzessin gehalten."

„Ich bitte, nicht abzuschweifen", unterbrach van der Straaten, „am wenigsten im Dienst weiblicher Eitelkeiten, die sich, nach dem Prinzipe von Zug um Zug, bis ins Ungeheuerliche steigern könnten. Ich habe Reiff notiert, und Arnold und Elimar verstehen sich von selbst. Eine Wasserfahrt ohne Gesang ist ein Unding. Dies wird selbst von mir zugestanden. Und nun frag ich, wer hat noch weitere Vorschläge zu machen? Niemand? Gut. So bleibt es bei Reiff und Arnold und Elimar, und ich werde sie per Rohrpost avertieren. Fünf Uhr. Und daß wir sie draußen bei Löbbekes erwarten."

Am andern Tage war alles Erregung und Bewegung auf der Villa, viel, viel mehr, als ob es sich um eine Reise nach Teplitz oder Karlsbad gehandelt hätte. Natürlich, eine Fahrt nach Stralow war ja das Ungewöhnlichere. Die Kinder sollten mit, es sei Platz genug auf dem Wagen, aber Lydia war nicht zu bewegen und erklärte bestimmt, sie *wolle* nicht. Da mußte denn, wenn man keine Szene haben wollte, nachgegeben werden, und auch die jüngere Schwester blieb, da sie sich daran gewöhnt hatte, dem Beispiele der ältern in all und jedem zu folgen.

In der Stadt wurde, wie verabredet, ein Gabelfrühstück genommen, und zwar in van der Straatens Zimmer. Er wollt es so jagd- und reisemäßig wie möglich haben und war in bester Laune. Diese wurd auch nicht gestört, als in demselben Augenblicke, wo man sich gesetzt hatte, ein Absagebrief Reiffs eintraf. Der Polizeirat schrieb: „Chef eben konfidentiell mit mir gesprochen. Reise heute noch. Elf Uhr fünfzig. Eine Sache, die sich der Mitteilung entzieht. Dein Reiff. Pstscr. Ich bitte der schönen Frau die Hand küssen und ihr sagen zu dürfen, daß ich untröstlich bin ..."

Van der Straaten fiel in einen heftigen Krampfhusten, weil er, unter dem Lesen, unklugerweise von seinem Sherry genippt hatte. Nichtsdestoweniger sprach er unter Husten und Lachen weiter und erging sich in Vorstellungen Reiffscher Großtaten. „In politischer Mission. Wundervoll. Oh, lieb Vaterland, kannst ruhig sein. Aber *einen* kenn ich, der noch ruhiger sein darf: er, der Unglückliche, den er sucht. Oder sag ich gleich rundweg: der Attentäter, dem er sich an die Fersen heftet. Denn um etwas Staatsstreichlich-Hochverräterisches muß es sich doch am Ende handeln, wenn man einen

Mann wie Reiff allerpersönlichst in den Sattel setzt. Nicht wahr, Sattlerchen von der Hölle? Und heut abend noch! Die reine Ballade. ‚Wir satteln nur um Mitternacht.' O Leonore! O Reiff, Reiff." Und er lachte konvulsivisch weiter.

Auch Arnold und Elimar, die man nach Verabredung draußen treffen wollte, wurden nicht geschont, bis endlich die Pendule vier schlug und zur Eile mahnte. Der Wagen wartete schon, und die Damen stiegen ein und nahmen ihre Plätze: Fräulein Riekchen neben Melanie, Anastasia auf den Rücksitz. Und mit ihren Fächern und Sonnenschirmen grüßend, ging es über Platz und Straßen fort, erst auf die Frankfurter Linden und zuletzt auf das Stralauer Tor zu.

Van der Straaten und Rubehn folgten eine Viertelstunde später in einer Droschke zweiter Klasse, die man „echtheits"-halber gewählt hatte, stiegen aber unmittelbar vor der Stadt aus, um nunmehr an den Flußwiesen hin den Rest des Weges zu Fuß zu machen.

Es schlug fünf, als unsere Fußgänger das Dorf erreichten und in Mitte desselben Ehms ansichtig wurden, der mit seinem Wagen, etwas ausgebogen, zur Linken hielt und den ohnehin wohlgepflegten Trakehnern einen vollen Futtersack eben auf die Krippe gelegt hatte. Gegenüber stand ein kleines Haus, wie das Pfefferkuchenhaus im Märchen, bräunlich und appetitlich, und so niedrig, daß man bequem die Hand auf die Dachrinne legen konnte. Dieser Niedrigkeit entsprach denn auch die kaum mannshohe Tür, über der, auf einem wasserblauen Schilde, „Löbbekes Kaffeehaus" zu lesen war. In Front des Hauses aber standen drei, vier verschnittene Lindenbäume, die den Bürgersteig von dem Straßendamme trennten, auf welchem letzteren Hunderte von Sperlingen hüpften und zwitscherten und die verlorenen Körner aufpickten.

„Dies ist das Ship-Hotel von Stralow", sagte van der Straaten im Ciceroneton und war eben willens, in das Kaffeehaus einzutreten, als Ehm über den Damm kam und ihm halb dienstlich, halb vertraulich vermeldete, „daß die Damens schon vorauf seien, nach der Wiese hin. Und die Herren Malers auch. Und hätten beide schon vorher gewartet und gleich den Tritt runter gemacht und alles. Erst Herr Gabler und dann Herr Schulze. Und an der Würfelbude hätten sie Strippenballons und Gummibälle gekauft. Und auch Reifen und eine kleine Trommel und allerhand noch. Und einen Jungen hätten sie mitgenommen, der hätte die Reifen und Stöcke tragen müssen. Und Herr Elimar immer vorauf. Das heißt mit 'ner Harmonika."

„Um Gottes willen", rief van der Straaten, „Ziehharmonika?"

„Nein, Herr Kommerzienrat. Wie 'ne Maultrommel."

„Gott sei Dank! ... Und nun kommen Sie, Rubehn. Und du, Ehm, du wartest nicht auf uns und läßt dir geben ... Hörst du?"

Ehm hatte dabei seinen Hut abgenommen. In seinen Zügen aber war deutlich zu lesen: ich werde warten.

Am Ausgange des Dorfes lag ein prächtiger Wiesenplan und dehnte sich bis an die Kirchhofsmauer hin. In Nähe dieser hatten sich die drei Damen gelagert und plauderten mit Gabler, während Elimar einen seiner großen Gummibälle monsieurherkulesartig über Arm und Schulter laufen ließ.

Van der Straaten und Rubehn hörten schon von ferne her das Bravoklatschen und klatschten lebhaft mit. Und nun erst wurde man ihrer ansichtig, und Melanie spang auf und warf ihrem Gatten, wie zur Begrüßung, einen der großen Bälle zu. Aber sie hatte nicht richtig gezielt, der Ball ging seitwärts, und Rubehn fing ihn auf. Im nächsten Augenblicke begrüßte man sich, und die junge Frau sagte: „Sie sind geschickt. Sie wissen den Ball im Fluge zu fassen."

„Ich wollt, es wäre das Glück."

„Vielleicht ist es das Glück."

Van der Straaten, der es hörte, verbat sich alle derartig intrikaten Wortspielereien, widrigenfalls er an die Braut telegrafieren oder vielleicht auch Reiff in konfidentieller Mission abschicken werde. Worauf Rubehn ihn zum hundertsten Male beschwor, endlich von der „ewigen Braut“ ablassen zu wollen, die wenigstens vorläufig noch im Bereiche der Träume sei. Van der Straaten aber machte sein kluges Gesicht und versicherte, „daß er es besser wisse“.

Danach kehrte man an die Lagerstelle zurück, die sich nun rasch in einen Spielplatz verwandelte. Die Reifen, die Bälle flogen, und da die Damen ein rasches Wechseln im Spiele liebten, so ging man, innerhalb anderthalb Stunden, auch noch durch Blindekuh und Gänsedieb und „Bäumchen, Bäumchen, verwechselt euch“. Das letztere fand am meisten Gnade, besonders bei van der Straaten, dem es eine herzliche Freude war, das scharfgeschnittene Profil Riekchens mit ihren freundlichen und doch zugleich etwas stechenden Augen um die Baumstämme herumgucken zu sehen. Denn sie hatte, wie die meisten Verwachsenen, ein Eulengesicht.

Und so ging es weiter, bis die Sonne zum Rückzug mahnte. Harmonika-Schulze führte wieder, und neben ihm marschierte Gabler, der das Trommelchen ganz nach Art eines Tambourins behandelte. Er schlug es mit den Knöcheln, warf es hoch und fing es wieder. Danach folgte das van der Straatensche Paar, dann Rubehn und Fräulein Riekchen, während Anastasia träumerisch und Blumen pflückend den Nachtrab bildete. Sie hing süßen Fragen und Vorstellungen nach, denn Elimar hatte beim Blindekuh, als er sie haschte, Worte fallenlassen, die nicht mißdeutet werden konnten. Er hätte denn ein schändlicher und zweizüngiger Lügner sein müssen. Und das war er nicht ... Wer so rein und kindlich an der Tete dieses Zuges gehen und die Harmonika blasen konnte, konnte kein Verräter sein.

Und sie bückte sich wieder, um (zum wievielsten Male!) an einer Wiesenranunkel die Blätter und die Chancen ihres Glücks zu zählen.

9

LÖBBEKES KAFFEEHAUS

Vor Löbbekes Kaffeehaus hatte sich innerhalb der letzten zwei Stunden nichts verändert, mit alleiniger Ausnahme der Sperlinge, die jetzt, statt auf dem Straßendamm, in den verschnittenen Linden saßen und quirilierten. Aber niemand achtete dieser Musik, am wenigsten van der Straaten, der eben Melanies Arm in den Elimars gelegt und sich selbst an die Spitze des Zuges gesetzt hatte. „Attention!" rief er und bückte sich, um sich ohne Fährlichkeit durch das niedrige Türjoch hindurchzuzwängen.

Und alles folgte seinem Rat und Beispiel.

Drinnen waren ein paar absteigende Stufen, weil der Flur um ein Erhebliches niedriger lag als die Straße draußen, weshalb denn auch den Eintretenden eine dumpfe Kellerluft entgegenkam, von der es schwer zu sagen war, ob sie durch ihren biersäuerlichen Gehalt mehr gewann oder verlor. In der Mitte des Flurs sah man nach rechts hin eine Nische mit Herd und Rauchfang, einer kleinen Schiffsküche nicht unähnlich, während von links her ein Schanktisch um mehrere Fuß vorsprang. Dahinter ein sogenanntes „Schapp", in dem oben Teller und Tassen und unten allerhand ausgebuchtete Likörflaschen standen. Zwischen Tisch und Schapp aber thronte die Herrin dieser Dominien, eine große, starke Blondine von Mitte Dreißig, die man ohne weiteres als eine Schönheit hätte hinnehmen müssen, wenn nicht ihre Augen gewesen wären. Und doch waren es eigentlich schöne Augen, an denen in Wahrheit nichts auszusetzen war, als daß sie sich daran gewöhnt hatten, alle Männer in zwei Klassen zu teilen, in solche, denen sie zuzwinkerten: „wir treffen uns noch", und in solche, denen sie spöttisch nachriefen: „wir kennen euch besser". Alles aber, was in diese zwei Klassen *nicht* hineinpaßte, war nur Gegenstand für Mitleid und Achselzucken.

Es muß leider gesagt werden, daß auch van der Straaten von diesem Achselzucken betroffen wurde. Nicht seiner Jahre halber, im Gegenteil, sie wußte Jahre zu schätzen, nein, einzig und allein, weil er von alter Zeit her die Schwäche hatte, sich à tout prix populär machen zu wollen. Und das war der Blondine das Verächtlichste von allem.

Am Ausgange des Flurs zeigte sich eine noch niedrigere Hoftür, und dahinter kam ein Garten, drin, um kümmerliche Bäume herum, ein Dutzend grüngestrichene Tische mit schrägangelehnten Stühlen von derselben Farbe standen. Rechts lief eine Kegelbahn, deren vorderstes unsichtbares Stück sehr wahrscheinlich bis an die Straße reichte. Van der Straaten wies ironischen Tons auf all diese Herrlichkeiten hin, verbreitete sich über die Vorzüge anspruchslos gebliebener Nationalitäten und stieg dann eine kleine Schrägung nieder, die, von dem Sommergarten aus, auf einen großen, am Spreeufer sich hinziehenden und nach Art eines Treibhauses angelegten Glasbalkon führte. An einer der offenen Stellen desselben rückte die Gesellschaft zwei, drei Tische zusammen und hatte nun einen schmalen, zerbrechlichen Wassersteg und links davon ein festgeankertes, aber schon dem Nachbarhause zugehöriges Floß vor sich, an das die kleinen Spreedampfer anzulegen pflegten.

Rubehn erhielt ohne weiteres den besten Platz angewiesen, um als Fremder den Blick auf die Stadt frei zu haben, die flußabwärts im rot- und golddurchglühten Dunst eines heißen Sommertages dalag. Elimar und Gabler aber waren auf den Wassersteg hinausgetreten. Alles freute sich des Bildes, und van der Straaten sagte: „Sieh, Melanie. Die Schloßkuppel. Sieht sie nicht aus wie Santa Maria Saluta?"

„Salutè", verbesserte Melanie, mit Akzentuierung der letzten Silbe.

„Gut, gut. Also Salutè", wiederholte van der Straaten, indem er jetzt auch seinerseits das e betonte. „Meinetwegen. Ich prätendiere nicht, der alte Sprachenkardinal zu sein, dessen Namen ich vergessen habe. Salus salutis, vierte Deklination, oder dritte, das genügt mir vollkommen. Und Salutà oder Salutè macht mir keinen Unterschied. Freilich, muß ich sagen, sowenig zuverlässig die lieben Italiener in allem sind, sowenig sind sie's auch in ihren Endsilben. Mal a, mal e. Aber lassen wir die Sprachstudien, und studieren wir lieber die Speisekarte. Die Speisekarte, die hier natürlich von Mund zu Mund vermittelt wird, eine Tatsache, bei der ich mich jeder blonden Erinnerung entschlage. Nicht wahr, Anastasia? He?"

„Der Herr Kommerzienrat belieben zu scherzen", antwortete Anastasia pikiert. „Ich glaube nicht, daß sich eine Speisekarte von Mund zu Mund vermitteln läßt."

„Es käm auf einen Versuch an, und ich für meinen Teil wollte mich zu Lösung der Aufgabe verpflichten. Aber erst wenn Luna herauf ist und ihr Antlitz wieder keusch hinter Wolkenschleiern birgt. Bis dahin muß es bleiben, und bis dahin sei Friede zwischen uns. Und nun, Arnold, ernenn ich dich, in deiner Eigenschaft als Gabler, zum Erbküchenmeister und lege vertrauensvoll unser leibliches Wohl in deine Hände."

„Was ich dankbarst akzeptiere", bemerkte dieser, „immer vorausgesetzt, daß du mir, um mit unserem leider abwesenden Freunde Gryczinski zu sprechen, einige Direktiven erteilen willst."

„Gerne, gerne", sagte van der Straaten.

„Nun denn, so beginne."

„Gut. So proponier ich Aal und Gurkensalat... Zugestanden?"

„Ja", stimmte der Chorus ein.

„Und danach Hühnchen und neue Kartoffeln... Zugestanden?"

„Ja."

„Bliebe nur noch die Frage des Getränks. Unter Umständen wichtig genug. Ich hätte der Lösung derselben, mit Unterstützung Ehms und unsres Wagenkastens, vorgreifen können, aber ich verabscheue Landpartien mit mitgeschlepptem Weinkeller. Erstens kränkt man die Leute, bei denen man doch gewissermaßen immer noch zu Gaste geht, und zweitens bleibt man in dem Kreise des Althergebrachten, aus dem man ja gerade heraus will. Wozu macht man Partien? Wozu? frag ich. Nicht um es besser zu haben, sondern um es anders zu haben, um die Sitten und Gewohnheiten anderer Menschen und nebenher auch die Lokalspenden ihrer Dorf- und Gauschaften kennenzulernen. Und da wir hier nicht im Lande Kanaan weilen, wo Kaleb die große Traube trug, so stimm ich für das landesübliche Produkt dieser Gegenden, für eine kühle Blonde. Kein Geld, kein Schweizer; keine Weiße, kein Stralow. Ich wette, daß selbst Gryczinski nie bessere Richtschnuren gegeben hat. Und nun geh, Arnold. Und für Anastasia einen Anisette... Kühle Blonde! Ob wohl unsere Blondine zwischen Tisch und Schapp in diese Kategorie fällt?"

Elimar hatte mittlerweile dem Schauspiele der untergehenden Sonne zugesehen und auf dem gebrechlichen Wasserstege, nach Art eines Turners, der zum Hocksprung ansetzt, seine Knie gebogen und wieder angestrafft. Alles mechanisch und gedankenlos. Plötzlich aber, während er noch so hin und her wippte, knackte das Brett und brach, und nur der Geistesgegenwart, mit der er nach einem der Pfähle griff, mocht er es zuschreiben, daß er nicht in das gerad an dieser Dampfschiffanlegestelle sehr tiefe Wasser niederstürzte. Die Damen schrien laut auf, und Anastasia zitterte noch, als der durch sich selbst Gerettete mit einem gewissen Siegeslächeln erschien, das unter den sich jagenden Vorwürfen von „Tollkühnheit" und „Gleichgültigkeit gegen die Gefühle seiner Mitmenschen" eher wuchs als schwand.

Ein Zwischenfall wie dieser konnte sich natürlich nicht ereignen, ohne von einer Fülle von Kommentaren und Hypothesen begleitet zu werden, in denen die Wörter „wenn" und „was" die Hauptrolle spielten und endlos wiederkehrten. *Was* würde geschehen sein, wenn Elimar den Pfahl nicht rechtzeitig ergriffen hätte? *Was*, wenn er trotzdem hineingefallen, endlich *was*, wenn er nicht zufällig ein guter Schwimmer gewesen wäre?

Melanie, die längst ihr Gleichgewicht wiedergewonnen hatte,

behauptete, daß van der Straaten unter allen Umständen hätte nachspringen müssen, und zwar erstens als Urheber der Partie, zweitens als resoluter Mann und drittens als Kommerzienrat, von denen, allen historischen Aufzeichnungen nach, noch keiner ertrunken wäre. Selbst bei der Sintflut nicht.

Van der Straaten liebte nichts mehr als solche Neckereien seiner Frau, verwahrte sich aber, unter Dank für das ihm zugetraute Heldentum, gegen alle daraus zu ziehenden Konsequenzen.

Er halte weder zu der alten Firma Leander noch zu der neuen des Kapitän Boyton, bekenne sich vielmehr, in allem was Heroismus angehe, ganz zu der Schule seines Freundes Heine, der bei jeder Gelegenheit seiner äußersten Abneigung gegen tragische Manieren einen ehrlichen und unumwundenen Ausdruck gegeben habe.

„Aber", entgegnete Melanie, „tragische Manieren sind doch nun mal gerade *das,* was wir Frauen von euch verlangen."

„Ah, bah! Tragische Manieren!" sagte van der Straaten. „Lustige Manieren verlangt ihr und einen jungen Fant, der euch beim Zwirnwickeln die Docke hält und auf ein Fußkissen niederkniet, darauf sonderbarerweise jedesmal ein kleines Hündchen gestickt ist. Mutmaßlich als Symbol der Treue. Und dann seufzt er, der Adorante, der betende Knabe, und macht Augen und versichert euch seiner innigsten Teilnahme. Denn ihr *müßtet* unglücklich sein. Und nun wieder Seufzen und Pause. Freilich, freilich, ihr hättet einen guten Mann (alle Männer seien gut), aber enfin, ein Mann müsse nicht bloß gut sein, ein Mann müsse seine Frau *verstehen.* Darauf komm es an, sonst sei die Ehe niedrig, *so* niedrig, mehr als niedrig. Und dann seufzt er zum drittenmal. Und wenn der Zwirn endlich abgewickelt ist, was natürlich so lange wie möglich dauert, so glaubt ihr es auch. Denn jede von euch ist wenigstens für einen indischen Prinzen oder für einen Schah von Persien geboren. Allein schon wegen der Teppiche."

Melanie hatte während dieser echt van der Straatenschen Expektoration ihren Kopf gewiegt und erwiderte schnippisch

und mit einem Anfluge von Hochmut: „Ich weiß nicht, Ezel, warum du beständig von Zwirn sprichst. Ich wickle Seide."
Sehr wahrscheinlich, daß es dieser Bemerkung an einer spitzen Replik nicht gefehlt hätte, wenn nicht eben jetzt eine dralle, kurzärmelige Magd erschienen und auf Augenblicke hin der Gegenstand allgemeiner Aufmerksamkeit geworden wäre. Schon um des virtuosen Puffs und Knalls willen, womit sie, wie zum Debüt, ihr Tischtuch auseinanderschlug. Und sehr bald nach ihr erschienen denn auch die dampfenden Schüsseln und die hohen Weißbierstangen, und selbst der Anisette für Anastasia war nicht vergessen. Aber es waren ihrer mehrere, da sich der lebens- und gesellschaftskluge Gabler der allgemeinen Damenstellung zur Anisettefrage rechtzeitig erinnert hatte. Und in der Tat, er mußte lächeln (und van der Straaten mit ihm), als er gleich nach dem Erscheinen des Tabletts auch Riekchen nippen und ihre Eulenaugen immer größer und freundlicher werden sah.
Inzwischen war es dämmerig geworden, und mit der Dämmerung kam die Kühle. Gabler und Elimar erhoben sich, um aus dem Wagen eine Welt von Decken und Tüchern heranzuschleppen, und Melanie, nachdem sie den schwarz und weiß gestreiften Burnus umgenommen und die Kapuze kokett in die Höhe geschlagen hatte, sah reizender aus als zuvor. Eine der Seidenpuscheln hing ihr in die Stirn und bewegte sich hin und her, wenn sie sprach oder dem Gespräch der anderen lebhaft folgte. Und dieses Gespräch, das sich bis dahin medisierend um die Gryczinskis und vor allem auch um den Polizeirat und die neue katilinarische Verschwörung gedreht hatte, fing endlich an, sich näherliegenden und zugleich auch harmloseren Themata zuzuwenden, beispielsweise, wie hell der „Wagen" am Himmel stünde.
„Fast so hell wie der Große Bär", schaltete Riekchen ein, die nicht fest in der Himmelskunde war. Und nun entsann man sich, daß dies gerade die Sternschnuppennächte wären, auf welche Mitteilung hin van der Straaten nicht nur die fallenden Sterne zu zählen anfing, sondern sich schließlich auch bis

zu dem Satze steigerte, „daß alles in der Welt eigentlich nur des Fallens wegen dasei: die Sterne, die Engel, und nur die Frauen nicht".

Melanie zuckte zusammen, aber niemand sah es, am wenigsten van der Straaten, und nachdem noch eine ganze Weile gezählt und gestritten und der Abend inzwischen immer kälter geworden war, einigte man sich dahin, daß es zur Bekämpfung dieser Polarzustände nur ein einzig erdenkbares Mittel gäbe: eine Glühweinbowle. Van der Straaten selbst machte den Vorschlag und definierte: „Glühwein ist diejenige Form des Weines, in der der Wein nichts und das Gewürznägelchen alles bedeutet", auf welche Definition hin es gewagt und die Bestellung gemacht wurde. Und siehe da, nach verhältnismäßig kurzer Zeit schon erschien auch die blonde Wirtin in Person, um die Bowle vorsorglich inmitten des Tisches niederzusetzen.

Und nun nahm sie den Deckel ab und freute sich unter Lachen all der aufrichtig dankbaren „Achs", womit ihre Gäste den warmen und erquicklichen Dampf einsogen. Ein reizender blonder Junge war mit ihr gekommen und hielt sich an der Schürze der Mutter fest.

„Ihrer?" fragte van der Straaten mit verbindlicher Handbewegung.

„Na, wen sonst", antwortete die Blondine nüchtern und suchte mit Rubehn über den Tisch hin ein paar Blicke zu wechseln. Als es aber mißlang, ergriff sie die blonden Locken ihres Jungen, spielte damit und sagte: „Komm, Pauleken. Die Herrschaften sind lieber alleine."

Elimar sah ihr betroffen nach und rieb sich die Stirn. Endlich rief er: „Gott sei Dank, nun hab ich's. Ich wußte doch, ich hatte sie schon gesehen. Irgendwo. Triumphzug des Germanicus; Thusnelda, wie sie leibt und lebt."

„Ich kann es nicht finden", erwiderte van der Straaten, der ein Piloty-Schwärmer war. „Und es stimmt auch nicht in Verhältnissen und Leibesumfängen, immer vorausgesetzt, daß man von solchen Dingen in Gegenwart unserer Damen sprechen darf. Aber Anastasia wird es verzeihen, und um den Hauptunterschied noch einmal zu betonen, bei Piloty gibt sich Thumelicus noch als ein Werdender, während wir ihn hier bereits an der Schürze seiner Mutter hatten. An der weißesten Schürze, die mir je vorgekommen ist. Aber: ‚Sei weiß wie Schnee und weißer noch: Ach, die Verleumdung trifft dich doch.' "

Diese zwei Reimzeilen waren in einer absichtlich spöttischen Singsangmanier von ihm gesprochen worden, und Rubehn, dem es mißfiel, wandte sich ab und blickte nach links hin auf den von Lichtern überblitzten Strom. Melanie sah es, und das Blut schoß ihr zu Kopf wie nie zuvor. Ihres Gatten Art und Redeweise hatte sie, durch all die Jahre hin, viel Hunderte von Malen in Verlegenheit gebracht, auch wohl in bittere Verlegenheiten, aber dabei war es geblieben. Heute, zum ersten Male, schämte sie sich seiner.

Van der Straaten indes bemerkte nichts von dieser Verstimmung und klammerte sich nur immer fester an seinen Thusneldastoff, in der an und für sich ganz richtigen Erkenntnis, etwas Besseres für seine Spezialansprüche nicht finden zu können.

„Ich frage jeden, ob dies eine Thusnelda ist? Höher hinauf, meine Freunde. Göttin Aphrodite, die Venus dieser Gegenden, Venus Spreavensis, frisch aus demselben Wasser gestiegen, das uns eben erst unsern teuren Elimar zu rauben trachtete. Das Wasser rauscht', das Wasser schwoll. Aus der Spree gestiegen, sag ich. Aber so mich nicht alles täuscht, haben wir hier *mehr,* meine Freunde. Wir haben hier, wenn ich richtig beobachtet, oder sagen wir, wenn ich richtig geahnt habe, eine Vermählung von Modernem und Antikem: Venus Spreavensis und Venus Kallipygos. Ein gewagtes Wort, ich räum es ein. Aber in Griechisch und Musik darf man alles sagen. Nicht wahr, Anastasia? Nicht wahr, Elimar? Außerdem entsinn ich mich, zu meiner Rechtfertigung, eines wundervollen Kallipygosepigramms ... Nein, nicht Epigramms ... Wie heißt etwas Zweizeiliges, was sich nicht reimt ..."

„Distichon."

„Richtig. Also ich entsinne mich eines Distichons ... bah, da hab ich es vergessen ... Melanie, wie war es doch? Du sagtest es damals so gut und lachtest so herzlich. Und nun hast du's auch vergessen. Oder *willst* du's bloß vergessen haben? ... Ich bitte dich ... Ich hasse das ... Besinne dich. Es war etwas von Pfirsichpflaum, und ich sagte noch, ‚man fühl ihn ordentlich'. Und du fandst es auch und stimmtest mit ein ... Aber die Gläser sind ja leer ..."

„Und ich denke, wir lassen sie leer", sagte Melanie scharf und wechselte die Farbe, während sie mechanisch ihren Sonnenschirm auf- und zumachte. „Ich denke, wir lassen sie leer. Es ist ohnehin Glühwein. Und wenn wir noch hinüber wollen, so wird es Zeit sein, *hohe* Zeit", und sie betonte das Wort.

„Ich bin es zufrieden", entgegnete van der Straaten, aber in einem Tone, der nur allzu deutlich erkennen ließ, daß seine gute Stimmung in ihr Gegenteil umzuschlagen begann. „Ich bin es zufrieden und bedauere nur, allem Anscheine nach, wieder einmal Anstoß gegeben und das adelige Haus de Caparoux in seinen höheren Aspirationen verschnupft zu haben. Es ist immer das alte Lied, das ich nicht gerne höre. *Wenn* ich es aber hören will, so lad ich mir meinen Schwager-Major zu Tische, der ist erster Kammerherr am Throne des Anstands und der Langenweile. Heute fehlt er hier, und ich hätte gern darauf verzichtet, ihn durch seine Frau Schwägerin ersetzt zu sehen. Ich hasse Prüderien und jene Prätensionen höherer Sittlichkeit, hinter denen nichts steckt. Im günstigsten Falle nichts steckt. Ich darf das sagen, und jedenfalls *will* ich es sagen, und was ich gesagt habe, das habe ich gesagt."

Es antwortete niemand. Ein schwacher Versuch Gablers, wieder einzulenken, mißlang, und in ziemlich geschäftsmäßigem, wenn auch freilich wieder ruhiger gewordenem Tone wurden alle noch nötigen Verabredungen zur Überfahrt nach Treptow in zwei kleinen Booten getroffen; Ehm aber sollte, mit Benutzung der nächsten Brücke, die Herrschaften am anderen Ufer erwarten. Alles stimmte zu, mit Ausnahme von

Fräulein Riekchen, die verlegen erklärte, „daß Bootschaukeln von klein auf ihr Tod gewesen sei". Worauf sich van der Straaten in einem Anfalle von Ritterlichkeit erbot, mit ihr in der Glaslaube zurückbleiben und das Anlegen des nächsten, vom „Eierhäuschen" her erwarteten Dampfschiffes abpassen zu wollen.

10

WOHIN TREIBEN WIR?

Es währte nicht lange, so steuerten von einer dunklen, etwas weiter flußaufwärts gelegenen Uferstelle her zwei Jollen auf das Floß zu, jede mit einer Stocklaterne vorn an Bord. In der kleineren saß derselbe Junge, der schon am Nachmittage die Reifen auf die Kirchhofswiese hinausgetragen hatte, während die größere Jolle, leer und bloß angekettet, im Fahrwasser der anderen nachschwamm. Es gab einen hübschen Anblick, und kaum daß die beiden Fahrzeuge lagen, so stiegen auch, vom Floß aus, die schon ungeduldig Wartenden ein: Rubehn und Melanie in das kleinere, die beiden Maler und Anastasia in das größere Boot, eine Verteilung, die sich wie von selber machte, weil Elimar und Gabler gute Kahnfahrer waren und jeder anderweitigen Führung entbehren konnten. Sie nahmen denn auch die Tete, und der Junge mit der kleineren Jolle folgte.

Van der Straaten sah ihnen eine Weile nach und sagte dann zu dem Fräulein: „Es ist mir ganz lieb, Riekchen, daß wir zurückgeblieben sind und auf das Dampfschiff warten müssen. Ich habe Sie schon immer fragen wollen, wie gefällt Ihnen unser neuer Hausgenosse? Sie sprechen nicht viel, und wer nicht viel spricht, der beobachtet gut."

„O er gefällt mir."

„Und *mir* gefällt es, Riekchen, daß er Ihnen gefällt. Nur das ‚o' beklag ich, denn es hebt ein gut Teil Lob wieder auf, und ‚o er gefällt mir' ist eigentlich nicht viel besser als ‚o er gefällt mir *nicht*'. Sie sehen, ich lasse Sie nicht wieder los. Also, nur immer tapfer mit der Sprache heraus. Warum nur o? Woran liegt es? Wo fehlt es? Mißtrauen Sie seinen Dragonerreserveleutnantsallüren? Ist er Ihnen zu kavaliermäßig oder zu wenig? Ist er Ihnen zu laut oder zu still, zu bescheiden oder zu stolz, zu warm oder zu kalt?"

„Damit möchten Sie's getroffen haben."

„Womit?"

„Mit dem zu kalt. Ja, er ist mir zu kalt. Als ich ihn das erstemal sah, hatt ich einen guten Eindruck, obgleich nicht voll so gut wie Anastasia. Natürlich nicht. Anastasia singt und ist exzentrisch und will einen Mann haben."

„Will jede."

„Ich auch?" lachte die Kleine.

„Wer weiß, Riekchen."

„... Also, das erste war: er gefiel mir. Es war in der Veranda, gleich nach dem zweiten Frühstück; wir hatten eben die blauen Milchsatten zurückgeschoben, und es ist mir, als wär es gestern gewesen. Da kam der alte Teichgräber und brachte seine Karte. Und dann kam er selbst. Nun, er hat etwas Distinguiertes, und man sieht auf den ersten Blick, daß er die kleine Not des Lebens nicht kennengelernt hat. Und das ist immer hübsch, und das Hübsche davon soll ihm unbenommen sein. Er hat aber auch etwas Reserviertes. Und wenn ich sage, was Reserviertes, so hab ich noch sehr wenig gesagt. Denn Reserviertsein ist gut und schicklich. Er übertreibt es aber. Anfangs glaubt ich, es sei die kleine gesellschaftliche Scheu, die jeden ziert, auch den Mann von Welt, und er werd es ablegen. Aber bald konnt ich sehen, daß es nicht Scheu war. Nein, ganz im Gegenteil. Es ist Selbstbewußtsein. Er hat etwas amerikanisch Sicheres. Und so sicher er ist, so kalt ist er auch."

„Ja, Riekchen, er war zu lange drüben, und drüben ist nicht der Platz, um Bescheidenheit und warme Gefühle zu lernen."

„Sie sind auch nicht zu lernen. Aber man kann sie leider *verlernen*."

„Verlernen?" lachte van der Straaten. „Ich bitte Sie, Riekchen, er ist ja ein Frankfurter!"

Während dieses Gespräch in dem Glassalon geführt wurde, steuerten die beiden Boote der Mitte des Stromes zu. Auf dem größeren war Scherz und Lachen, aber auf dem kleineren, das folgte, schwieg alles, und Melanie beugte sich über den Rand und ließ das Wasser durch ihre Finger plätschern.
„Ist es immer nur das Wasser, dem Sie die Hand reichen, Freundin?"
„Es kühlt. Und ich hab es so heiß."
„So legen Sie den Burnus ab..." Und er erhob sich, um ihr behilflich zu sein.
„Nein", sagte sie heftig und abwehrend. „Mich friert." Und er sah nun, daß sie wirklich fröstelnd zusammenzuckte.
Und wieder fuhren sie schweigend dem andren Boote nach und horchten auf die Lieder, die von dorther herüberklangen. Erst war es „Long, long, ago", und immer wenn der Refrain kam, summte Melanie die Zeile mit. Und nun lachten sie drüben, und neue Lieder wurden intoniert und ebenso rasch wieder verworfen, bis man sich endlich über eines geeinigt zu haben schien. „O säh ich auf der Heide dort." Und wirklich, sie hielten aus und sangen alle Strophen durch. Aber Melanie sang nicht leise mehr mit, um nicht durch ein Zittern ihrer Stimme ihre Bewegung zu verraten.
Und nun waren sie mitten auf dem Strom, außer Hörweite von den Vorauffahrenden, und der Junge, der sie beide fuhr, zog mit einem Ruck die Ruder ein und legte sich bequem ins Boot nieder und ließ es treiben.
„Er sieht auch zu den Sternen auf", sagte Rubehn.
„Und zählt, wie viele fallen", lachte Melanie bitter. „Aber Sie dürfen mich nicht so verwundert ansehen, lieber Freund, als ob ich etwas Besonderes gesagt hätte. Das ist ja, wie Sie wissen oder wenigstens seit *heute* wissen müssen, der Ton unsres Hauses. Ein bißchen spitz, ein bißchen zweideutig und immer unpassend. Ich befleißige mich der Ausdrucksweise

meines Mannes. Aber freilich, ich bleibe hinter ihm zurück. Er ist eben unerreichbar und weiß so wundervoll alles zu treffen, was kränkt und bloßstellt und beschämt."

„Sie dürfen sich nicht verbittern."

„Ich verbittere mich nicht. Aber ich bin verbittert. Und weil ich es bin und es los sein möchte, deshalb sprech ich so. Van der Straaten ..."

„Ist anders als andere. Aber er liebt Sie, glaub ich ... Und er ist gut."

„Und er ist gut", wiederholte Melanie heftig und in beinahe krampfhafter Heiterkeit. „Alle Männer sind gut! ... Und nun fehlt nur noch der Zwirnwickel und das Fußkissen mit dem Symbol der Treue darauf, so haben wir alles wieder beisammen. O Freund, wie konnten Sie nur *das* sagen und, um ihn zu rechtfertigen, so ganz in seinen Ton verfallen!"

„Ich würde durch jeden Ton Anstoß gegeben haben."

„Vielleicht ... Oder sagen wir lieber gewiß. Denn es war zu viel, dieser ewige Hinweis auf Dinge, die nur unter vier Augen gehören, und das kaum. Aber er kennt kein Geheimnis, weil ihm nichts des Geheimnisses wert dünkt. Weil ihm nichts heilig ist. Und wer anders denkt, ist scheinheilig oder lächerlich. Und das vor Ihnen ..."

Er nahm ihre Hand und fühlte, daß sie fieberte.

Die Sterne aber funkelten und spiegelten sich und tanzten um sie her, und das Boot schaukelte leis und trieb im Strom, und in Melanies Herzen erklang es immer lauter: wohin treiben wir?

Und sieh, es war, als ob der Bootsjunge von derselben Frage beunruhigt worden wäre, denn er sprang plötzlich auf und sah sich um, und wahrnehmend, daß sie weit über die rechte Stelle hinaus waren, griff er jetzt mit beiden Rudern ein und warf die Jolle nach links herum, um so schnell wie möglich aus der Strömung heraus und dem andern Ufer wieder näher zu kommen. Und sieh, es gelang ihm auch, und ehe fünf Minuten um waren, erkannte man die von zahllosen Lichtern erhellten Baumgruppen des Treptower Parks, und Rubehn und

Melanie hörten Anastasias Lachen auf dem vorauffahrenden Boot. Und nun schwieg das Lachen, und das Singen begann wieder. Aber es war ein andres Lied, und über das Wasser hin klang es „Rothtraut, Schön-Rothtraut", erst laut und jubelnd, bis es schwermütig in die Worte verklang: „Schweig stille, mein Herze".

„Schweig stille, mein Herze", wiederholte Rubehn und sagte leise: „soll es?"

Melanie antwortete nicht. Das Boot aber lief ans Ufer, an dem Elimar und Arnold schon in aller Dienstbeflissenheit warteten. Und gleich darauf kam auch das Dampfschiff, und Riekchen und van der Straaten stiegen aus. Er heiter und gesprächig.

Und er nahm Melanies Arm und schien die Szene, die den Abend gestört hatte, vollkommen vergessen zu haben.

11

ZUM MINISTER

„Wohin treiben wir?" hatte es in Melanies Herzen gefragt, und die Frage war ihr unvergessen geblieben. Aber der fieberhaften Erregung jener Stunde hatte sie sich entschlagen, und in den Tagen, die folgten, war ihr die Herrschaft über sich selbst zurückgekehrt.

Und diese Herrschaft blieb ihr auch, und sie zuckte nur einen Augenblick zusammen, als sie, nach Ablauf einer Woche, Rubehn am Gitter draußen halten und gleich darauf auf die Veranda zukommen sah. Sie ging ihm, wie gewöhnlich, einen Schritt entgegen und sagte: „Wie ich mich freue, Sie wiederzusehen! Sonst sahen wir Sie jeden dritten Tag, und Sie haben diesmal eine Woche vergehen lassen, fast eine Woche. Aber die Strafe folgt Ihnen auf dem Fuße. Sie treffen nur Anastasia und mich. Unser Riekchen, das Sie ja zu schätzen wissen (wenn auch freilich nicht genug), hat uns auf einen ganzen Monat verlassen und erzieht sieben kleine Vettern auf dem

Lande. Lauter Jungen und lauter Sawatzkis, und in ihren übermütigsten Stunden auch mutmaßlich lauter Sattler von der Hölle."

„Sagen wir lieber gewiß. Und dazu Riekchen als Präzeptor und Regente. Muß das eine Zügelführung sein!"

„Oh, Sie verkennen sie; sie weiß sich in Respekt zu setzen."

„Und doch möcht ich die Verzweiflung des Gärtners über zertretene Rabatten und die des Försters über angerichteten Wildschaden nicht mit Augen sehen. Denn ein kleiner Junker schießt alles, was kreucht und fleucht. Und nun gar sieben. Aber ich vergesse, mich meines Auftrages zu entledigen. Van der Straaten ... Ihr Herr Gemahl ... bittet, ihn zu Tische *nicht* erwarten zu wollen. Er ist zum Minister befohlen, und zwar in Sachen einer Enquête. Freilich erst morgen. Aber heute hat er das Vorspiel: das Diner. Sie wissen, meine gnädigste Frau, es gibt jetzt nur noch Enquêten."

„Es gibt nur noch Enquêten, aber es gibt keine ‚gnädigste Frauen' mehr. Wenigstens nicht hier und am wenigsten zwischen uns. Eine Gnädigste bin ich überhaupt nur bei Gryczinskis. Ich bin Ihre gute Freundin und weiter nichts. Nicht wahr?" Und sie gab ihm ihre Hand, die er nahm und küßte. „Und ich will nicht", fuhr sie fort, „daß wir diese sechs Tage nur gelebt haben, um unsere Freundschaft um ebenso viele Wochen zurückzudatieren. Also nichts mehr von einer ‚gnädigsten Frau'." Und dabei zwang sie sich, ihn anzusehen. Aber ihr Herz schlug, und ihre Stimme zitterte bei der Erinnerung an den Abend, der nur zu deutlich vor ihrer Seele stand.

„Ja, lieber Freund", nahm sie nach einer kurzen Pause wieder das Wort, „ich mußte das zwischen uns klarmachen. Und da wir einmal beim Klarmachen sind, so muß auch noch ein andres heraus, auch etwas Persönliches und Diffiziles. Ich muß Ihnen nämlich endlich einen Namen geben. Denn Sie haben eigentlich keinen Namen, oder wenigstens keinen, der zu brauchen wäre."

„Ich dächte doch ...“, sagte Rubehn mit einem leisen Anfluge von Verlegenheit und Mißstimmung.
„Ich dächte doch“, wiederholte Melanie und lachte. „Daß doch auch die Klugen und Klügsten auf *diesen* Punkt hin immer empfindlich sind! Aber ich bitte Sie, sich aller Empfindlichkeiten entschlagen zu wollen. Sie sollen selbst entscheiden. Beantworten Sie mir auf Pflicht und Gewissen die Frage: ob Ebenezer ein Name ist? Ich meine ein Name fürs Haus, fürs Geplauder, für die Causerie, die doch nun mal unser Bestes ist! Ebenezer! Oh, Sie dürfen nicht so bös aussehen. Ebenezer ist ein Name für einen Hohenpriester oder für einen, der's werden will, und ich seh ihn ordentlich, wie er das Opfermesser schwingt. Und sehen Sie, davor schaudert mir. Ebenezer ist au fond nicht besser als Aaron. Und es ist auch nichts daraus zu machen. Aus Ezechiel habe ich mir einen Ezel glücklich kondensiert. Aber Ebenezer!“
Anastasia weidete sich an Rubehns Verlegenheit und sagte dann: „Ich wüßte schon eine Hilfe.“
„O die weiß ich auch. Und ich könnte sogar alles in einem allgemeinen und fast nach Grammatik klingenden Satz bringen. Und dieser Satz würde sein: Um- und Rückformung des abstrusen Familiennamens Rubehn in den alten, mir immer lieb gewesenen Vornamen Ruben.“
„Und das wollt ich auch sagen“, eiferte Anastasia.
„Aber ich *hab* es gesagt.“
Und in diesem Prioritätsstreite scherzte sich Melanie mehr und mehr in den Ton alter Unbefangenheit hinein und fuhr endlich, gegen Rubehn gewendet, fort: „Und wissen Sie, lieber Freund, daß mir diese Namensgebung wirklich etwas bedeutet? Ruben, um es zu wiederholen, war mir von jeher der Sympathischste von den Zwölfen. Er hatte das Hochherzige, das sich immer bei dem Ältesten findet, einfach, weil er der Älteste ist. Denken Sie nach, ob ich nicht recht habe. Die natürliche Herrscherstellung des Erstgeborenen sichert ihn vor Mesquinerie und Intrige.“
„Jeder Erstgeborene wird Ihnen für diese Verherrlichung

dankbar sein müssen, und jeder Ruben erst recht. Und doch gesteh ich Ihnen offen, ich hätt unter den Zwölfen eine andere Wahl getroffen."

„Aber gewiß keine bessere. Und ich hoff es Ihnen beweisen zu können. Über die sechs Halblegitimen ist weiter kein Wort zu verlieren; Sie nicken, sind also einverstanden. Und so nehmen wir denn, als erstes Betrachtungsobjekt, die Nestküken der Familie, die Muttersöhnchen. Es wird so viel von ihnen gemacht, aber Sie werden mir zustimmen, daß die spätere ägyptische Exzellenz nicht so ganz ohne Not in die Zisterne gesteckt worden ist. Er war einfach ein enfant terrible. Und nun gar der Jüngste! Verwöhnt und verzogen. Ich habe selbst ein Jüngstes und weiß etwas davon zu sagen ... Und so bleiben uns denn wirklich nur die vier alten Grognards von der Lea her. Wohl, sie haben alle vier ihre Meriten. Aber doch ist ein Unterschied. In dem Levi spukt schon der Levit und in dem Juda das Königtum – ein Stückchen Illoyalität, das Sie mir als freier Schweizerin zugute halten müssen. Und so sehen wir uns denn vor den Rest gestellt, vor die beiden letzten, die natürlich die beiden ersten sind. Eh bien, ich will nicht mäkeln und feilschen und will dem Simeon lassen, was ihm zukommt. Er war ein Charakter, und als solcher wollt er dem Jungen ans Leben. Charaktere sind nie für halbe Maßregeln. Aber da trat Ruben dazwischen, *mein* Ruben, und rettete den Jungen, weil er des alten Vaters gedachte. Denn er war gefühlvoll und mitleidig und hochherzig. Und was Schwäche war, darüber sag ich nichts. Er hatte die Fehler seiner Tugenden, wie wir alle. Das war es und weiter nichts. Und deshalb Ruben und immer wieder Ruben. Und kein Appell und kein Refus. Anastasia, brich einen Tauf- und Krönungszweig ab, da von der Esche drüben. Wir können sie dann die Ruben-Esche nennen."

Und dieses scherzhafte Geplauder würde sich mutmaßlich noch fortgesetzt haben, wenn nicht eben in diesem Augenblicke der wohlbekannte, zweirädrige Gig sichtbar geworden wäre, von dessen turmhohem Sitz herab van der Straaten über das Gitter weg mit der Peitsche salutierte. Und nun hielt das Gefährt, und der Enquêten-Kommerzienrat erschien in der Veranda, strahlend von Glück und freudiger Erregung. Er küßte Melanie die Stirn und versicherte einmal über das andere, daß er sich's nicht habe versagen wollen, die freie halbe Stunde bis zum ministeriellen Diner au sein de sa famille zu verbringen.

Und nun nahm er Platz und rief in das Haus hinein: „Liddi, Liddi. Rasch. Antreten. Immer flink. Und Heth auch; das Stiefkind, die Kleine, die vernachlässigt wird, weil sie mir ähnlich sieht ..."

„Und von der ich eben erzählt habe, daß sie grenzenlos verwöhnt würde."

Die Kinder waren inzwischen erschienen, und der glückliche Vater nahm ein elegantes Tütchen mit papierenem Spitzenbesatz aus der Tasche und hielt es Lydia hin. Diese nahm's und gab es an die Kleine weiter. „Da, Heth."

„Magst du nicht?" fragte van der Straaten. „Sieh doch erst nach. Es sind ja Pralinés. Und noch dazu von Sarotti."

Aber Lydia sah mit einem Streifblick zu Rubehn hinüber und sagte: „Tüten sind für Kinder. Ich mag nicht."

Alles lachte, selbst Rubehn, trotzdem er wohl fühlte, daß er der Grund dieser Ablehnung war. Van der Straaten indes nahm die kleine Heth auf den Schoß und sagte: „Du bist deines Vaters Kind. Ohne Faxen und Haberei. Lydia spielt schon die de Caparoux."

„Laß sie", sagte Melanie.

„Ich werde sie lassen *müssen*. Und sonderbar zu sagen, ich hasse die Vornehmheitsallüren eigentlich nur für mich selbst. In meiner Familie sind sie mir ganz recht, wenigstens gelegentlich, abgesehen davon, daß sich auch für meine Person allerhand Wandlungen vorbereiten. Denn in meiner Eigenschaft als Mitglied einer Enquêtenkommission hab ich die Verpflichtung höherer gesellschaftlicher Formen übernommen, und geht das so weiter, Melanie, so hältst du zwischen heut und sechs Wochen einen halben Oberzeremonienmeister in deinen Händen. In den Sechswochenschaften hat ja von Uranfang an etwas mysteriös Bedeutungsvolles geschlummert."

„Eine Wendung, lieber van der Straaten, die mir vorläufig nur wieder zeigt, wie weitab du noch von deiner neuen Charge bist."

„Allerdings, allerdings", lachte van der Straaten. „Gut Ding will Weile haben, und Rom wurde nicht an einem Tage gebaut. Und nun sage mir, denn ich habe nur noch zehn Minuten, wie du diesen Nachmittag zu verbringen und unsern Freund Rubehn zu divertieren gedenkst. Verzeih die Frage. Aber ich kenne deine mitunter ängstliche Gleichgültigkeit gegen Tisch- und Tafelfreuden und berechne mir in der Eile, daß deine Bohnen und Hammelkoteletts, auch wenn die Bohnen ziepsig und die Koteletts zähe sind, nicht gut über eine halbe Stunde hinaus ausgedehnt werden können. Auch nicht unter Heranziehung eines Desserts von Erdbeeren und Stiltonkäse. Und so sorg ich mich denn um euch, und zwar um so mehr, als ihr nicht die geringste Chance habt, mich vor neun Uhr wieder hier zu sehen."

„Ängstige dich nicht", entgegnete Melanie. „Es ist keine Frage, daß wir dich schmerzlich entbehren werden. Du wirst uns fehlen, du *mußt* uns fehlen. Denn wer könnt uns, um nur eines zu nennen, den Hochflug deiner bilderreichen Einbildungskraft ersetzen. Kaum, daß wir ihr zu folgen verstehen. Und doch verbürg ich mich für Unterbringung dieser armen, verlorenen Stunden, die dir so viel Sorge machen. Und du sollst sogar das Programm wissen."

„Da wär ich neugierig."

„Erst singen wir."

„Tristan?"

„Nein. Und Anastasia begleitet. Und dann haben wir unser Diner oder doch das, was dafür aufkommen muß. Und es wird sich schon machen. Denn immer, wenn du nicht da bist, suchen wir uns durch einen besseren Tisch und ein paar eingeschobene süße Speisen zu trösten."

„Glaub's, glaub's. Und dann?"

„Dann hab ich vor, unsern lieben Freund, den ich dir übrigens, nach einem allerjüngsten Übereinkommen, als Rubehn mit dem gestrichenen h, also schlechtweg als unsern Freund Ruben vorstelle, mit den Schätzen und Schönheiten unserer Villa bekannt zu machen. Er ist eine Legion von Malen, wenn auch immer noch nicht oft genug, unser lieber Gast gewesen und kennt trotz alledem nichts von dieser ganzen Herrlichkeit als unser Eß- und Musikzimmer und hier draußen die Veranda mit dem kreischenden Pfau, der ihm natürlich ein Greuel ist. Aber er soll heute noch in seinem halb freireichsstädtischen und halb überseeischen Hochmute gedemütigt werden. Ich habe vor, mit deinem Obstgarten zu beginnen und dem Obstgarten das Palmenhaus und dem Palmenhause das Aquarium folgen zu lassen."

„Ein gutes Programm, das mich nur hinsichtlich seiner letzten Nummer etwas erschreckt oder wenigstens zur Vorsicht mahnen läßt. Sie müssen nämlich wissen, Rubehn, was wir letzten Sommer in dieser erbärmlichen Glaskastensammlung, die den stolzen Namen Aquarium führt, schaudernd selbst erlebt haben. Nicht mehr und nicht weniger als einen Ausbruch, Eruption, und ich höre noch Anastasias Aufschrei und werd ihn hören bis ans Ende meiner Tage. Denken Sie sich, eine der großen Glasscheiben platzt, Ursache unbekannt, wahrscheinlich aber, weil Gryczinski seinem Füsiliersäbel eine falsche Direktive gegeben, und siehe da, ehe wir drei zählen können, steht unser ganzer Aquariumflur nicht nur handhoch unter Wasser, sondern auch alle Schrecken der Tiefe zappeln um uns her, und ein großer Hecht umschnoppert Melanies Fußtaille mit absichtlichster Vernachlässigung Tante Riekchens. Offenbar also ein Kenner. Und in einem Anfalle wahnsinniger Eifersucht hab ich ihn schlachten lassen und seine Leber höchsteigenhändig verzehrt."

Anastasia bestätigte die Zutreffendheit der Schilderung, und selbst Melanie, die seit längerer Zeit ähnlichen Exkursen ihres Gatten mit nur zu sichtlichem Widerstreben folgte, nahm heute wieder an der allgemeinen Heiterkeit teil. Sie hatte sich schon vorher in dem mit Rubehn geführten Gespräche derartig heraufgeschraubt, daß sie wie geistig trunken und beinahe gleichgültig gegen Erwägungen und Rücksichten war, die sie noch ganz vor kurzem gequält hatten. Sie sah wieder alles von der lachenden Seite, selbst das Gewagteste, und faßte, ohne sich Rechenschaft davon zu geben, den Entschluß, mit der ganzen nervösen Feinfühligkeit dieser letzten Wochen ein für allemal brechen und wieder keck und unbefangen in die Welt hineinleben zu wollen.

Van der Straaten aber, überglücklich, mit seinem Aquariumshecht einen guten Abgang gefunden zu haben, griff nach Hut und Handschuh und versprach, auf Eile dringen zu wollen, soweit sich, einem Minister gegenüber, überhaupt auf irgend etwas dringen lasse.

Das waren seine letzten Worte. Gleich darauf hörte man das Knirschen der Räder und empfing von außen her, über das Parkgitter hin, einen absichtlich übertriebenen Feierlichkeitsgruß, in dem sich die ganze Bedeutung eines Mannes ausdrücken sollte, der zum Minister fährt. Noch dazu zum Finanzminister, der eigentlich immer ein Doppelminister ist.

12

UNTER PALMEN

Die Nachmittagsstunden vergingen, wie's Melanie geplant und van der Straaten gebilligt hatte. Dem anderthalbstündigen Musizieren folgte das kleine Diner, opulenter als gedacht, und die Sonne stand eben noch über den Bosketts, als man sich erhob, um draußen im „Orchard" ein zweites Dessert von den Bäumen zu pflücken.

Dieser für allerhand Obstkulturen bestimmte Teil des Parkes lief, an sonnigster Stelle, neben dem Fluß entlang und bestand aus einem anscheinend endlosen Kieswege, der nach der Spree hin offen, nach der Parkseite hin aber von Spalierwänden eingefaßt war. An diesen Spalieren, in kunstvollster

Weise behandelt und jeder einzelne Zweig gehegt und gepflegt, reiften die feinsten Obstarten, während kaum minder feine Sorten an nebenherlaufenden niederen Brettergestellen, etwa nach Art großer Ananaserdbeeren, gezogen wurden.
Melanie hatte Rubehns Arm genommen, Anastasia folgte langsam und in wachsenden Abständen; Heth aber auf ihrem Veloziped begleitete die Mama, bald weit vorauf, bald dicht neben ihr, und wandte sich dann wieder, ohne die geringste Ahnung davon, daß ihre rückseitige Drapierung in ein immer komischeres und ungenierteres Fliegen und Flattern kam. Melanie, wenn Heth die Wendung machte, suchte jedesmal durch ein lebhafteres Sprechen über die kleine Verlegenheit hinwegzukommen, bis Rubehn endlich ihre Hand nahm und sagte: „Lassen wir doch das Kind. Es ist ja glücklich, beneidenswert glücklich. Und Sie sehen, Freundin, ich lache nicht einmal."
„Sie haben recht", entgegnete Melanie. „Torheit und nichts weiter. Unsere Scham ist unsere Schuld. Und eigentlich ist es rührend und entzückend zugleich." Und als der kleine Wildfang in ebendiesem Augenblicke wieder heranrollte, kommandierte sie selbst: „Rechtsum. Und nicht zu nah an die Spree! Sehen Sie nur, wie sie hinfliegt. Solange die Welt steht, hat keine Reiterei mit so fliegenden Fahnen angegriffen."
Unter solchem Gespräch waren sie bis an die Stelle gekommen, wo, von der Parkseite her, ein breiter, avenueartiger Weg in den langen und schmalen Spaliergang einmündete. Hier, im Zentrum der ganzen Anlage, erhoben sich denn auch, nach dem Vorbilde der berühmten englischen Gärten in Kew, ein paar hohe, glasgekuppelte Palmenhäuser, an deren eines sich ein altmodisches Treibhaus anlehnte, das, früher der Herrschaft zugehörig, inzwischen mit all seinen Blattpflanzen und Topfgewächsen in die Hände des alten Gärtners übergegangen und die Grundlage zum Betrieb eines sehr einträglichen Privatgeschäftes geworden war. Unmittelbar neben dem Treibhause hatte der Gärtner seine Wohnung, ein nur

zweifenstriges und ganz von Efeu überwachsenes Häuschen, über das ein alter, schrägstehender Akazienbaum seine Zweige breitete. Zwei, drei Steinstufen führten bis in den Flur, und neben diesen Stufen stand eine Bank, deren Rücklehne von dem Efeu mit überwachsen war.

„Setzen wir uns", sagte Melanie. „Immer vorausgesetzt, daß wir dürfen. Denn unser alter Freund hier ist nicht immer guter Laune. Nicht wahr, Kagelmann?"

Diese Worte hatten sich an einen kleinen und ziemlich häßlichen Mann gerichtet, der, wiewohl kahlköpfig (was übrigens die Sommermütze verdeckte), nichtsdestoweniger an beiden Schläfen ein paar lange, glatte Haarsträhnen hatte, die bis tief auf die Schulter niederhingen. Alles an ihm war außer Verhältnis, und so kam es, daß, seiner Kleinheit unerachtet oder vielleicht auch um dieser willen, alles zu groß an ihm erschien: die Nase, die Ohren, die Hände. Und eigentlich auch die Augen. Aber diese sah man nur, wenn er, was öfters geschah, die ganz verblakte Hornbrille abnahm. Er war eine typische Gärtnerfigur: unfreundlich, grob und habsüchtig, vor allem auch seinem Wohltäter, dem Kommerzienrat, gegenüber, und nur wenn er die „Frau Rätin" sah, erwies er sich auffallend verbindlich und guter Laune.

So nahm er denn auch heute das scherzhaft hingeworfene „wenn wir dürfen" in bester Stimmung auf und sagte, während er mit der Rechten (in der er einen kleinen Aurikeltopf hielt) seine großschirmige Mütze nach hinten schob: „Jott, Frau Rätin, ob *Sie* dürfen! Solche Frau! Solche Frau wie Sie darf allens. Un warum? Weil Ihnen allens kleid't. Un wen alles kleid't, der darf ooch alles. Uff 's Kleiden kommt's an. 's gibt welche, die sagen, die Blumen machen dumm und simplig. Aber daß es uff 's Kleiden ankommt, so viel lernt man bei de Blumens."

„Immer mein galanter Kagelmann", lachte Melanie. „Man merkt doch den Unverheirateten, den Junggesellen. Und doch ist es unrecht, Kagelmann, daß Sie so geblieben sind. Ich meine, so ledig. Ein Mann wie Sie, so frisch und gesund, und ein so gutes Geschäft. Und reich dazu. Die Leute sagen ja, Sie hätten ein Rittergut. Aber ich will es nicht wissen, Kagelmann. Ich respektiere Geheimnisse. Nur das ist wahr, Ihr Efeuhaus ist zu klein, immer vorausgesetzt, daß Sie sich noch mal anders besinnen."

„Ja, kleen is es man. Aber vor mir is es jroß genug, das heißt vor mir alleine. Sonst . . . Aber ich bin ja nu all sechzig."

„Sechzig. Mein Gott, sechzig. Sechzig ist ja gar kein Alter."

„Nee", sagte Kagelmann. „En Alter is es eijentlich noch nich. Un es jeht ooch allens noch. Un janz jut. Un es schmeckt ooch noch, un die Gebrüder Benekens dragen einen ooch noch. Aber viel mehr is es ooch nich. Un wen soll man denn am Ende nehmen? Sehen Se, Frau Rätin, die so for mir passen, die gefallen mir nich, un die mir gefallen, die passen wieder nich. – Ich wäre so vor dreißig oder so drum rum. Dreißig ist jut, un dreißig zu dreißig, das stimmt ooch. Aber sechzig in dreißig jeht nich. Und da sagt denn die Frau: borg ich mir einen."

Melanie lachte.

Kagelmann aber fuhr fort: „Ach, Frau Kommerzienrätin, Sie hören so was nich un glauben jar nich, wie die Welt is un was allens passiert. Da war hier einer drüben bei Flatows, Cohn und Flatow, großes Ledergeschäft (un sie sollen's ja von Amerika kriegen; na, mir is es jleich), und war ooch en Gärtner, un war woll so sechsundfufzig. Oder vielleicht ooch erst fünfundfufzig. Und der nahm sich ja nu so 'n Madamchen, so von 'n Jahrer dreißig, un war ne Wittib, un immer janz schwarz, un ne hübsche Person, un saß immer ins mittelste Zelt, Nummer 4, wo Kaiser Wilhelm steht, un wo immer die Musik is mit Klavier un Flöte. Ja, du mein Jott, was hat er gehabt? Jar nichts hat er gehabt. Un da sitzt er nu mit seine drei Würmer, und Madamchen is weg. Un mit wen is se weg? Mit 'n Gelbschnabel, un hatte noch keene zwanzig uff 'n Rükken, un Teichgräber sagt, er wär erst achtzehn gewesen. Un möglich is es. Aber ein fixer kleiner Kerl war es, so was Italien'sches, un war doch bloß aus Rathnow. Aber een paar

Oogen! Ich sag Ihnen, Frau Kommerzienrätin, wie 'n Feuerwerk, un es war orntlich, als ob's man so prasselte."

„Ja, das ist traurig für den Mann", lachte Melanie. „Aber doch am traurigsten für die Frau. Denn wenn einer *solche* Augen hat . . ."

„Un so was is jetzt alle Tage", schloß der Alte, der auf die Zwischenbemerkung nicht geachtet hatte und wieder bei seinen Töpfen zu stellen und zu kramen anfing.

Aber Melanie ließ ihm keine Ruh. „Alle Tage?" sagte sie. „Natürlich, alle Tage. Natürlich, alles kommt vor. Aber das darf einen doch nicht abhalten. Sonst könnte ja keiner mehr heiraten, und es gäbe gar kein Leben und keine Menschen mehr. Denn ein kleiner fixer Gärtnerbursche, nu, mein Gott, der find't sich zuletzt überall."

„Ja, Frau Kommerzienrätin, das is schon richtig. Aber mitunter find't er sich immer, und mitunter find't er sich bloß manchmal. Heiraten! Nu ja, hübsch muß es ja sind, sonst dhäten es nich so viele. Aber besser is besser. Und ich denke, lieber bewahrt als beklagt."

In diesem Augenblicke wurde von der Hauptallee her ein Einspänner sichtbar und hielt, indem er eine Biegung machte, vor der Bank, auf der Rubehn und Melanie Platz genommen hatten. Es war ein auf niedrigen Rädern gehendes Fuhrwerk, das den Geschäftsverkehr des kleinen Privattreibhauses mit der Stadt vermittelte.

Kagelmann tat ein paar Fragen an den vorn auf dem Deichselbrette sitzenden Kutscher, und nachdem er noch einen anderen Arbeiter herbeigerufen hatte, fingen alle drei an, die Palmenkübel abzuladen, die, trotzdem sie nur von mäßiger Größe waren, den Rand des Wagenkastens weit überragten und mit ihren dunklen Kronen schon von fernher den Eindruck prächtig wehender Federbüsche gemacht hatten.

Alle drei waren ein paar Minuten lang emsig bei der Arbeit; als aber schließlich alles abgeladen war, wandte sich Kagelmann wieder an seine gnädige Frau und sagte, während er die zwei größten und schönsten Palmen mit seinen Händen patschelte: „Ja, Frau Rätin, das sind nu so meine Stammhalter, so meine zwei Säulen vons Geschäft. Un immer unterwegs, wie 'n Landbriefträger. Man bloß noch unterwegser. Denn der hat doch 'n Sonntag oder Kirchenzeit. Aber meine Palmen nich. Un ich freue mir immer orntlich, wenn mal 'n Stillstand is und ich allens mal wieder so zu sehen kriege. So wie heute. Denn mitunter seh ich meine Palmen die janze Woche nich."

„Aber warum nicht?"

„Jott, Frau Rätin, Palme paßt immer. Un is kein Unterschied, ob Trauung oder Begräbnis. Und manche taufen auch schon mit Palme. Und wenn ich sage Palme, na so kann ich auch sagen Lorbeer oder Lebensbaum oder was wir Thuja nennen. Aber Palme, versteht sich, is immer das Feinste. Un is bloß man ein Metier, das is jrade so, janz akkurat ebenso bei Leben und Sterben. Und is ooch immer dasselbe."

„Ah, ich versteh", sagte Melanie. „Der Tischler."

„Nein, Frau Rätin, der Tischler nich. Er is woll auch immer mit dabei, das is schon richtig, aber's is doch nich immer dasselbe. Denn ein Sarg is keine Wiege nich, und eine Wiege is kein Sarg nich. Und was een richtiges Himmelbett is, nu davon will ich jar nich erst reden . . ."

„Aber Kagelmann, wenn es nicht der Tischler ist, wer denn?"

„Der Domchor, Frau Rätin. Der is auch immer mit dabei, un is immer dasselbe. Jrade so wie bei mir. Un er hat auch so seine zwei Stammhalter, seine zwei Säulen vons Geschäft: ,'s ist bestimmt in Gottes Rat' oder ,Wie sie so sanft ruhn'. Un es paßt immer un macht keinen Unterschied, ob einer abreist oder ob einer begraben wird. Un grün is grün, un is jrade so wie Lebensbaum und Palme."

„Und doch, Kagelmann, wenn Sie nun mal heiraten und selber Hochzeit machen (aber nicht hier in Ihrem Efeuhause, das ist zu klein), dann sollen Sie doch beides haben: Gesang und Palme. Und was für Palmen! Das versprech ich Ihnen! Denn ohne Palmen und Gesang ist es nicht feierlich genug.

Und aufs Feierliche kommt es an. Und dann gehen wir in das große Treibhaus, bis dicht an die Kuppel, und machen einen wundervollen Altar unter der allerschönsten Palme. Und da sollen Sie getraut werden. Und oben in der Kuppel wollen wir stehen und ein schönes Lied singen, einen Choral, ich und Fräulein Anastasia und Herr Rubehn hier und Herr Elimar Schulze, den Sie ja auch kennen. Und dabei soll Ihnen zumute sein, als ob Sie schon im Himmel wären und hörten die Engel singen."

„Glaub ich, Frau Rätin, glaub ich."

„Und zu vorläufigem Dank für alle diese kommenden Herrlichkeiten sollen Sie, liebster Kagelmann, uns jetzt in das Palmenhaus führen. Denn ich weiß nicht Bescheid und kenne die Namen nicht, und der fremde Herr hier, der ein paarmal um die Welt herumgefahren ist und die Palmen sozusagen an der Quelle studiert hat, will einmal sehen, was wir haben und nicht haben."

Eigentlich kam alles dieses dem Alten sowenig gelegen wie möglich, weil er seine Kübel und Blumentöpfe noch vor Dunkelwerden in das kleine Treibhaus hineinschaffen wollte. Er bezwang sich aber, schob seine Mütze, wie zum Zeichen der Zustimmung, wieder nach hinten und sagte: „Frau Rätin haben bloß zu befehlen."

Und nun gingen sie zwischen langen und niedrigen Backsteinöfen hin, den bloß mannsbreiten Mittelgang hinauf, bis an die Stelle, wo dieser Mittelgang in das große Palmenhaus einmündete. Wenige Schritte noch, und sie befanden sich wie am Eingang eines Tropenwaldes, und der mächtige Glasbau wölbte sich über ihnen. Hier standen die Prachtexemplare der van der Straatenschen Sammlung: Palmen, Drakäen, Riesenfarren, und eine Wendeltreppe schlängelte sich hinauf, erst bis in die Kuppel und dann um diese selbst herum und in einer der hohen Emporen des Langschiffes weiter.

Unterwegs war nicht gesprochen worden.

Als sie jetzt unter der hohen Wölbung hielten, entsann sich Kagelmann, etwas Wichtiges vergessen zu haben. Eigentlich aber wollt er nur zurück und sagte: „Frau Rätin wissen ja nu Bescheid und kennen die Galerie. Da wo der kleine Tisch is un die kleinen Stühle, das ist der beste Platz, un is wie 'ne Laube, un janz dicht. Un da sitzt ooch immer der Herr Kommerzienrat. Und keiner sieht ihn. Un das hat er am liebsten." Und danach verabschiedete sich der Alte, wandte sich aber noch einmal um, um zu fragen, „ob er das Fräulein schicken solle?"

„Gewiß, Kagelmann. Wir warten."

Und als sie nun allein waren, nahm Rubehn den Vortritt und stieg hinauf und eilte sich, als er oben war, der noch auf der Wendeltreppe stehenden Melanie die Hand zu reichen. Und nun gingen sie weiter über die kleinen klirrenden Eisenbrettchen hin, die hier als Dielen lagen, bis sie zu der von Kagelmann beschriebenen Stelle kamen, besser beschrieben, als er selber wissen mochte. Wirklich, es war eine phantastisch aus Blattkronen gebildete Laube, fest geschlossen, und überall an den Gurten und Ribben der Wölbung hin rankten sich Orchideen, die die ganze Kuppel mit ihrem Duft erfüllten. Es atmete sich wonnig, aber schwer in dieser dichten Laube; dabei war es, als ob hundert Geheimnisse sprächen, und Melanie fühlte, wie dieser berauschende Duft ihre Nerven hinschwinden machte. Sie zählte jenen von äußeren Eindrücken, von Luft und Licht abhängigen Naturen zu, die der Frische bedürfen, um selber frisch zu sein. Über ein Schneefeld hin, bei rascher Fahrt und scharfem Ost – da wär ihr der heitere Sinn, der tapfere Mut ihrer Seele wiedergekommen; aber diese weiche, schlaffe Luft machte sie selber weich und schlaff, und die Rüstung ihres Geistes lockerte sich und löste sich und fiel.

„Anastasia wird uns nicht finden."

„Ich vermisse sie nicht."

„Und doch will ich nach ihr rufen."

„Ich vermisse sie nicht", wiederholte Rubehn, und seine Stimme zitterte. „Ich vermisse nur das Lied, das sie damals sang, als wir im Boot über den Strom fuhren. Und nun rate."

„Long, long ago ....“
Er schüttelte den Kopf.
„O säh ich auf der Heide dort ...“
„Auch *das* nicht, Melanie.“
„Rothtraut“, sagte sie leis.
Und nun wollte sie sich erheben. Aber er litt es nicht und kniete nieder und hielt sie fest, und sie flüsterten Worte, so heiß und so süß wie die Luft, die sie atmeten.
Endlich aber war die Dämmerung gekommen, und breite Schatten fielen in die Kuppel. Und als alles immer noch stillblieb, stiegen sie die Treppe hinab und tappten sich durch ein Gewirr von Palmen, erst bis in den Mittelgang und dann ins Freie zurück.
Draußen fanden sie Anastasia.
„Wo du nur bliebst!“ fragte Melanie befangen. „Ich habe mich geängstigt um dich und mich. Ja, es ist so. Frage nur. Und nun hab ich Kopfweh.“
Anastasia nahm unter Lachen den Arm der Freundin und sagte nur: „Und du wunderst dich über Kopfweh! Man wandelt nicht ungestraft unter Palmen.“
Melanie wurde rot bis an die Schläfe. Aber die Dunkelheit half es ihr verbergen. Und so schritten sie der Villa zu, darin schon die Lichter brannten.
Alle Türen und Fenster standen auf, und von den frisch gemähten Wiesen her kam eine balsamische Luft. Anastasia setzte sich an den Flügel und sang und neckte sich mit Rubehn, der bemüht war, auf ihren Ton einzugehen. Aber Melanie sah vor sich hin und schwieg und war weit fort. Auf hoher See. Und in ihrem Herzen klang es wieder: Wohin treiben wir?!
Eine Stunde später erschien van der Straaten und rief ihnen schon vom Korridor her in Spott und guter Laune zu: „Ah, die Gemeinde der Heiligen! Ich würde fürchten zu stören. Aber ich bringe gute Zeitung!“
Und als alles sich erhob und entweder wirklich neugierig war oder sich wenigstens das Ansehen davon gab, fuhr er in seinem Berichte fort: „Exzellenz sehr gnädig. Alles sondiert und

abgemacht. Was noch aussteht ist Form und Bagatelle. Oder Sitzung und Schreiberei. Melanie, wir haben heut einen guten Schritt vorwärts getan. Ich verrate weiter nichts. Aber das glaub ich sagen zu dürfen: von diesem Tag an datiert sich eine neue Ära des Hauses van der Straaten."

13

WEIHNACHTEN

Die nächsten Tage, die viel Besuch brachten, stellten den unbefangenen Ton früherer Wochen anscheinend wieder her, und was von Befangenheit blieb, wurde, die Freundin abgerechnet, von niemandem bemerkt, am wenigsten von van der Straaten, der mehr denn je seinen kleinen und großen Eitelkeiten nachhing.

Und so näherte sich der Herbst, und der Park wurde schöner, je mehr sich seine Blätter färbten, bis gegen Ende September der Zeitpunkt wieder da war, der, nach altem Herkommen, dem Aufenthalt in der Villa draußen ein Ende machte.

Schon in den unmittelbar voraufgehenden Tagen war Rubehn nicht mehr erschienen, weil allernächstliegende Pflichten ihn an die Stadt gefesselt hatten. Ein jüngerer Bruder von ihm, von einem alten Prokuristen des Hauses begleitet, war zu rascher Etablierung des Zweiggeschäfts herübergekommen, und ihren gemeinschaftlichen Anstrengungen gelang es denn auch wirklich, in den ersten Oktobertagen eine Filiale des großen Frankfurter Bankhauses ins Leben zu rufen.

Van der Straaten nahm an all diesen Hergängen den größten Anteil und sah es als ein gutes Zeichen und eine Gewähr geschäftskundiger Leitung an, daß Rubehns Besuche seltener wurden und in den Novemberwochen beinahe ganz aufhörten. In der Tat erschien unser neuer „Filialchef", wie der Kommerzienrat ihn zu nennen beliebte, nur noch an den kleinen und kleinsten Gesellschaftstagen und hätte wohl auch an diesen am liebsten gefehlt. Denn es konnt ihm nicht entgehen und entging ihm auch wirklich nicht, daß ihm von Reiff und Duquede, ganz besonders aber von Gryczinski, mit einer vornehm ablehnenden Kühle begegnet wurde. Die schöne Jacobine suchte freilich durch halbverstohlene Freundlichkeiten alles wieder ins gleiche zu bringen und beschwor ihn, ihres Schwagers Haus doch nicht ganz zu vernachlässigen, um ihretwillen nicht und um Melanies willen nicht; aber jedesmal, wenn sie den Namen nannte, schlug sie doch verlegen die Augen nieder und brach rasch und ängstlich ab, weil ihr Gryczinski sehr bestimmte Weisungen gegeben hatte, jedwedes Gespräch mit Rubehn entweder ganz zu vermeiden oder doch auf wenige Worte zu beschränken.

Um vieles heiterer gestalteten sich die kleinen Reunions, wenn die Gryczinskis fehlten und statt ihrer bloß die beiden Maler und Fräulein Anastasia zugegen waren. Dann wurde wieder gescherzt und gelacht, wie damals in dem Stralauer Kaffeehaus, und van der Straaten, der mittlerweile von Besuchen, sogar von häufigen Besuchen gehört hatte, die Rubehn in Anastasias Wohnung gemacht haben solle, hing in Ausnutzung dieser ihm hinterbrachten Tatsache seiner alten Neigung nach, alle dabei Beteiligten ins Komische zu ziehen und zum Gegenstande seiner Schraubereien zu machen. Er sähe nicht ein, wenigstens für seine Person nicht, warum er sich eines reinen und auf musikalischer Glaubenseinigkeit aufgebauten Verhältnisses nicht aufrichtig freuen solle; ja, die Freude darüber würd ihm einfach als Pflicht erscheinen, wenn er nicht andererseits den alten Satz wieder bewahrheitet fände, daß jedes neue Recht immer nur unter Kränkung alter Rechte geboren werden könne. Das neue Recht (wie der Fall hier läge) sei durch seinen Freund Rubehn, das alte Recht durch seinen Freund Elimar vertreten, und wenn er diesem letzteren auch gerne zugestehe, daß er in vielen Stücken er selbst geblieben, ja bei Tische sogar als eine Potenzierung seiner selbst zu erachten sei, so läge doch gerade hierin die nicht wegzuleugnende Gefahr. Denn er wisse wohl, daß dieses Plus an Verzehrung einen furchtbaren Gleichschritt mit Elimars innerem verzehrenden Feuer halte. Wes Namens aber dieses Feuer sei, ob Liebe, Haß oder Eifersucht, das wisse nur *der*, der in den Abgrund sieht.

In dieser Weise zischten und platzten die reichlich umhergeworfenen van der Straatenschen Schwärmer, von deren Sprühfunken sonderbarerweise diejenigen am wenigsten berührt wurden, auf die sie berechnet waren. Es lag eben alles anders, als der kommerzienrätliche Feuerwerker annahm. Elimar, der sich auf der Stralauer Partie weit über Wunsch und Willen hinaus engagiert hatte, hatte durch Rubehns anscheinende Rivalität eine Freiheit wiedergewonnen, an der ihm viel, viel mehr als an Anastasias Liebe gelegen war, und diese selbst wiederum vergaß ihr eigenes, offenbar im Niedergange begriffenes Glück in dem Wonnegefühl, ein anderes hochinteressantes Verhältnis unter ihren Augen und ihrem Schutze heranwachsen zu sehen. Sie schwelgte mit jedem Tage mehr in der Rolle der Konfidenten, und weit über das gewöhnliche Maß hinaus mit dem alten Evahange nach dem Heimlichen und Verbotenen ausgerüstet, zählte sie diese Winterwochen nicht nur zu den angeregtesten ihres an Anregungen so reichen Lebens, sondern erfreute sich nebenher auch noch des unbeschreiblichen Vergnügens, den ihr au fond unbequemen und widerstrebenden van der Straaten gerade *dann* am herzlichsten belachen zu können, wenn dieser sich in seiner Sultanslaune gemüßigt fühlte, *sie* zum Gegenstand allgemeiner und natürlich auch seiner eignen Lachlust zu machen.

In der Tat, unser kommerzienrätlicher Freund hätte bei mehr Aufmerksamkeit und weniger Eigenliebe stutzig werden und über das Lächeln und den Gleichmut Anastasias den eigenen Gleichmut verlieren müssen; er gab sich aber umgekehrt einer Vertrauensseligkeit hin, für die, bei seinem sonst soupçonnösen und pessimistischen Charakter, jeder Schlüssel gefehlt haben würde, wenn er nicht unter Umständen, und auch jetzt wieder, der Mann völlig entgegengesetzter Voreingenommenheiten gewesen wäre. In seiner Scharfsicht oft übersichtig und

Dinge sehend, die gar nicht da waren, übersah er ebensooft andere, die klar zutage lagen. Er stand in der abergläubischen Furcht, in seinem Glücke von einem vernichtenden Schlage bedroht zu sein, aber nicht heut und nicht morgen, und je bestimmter und unausbleiblicher er diesen Schlag von der Zukunft erwartete, desto sicherer und sorgloser erschien ihm die Gegenwart. Und am wenigsten sah er sich von *der* Seite her gefährdet, von der aus die Gefahr so nahelag und von jedem andern erkannt worden wäre. Doch auch hier wiederum stand er im Bann einer vorgefaßten Meinung, und zwar eines künstlich konstruierten Rubehn, der mit dem wirklichen eine ganz oberflächliche Verwandtschaft, aber in der Tat auch nur *diese* hatte. Was sah er in ihm? Nichts als ein Frankfurter Patrizierkind, eine ganz und gar auf Anstand und Hausehre gestellte Natur, die zwar in jugendliche Torheiten verfallen, aber einen Vertrauens- und Hausfriedensbruch nie und nimmer begehen könne. Zum Überflusse war er verlobt und um so verlobter, je mehr er es bestritt. Und abends beim Tee, wenn Anastasia zugegen und das Verlobungsthema mal wieder an der Reihe war, hieß es vertraulich und gutgelaunt: „Ihr Weiber hört ja das Gras wachsen und nun gar erst *das* Gras! Ich wäre doch neugierig, zu hören, an wen er sich vertan hat. Eine Vermutung hab ich und wette zehn gegen eins, an eine Freiin vom deutschen Uradel, etwa Schreck von Schreckenstein oder Sattler von der Hölle.“ Und dann widersprachen beide Damen, aber doch so klug und vorsichtig, daß ihr Widerspruch, anstatt irgend etwas zu beweisen, eben nur dazu diente, van der Straaten in seiner vorgefaßten Meinung immer fester zu machen.

Und so kam Heiligabend, und im ersten Saale der Bildergalerie waren all unsre Freunde, mit Ausnahme Rubehns, um den brennenden Baum her versammelt. Elimar und Gabler hatten es sich nicht nehmen lassen, auch ihrerseits zu der reichen Bescherung beizusteuern: ein riesiges Puppenhaus, drei Stock hoch, und im Souterrain eine Waschküche mit Herd und Kessel und Rolle. Und zwar eine altmodische Rolle mit Steinkasten und Mangelholz. Und sie rollte wirklich. Und es unterlag alsbald keinem Zweifel, daß das Puppenhaus den Triumph des Abends bildete, und beide Kinder waren selig. Sogar Lydia tat ihre Vornehmheitsallüren beiseit und ließ sich von Elimar in die Luft werfen und wieder fangen. Denn er war auch Turner und Akrobat. Und selbst Melanie lachte mit und schien sich des Glücks der andern zu freuen oder es gar zu teilen. Wer aber schärfer zugesehen hätte, der hätte wohl wahrgenommen, daß sie sich bezwang, und mitunter war es, als habe sie geweint. Etwas unendlich Weiches und Wehmütiges lag in dem Ausdruck ihrer Augen, und der Polizeirat sagte zu Duquede: „Sehen Sie, Freund, ist sie nicht schöner denn je?"

„Blaß und angegriffen", sagte dieser. „Es gibt Leute, die blaß und angegriffen immer schön finden. Ich nicht. Sie wird überhaupt überschätzt, in allem, und am meisten in ihrer Schönheit."

An den Aufbau schloß sich wie gewöhnlich ein Souper, und man endete mit einem schwedischen Punsch. Alles war heiter und guter Dinge. Melanie belebte sich wieder, gewann auch wieder frischere Farben, und als sie Riekchen und Anastasia, die bis zuletzt geblieben waren, bis an die Treppe geleitete, rief sie dem kleinen Fräulein mit ihrer freundlichen und herzgewinnenden Stimme nach: „Und sieh dich vor, Riekchen. Christel sagt mir eben, es glatteist." Und dabei bückte sie sich über das Geländer und grüßte mit der Hand.

„Oh, ich falle nicht", rief die Kleine zurück. „Kleine Leute fallen überhaupt nicht. Und am wenigsten, wenn sie vorn und hinten gut balancieren."

Aber Melanie hörte nichts mehr von dem, was Riekchen sagte. Der Blick über das Geländer hatte sie schwindlig gemacht, und sie wäre gefallen, wenn sie nicht van der Straaten aufgefangen und in ihr Zimmer zurückgetragen hätte. Er wollte klingeln und nach dem Arzte schicken. Aber sie bat ihn, es zu lassen. Es sei nichts, oder doch nichts Ernstes, oder doch nichts, wobei der Arzt ihr helfen könne.

Und dann sagte sie, was es sei.

14
ENTSCHLUSS

Erst den dritten Tag danach hatte sich Melanie hinreichend erholt, um in der Alsenstraße, wo sie seit Wochen nicht gewesen war, einen Besuch machen zu können. Vorher aber wollte sie bei der Madame Guichard, einer vor kurzem erst etablierten Französin, vorsprechen, deren Confections und künstliche Blumen ihr durch Anastasia gerühmt worden waren. Van der Straaten riet ihr, weil sie noch angegriffen sei, lieber den Wagen zu nehmen; aber Melanie bestand darauf, alles zu Fuß abmachen zu wollen. Und so kleidete sie sich in ihr diesjähriges Weihnachtsgeschenk, einen Nerzpelz und ein Kastorhütchen mit Straußenfeder, und war eben auf dem letzten Treppenabsatz, als ihr Rubehn begegnete, der inzwischen von ihrem Unwohlsein gehört hatte und nun kam, um nach ihrem Befinden zu fragen.

„Ah, wie gut, daß Sie kommen", sagte Melanie. „Nun hab ich Begleitung auf meinem Gange. Van der Straaten wollte mir seinen Wagen aufzwingen, aber ich sehne mich nach Luft und Bewegung. Ach, unbeschreiblich ... Mir ist so bang und schwer ..."

Und dann unterbrach sie sich und setzte rasch hinzu: „Geben Sie mir Ihren Arm. Ich will zu meiner Schwester. Aber vorher will ich Ballblumen kaufen, und dahin sollen Sie mich begleiten. Eine halbe Stunde nur. Und dann geb ich Sie frei, ganz frei."

„Das dürfen Sie nicht, Melanie. Das werden Sie nicht."

„Doch."

„Ich *will* aber nicht freigegeben sein."

Melanie lachte. „So seid ihr. Tyrannisch und eigenmächtig auch noch in eurer Huld, auch *dann* noch, wenn ihr uns dienen wollt. Aber kommen Sie. Sie sollen mir die Blumen aussuchen helfen. Ich vertraue ganz Ihrem Geschmack. Granatblüten; nicht wahr?"

Und so gingen sie die große Petristraße hinunter und vom

Platz aus durch ein Gewirr kleiner Gassen, bis sie, hart an der Jägerstraße, das Geschäft der Madame Guichard entdeckten, einen kleinen Laden, in dessen Schaufenster ein Teil ihrer französischen Blumen ausgebreitet lag.

Und nun traten sie ein. Einige Kartons wurden ihnen gezeigt, und ehe noch viele Worte gewechselt waren, war auch schon die Wahl getroffen. In der Tat, Rubehn hatte sich für eine Granatblütengarnitur entschieden, und eine Direktrice, die mit zugegen war, versprach, alles zu schicken. Melanie selbst aber gab der Französin ihre Karte. Diese versuchte den langen Titel und Namen zu bewältigen, und ein Lächeln flog erst über ihr Gesicht, als sie das „née de Caparoux" las. Ihre nicht hübschen Züge verklärten sich plötzlich, und es war mit einem unbeschreiblichen Ausdruck von Glück und Wehmut, daß sie sagte: „Madame est Française! . . . Ah, notre belle France."

Dieser kleine Zwischenfall war an Melanie nicht gleichgültig vorübergegangen, und als sie draußen ihres Freundes Arm nahm, sagte sie: „Hörten Sie's wohl? Ah, notre belle France! Wie das so sehnsüchtig klang. Ja, sie hat ein Heimweh. Und alle haben wir's. Aber wohin? wonach? . . . Nach unsrem Glück . . . Nach unsrem Glück! Das niemand kennt und niemand sieht. Wie heißt es doch in dem Schubertschen Liede?"

„Da, wo du *nicht* bist, ist das Glück."

„Da, wo du *nicht* bist", wiederholte Melanie.

Rubehn war bewegt und sah ihr unwillkürlich nach den Augen. Aber er wandte sich wieder, weil er die Träne nicht sehen wollte, die darin glänzte.

Vor dem großen Platz, in den die Straße mündet, trennten sie sich. Er, für sein Teil, hätte sie gern weiterbegleitet, aber sie wollt es nicht und sagte leise: „Nein, Rubehn, es war der Begleitung schon zuviel. Wir wollen die bösen Zungen nicht vor der Zeit herausfordern. Die bösen Zungen, von denen ich eigentlich kein Recht habe zu sprechen. Adieu." Und sie wandte sich noch einmal und grüßte mit leichter Bewegung ihrer Hand.

Er sah ihr nach, und ein Gefühl von Schreck und ungeheurer

Verantwortlichkeit über ein durch ihn gestörtes Glück überkam ihn und erfüllte plötzlich sein ganzes Herz. Was soll werden? fragte er sich. Aber dann wurde der Ausdruck seiner Züge wieder milder und heitrer, und er sagte vor sich hin: „Ich bin nicht der Narr, der von Engeln spricht. Sie war keiner und ist keiner. Gewiß nicht. Aber ein freundlich Menschenbild ist sie, so freundlich, wie nur je eines über diese arme Erde gegangen ist . . . Und ich liebe sie, viel, viel mehr, als ich geglaubt habe, viel, viel mehr, als ich je geglaubt hätte, daß ich lieben könnte. Mut, Melanie, nur Mut. Es werden schwere Tage kommen, und ich sehe sie schon zu deinen Häupten stehen. Aber mir ist auch, als klär es sich dahinter. Oh, nur Mut, Mut!"

Eine halbe Woche danach war Silvester, und auf dem kleinen Balle, den Gryczinskis gaben, war Melanie die Schönste. Jacobine trat zurück und gönnte der älteren Schwester ihre Triumphe. „Süperbes Weib. Ägyptische Königstochter", schnarrte Rittmeister von Schnabel, der wegen seiner eminenten Ulanenfigur aus der Provinz in die Residenz versetzt worden war und von dem Gryczinski zu sagen pflegte: „Der geborene Prinzessinnentänzer. Nur schade, daß es keine Prinzessinnen mehr gibt."

Aber Schnabel war nicht der einzige Melanie-Bewunderer. In der letzten Fensternische stand eine ganze Gruppe von jungen Offizieren: Wensky von den Ohlauer kaffeebraunen Husaren, enragierter Sportsman und Steeplechase-Reiter (Oberschenkel dreimal an derselben Stelle gebrochen), neben ihm Ingenieurhauptmann Stiffelius, berühmter Rechner, mager und trocken wie seine Gleichungen, und zwischen beiden Leutnant Tigris, kleiner, kräpscher Füsilieroffizier vom Regiment Zauche-Belzig, der aus Gründen, die niemand kannte, mehrere Jahre lang der Pariser Gesandtschaft attachiert gewesen war und sich seitdem für einen Halbfranzosen, Libertin und Frauenmarder hielt. Junge Mädchen waren ihm „ridikül". Er schob eben, trotzdem er wahre Luchsaugen hatte, sein an einem kurzen Seidenbande hängendes Pincenez zurecht und sagte: „Wensky, Sie sind ja so gut wie zu Haus hier und eigentlich Hahn im Korbe. Wer ist denn dieser Prachtkopf mit den Granatblüten? Ich könnte schwören, sie schon gesehen zu haben. Aber wo? Halb die Herzogin von Mouchy und halb die Beauffremont. Un teint de lys et de rose, et tout à fait distinguée."

„Sie treffen es gut genug, mon cher Tigris", lachte Wensky, „'s ist die Schwester unserer Gryczinska, eine geborene de Caparoux."

„Drum, drum auch. Jeder Zoll eine Französin. Ich konnte mich nicht irren. Und wie sie lacht."

Ja, Melanie lachte wirklich. Aber wer sie die folgenden Tage gesehen hätte, der hätte die Beauté jenes Ballabends in ihr nicht wiedererkannt, am wenigsten wär er ihrem Lachen begegnet. Sie lag leidend und abgehärmt, uneins mit sich und der Welt, auf dem Sofa und las ein Buch, und wenn sie's gelesen hatte, so durchblätterte sie's wieder, um sich einigermaßen zurückzurufen, was sie gelesen. Ihre Gedanken schweiften ab. Rubehn kam, um nach ihr zu fragen, aber sie nahm ihn nicht an und grollte mit ihm wie mit jedem. Und ihr wurde nur leichter ums Herz, wenn sie weinen konnte.

So vergingen ein paar Wochen, und als sie wieder aufstand und sprach und wieder nach den Kindern und dem Haushalte sah, schärfer und eindringlicher als sonst, war ihr der energische Mut ihrer früheren Tage zurückgekehrt, aber nicht die Stimmung. Sie war reizbar, heftig, bitter. Und was schlimmer, auch kapriziös. Van der Straaten unternahm einen Feldzug gegen diesen vielköpfigen Feind und im einzelnen nicht ohne Glück, aber in der Hauptsache griff er fehl, und während er ihrer Reizbarkeit klugerweise mit Nachgiebigkeit begegnete, war er, ihrer Kaprice gegenüber, unklugerweise darauf aus, sie durch Zärtlichkeit besiegen zu wollen. Und das entschied über ihn und sie. Jeder Tag wurde ihr qualvoller, und die sonst so stolze und siegessichere Frau, die mit dem Manne, dessen Spielzeug sie zu sein schien und zu sein vorgab, durch viele Jahre hin immer nur ihrerseits gespielt hatte, sie schrak jetzt zusammen und geriet in ein nervöses Zittern, wenn sie von fern her seinen Schritt auf dem Korridore hörte. Was wollte er? Um was kam er? Und dann war es ihr, als müsse sie fliehen und aus dem Fenster springen. Und kam er dann wirklich und nahm ihre Hand, um sie zu küssen, so sagte sie: „Geh. Ich bitte dich. Ich bin am liebsten allein."

Und wenn sie dann allein war, so stürzte sie fort, oft ohne Ziel, öfter noch in Anastasiens stille, zurückgelegene Wohnung, und wenn dann der Erwartete kam, dann brach alle Not ihres Herzens in bittere Tränen aus, und sie schluchzte und jammerte, daß sie dieses Lügenspiel nicht mehr ertragen könne. „Steh mir bei, hilf mir, Ruben, oder du siehst mich nicht lange mehr. Ich muß fort, fort, wenn ich nicht sterben soll vor Scham und Gram."

Und er war mit erschüttert und sagte: „Sprich nicht so, Melanie. Sprich nicht, als ob ich nicht alles wollte, was du willst. Ich habe dein Glück gestört (*wenn* es ein Glück war), und ich will es wieder aufbauen. Überall in der Welt, *wie* du willst und *wo* du willst. Jede Stunde, jeden Tag."

Und dann bauten sie Luftschlösser und träumten und hatten eine lachende Zukunft um sich her. Aber auch wirkliche Pläne wurden laut, und sie trennten sich unter glücklichen Tränen.

15

DIE VERNEZOBRES

Und was geplant worden war, das war Flucht. Den letzten Tag im Januar wollten sie sich an einem der Bahnhöfe treffen, in früher Morgenstunde, und dann fahren, weit, weit in die Welt hinein, nach Süden zu über die Alpen. „Ja, über die Alpen", hatte Melanie gesagt und aufgeatmet, und es war ihr dabei gewesen, als wär erst ein neues Leben für sie gewonnen, wenn der große Wall der Berge trennend und schützend hinter ihr läge. Und auch darüber war gesprochen worden, was zu geschehen habe, wenn van der Straaten ihr Vorhaben etwa hindern wolle. „Das wird er nicht", hatte Melanie gesagt. – „Und warum nicht? Er ist nicht immer der Mann der zarten Rücksichtnahme und liebt es mitunter, die Welt und ihr Gerede zu brüskieren." – „Und doch wird er sich's ersparen, sich und uns. Und wenn du wieder fragst, warum? Weil er mich liebt. Ich hab es ihm freilich schlecht gedankt. Ach, Ruben, Freund, was sind wir in unserem Tun und Wollen! Undank, Untreue ... mir so verhaßt! Und doch! ... ich tät es wieder, alles, alles. Und ich will es nicht anders, als es ist."

So vergingen die Januarwochen. Und nun war es die Nacht vor dem festgesetzten Tage. Melanie hatte sich zu früher Stunde niedergelegt und ihrer alten Dienerin befohlen, sie Punkt drei zu wecken. Auf diese konnte sie sich unbedingt verlassen, trotzdem Christel ihren Dienstjahren, aber freilich auch nur diesen nach, zu jenen Erbstücken des Hauses gehörte, die sich unter Duquedes Führung in einer stillen Opposition gegen Melanie gefielen.

Und kaum, daß es drei geschlagen, so war Christel da, fand aber ihre Herrin schon auf und konnte derselben nur noch beim Ankleiden behilflich sein. Und auch das war nicht viel, denn es zitterten ihr die Hände, und sie hatte, wie sie sich ausdrückte, „einen Flimmer vor den Augen". Endlich aber war doch alles fertig, der feste Lederstiefel saß, und Melanie sagte: „So ist's gut, Christel. Und nun gib die Handtasche her, daß wir packen können."

Christel holte die Tasche, die dicht am Fenster auf einer Spiegelkonsole stand, und öffnete das Schloß. „Hier das tu hinein. Ich hab alles aufgeschrieben." Und Melanie riß, als sie dies sagte, ein Blatt aus ihrem Notizbuch und gab es der Alten. Diese hielt den Zettel neben das Licht und las und schüttelte den Kopf.

„Ach, meine gute, liebe Frau, das ist ja gar nichts ... Ach, meine liebe, gute Frau, Sie sind ja ..."

„So verwöhnt, willst du sagen. Ja, Christel, das bin ich. Aber Verwöhnung ist kein Glück. Ihr habt hier ein Sprichwort:

‚wenig mit Liebe'. Und die Leute lachen darüber. Aber über das Wahrste wird immer gelacht. Und dann, wir gehen ja nicht aus der Welt. Wir reisen bloß. Und auf Reisen heißt es: Leicht Gepäck. Und sage selbst, Christel, ich kann doch nicht mit einem Riesenkoffer aus dem Hause gehen. Da fehlte bloß noch der Schmuck und die Kassette."

Melanie hatte, während sie so sprach, ihre Hände dicht über das halb niedergebrannte Feuer gehalten. Denn es war kalt, und sie fröstelte. Jetzt setzte sie sich in einen nebenstehenden Fauteuil und sah abwechselnd in die glühenden Kohlen und dann wieder auf Christel, die das wenige, was aufgeschrieben war, in die Tasche tat und immer leise vor sich hin sprach und weinte. Und nun war alles hinein, und sie drückte den Bügel ins Schloß und stellte die Tasche vor Melanie nieder.

So verging eine Weile. Keiner sprach. Endlich aber trat Christel von hinten her an ihre junge Herrin heran und sagte: „Jott, liebe, jnädige Frau, muß es denn ... Bleiben Sie doch. Ich bin ja bloß solche alte, dumme Person. Aber die Dummen sind oft gar nicht so dumm. Und ich sag Ihnen, meine liebe Jnädigste, Sie jlauben jar nich, woran sich der Mensch alles jewöhnen kann. Jott, der Mensch jewöhnt sich an alles. Und wenn man reich ist und hat so viel, da kann man auch viel aushalten. Un vor mir wollt ich woll einstehn. Un wie jeht es denn? Un wie leben denn die Menschen? In jedes Haus is 'n Gespenst, sagen sie jetzt, un das is so 'ne neumod'sche Redensart! Aber wahr is es. Und in manches Haus sind zweie, un rumoren, daß man's bei hellen, lichten Dage hören kann. Un so war es auch bei Vernezobres. Ich bin ja nu fufzig, und dreiundzwanzig hier. Und sieben vorher bei Vernezobres. Un war auch Kommerzienrat und alles ebenso. Das heißt, beinah."

„Und wie war es denn?" lächelte Melanie.

„Jott, wie war es? Wie's immer is. Sie war dreißig und er war fufzig. Und sie war sehr hübsch. Drall und blond, sagten die Leute. Na, un er? Ich will jar nich sagen, was die Leute von ihm alles gesagt haben. Aber viel Jutes war es nich ... Un natürlich, da war ja denn auch ein Baumeister, das heißt eigentlich kein richtiger Baumeister, bloß einer, der immer Brücken baut vor Eisenbahnen un so, un immer mit 'n Gitter un schräge Löcher, wo man durchkucken kann. Un der war ja nu da un wie 'n Wiesel, un immer mit ins Konzert un nach Saatwinkel oder Pichelsberg, un immer 's Jackett übern Arm, un Fächer un Sonnenschirm, un immer Erdbeeren gesucht un immer verirrt, un nie da, wenn die Herrschaften wieder nach Hause wollten. Un unser Herr, der ängstigte sich un dacht immer, es wäre was passiert. Un was die andern waren, na, die tuschelten."

„Und trennten sie sich? Oder blieben sie zusammen? Ich meine die Vernezobres", fragte Melanie, die mit halber Aufmerksamkeit zugehört hatte.

„Natürlich blieben sie. Mal hört ich, weil ich nebenan war, daß er sagte: ‚Hulda, das geht nicht.' Denn sie hieß wirklich Hulda. Und er wollt ihr Vorwürfe machen. Aber da kam er ihr jrade recht. Und sie drehte den Spieß um un sagte: ‚was er nur wolle? Sie wolle fort. Un sie liebe ihn, das heißt den andern, un ihn liebe sie *nicht.* Un sie dächte gar nicht dran, ihn zu lieben. Und es wär eijentlich bloß zum Lachen.' Und so ging es weiter, und sie lachte wirklich. Und ich sag Ihnen, da wurd er wie 'n Ohrwurm und sagte bloß: ‚sie sollte sich's doch überlegen.' Un so kam es denn auch, un als Ende Mai war, da kam ja der Vernezobresche Doktor, so 'n richtiger, der alles janz genau wußte, der sagte, ‚sie müßte nach's Bad', wovon ich aber den Namen immer vergesse, weil da der Wellenschlag am stärksten ist. Un das war ja nu damals, als sie jrade die große Hängebrücke bauten, un die Leute sagten, er könnt es alles am besten ausrechnen. Un was unser Kommerzienrat war, der kam immer bloß sonnabends. Un die Woche hatten sie frei. Un als Ende August war, oder so, da kam sie wieder un war ganz frisch un munter un hatte orntlich rote Backen, und kajolierte ihn. Und von *ihm* war gar keine Rede mehr."

Melanie hatte, während Christel sprach, ein paar Holzscheite auf die Kohlen geworfen, so daß es wieder prasselte, und sagte: „Du meinst es gut. Aber so geht es nicht. Ich bin doch anders. Und wenn ich's nicht bin, so bild ich es mir wenigstens ein."

„Jott", sagte Christel, „en bißchen anders is es immer. Un sie war auch bloß von Neu-Cölln ans Wasser, un die Singuhr immer jrade gegenüber. Aber die war nich schuld mit ‚Üb immer Treu und Redlichkeit'."

„Ach, meine gute Christel, Treu und Redlichkeit! Danach drängt es jeden, jeden, der nicht ganz schlecht ist. Aber weißt du, man kann auch treu sein, wenn man untreu ist. Treuer als in der Treue."

„Jott, liebe Jnädigste, sagen Se doch so was nich. Ich versteh es eigentlich nich. Un das muß ich Ihnen sagen, wenn einer so was sagt, un ich versteh es nicht, denn is es immer schlimm. Und Sie sagen, Sie sind anders. Ja, das is schon richtig, und wenn es auch nicht janz richtig is, so is es doch halb richtig. Un was die Hauptsache is, das is, meine liebe Jnädigste, die hat eijentlich das liebe, kleine Herz auf 'n rechten Fleck, un is immer für helfen und geben, un immer für die armen Leute. Un was die Vernezobern war, na, die putzte sich bloß, un war immer vor 'n Stehspiegel, der alles noch hübscher machte, und sah aus wie 's Modejournal und war eijentlich dumm. Wie 'n Haubenstock, sagten die Leute. Un war auch nich so was Vornehmes wie meine liebe Jnädigste, un bloß aus 'ne Färberei, türkischrot. Aber, das muß ich Ihnen sagen, Ihrer is doch auch anders, als der Vernezobern ihrer war, und hat sich gar nich un red't immer frei weg und kann keinen was abschlagen. Un zu Weihnachten immer alles doppelt."

Melanie nickte.

„Nu, sehen Sie, meine liebe Jnädigste, das is hübsch, daß Sie mir zunicken, un wenn Sie mir immer wieder zunicken, dann kann es auch alles noch wieder werden, un wir packen alles wieder aus, un Sie legen sich ins Bett und schlafen bis an 'n hellen lichten Tag. Un Klocker zwölfe bring ich Ihnen Ihren Kaffee un Ihre Schokolade, alles gleich auf *ein* Brett, un wenn ich Ihnen dann erzähle, daß wir hier gesessen und was wir alles gesprochen haben, dann is es Ihnen wie 'n Traum. Denn dabei bleib ich, er is eijentlich auch ein juter Mann, ein sehr juter, un bloß ein bißchen sonderbar. Un sonderbar is nichts Schlimmes. Und ein reicher Mann wird es doch wohl am Ende dürfen! Und wenn ich reich wäre, ich wäre noch viel sonderbarer. Un daß er immer so spricht un solche Redensarten macht, als hätt er keine Bildung nich un wäre von 'n Wedding oder so, ja, du himmlische Güte, warum soll er nich? Warum soll er nich so reden, wenn es ihm Spaß macht? Er is nu mal fürs Berlinsche. Aber is er denn nich einer? Und am Ende ..."

16

ABSCHIED

Christel unterbrach sich und zog sich erschrocken in die Nebenstube zurück, denn van der Straaten war eingetreten. Er war noch in demselben Gesellschaftsanzug, in dem er, eine Stunde nach Mitternacht, nach Hause gekommen war, und seine überwachten Züge zeigten Aufregung und Ermattung. Von welcher Seite her er Mitteilung über Melanies Vorhaben erhalten hatte, blieb unaufgeklärt. Aus allem war nur ersichtlich, daß er sich gelobt hatte, die Dinge ruhig gehenzulassen. Und wenn er dennoch kam, so geschah es nicht, um gewaltsam zu hindern, sondern nur, um Vorstellungen zu machen, um zu bitten. Es kam nicht der empörte Mann, sondern der liebende.

Er schob einen Fauteuil an das Feuer, ließ sich nieder, so daß er jetzt Melanie gegenüber saß, und sagte leicht und geschäftsmäßig: „Du willst fort, Melanie?"

„Ja, Ezel."

„Warum?"

„Weil ich einen andern liebe."

„Das ist kein Grund."

„Doch."

„Und ich sage dir, es geht vorüber, Lanni. Glaube mir; ich kenne die Frauen. Ihr könnt das Einerlei nicht ertragen, auch nicht das Einerlei des Glücks. Und am verhaßtesten ist euch das eigentliche, das höchste Glück, das Ruhe bedeutet. Ihr seid auf die Unruhe gestellt. Ein bißchen schlechtes Gewissen habt ihr lieber als ein gutes, das nicht prickelt, und unter allen Sprichwörtern ist euch das vom ‚besten Ruhekissen' am langweiligsten und am lächerlichsten. Ihr wollt gar nicht ruhen. Es soll euch immer was kribbeln und zwicken, und ihr habt den überspannt sinnlichen oder meinetwegen auch den heroischen Zug, daß ihr dem Schmerz die süße Seite abzugewinnen wißt."

„Es ist möglich, daß du recht hast, Ezel. Aber je mehr du recht hast, je mehr rechtfertigst du mich und mein Vorhaben. Ist es wirklich, wie du sagst, so wären wir geborene Hasardeurs, und va banque spielen so recht eigentlich unsere Natur. Und natürlich auch die meinige."

Er hörte sie gern in dieser Weise sprechen, es klang ihm wie aus guter alter Zeit her, und er sagte, während er den Fauteuil vertraulich näher rückte: „Laß uns nicht spießbürgerlich sein, Lanni. Sie sagen, ich wär ein Bourgeois, und es mag sein. Aber ein Spießbürger bin ich *nicht*. Und wenn ich die Dinge des Lebens nicht sehr groß und nicht sehr ideal nehme, so nehm ich sie doch auch nicht klein und eng. Ich bitte dich, übereile nichts. Meine Kurse stehen jetzt niedrig, aber sie werden wieder steigen. Ich bin nicht Geck genug, mir einzubilden, daß du schönes und liebenswürdiges Geschöpf, verwöhnt und ausgezeichnet von den Klügsten und Besten, daß du mich aus purer Neigung oder gar aus Liebesschwärmerei genommen hättest. Du hast mich genommen, weil du noch jung warst und noch keinen liebtest und in deinem witzigen und gesunden Sinn einsehen mochtest, daß die jungen Attachés auch keine Helden und Halbgötter wären. Und weil die Firma van der Straaten einen guten Klang hatte. Also nichts von Liebe. Aber du hast auch nichts *gegen* mich gehabt und hast mich nicht ganz alltäglich gefunden und hast mit mir geplaudert und gelacht und gescherzt. Und dann hatten wir die Kinder, die doch schließlich reizende Kinder sind, zugestanden, *dein* Verdienst, und du hast enfin an die zehn Jahr in der Vorstellung und Erfahrung gelebt, daß es nicht zu den schlimmsten Dingen zählt, eine junge, bequem gebettete Frau zu sein und der Augapfel ihres Mannes, eine junge, verwöhnte Frau, die tun und lassen kann, was sie will, und als Gegenleistung nichts anderes einzusetzen braucht als ein freundliches Gesicht, wenn es ihr gerade paßt. Und sieh, Melanie, weiter will ich auch jetzt nichts, oder sag ich lieber, will ich auch in Zukunft nichts. Denn in diesem Augenblick erscheint dir auch das wenige, was ich fordere, noch als zuviel. Aber es wird wieder anders, muß wieder anders werden. Und ich wiederhole dir, ein Minimum ist mir genug. Ich will keine Leidenschaft. Ich will nicht, daß du mich ansehen sollst, als ob ich Leone Leoni wär oder irgendein anderer großer Romanheld, dem zuliebe die Weiber Giftbecher trinken wie Mandelmilch und lächelnd sterben, bloß um *ihn* noch einmal lächeln zu sehen. Ich bin nicht Leone Leoni, bin bloß deutsch und von holländischer Abstraktion, wodurch das Deutsche nicht besser wird, und habe die mir abstammlich zukommenden hohen Backenknochen. Ich bewege mich nicht in Illusionen, am wenigsten über meinen äußeren Menschen, und ich verlange keine Liebesgroßtaten von dir. Auch nicht einmal Entsagungen. Entsagungen machen sich zuletzt von selbst, und das sind die besten. Die besten, weil es die freiwilligen und ebendeshalb auch die dauerhaften und zuverlässigen sind. Übereile nichts. Es wird sich alles wieder zurechtrücken."

Er war aufgestanden und hatte die Lehne des Fauteuils genommen, auf der er sich jetzt hin- und herwiegte. „Und nun noch eins, Lanni", fuhr er fort, „ich bin nicht der Mann der Rücksichtsnahmen und hasse diese langweiligen ‚Regards' auf nichts und wieder nichts. Aber dennoch sag ich dir, nimm Rücksicht auf dich *selbst.* Es ist nicht gut, immer nur an das zu denken, was die Leute sagen, aber es ist noch weniger gut, gar nicht daran zu denken. Ich hab es an mir selbst erfahren.

Und nun überlege. Wenn du *jetzt* gehst ... Du weißt, was ich meine. Du kannst jetzt nicht gehen; nicht *jetzt*."

„Ebendeshalb geh ich, Ezel", antwortete sie leise. „Es soll klar zwischen uns werden. Ich habe diese schnöde Lüge satt."

Er hatte jedes Wort begierig eingesogen, wie man in entscheidenden Momenten auch das hören will, was einem den Tod gibt. Und nun war es gesprochen. Er ließ den Stuhl wieder nieder und warf sich hinein, und einen Augenblick war es ihm, als schwänden ihm die Sinne. Aber er erholte sich rasch wieder, rieb sich Stirn und Schläfe und sagte: „Gut. Auch das. Ich will es verwinden. Laß uns miteinander reden. Auch darüber reden. Du siehst, ich leide; mehr als all mein Lebtag. Aber ich weiß auch, es ist so Lauf der Welt, und ich habe kein Recht, dir Moral zu predigen. Was liegt nicht alles hinter mir! ... Es mußte so kommen, *mußte* nach dem van der Straatenschen Hausgesetz (warum sollen wir nicht auch ein Hausgesetz haben), und ich glaube fast, ich wußt es von Jugend auf." Und nach einer Weile fuhr er fort: „Es gibt ein Sprichwort ‚Gottes Mühlen mahlen langsam', und sieh, als ich noch ein kleiner Junge war, hört ich's oft von unserer alten Kindermuhme, und mir wurd immer so bange dabei. Es war wohl eine Vorahnung. Nun bin ich zwischen den zwei Steinen, und mir ist, als würd ich zermahlen und zermalmt ..."

Zermahlen? Er schlug mit der rechten in die linke Hand und wiederholte noch einmal und in plötzlich verändertem Tone: „Zermahlen! Es hat eigentlich etwas Komisches. Und wahrhaftig, hol die Pest alle feigen Memmen. Ich will mich nicht länger damit quälen. Und ich ärgere mich über mich selbst und meine Haberei und Tuerei. Bah, die Nachmittagsprediger der Weltgeschichte machen zuviel davon, und wir sind dumm genug und plappern es ihnen nach. Und immer mit Vergessen allereigenster Herrlichkeit, und immer mit Vergessen, wie's war und ist und sein wird. Oder war es besser in den Tagen meines Paten Ezechiel? Oder als Adam grub und Eva spann? Ist nicht das ganze Alte Testament ein Sensationsroman? Dreidoppelte Geheimnisse von Paris! Und ich sage dir, Lanni, gemessen an *dem,* sind wir die reinen Lämmchen, weiß wie Schnee. Waisenkinder. Und so höre mich denn. Es soll niemand davon wissen, und ich will es halten, als ob es mein eigen wäre. Dein ist es ja, und das ist die Hauptsache. Denn so du's nicht übelnimmst, ich liebe dich und will dich behalten. Bleib. Es soll nichts sein. *Soll* nicht. Aber bleibe."

Melanie war, als er zu sprechen begann, tief erschüttert gewesen, aber er selbst hatte, je weiter er kam, dieses Gefühl wieder weggesprochen. Es war eben immer dasselbe Lied. Alles, was er sagte, kam aus einem Herzen voll Gütigkeit und Nachsicht, aber die Form, in die sich diese Nachsicht kleidete, verletzte wieder. Er behandelte das, was vorgefallen, aller Erschütterung unerachtet, doch bagatellmäßig obenhin und mit einem starken Anfluge von zynischem Humor. Es war wohlgemeint, und die von ihm geliebte Frau sollte, seinem Wunsche nach, den Vorteil davon ziehn. Aber ihre vornehmere Natur sträubte sich innerlichst gegen eine solche Behandlungsweise. Das Geschehene, das wußte sie, war ihre Verurteilung vor der Welt, war ihre Demütigung, aber es war doch auch zugleich ihr Stolz, dies Einsetzen ihrer Existenz, dies rückhaltlose Bekenntnis ihrer Neigung. Und nun plötzlich sollt es *nichts* sein oder doch nicht viel mehr als nichts, etwas ganz Alltägliches, über das sich hinwegsehen und hinweggehen lasse. Das widerstand ihr. Und sie fühlte deutlich, daß das Geschehene verzeihlicher war als seine Stellung zu dem Geschehenen. Er hatte keinen Gott und keinen Glauben, und es blieb nur das eine zu seiner Entschuldigung übrig: daß sein Wunsch, ihr goldne Brücken zu bauen, sein Verlangen nach Ausgleich um *jeden* Preis, ihn anders hatte sprechen lassen, als er in seinem Herzen dachte. Ja, so war es. Aber wenn es so war, so konnte sie dies Gnadengeschenk nicht annehmen. Jedenfalls wollte sie's nicht.

„Du meinst es gut, Ezel", sagte sie. „Aber es kann nicht sein. Es hat eben alles seine natürliche Konsequenz, und *die,* die hier spricht, die scheidet uns. Ich weiß wohl, daß auch anderes geschieht, jeden Tag, und es ist noch keine halbe Stunde, daß mir Christel davon vorgeplaudert hat. Aber einem jeden ist das Gesetz ins Herz geschrieben, und danach fühl ich, ich muß fort. Du liebst mich, und deshalb willst du darüber hinsehen. Aber du darfst es nicht, und du *kannst* es auch nicht. Denn du bist nicht jede Stunde derselbe, keiner von uns. Und keiner kann vergessen. Erinnerungen aber sind mächtig, und Fleck ist Fleck, und Schuld ist Schuld."

Sie schwieg einen Augenblick und bog sich rechts nach dem Kamin hin, um ein paar Kohlenstückchen in die jetzt hellbrennende Flamme zu werfen. Aber plötzlich, als ob ihr ein ganz neuer Gedanke gekommen, sagte sie mit der ganzen Lebhaftigkeit ihres früheren Wesens: „Ach, Ezel, ich spreche von Schuld und wieder Schuld, und es muß beinah klingen, als sehnt ich mich danach, eine büßende Magdalena zu sein. Ich schäme mich ordentlich der großen Worte. Aber freilich, es gibt keine Lebenslagen, in denen man aus der Selbsttäuschung und dem Komödienspiele herauskäme. Wie steht es denn eigentlich? Ich will fort, nicht aus Schuld, sondern aus Stolz, und will fort, um mich vor mir selber wiederherzustellen. Ich kann das kleine Gefühl nicht länger ertragen, das an aller Lüge haftet; ich will wieder klare Verhältnisse sehen und will wieder die Augen aufschlagen können. Und das kann ich nur, wenn ich gehe, wenn ich mich von dir trenne und mich offen und vor aller Welt zu meinem Tun bekenne. Das wird ein groß Gerede geben, und die Tugendhaften und Selbstgerechten werden es mir nicht verzeihen. Aber die Welt besteht nicht aus lauter Tugendhaften und Selbstgerechten, sie besteht auch aus Menschen, die Menschliches menschlich ansehen. Und auf *die* hoff ich, *die* brauch ich. Und vor allem brauch ich mich selbst. Ich will wieder in Frieden mit mir selber leben, und wenn nicht in Frieden, so doch wenigstens ohne Zwiespalt und zweierlei Gesicht."

Es schien, daß van der Straaten anworten wollte, aber sie litt es nicht und sagte: „Sage nicht nein. Es ist so und nicht anders. Ich will den Kopf wieder hochhalten und mich wieder fühlen lernen. Alles ist eitel Selbstgerechtigkeit. Und ich weiß auch, es wäre besser und selbstsuchtsloser, ich bezwänge mich und bliebe, freilich immer vorausgesetzt, ich könnte mit einer Einkehr bei mir selbst beginnen. Mit Einkehr und mit Reue. Aber das kann ich nicht. Ich habe nur ein ganz äußerliches Schuldbewußtsein, und wo mein Kopf sich unterwirft, da protestiert mein Herz. Ich nenn es selber ein störrisches Herz, und ich versuche keine Rechtfertigung. Aber es wird nicht anders durch mein Schelten und Schmähen. Und sieh, so hilft mir denn eines nur und reißt mich eines nur aus mir heraus: ein ganz neues Leben und in ihm *das,* was das erste vermissen ließ: Treue. Laß mich gehen. Ich will nichts beschönigen, aber das laß mich sagen: es trifft sich gut, daß das Gesetz, das uns scheidet, und mein eignes selbstisches Verlangen zusammenfallen."

Er hatte sich erhoben, um ihre Hand zu nehmen, und sie ließ es geschehen. Als er sich aber niederbeugen und ihr die Stirn küssen wollte, wehrte sie's und schüttelte den Kopf. „Nein, Ezel, nicht so. Nichts mehr zwischen uns, was stört und verwirrt und quält und ängstigt und immer nur erschweren und nichts mehr ändern kann ... Ich werd erwartet. Und ich will mein neues Leben nicht mit einer Unpünktlichkeit beginnen. Unpünktlich sein ist unordentlich sein. Und davor hab ich mich zu hüten. Es soll Ordnung in mein Leben kommen, Ordnung und Einheit. Und nun leb wohl und vergiß."

Er hatte sie gewähren lassen, und sie nahm die kleine Reisetasche, die neben ihr stand, und ging. Als sie bis an die Tapetentür gekommen war, die zu der Kinderschlafstube führte, blieb sie stehen und sah sich noch einmal um. Er nahm es als ein gutes Zeichen und sagte: „Du willst die Kinder sehen!"

Es war das Wort, das sie gefürchtet hatte, das Wort, das in ihr selber sprach. Und ihre Augen wurden groß, und es flog um ihren Mund, und sie hatte nicht die Kraft, ein „Nein" zu sagen. Aber sie bezwang sich und schüttelte nur den Kopf und ging auf Tür und Flur zu.

Draußen stand Christel, ein Licht in der Hand, um ihrer

Herrin das Täschchen abzunehmen und sie die beiden Treppen hinabzubegleiten. Aber Melanie wies es zurück und sagte: „Laß, Christel, ich muß nun meinen Weg allein finden." Und auf der zweiten Treppe, die dunkel war, begann sie wirklich zu suchen und zu tappen.

„Es beginnt früh", sagte sie.

Das Haus war schon auf, und draußen blies ein kalter Wind von der Brüderstraße her, über den Platz weg, und der Schnee federte leicht in der Luft. Sie mußte dabei des Tages denken, nun beinah jährig, wo der Rollwagen vor ihrem Hause hielt und wo die Flocken auch wirbelten wie heut und die kindische Sehnsucht über sie kam, zu steigen und zu fallen wie sie.

Und nun hielt sie sich auf die Brücke zu, die nach dem Spittelmarkt führt, und sah nichts als den Laternenanstecker ihres Reviers, der mit seiner langen, schmalen Leiter immer vor ihr her lief, und wenn er oben stand, halb neugierig und halb pfiffig auf sie niedersah und nicht recht wußte, was er aus ihr machen sollte.

Jenseits der Brücke kam eine Droschke langsam auf sie zu. Der Kutscher schlief und das Pferd eigentlich auch, und da nichts Besseres in Sicht war, so zupfte sie den immer noch Verschlafenen an seinem Mantel und stieg endlich ein und nannt ihm den Bahnhof. Und es war auch, als ob er sie verstanden und zugestimmt habe. Kaum aber, daß sie saß, so wandt er sich auf dem Bock um und brummelte durch das kleine Guckloch: „er sei Nachtdroschke, un janz klamm, un von Klock elwe nichts in 'n Leib. Un er wolle jetzt nach Hause." Da mußte sie sich aufs Bitten legen, bis er endlich nachgab. Und nun schlug er auf das arme Tier los, und holprig ging es die lange Straße hinunter.

Sie warf sich zurück und stemmte die Füße gegen den Rücksitz, aber die Kissen waren feucht und kalt, und das eben erlöschende Lämpchen füllte die Droschke mit einem trüben Qualm. Ihre Schläfen fühlten mehr und mehr einen Druck, und ihr wurde weh und widrig in der elenden Armeleuteluft. Endlich ließ sie die Fenster nieder und freute sich des frischen Windes, der durchzog. Und freute sich auch des erwachenden Lebens der Stadt, und jeden Bäckerjungen, der, trällernd und pfeifend und seinen Korb mit Backwaren hoch auf dem Kopf, an ihr vorüberzog, hätte sie grüßen mögen. Es war doch ein heiterer Ton, an dem sich ihre Niedergedrücktheit aufrichten konnte.

Sie waren jetzt bis an die letzte Querstraße gekommen, und in fortgesetztem und immer nervöser werdendem Hinaussehen erschien es ihr, als ob alle Fuhrwerke, die denselben Weg hatten, ihr eignes, elendes Gefährt in wachsender Eil überholten. Erst einige, dann viele. Sie klopfte, rief. Aber alles umsonst. Und zuletzt war es ihr, als läg es an ihr und als versagten *ihr* die Kräfte und als sollte sie die letzte sein und käme nicht mehr mit, heute nicht und morgen nicht und nie mehr. Und ein Gefühl unendlichen Elends überkam sie. ‚Mut, Mut', rief sie sich zu und raffte sich zusammen und zog ihre Füße von dem Rücksitzkissen und richtete sich auf. Und sieh, ihr wurde besser. Mit ihrer äußeren Haltung kam ihr auch die innere zurück.

Und nun endlich hielt die Droschke, und weil weder oben noch auch vorne bei dem Kutscher etwas von Gepäckstücken sichtbar war, war auch niemand da, der sich dienstbar gezeigt und den Droschkenschlag geöffnet hätte. Sie mußt es von innen her selber tun und sah sich um und suchte. ‚Wenn er nicht da wäre!' Doch sie hatte nicht Zeit, es auszudenken. Im nächsten Augenblicke schon trat von einem der Auffahrtspfeiler her Rubehn an sie heran und bot ihr die Hand, um ihr beim Aussteigen behilflich zu sein. Ihr Fuß stand eben auf dem mit Stroh umwickelten Tritt, und sie lehnte den Kopf an seine Schulter und flüsterte: „Gott sei Dank! Ach, war *das* eine Stunde! Sei gut, einzig Geliebter, und lehre sie mich vergessen."

Und er hob die geliebte Last und setzte sie nieder und nahm ihren Arm und das Täschchen, und so schritten sie die Treppe hinauf, die zu dem Perron und dem schon haltenden Zuge führte.

17

DELLA SALUTE

„Nach Süden!" Und in kurzen, oft mehrtägig unterbrochenen Fahrten, wie sie Melanies erschütterte Gesundheit unerläßlich machte, ging es über den Brenner, bis sie gegen Ende Februar in Rom eintrafen, um daselbst das Osterfest abzuwarten und „Nachrichten aus der Heimat". Es war ein absichtlich indifferentes Wort, das sie wählten, während es sich doch in Wahrheit um Mitteilungen handelte, die für ihr Leben entscheidend waren und die länger ausblieben als erwünscht. Aber endlich waren sie da, diese „Nachrichten aus der Heimat", und der nächste Morgen bereits sah beide vor dem Eingang einer kleinen englischen Kapelle, deren alten Reverend sie schon vorher kennengelernt und, durch seine Milde dazu bestimmt, ins Vertrauen gezogen hatten. Auch ein paar Freunde waren zugegen, und unmittelbar nach der kirchlichen Handlung brach man auf, um, nach monatelangem Eingeschlossensein in der Stadt, einmal außerhalb ihrer Mauern aufatmen und sich der Krokus- und Veilchenpracht in Villa d'Este freuen zu können. Und alles freute sich wirklich, am meisten aber Melanie. Sie war glücklich, unendlich glücklich. Alles, was ihr das Herz bedrückt hatte, war wie mit einem Schlage von ihr genommen, und sie lachte wieder, wie sie seit lange nicht mehr gelacht hatte, kindlich und harmlos. Ach, wem *dies* Lachen wurde, dem bleibt es, und wenn es schwand, so kehrt es wieder. Und es überdauert alle Schuld und baut uns die Brücken vorwärts und rückwärts in eine bessere Zeit.

Wohl, es war ihr so frei geworden an diesem Tag, aber sie wollt es noch freier haben, und als sie, bei Dunkelwerden, in ihre Wohnung zurückkehrte, drin die treffliche römische Wirtin außer dem hohen Kaminfeuer auch schon die dreidochtige Lampe angezündet hatte, beschloß sie, denselben Abend noch an ihre Schwester Jacobine zu schreiben, allerlei Fragen zu tun und nebenher von ihrem Glück und ihrer Reise zu plaudern.

Und sie tat es und schrieb:
„Meine liebe Jacobine. Heute war ein rechter Festestag, und was mehr ist, auch ein glücklicher Tag, und ich möchte meinem Danke so gern einen Ausdruck geben. Und da schreib ich denn. Und an wen lieber als an Dich, Du mein geliebtes Schwesterherz. Oder willst Du das Wort nicht mehr hören? Oder darfst Du nicht?
Ich schreibe Dir diese Zeilen in der Via Catena, einer kleinen Querstraße, die nach dem Tiber hinführt, und wenn ich die Straße hinuntersehe, so blinken mir, vom andern Ufer her, ein paar Lichter entgegen. Und diese Lichter kommen von der Farnesina, der berühmten Villa, drin Amor und Psyche sozusagen aus allen Fensterkappen sehen. Aber ich sollte nicht so scherzhaft über derlei Dinge sprechen, und ich könnt es auch nicht, wenn wir heute nicht in der Kapelle gewesen wären. Endlich, endlich! Und weißt Du, wer mit unter den Zeugen war? Unser Hauptmann von Brausewetter, Dein alter Tänzer von Dachrödens her. Und lieb und gut und ohne Hoffart. Und wenn man in der Acht ist, die noch schlimmer ist als das Unglück, so hat man ein Auge dafür, und das Bild, Du weißt schon, über das ich damals so viel gespottet und gescherzt habe, es will mir nicht aus dem Sinn. Immer dasselbe ‚Steinige, steinige'. Und die Stimme schweigt, die vor den Pharisäern das himmlische Wort sprach.
Aber nichts mehr davon, ich plaudre lieber.
Wir reisten in kleinen Tagereisen, und ich war anfänglich abgespannt und freudlos, und wenn ich eine Freude zeigte, so war es nur um Rubens willen. Denn er tat mir so leid. Eine weinerliche Frau! Ach, das ist das Schlimmste, was es gibt. Und gar erst auf Reisen. Und so ging es eine ganze Woche lang, bis wir in die Berge kamen. Da wurd es besser, und als wir neben dem schäumenden Inn hinfuhren und an demselben Nachmittage noch in Innsbruck ein wundervolles Quartier fanden, da fiel es von mir ab, und ich konnte wieder aufatmen. Und als Ruben sah, daß mir alles so wohltat und mich erquickte, da blieb er noch den folgenden Tag und besuchte

mit mir alle Kirchen und Schlösser und zuletzt auch die Kirche, wo Kaiser Max begraben liegt. Es ist derselbe von der Martinswand her und derselbe auch, der zu Luthers Zeiten lebte. Freilich schon als ein sehr alter Herr. Und es ist auch der, den Anastasius Grün als ‚Letzten Ritter' gefeiert hat, worin er vielleicht etwas zu weit gegangen ist. Ich glaube nämlich nicht, daß er der letzte Ritter war. Er war überhaupt zu stark und zu korpulent für einen Ritter, und ohne Dir schmeicheln zu wollen, find ich, daß Gryczinski ritterlicher ist. Sonderbarerweise fühl ich mich überhaupt eingepreußter, als ich dachte, so daß mir auch das Bildnis Andreas Hofers wenig gefallen hat. Er trägt einen Tiroler Spruchgürtel um den Leib und wurde zu Mantua, wie Du vielleicht gehört haben wirst, erschossen. Manche tadeln es, daß er sich geängstigt haben soll. Ich für mein Teil habe nie begreifen können, wie man es tadeln will, nicht gern erschossen zu werden.

Und dann gingen wir über den Brenner, der ganz in Schnee lag, und es sah wundervoll aus, wie wir an derselben Bergwand, an der unser Zug emporkletterte, zwei, drei andere Züge tief unter uns sahen, so winzig und unscheinbar wie die Futterkästchen an einem Zeisigbauer. Und denselben Abend noch waren wir in Verona. Das vorige Mal, als ich dort war, hatt ich es nur passiert, jetzt aber blieben wir einen Tag, weil mir Ruben das altrömische Theater zeigen wollte, das sich hier befindet. Es war ein kalter Tag, und mich fror in dem eisigen Winde, der ging, aber ich freue mich doch, es gesehen zu haben. Wie beschreib ich es Dir nur? Du mußt Dir das Opernhaus denken, aber nicht an einem gewöhnlichen Tage, sondern an einem Subskriptionsballabend, und an der Stelle, wo die Musik ist, rundet es sich auch noch. Es ist nämlich ganz eiförmig und amphitheatralisch, und der Himmel als Dach darüber, und ich würd es alles sehr viel mehr noch genossen haben, wenn ich mich nicht hätte verleiten lassen, in einem benachbarten Restaurant ein Salamifrühstück zu nehmen, das mir um ein Erhebliches zu national war.

Die Woche darauf kamen wir nach Florenz, und wenn ich

Duquede wäre, so würd ich sagen: es wird überschätzt. Es ist voller Engländer und Bilder, und mit den Bildern wird man nicht fertig. Und dann haben sie die ‚Cascinen‘, etwas wie unsre Tiergarten- oder Hofjägerallee, worauf sie sehr stolz sind, und man sieht auch wirklich Fuhrwerke mit sechs und zwölf und sogar mit vierundzwanzig Pferden. Aber ich habe sie nicht gesehen und will Dich durch Zahlenangaben nicht beirren. Über den Arno führt eine Budenbrücke, nach Art des Rialto, und wenn Du von den vielen Kirchen und Klöstern absehen willst, so gilt der alte Herzogspalast als die Hauptsehenswürdigkeit der Stadt. Und am schönsten finden sie den kleinen Turm, der aus der Mitte des Palastes aufwächst, nicht viel anders als ein Schornstein mit einem Kranz und einer Galerie darum. Es soll aber sehr originell gedacht sein. Und zuletzt findet man es auch. Und in der Nähe befindet sich eine lange, schmale Gasse, die neben der Hauptstraße herläuft und in der beständig Wachteln am Spieß gebraten werden. Und alles riecht nach Fett, und dazwischen Lärm und Blumen und aufgetürmter Käse, so daß man nicht weiß, wo man bleiben und ob man sich mehr entsetzen oder freuen soll. Aber zuletzt freut man sich, und es ist eigentlich das Hübscheste, was ich auf meiner ganzen Reise gesehen habe. Natürlich Rom ausgenommen. Und nun bin ich in Rom.

Aber Herzens-Jacobine, davon kann ich Dir heute nicht schreiben, denn ich bin schon auf dem vierten Blatt, und Ruben wird ungeduldig und wirft aus seiner dunklen Ecke Konfetti nach mir, trotzdem wir den Karneval längst hinter uns haben. Und so brech ich denn ab und tue nur noch ein paar Fragen.

Freilich, jetzt, wo ich die Fragen stellen will, wollen sie mir nicht recht aus der Feder, und Du mußt sie erraten. Rätsel sind es nicht. In Deiner Antwort sei schonend, aber verschweige nichts. Ich muß das Unangenehme, das Schmerzliche tragen lernen. Es ist nicht anders. Über all das geb ich mich keinen Illusionen hin. Wer in die Mühle geht, wird weiß.

Und die Welt wird schlimmere Vergleiche wählen. Ich möchte nur, daß bei meiner Verurteilung über die ‚mildernden Umstände' nicht ganz hinweggegangen würde. Denn sieh, ich konnte nicht anders. Und ich habe nur noch den *einen* Wunsch, daß es mir vergönnt sein möchte, *dies* zu beweisen. Aber dieser Wunsch wird mir versagt bleiben, und ich werd allen Trost in meinem Glück und alles Glück in meiner Zurückgezogenheit suchen und finden müssen. Und das werd ich. Ich habe genug von dem Geräusch des Lebens gehabt, und ich sehne mich nach Einkehr und Stille. Die hab ich *hier*. Ach, wie schön ist diese Stadt, und mitunter ist es mir, als wär es wahr und als käm uns jedes Heil und jeder Trost aus Rom und nur aus Rom. Es ist ein seliges Wandeln an diesem Ort, ein Sehen und Hören als wie im Traum.

Und nun, meine süße Jacobine, lebe wohl und schreibe recht viel und recht ausführlich. Es interessiert mich alles, und ich sehne mich nach Nachricht, vor allem nach Nachricht... Aber Du weißt es ja. Nichts mehr davon. Immer die Deine.

Melanie R."

Der Brief wurde noch denselben Abend zur Post gegeben, in dem dunklen Gefühl, daß eine rasche Beförderung auch eine rasche Antwort erzwingen könne. Aber diese Antwort blieb aus, und die darin liegende Kränkung würde sehr schmerzlich empfunden worden sein, wenn nicht Melanie wenige Tage nach Absendung des Briefes in ihre frühere Melancholie zurückverfallen wäre. Sie glaubte bestimmt, daß sie sterben werde, versuchte zu lächeln und brach doch plötzlich in einen Strom von Tränen aus. Denn sie hing am Leben und genoß inmitten ihres Schmerzes *ein* unendliches Glück: die Nähe des geliebten Mannes.

Und sie hatte wohl recht, sich dieses Glückes zu freuen. Denn alle Tugenden Rubehns zeigten sich um so heller, je trüber die Tage waren. Er kannte nur Rücksicht; keine Mißstimmung, keine Klage wurde laut, und über das Vornehme seiner Natur wurde die Zurückhaltung darin vergessen.

Und so vergingen trübe Wochen.
Ein deutscher Arzt endlich, den man zu Rate zog, erklärte, daß vor allem das Stillsitzen vermieden, dagegen umgekehrt für beständig neue Eindrücke gesorgt werden müsse. Mit anderen Worten, das, was er vorschlug, war ein beständiger Orts- und Luftwechsel. Ein solch tagtägliches Hin und Her sei freilich selber ein Übel, aber ein kleineres, und jedenfalls das einzige Mittel, der inneren Ruhelosigkeit abzuhelfen.
Und so wurden denn neue Reisepläne geschmiedet und von der Kranken apathisch angenommen.
In kurzen Etappen, unter geflissentlicher Vermeidung von Eisenbahn und großen Straßen, ging es, durch Umbrien, immer höher hinauf an der Ostküste hin, bis sich plötzlich herausstellte, daß man nur noch zehn Meilen von Venedig entfernt sei. Und siehe, da kam ihr ein tiefes und sehnsüchtiges Verlangen, ihrer Stunde dort warten zu wollen. Und sie war plötzlich wie verändert und lachte wieder und sagte: „Della Salute! Weißt du noch?... Es heimelt mich an, es erquickt mich: das Wohl, das Heil! Oh komm. Dahin wollen wir."
Und sie gingen, und dort war es, wo die bange Stunde kam. Und einen Tag lang wußte der Zeiger nicht, wohin er sich zu stellen habe, ob auf Leben oder Tod. Als aber am Abend, von über dem Wasser her, ein wunderbares Läuten begann und die todmatte Frau auf ihre Frage „von wo" die Antwort empfing, „von Della Salute", da richtete sie sich auf und sagte: „Nun weiß ich, daß ich leben werde."

18

WIEDER DAHEIM

Und ihre Hoffnung hatte sie nicht betrogen. Sie genas, und erst als die Herbsttage kamen und das Gedeihen des Kindes und vor allem auch ihr eignes Wohlbefinden einen Aufbruch gestattete, verließen sie die Stadt, an die sie sich durch ernste und heitere Stunden aufs innigste gekettet fühlten, und gingen in die Schweiz, um in dem lieblichsten der Täler, in dem Tale „zwischen den Seen", eine neue, vorläufige Rast zu suchen.

Und sie lebten hier glücklich-stille Wochen, und erst als ein scharfer Nordwest vom Thuner See nach dem Brienzer hinüberfuhr und den Tag darauf der Schnee so dicht fiel, daß nicht nur die Jungfrau, sondern auch jede kleinste Kuppe verschneit und vereist ins Tal herniedersah, sagte Melanie: „Nun ist es Zeit. Es kleidet nicht jeden Menschen das Alter und nicht jede Landschaft der Schnee. Der Winter ist in diesem Tale nicht zu Haus oder paßt wenigstens nicht recht hierher. Und ich möchte nun wieder *da* hin, wo man sich mit ihm eingelebt hat und ihn versteht."

„Ich glaube gar", lachte Rubehn, „du sehnst dich nach der Rousseau-Insel!"

„Ja", sagte sie. „Und nach viel anderem noch. Sieh, in drei Stunden könnt ich von hier aus in Genf sein und das Haus wiedersehen, darin ich geboren wurde. Aber ich habe keine Sehnsucht danach. Es zieht mich nach dem *Norden* hin, und ich empfind ihn mehr und mehr als meine Herzensheimat. Und was auch dazwischenliegt, er muß es bleiben."

Und an einem milden Dezembertage waren Rubehn und Melanie wieder in der Hauptstadt eingetroffen und mit ihnen die Vreni oder „das Vrenel", eine derbe schweizerische Magd, die sie, während ihres Aufenthalts in Interlaken, zur Abwartung des Kindes angenommen hatten. Eine vorzügliche Wahl. Am Bahnhof aber waren sie von Rubehns jüngerem Bruder empfangen und in ihre Wohnung eingeführt worden: eine reizende Mansarde, dicht am Westende des Tiergartens, ebenso reich wie geschmackvoll eingerichtet und beinah Wand an Wand mit Duquede. „Sollen wir gute Nachbarschaft mit ihm halten?" hatten sie sich im Augenblick ihres Eintretens unter gegenseitiger Heiterkeit gefragt.

Melanie war sehr glücklich über Wohnung und Einrichtung, überhaupt über alles, und gleich am andern Vormittage setzte sie sich, als sie allein war, in eine der tiefen Fensternischen und sah auf die bereiften Bäume des Parks und auf ein paar Eichkätzchen, die sich haschten und von Ast zu Ast sprangen. Wie oft hatte sie dem zugesehen, wenn sie mit Liddy und Heth durch den Tiergarten gefahren war! Es stand plötzlich alles wieder vor ihr, und sie fühlte, daß ein Schatten auf die heiteren Bilder ihrer Seele fiel.

Endlich aber zog es auch *sie* hinaus, und sie wollte die Stadt wieder sehen, die Stadt und bekannte Menschen. Aber wen? Sie konnte nur bei der Freundin, bei dem Musikfräulein, vorsprechen. Und sie tat es auch, ohne daß sie schließlich eine Freude davon gehabt hätte. Anastasia kam ihr vertraulich und beinah überheblich entgegen, und in begreiflicher Verstimmung darüber kehrte Melanie nach Hause zurück. Auch hier war nicht alles, wie es sein sollte, das Vrenel in schlechter Laune, die Zimmer überheizt, und ihre Heiterkeit kam erst wieder, als sie Rubehns Stimme draußen auf dem Vorflur hörte.

Und nun trat er ein.

Es war um die Teestunde; das Wasser brodelte schon, und sie nahm des geliebten Mannes Arm und schritt plaudernd mit ihm über den dicken türkischen Teppich hin. Aber er litt von der Hitze, die sie mit ihrem Taschentuche vergeblich fortzufächeln bemüht war. „Und nun sind wir im Norden!" lachte er. „Und nun sage, haben wir im Süden je so was von Glut und Samum auszuhalten gehabt?"

„O doch, Ruben. Entsinnst du dich noch, als wir das erstemal nach dem Lido hinausfuhren? Ich wenigstens vergeß es nicht. All mein Lebtag hab ich mich nicht so geängstigt wie damals auf dem Schiff: erst die Schwüle, und dann der Sturm. Und dazwischen das Blitzen. Und wenn es noch ein Blitzen gewesen wäre! Aber wie feurige Laken fiel es vom Himmel. Und du warst so ruhig."

„Das bin ich immer, Herz, oder such es wenigstens zu sein.

Mit unserer Unruhe wird nichts geändert und noch weniger gebessert."

„Ich weiß doch nicht, ob du recht hast. In unserer Angst und Sorge beten wir, auch wir, die wir's in unsern guten Tagen an uns kommen lassen. Und das versöhnt die Götter. Denn sie wollen, daß wir uns in unsrer Kleinheit und Hilfsbedürftigkeit fühlen lernen. Und haben sie nicht recht?"

„Ich weiß nur, daß *du* recht hast. Immer. Und dir zuliebe sollen auch die Götter recht haben. Bist du zufrieden damit?"

„Ja und nein. Was Liebe darin ist, ist gut, oder ich hör es wenigstens gern. Aber . . ."

„Lassen wir das ‚aber', und nehmen wir lieber unseren Tee, der uns ohnehin schon erwartet. Und er hilft auch immer und gegen alles und wird uns auch aus dieser afrikanischen Hitze helfen. Um aber sicherzugehen, will ich doch lieber noch das Fenster öffnen." Und er tat's, und unter dem halb aufgezogenen Rouleau hin zog eine milde Nachtluft ein.

„Wie mild und weich", sagte Melanie.

„Zu weich", entgegnete Rubehn. „Und wir werden uns auf kältere Luftströme gefaßt machen müssen."

19

INKOGNITO

Melanie war froh, wieder daheim zu sein.

Was sich ihr notwendig entgegenstellen mußte, das übersah sie nicht, und die Furcht, der Rubehn Ausdruck gegeben hatte, war auch ihre Furcht. Aber sie war doch andrerseits sanguinischen Gemüts genug, um der Hoffnung zu leben, sie werd es überwinden. Und warum sollte sie's nicht? Was geschehen, erschien ihr, der Gesellschaft gegenüber, so gut wie ausgeglichen; allem Schicklichen war genügt, alle Formen waren erfüllt, und so gewärtigte sie nicht einer Strenge zu begegnen, zu der die Welt in der Regel nur greift, wenn sie's zu *müssen* glaubt, vielleicht einfach in dem Bewußtsein davon, daß, wer in einem Glashause wohnt, nicht mit Steinen werfen soll.

Melanie gewärtigte keines Rigorismus. Nichtsdestoweniger stimmte sie dem Vorschlage bei, wenigstens während der nächsten Wochen noch ein Inkognito bewahren und erst von Neujahr an die nötigsten Besuche machen zu wollen.

So war es denn natürlich, daß man den Weihnachtsabend im engsten Zirkel verbrachte. Nur Anastasia, Rubehns Bruder und der alte Frankfurter Prokurist, ein versteifter und schweigsamer Junggeselle, dem sich erst beim dritten Schoppen die Zunge zu lösen pflegte, waren erschienen, um die Lichter am Christbaum brennen zu sehen. Und als sie brannten, wurd auch das Anninettchen herbeigeholt, und Melanie nahm das Kind auf den Arm und spielte mit ihm und hielt es hoch. Und das Kind schien glücklich und lachte und griff nach den Lichtern.

Und glücklich waren alle, besonders auch Rubehn, und wer ihn an diesem Abende gesehen hätte, der hätte nichts von Behagen und Gemütlichkeit an ihm vermißt. Alles Amerikanische war abgestreift.

In dem Nebenzimmer war inzwischen ein kleines Mahl serviert worden, und als einleitend erst durch Anastasia und danach auch durch den jüngern Rubehn ein paar scherzhafte Gesundheiten ausgebracht worden waren, erhob sich zuletzt auch der alte Prokurist, um „aus vollem Glas und vollem Herzen" einen Schlußtoast zu proponieren. Das Beste des Lebens, das wiss' er aus eigner Erfahrung, sei das Inkognito. Alles, was sich auf den Markt oder auf die Straße stelle, das tauge nichts oder habe doch nur Alltagswert; das, was wirklich Wert habe, das ziehe sich zurück, das berge sich in Stille, das verstecke sich. Die lieblichste Blume, darüber könne kein Zweifel sein, sei das Veilchen, und die poetischste Frucht, darüber könne wiederum kein Zweifel sein, sei die Walderdbeere. Beide versteckten sich aber, beide ließen sich suchen, beide lebten sozusagen inkognito. Und somit lasse er das Inkognito leben, oder die Inkognitos, denn Singular oder Plural sei ihm durchaus gleichgültig:

„Das oder die,
Ein volles Glas für Melanie;
Die oder das,
Für Ebenezer ein volles Glas."

Und danach fing er an zu singen.

Erst zu später Stunde trennte man sich, und Anastasia versprach, am andern Tage zu Tisch wiederzukommen; abermals einen Tag später aber (Rubehn war eben in die Stadt gegangen) erschien das Vrenel, um in ihrem Schweizer Deutsch und zugleich in sichtlicher Erregung den Polizeirat Reiff zu melden. Und sie beruhigte sich erst wieder, als ihre junge Herrin antwortete: „Ah, sehr willkommen. Ich lasse bitten einzutreten."

Melanie ging dem Angemeldeten entgegen. Er war ganz unverändert: derselbe Glanz im Gesicht, derselbe schwarze Frack, dieselbe weiße Weste.

„Welche Freude, Sie wiederzusehen, lieber Reiff", sagte Melanie und wies mit der Rechten auf einen neben ihr stehenden Fauteuil. „Sie waren immer mein guter Freund, und ich denke, Sie bleiben es."

Reiff versicherte etwas von unveränderter Devotion und tat Fragen über Fragen. Endlich aber ließ er durch Zufall oder Absicht auch den Namen van der Straatens fallen.

Melanie blieb unbefangen und sagte nur: „*Den* Namen dürfen Sie nicht nennen, lieber Reiff, wenigstens jetzt nicht. Nicht, als ob er mir unfreundliche Bilder weckte. Nein, o nein. Wäre das, so dürften Sie's. Aber gerade weil mir der Name nichts Unfreundliches zurückruft, weil ich nur weiß, ihm, der ihn trägt, wehe getan zu haben, so quält und peinigt er mich. Er mahnt mich an ein Unrecht, das dadurch nicht kleiner wird, daß ich es in meinem Herzen nicht recht als Unrecht empfinde. Also nichts von ihm. Und auch nichts ..." Und sie schwieg und fuhr erst nach einer Weile fort: „Ich habe nun

mein Glück, ein wirkliches Glück; mais il faut payer pour tout et deux fois pour notre bonheur."
Der Polizeirat stotterte eine verlegene Zustimmung, weil er nicht recht verstanden hatte.
„Wir aber, lieber Reiff", nahm Melanie wieder das Wort, „wir müssen einen neutralen Boden finden. Und das werden wir. Das zählt ja zu den Vorzügen der großen Stadt. Es gibt immer hundert Dinge, worüber sich plaudern läßt. Und nicht bloß um Worte zu machen, nein, auch mit dem Herzen. Nicht wahr? Und ich rechne darauf, Sie wiederzusehen."
Und bald darauf empfahl sich Reiff, um die Droschke, darin er gekommen war, nicht allzulange warten zu lassen. Melanie aber sah ihm nach und freute sich, als er wenige Häuser entfernt dem aus der Stadt zurückkommenden Rubehn begegnete. Beide grüßten einander.
„Reiff war hier", sagte Rubehn, als er einen Augenblick später eintrat. „Wie fandest du ihn?"
„Unverändert. Aber verlegener, als ein Polizeirat sein sollte."
„Schlechtes Gewissen. Er hat dich aushorchen wollen."
„Glaubst du?"
„Zweifellos. Einer ist wie der andre. Nur ihre Manieren sind verschieden. Und Reiff hat die Harmlosigkeitsallüren. Aber vor dieser Spezies muß man doppelt auf der Hut sein. Und so lächerlich es ist, ich kann den Gedanken nicht unterdrücken, daß wir morgen ins schwarze Buch kommen."
„Du tust ihm unrecht. Er hat ein Attachement für mich. Oder ist es meinerseits bloß Eitelkeit und Einbildung?"
„Vielleicht. Vielleicht auch nicht. Aber diese guten Herren ... ihr bester Freund, ihr leiblicher Bruder ist nie sicher vor ihnen. Und wenn man sich darüber erstaunt oder beklagt, so heißt es ironisch und achselzuckend: ‚c'est mon métier'."

Eine Woche später hatte das neue Jahr begonnen, und der Zeitpunkt war da, wo das junge Paar aus seinem Inkognito heraustreten wollte. Wenigstens Melanie. Sie war noch immer nicht bei Jacobine gewesen, und wiewohl sie sich, in Erinnerung an den unbeantwortet gebliebenen Brief, nicht viel Gutes von diesem Besuche versprechen konnte, so mußte er doch auf jede Gefahr hin gemacht werden. Sie mußte Gewißheit haben, wie sich die Gryczinskis stellen wollten.

Und so fuhr sie denn nach der Alsenstraße.

Schwereren Herzens als sonst stieg sie die mit Teppich belegte Treppe hinauf und klingelte. Und bald konnte sie hinter der Korridorglaswand ein Hinundherhuschen erkennen. Endlich aber wurde geöffnet.

„Ah, Emmy. Ist meine Schwester zu Haus?"

„Nein, Frau Kommerzien ... Ach, wie die gnädige Frau bedauern wird! Aber Frau von Heysing waren hier und haben die gnädige Frau zu dem großen Bilde abgeholt. Ich glaube ‚Die Fackeln des Nero'."

„Und der Herr Major?"

„Ich weiß es nicht", sagte das Mädchen verlegen. „Er wollte fort. Aber ich will doch lieber erst ..."

„O nein, Emmy, lassen Sie's. Es ist gut so. Sagen Sie meiner Schwester, oder der gnädigen Frau, daß ich da war. Oder besser, nehmen Sie meine Karte ..."

Danach grüßte Melanie kurz und ging.

Auf der Treppe sagte sie leise vor sich hin: „Das ist *er*. Sie ist ein gutes Kind und liebt mich." Und dann legte sie die Hand aufs Herz und lächelte: ‚Schweig stille, mein Herze.'

Rubehn, als er von dem Ausfall des Besuches hörte, war wenig überrascht, und noch weniger, als am andern Morgen ein Brief eintraf, dessen zierlich verschlungenes J. v. G. über die Absenderin keinen Zweifel lassen konnte. Wirklich, es waren Zeilen von Jacobine. Sie schrieb:

„Meine liebe Melanie. Wie hab ich es bedauert, daß wir uns verfehlen mußten. Und nach so langer Zeit! Und nachdem ich Deinen lieben, langen Brief unbeantwortet gelassen habe! Er war so reizend, und selbst Gryczinski, der doch so kritisch ist und alles immer auf Disposition hin ansieht, war eigentlich entzückt. Und nur an der einen Stelle nahm er Anstoß, daß alles Heil und aller Trost nach wie vor aus Rom kommen solle. Das verdroß ihn, und er meinte, daß man dergleichen auch nicht im Scherze sagen dürfe. Und meine Verteidigung ließ er nicht gelten. Die meisten Gryczinskis sind nämlich noch katholisch, und ich denke mir, daß er so streng und empfindlich ist, weil er es persönlich los sein und von sich abwälzen möchte. Denn sie sind immer noch sehr diffizil oben, und Gryczinski, wie Du weißt, ist zu klug, als daß er etwas wollen sollte, was man oben *nicht* will. Aber es ändert sich vielleicht wieder. Und ich bekenne Dir offen, *mir* wär es recht, und ich für mein Teil hätte nichts dagegen, sie sprächen erst wieder von etwas andrem. Ist es denn am Ende wirklich so wichtig und eine so brennende Frage? Und wär es nicht wegen der vielen Toten und Verwundeten, so wünscht ich mir einen neuen Krieg. (Es heißt übrigens, sie rechneten schon wieder an einem.) Und *hätten* wir den Krieg, so wären wir die ganze Frage los, und Gryczinski wäre Oberstleutnant. Denn er ist der dritte. Und ein paar von den alten Generälen, oder wenigstens von den ganz alten, werden doch wohl endlich abgehen müssen.

Aber ich schwatze von Krieg und Frieden und von Gryczinski und von mir und vergesse ganz, nach Dir und nach Deinem Befinden zu fragen. Ich bin überzeugt, daß es Dir gut geht und daß Du mit dem Wechsel in allen wesentlichen Stücken zufrieden bist. Er ist reich und jung, und bei Deinen Lebensanschauungen, mein ich, kann es Dich nicht unglücklich machen, daß er unbetitelt ist. Und am Ende, wer jung ist, hofft auch noch. Und Frankfurt ist ja jetzt preußisch. Und da findet es sich wohl noch.

Ach, meine liebe Melanie, wie gerne wär ich selbst gekommen und hätte nach allem Großen und Kleinen gesehen, ja, auch nach allem Kleinen, und wem es eigentlich ähnlich ist. Aber er hat es mir verboten und hat auch dem Diener gesagt, ‚daß wir nie zu Hause sind'. Und Du weißt, daß ich nicht den Mut habe, ihm zu widersprechen. Ich meine, wirklich zu widersprechen. Denn etwas widersprochen hab ich ihm. Aber da fuhr er mich an und sagte: ‚Das unterbleibt. Ich habe nicht Lust, um solcher Allotria willen beiseite geschoben zu werden. Und sieh dich vor, Jacobine. Du bist ein entzückendes kleines Weib (er sagte wirklich so), aber ihr seid wie die Zwillinge, wie die Druväpfel, und es spukt dir auch so was im Blut. Ich bin aber nicht van der Straaten und führe keine Generositätskomödien auf. Am wenigsten auf meine Kosten.‘ Und dabei warf er mir de haut en bas eine Kußhand zu und ging aus dem Zimmer.

Und was tat ich? Ach, meine liebe Melanie, nichts. Ich habe nicht einmal geweint. Und nur erschrocken war ich. Denn ich fühle, daß er recht hat und daß eine sonderbare Neugier in mir steckt. Und darin treffen es die Bibelleute, wenn sie so vieles auf unsre Neugier schieben ... Elimar, der freilich nicht mit zu den Bibelleuten gehört, sagte mal zu mir: ‚Das Hübscheste sei doch das Vergleichenkönnen.‘ Er meinte, glaub ich, in der Kunst. Aber die Frage beschäftigt mich seitdem, und ich glaube kaum, daß es sich auf die Kunst beschränkt. Übrigens hat Gryczinski noch in diesem Winter oder doch im Frühjahr eine kleine Generalstabsreise vor. Und dann sehe ich Dich. Und wenn er wiederkommt, so beicht ich ihm alles. Ich kann es dann. Er ist dann immer so zärtlich. Und ein Blaubart ist er überhaupt nicht. Und bis dahin Deine

Jacobine."

Melanie ließ das Blatt fallen, und Rubehn nahm es auf. Er las nun auch und sagte: „Ja, Herz, das sind die Tage, von denen es heißt, sie gefallen uns nicht. Ach, und sie *beginnen* erst. Aber laß, laß. Es rennt sich alles tot und am ehesten *das*."

Und er ging an den Flügel und spielte laut und mit einem Anfluge heiterer Übertreibung: „Mit meinem Mantel vor dem Sturm beschützt ich dich, beschützt ich dich."

Und dann erhob er sich wieder und küßte sie und sagte: „cheer up, dear!"

20

LIDDY

„Cheer up, dear“, hatte Rubehn Melanie zugerufen, und sie wollte dem Zurufe folgen. Aber es glückte nicht, konnte nicht glücken, denn jeder neue Tag brachte neue Kränkungen. Niemand war für sie zu Haus, ihr Gruß wurde nicht erwidert, und ehe der Winter um war, wußte sie, daß man sie, nach einem stillschweigenden Übereinkommen, in den Bann getan habe. Sie war tot für die Gesellschaft, und die tiefe Niedergedrücktheit ihres Gemüts hätte sie zur Verzweiflung geführt, wenn ihr nicht Rubehn in dieser Bedrängnis zur Seite gestanden hätte. Nicht nur in herzlicher Liebe, nein, vor allem auch in jener heitren Ruhe, die sich der Umgebung entweder mitzuteilen oder wenigstens nicht ohne stillen Einfluß auf sie zu bleiben pflegt. „Ich kenne das, Melanie. Wenn es in London etwas ganz Apartes gibt, so heißt es, ‚it is a nine-days-wonder‘, und mit diesen neun Tagen ist das höchste Maß von Erregungsandauer ausgedrückt. Das ist in London. Hier dauert es etwas länger, weil wir etwas kleiner sind. Aber das Gesetz bleibt dasselbe. Jedes Wetter tobt sich aus. Eines Tages haben wir wieder den Regenbogen und das Fest der Versöhnung.“

„Die Gesellschaft ist unversöhnlich.“

„Im Gegenteil. Zu Gerichte sitzen ist ihr eigentlich unbequem. Sie weiß schon, warum. Und so wartet sie nur auf das Zeichen, um das große Hinrichtungsschwert wieder in die Scheide zu stecken.“

„Aber dazu muß etwas geschehen.“

„Und das wird. Es bleibt selten aus und in den milderen Fällen eigentlich nie. Wir haben einen Eindruck gemacht und müssen ehrlich bemüht sein, einen andern zu machen. Einen entgegengesetzten. Aber auf demselben Gebiete ... Du verstehst?“

Sie nickte, nahm seine Hand und sagte: „Und ich schwöre dir's, ich will. Und wo die Schuld lag, soll auch die Sühne liegen. Oder, sag ich lieber, der Ausgleich. Auch *das* ist ein Gesetz, so hoff ich. Und das schönste von allen. Es braucht nicht alles Tragödie zu sein."

In diesem Augenblicke wurde durch den Diener eine Karte hereingegeben: „Friederike Sawat v. Sawatzki, genannt Sattler v. d. Hölle, Stiftsanwärterin auf Kloster Himmelpfort in der Uckermark."

„Oh, laß uns allein, Ruben", bat Melanie, während sie sich erhob und der alten Dame bis auf den Vorflur entgegenging. „Ach, mein liebes Riekchen! Wie mich das freut, daß du kommst, daß du da bist. Und wie schwer es dir geworden sein muß ... Ich meine nicht bloß die drei Treppen ... Ein halbes Stiftsfräulein und jeden Sonntag in Sankt Matthäi! Aber die Frommen, wenn sie's wirklich sind, sind immer noch die Besten. Und sind gar nicht so schlimm. Und nun setze dich, mein einziges, liebes Riekchen, meine liebe, alte Freundin!"

Und während sie so sprach, war sie bemüht, ihr beim Ablegen behilflich zu sein und das Seidenmäntelchen an einen Haken zu hängen, an den die Kleine nicht heranreichen konnte.

„Meine liebe, alte Freundin", wiederholte Melanie. „Ja, das warst du, Riekchen, das bist du gewesen. Eine rechte Freundin, die mir immer zum Guten geraten und nie zum Munde gesprochen hat. Aber es hat nicht geholfen, und ich habe nie begriffen, wie man Grundsätze haben kann oder Prinzipien, was eigentlich dasselbe meint, aber mir immer noch schwerer und unnötiger vorgekommen ist. Ich hab immer nur getan, was ich wollte, was mir gefiel, wie mir gerade zumute war. Und ich kann es auch so schrecklich nicht finden. Auch jetzt noch nicht. Aber gefährlich ist es, soviel räum ich ein, und ich will es anders zu machen suchen. Will es lernen. Ganz bestimmt. Und nun erzähle. Mir brennen hundert Fragen auf der Seele."

Riekchen war verlegen eingetreten und auch verlegen geblieben; jetzt aber sagte sie, während sie die Augen niederschlug

und dann wieder freundlich und fest auf Melanie richtete: „Habe doch mal sehen wollen ... Und ich bin auch nicht hinter seinem Rücken hier. Er weiß es und hat mir zugeredet."
Melanie flogen die Lippen. „Ist er erbittert? Sag, ich will es hören. Aus *deinem* Munde kann ich alles hören. In den Weihnachtstagen war Reiff hier. Da mocht ich es nicht. Es ist doch ein Unterschied, *wer* spricht. Ob die Neugier oder das Herz. Sag, ist er erbittert?"
Die Kleine bewegte den Kopf hin und her und sagte: „Wie denn! Erbittert! Wär er erbittert, so wär ich nicht hier. Er war unglücklich und ist es noch. Und es zehrt und nagt an ihm. Aber seine Ruhe hat er wieder. Das heißt, so vor den Menschen. Und dabei bleibt es, denn er war dir sehr gut, Melanie, so gut er nur einem Menschen sein konnte. Und du warst sein Stolz, und er freute sich, wenn er dich sah."
Melanie nickte.
„Sieh, Herzenskind, du hast nicht anders gekonnt, weil du das andre nicht gelernt hattest, das andre, worauf es ankommt, und weil du nicht wußtest, was der Ernst des Lebens ist. Und Anastasia sang wohl immer: ‚Wer nie sein Brot mit Tränen aß', und Elimar drehte dann das Blatt um. Aber singen und erleben ist ein Unterschied. Und du hast das Tränenbrot nicht gegessen, und Anastasia hat es nicht gegessen und Elimar auch nicht. Und so kam es, daß du nur getan hast, was dir gefiel oder wie dir zumute war. Und dann bist du von den Kindern fortgegangen, von den lieben Kindern, die so hübsch und so fein sind, und hast sie nicht einmal sehen wollen. Hast dein eigen Fleisch und Blut verleugnet. Ach, mein armes, liebes Herz, das kannst du vor Gott und Menschen nicht verantworten."
Es war, als ob die Kleine noch weitersprechen wollte. Aber Melanie war aufgesprungen und sagte: „Nein, Riekchen, an dieser Stelle hört es auf. Hier tust du mir unrecht. Sieh, du kennst mich so gut und so lange schon, und fast war ich selber noch ein Kind, als ich ins Haus kam. Aber das eine mußt du mir lassen: ich habe nie gelogen und geheuchelt und hab

umgekehrt einen wahren Haß gehabt, mich besser zu machen, als ich bin. Und diesen Haß hab ich noch. Und so sag ich dir denn, das mit den Kindern, mit meiner süßen kleinen Heth, die wie der Vater aussieht und doch geradeso lacht und so fahrig ist wie die Frau Mama, nein, Riekchen, das mit den Kindern, *das* trifft mich nicht."

„Und bist doch ohne Blick und ohne Abschied gegangen."

„Ja, das bin ich, und ich weiß es wohl, manch andre hätt es *nicht* getan. Aber wenn man auf etwas an und für sich Trauriges stolz sein darf, so bin ich stolz darauf. Ich wollte gehn, das stand fest. Und wenn ich die Kinder sah, so konnt ich nicht gehn. Und so hatt ich denn meine Wahl zu treffen. Ich mag eine falsche Wahl getroffen haben, in den Augen der Welt hab ich es gewiß, aber es war wenigstens ein klares Spiel und offen und ehrlich. Wer aus der Ehe fortläuft und aus keinem andern Grund als aus Liebe zu einem andern Manne, der begibt sich des Rechts, nebenher auch noch die zärtliche Mutter zu spielen. Und das ist die Wahrheit. Ich bin ohne Blick und ohne Abschied gegangen, weil es mir widerstand, Unheiliges und Heiliges durcheinanderzuwerfen. Ich wollte keine sentimentale Verwirrung. Es steht mir nicht zu, mich meiner Tugend zu berühmen. Aber eines hab ich wenigstens, Riekchen: ich habe feine Nerven für das, was paßt und nicht paßt."

„Und möchtest du jetzt sie sehen?"

„Heute lieber als morgen. Jeden Augenblick. Bringst du sie?"

„Nein, nein, Melanie, du bist zu rasch. Aber ich habe mir einen Plan ausgedacht. Und wenn er glückt, so laß ich wieder von mir hören. Und ich komm entweder, oder ich schreibe, oder Jacobine schreibt. Denn Jacobine muß uns dabei helfen. Und nun Gott befohlen, meine liebe, liebe Melanie. Laß nur die Leute. Du bist doch ein liebes Kind. Leicht, leicht, aber das Herz sitzt an der richtigen Stelle. Und nun Gott befohlen, mein Schatz."

Und sie ging und weigerte sich, das Mäntelchen anzuziehen,

weil sie gerne rasch abbrechen wollte. Aber eine Treppe tiefer blieb sie stehen und half sich mit einiger Mühe selbst in die kleinen Ärmel hinein.

Melanie war überaus glücklich über diesen Besuch, zugleich sehnsüchtig erwartungsvoll, und mitunter war es ihr, als träte das Kleine, das nebenan in der Wiege lag, neben dieser Sehnsucht zurück. Gehörte sie doch ganz zu jenen Naturen, in deren Herz eines immer den Vorrang behauptet.

Und so vergingen Wochen, und Ostern war schon nahe heran, als endlich ein Billett abgegeben wurde, dem sie's ansah, daß es ihr gute Botschaft bringe. Es war von der Schwester, und Jacobine schrieb:

„Meine liebe Melanie! Wir sind allein, und gesegnet seien die Landesvermessungen! Es sind das, wie Du vielleicht weißt, die hohen, dreibeinigen Gestelle, die man, wenn man mit der Eisenbahn fährt, überall deutlich erkennen kann und wo die Mitfahrenden im Coupé jedesmal fragen: ‚Mein Gott, was ist das?‘ Und es ist auch nicht zu verwundern, denn es sieht eigentlich aus wie ein Malerstuhl, nur daß der Maler sehr groß sein müßte. Noch größer und langbeiniger als Gabler. Und erst in vierzehn Tagen kommt er zurück, worauf ich mich sehr, sehr freue und eigentlich schon Sehnsucht habe. Denn er hat doch entschieden *das*, was uns Frauen gefällt. Und früher hat er Dir auch gefallen, ja, Herz, das kannst Du nicht leugnen, und ich war mitunter eifersüchtig, weil Du klüger bist als ich, und das haben sie gern. Aber weshalb ich eigentlich schreibe! Riekchen war hier und hat es mir ans Herz gelegt, und so denk ich, wir säumen keinen Augenblick länger, und Du kommst morgen um die Mittagsstunde. Da werden sie hier sein und Riekchen auch. Aber wir haben nichts gesagt, und sie sollen überrascht werden. Und ich bin glücklich, meine Hand zu so was Rührendem bieten zu können. Denn ich denke mir, Mutterliebe bleibt doch das Schönste ... Ach, meine liebe Melanie! ... Aber ich schweige, Gryczinskis drittes Wort ist ja, daß es im Leben darauf ankomme, seine Gefühle zu beherrschen ... Ich weiß doch nicht, ob er recht hat. Und nun lebe wohl. Immer Deine J. v. G."

Melanie war nach Empfang dieser Zeilen in einer Aufregung, die sie weder verbergen konnte noch wollte. So fand sie Rubehn und geriet in wirkliche Sorge, weil er aus Erfahrung wußte, daß solchen Überreizungen immer ein Rückschlag und solchen hochgespannten Erwartungen immer eine Enttäuschung zu folgen pflegt. Er suchte sie zu zerstreuen und abzuziehen und war endlich froh, als der andere Morgen da war.

Es war ein klarer Tag und eine milde Luft, und nur ein paar weiße Wölkchen schwammen oben im Blau. Melanie verließ das Haus noch vor der verabredeten Stunde, um ihren Weg nach der Alsenstraße hin anzutreten. Ach, wie wohl ihr diese Luft tat! Und sie blieb öfters stehen, um sie begierig einzusaugen und sich an den stillen Bildern erwachenden Lebens und einer hier und da schon knospenden Natur zu freuen. Alle Hecken zeigten einen grünen Saum, und an den geharkten Stellen, wo man das abgefallene Laub an die Seite gekehrt hatte, keimten bereits die grünen Blättchen des Gundermann, und einmal war es ihr, als schöß eine Schwalbe mit schrillem, aber heiterem Ton an ihr vorüber. Und so passierte sie den Tiergarten in seiner ganzen Breite, bis sie zuletzt den kleinen, der Alsenstraße unmittelbar vorgelegenen Platz erreicht hatte, den sie den „Kleinen Königsplatz" nennen. Hier setzte sie sich auf eine Bank und fächelte sich mit ihrem Tuch und hörte deutlich, wie ihr das Herz schlug.

‚In welche Wirrnis geraten wir, sowie wir die Straße des Hergebrachten verlassen und abweichen von Regel und Gesetz. Es nutzt uns nichts, daß wir uns selber freisprechen. Die Welt ist doch stärker als wir und besiegt uns schließlich in unserem eigenen Herzen. Ich glaubte recht zu tun, als ich ohne Blick und Abschied von meinen Kindern ging, ich wollte kein Rührspiel; entweder – oder, dacht ich. Und ich glaub auch noch, daß ich recht gedacht habe. Aber, was hilft es mir? Was ist das Ende? Eine Mutter, die sich vor ihren Kindern fürchtet.'

Dies Wort richtete sie wieder auf. Ein trotziger Stolz, der

neben aller Weichheit in ihrer Natur lag, regte sich wieder, und sie ging rasch auf das Gryczinskische Haus zu.
Die Portiersleute, Mann und Frau, und zwei halberwachsene Töchter mußten schon auf dem Hintertreppenwege von dem bevorstehenden Ereignisse gehört haben, denn sie hatten sich in die halbgeöffnete Souterraintür postiert und guckten einander über die Köpfe fort. Melanie sah es und sagte vor sich hin: „A nine-days-wonder! Ich bin eine Sehenswürdigkeit geworden. Es war mir immer das Schrecklichste."
Und nun stieg sie hinauf und klingelte. Riekchen war schon da, die Schwestern küßten sich und sagten sich Freundlichkeiten über ihr gegenseitiges Aussehen. Und alles verriet Aufregung und Freude.
Das Wohn- und Empfangzimmer, in das man jetzt eintrat, war ein großer und luftiger, aber im Verhältnis zu seiner Tiefe nur schmaler Raum, dessen zwei große Fenster (ohne Pfeiler dazwischen) einen nischenartigen Ausbau bildeten. Etwas Feierliches herrschte vor, und die roten, von beiden Seiten her halb zugezogenen Gardinen gaben ein gedämpftes, wundervolles Licht, das auf den weißen Tapeten reflektierte. Nach hinten zu, der Fensternische gegenüber, bemerkte man eine hohe Tür, die nach dem dahinter gelegenen Eßzimmer führte.
Melanie nahm auf einem kleinen Sofa neben dem Fenster Platz, die beiden andern Damen mit ihr, und Jacobine versuchte nach ihrer Art eine Plauderei. Denn sie war ohne jede tiefere Bewegung und betrachtete das Ganze vom Standpunkte einer dramatischen Matinee. Riekchen aber, die wohl wahrnahm, daß die Blicke Melanies immer nur nach der *einen* Stelle hin gerichtet waren, unterbrach endlich das Gespräch und sagte: „Laß, Binchen. Ich werde sie nun holen."
Eine peinliche Stille trat ein, Jacobine wußte nichts mehr zu sagen und war herzlich froh, als eben jetzt vom Platze her die Musik eines vorüberziehenden Garderegiments hörbar wurde. Sie stand auf, stellte sich zwischen die Gardinen und sah nach rechts hinaus ... „es sind die Ulanen", sagte sie. „Willst du nicht auch ..." Aber ehe sie noch ihren Satz beenden konnte,

ging die große Flügeltür auf, und Riekchen, mit den beiden Kindern an der Hand, trat ein.

Die Musik draußen verklang.

Melanie hatte sich rasch erhoben und war den verwundert und beinah erschrocken dastehenden Kindern entgegengegangen. Als sie aber sah, daß Lydia einen Schritt zurücktrat, blieb auch *sie* stehen, und ein Gefühl ungeheurer Angst überkam sie. Nur mit Mühe brachte sie die Worte heraus: „Heth, mein süßer, kleiner Liebling ... Komm ... Kennst du deine Mutter nicht mehr?"

Und ihre ganze Kraft zusammennehmend, hatte sie sich bis dicht an die Türe vorbewegt und bückte sich, um Heth mit beiden Händen in die Höhe zu heben. Aber Lydia warf ihr einen Blick bitteren Hasses zu, riß das Kind am Achselbande zurück und sagte: „Wir haben keine Mutter mehr."

Und dabei zog und zwang sie die halb widerstrebende Kleine mit sich fort und zu der halb offen gebliebenen Tür hinaus.

Melanie war ohnmächtig zusammengesunken.

Eine halbe Stunde später hatte sie sich so weit wieder erholt, daß sie zurückfahren konnte. Jede Begleitung war von ihr abgelehnt worden. Riekchens Weisheiten und Jacobinens Albernheiten mußten ihr in ihrer Stimmung gleich unerträglich erscheinen.

Als sie fort war, sagte Jacobine zu Riekchen: „Es hat doch einen rechten Eindruck auf mich gemacht. Und Gryczinski darf gar nichts davon erfahren. Er ist ohnehin gegen Kinder. Und er würde mir doch nur sagen: ‚Da siehst du, was dabei herauskommt. Undank und Unnatur.'"

21

IN DER NIKOLAIKIRCHE

Es schlug zwei von dem kleinen Hoftürmchen des Nachbarhauses, als Melanie wieder in ihre Wohnung eintrat. Das Herz war ihr zum Zerspringen, und sie sehnte sich nach Aussprache.

Dann, das wußte sie, kamen ihr die Tränen und in den Tränen Trost.
Aber Rubehn blieb heute länger aus als gewöhnlich, und zu den anderen Ängsten ihres Herzens gesellte sich auch noch das Bangen und Sorgen um den geliebten Mann. Endlich kam er; es war schon Spätnachmittag, und die drüben hinter dem kahlen Gezweig niedersteigende Sonne warf eine Fülle greller Lichter durch die kleinen Mansardenfenster. Aber es war kalt und unheimlich, und Melanie sagte, während sie dem Eintretenden entgegenging: „Du bringst soviel Kälte mit, Ruben. Ach, und ich sehne mich nach Licht und Wärme."
„Wie du nur bist", entgegnete Rubehn in sichtlicher Zerstreutheit, während er doch seine gewöhnliche Heiterkeit zu zeigen trachtete. „Wie du nur bist! Ich sehe nichts als Licht, ein wahrer embarras de richesse, auf jedem Sofakissen und jeder Stuhllehne, und das Ofenblech flimmert und schimmert, als ob es Goldblech wäre. Und du sehnst dich nach Licht. Ich bitte dich, mich blendet's, und ich wollt, es wäre weniger oder wäre fort."
„Du wirst nicht lange darauf zu warten haben."
Er war im Zimmer auf und ab gegangen. Jetzt blieb er stehen und sagte teilnehmend: „Ich vergesse, nach der Hauptsache zu fragen. Verzeihe. Du warst bei Jacobine. Wie lief es ab? Ich fürchte, nicht gut. Ich lese so was aus deinen Augen. Und ich hatt auch eine Ahnung davon, gleich heute früh, als ich in die Stadt fuhr. Es war kein glücklicher Tag."
„Auch für dich nicht?"
„Nicht der Rede wert. A shadow of a shadow."
Er hatte sich in den zunächst stehenden Fauteuil niedergelassen und griff mechanisch nach einem Album, das auf dem Sofatische lag. Seiner oft ausgesprochenen Ansicht nach war dies die niedrigste Form aller geistigen Beschäftigung, und so durft es nicht überraschen, daß er während des Blätterns über das Buch fortsah und wiederholentlich fragte: „Wie war es? Ich bin begierig, zu hören."
Aber sie konnte nur zu gut erkennen, daß er *nicht* begierig war, zu hören, und sosehr es sie nach Aussprache verlangt

hatte, so schwer wurd es ihr jetzt, ein Wort zu sagen, und sie verwirrte sich mehr als einmal, als sie, um ihm zu willfahren, von der tiefen Demütigung erzählte, die sie von ihrem eigenen Kinde hatte hinnehmen müssen.

Rubehn war aufgestanden und versuchte sie durch ein paar hingeworfene Worte zu beruhigen, aber es war nicht anders, wie wenn einer einen Spruch herbetet.

„Und das ist alles, was du mir zu sagen hast?" fragte sie. „Ruben, mein Einziger, soll ich auch *dich* verlieren?!" Und sie stellte sich vor ihn hin und sah ihn starr an.

„Oh, sprich nicht so. Verlieren! Wir können uns nicht verlieren. Nicht wahr, Melanie, wir können uns nicht verlieren?" Und hierbei wurde seine Stimme momentan inniger und weicher. „Und was die Kinder angeht", fuhr er nach einer Weile fort, „nun, die Kinder sind eben Kinder. Und eh sie groß sind, ist viel Wasser den Rhein hinuntergelaufen. Und dann darfst du nicht vergessen, es waren nicht gerade die glänzendsten metteurs en scène, die es in die Hand nahmen. Unser Riekchen ist lieb und gut, und du hast sie gern, *zu* gern vielleicht; aber auch *du* wirst nicht behaupten wollen, daß die Stiftsanwärterin auf Kloster Himmelpfort an die Pforten ewiger Weisheit geklopft habe. Jedenfalls ist ihr nicht aufgemacht worden. Und Jacobine! Pardon, sie hat etwas von einer Prinzessin, aber von einer, die die Lämmer hütet."

„Ach, Ruben", sagte Melanie, „du sagst so vieles durcheinander. Aber das rechte Wort sagst du nicht. Du sagst nichts, was mich aufrichten, mich vor mir selbst wiederherstellen könnte. Mein eigen Kind hat mir den Rücken gekehrt. Und daß es noch ein Kind ist, das gerade ist das Vernichtende. Das richtet mich."

Er schüttelte den Kopf und sagte: „Du nimmst es zu schwer. Und glaubst du denn, daß Mütter und Väter außerhalb aller Kritik stehen?"

„Wenigstens außerhalb *der* ihrer Kinder."

„Auch *der* nicht. Im Gegenteil, die Kinder sitzen überall zu Gericht, still und unerbittlich. Und Lydia war immer ein kleiner Großinquisitor, wenigstens genferischen Schlages, und an ihr läßt sich die Rückschlagstheorie studieren. Ihr Urahne muß mitgestimmt haben, als man Servet verbrannte. Mich hätte sie gern mit auf dem Holzstoß gesehen, soviel steht fest. Und nun, laß uns schweigen davon. Ich muß noch in die Stadt."

„Ich bitte dich, was ist? Was gibt's?"

„Eine Konferenz. Und es wird sich nicht vermeiden lassen, daß wir nach ihrem Abschluß zusammenbleiben. Ängstige dich nicht, und vor allem, erwarte mich nicht. Ich hasse junge Frauen, die beständig am Fenster passen, ‚ob er noch nicht kommt', und mit dem Wächter unten auf du und du stehen, nur, um immer eine Heilablieferungsgarantie zu haben. Ich perhorresziere das. Und das beste wird sein, du gehst früh zu Bett und schläfst es aus. Und wenn wir uns morgen früh wiedersehen, wirst du mir vielleicht zustimmen, daß Lydia Bescheidenheit lernen muß und daß zehnjährige dumme Dinger, Fräulein Liddy mit eingeschlossen, nicht dazu da sind, sich zu Sittenrichterinnen ihrer eigenen Frau Mama aufzuwerfen."

„Ach, Ruben, das sagst du nur so. Du fühlst es anders und bist zu klug und zu gerecht, als daß du nicht wissen solltest, das Kind hat recht."

„Es mag recht haben. Aber ich auch. Und jedenfalls gibt es Ernsteres als das. Und nun Gott befohlen."

Und er nahm seinen Hut und ging.

Melanie wachte noch, als Rubehn wieder nach Hause kam. Aber erst am andern Morgen fragte sie nach der Konferenz und bemühte sich, darüber zu scherzen. Er seinerseits antwortete in gleichem Ton und war wie gestern ersichtlich bemüht, mit Hilfe lebhaften Sprechens einen Schirm aufzurichten, hinter dem er, was eigentlich in ihm vorging, verbergen konnte.

So vergingen Tage. Seine Lebhaftigkeit wuchs, aber mit ihr auch seine Zerstreutheit, und es kam vor, daß er mehrere Male dasselbe fragte. Melanie schüttelte den Kopf und sagte: „Ich bitte dich, Ruben, wo bist du? sprich." Aber er versicherte nur, „es sei nichts, und sie forsche, wo nichts zu forschen sei. Zerstreutheit wäre ein Erbstück in der Familie, kein gutes, aber es sei einmal da, und sie müsse sich damit einleben und daran gewöhnen." Und dann ging er, und sie fühlte sich freier, wenn er ging. Denn das rechte Wort wurde nicht gesprochen, und *er,* der die Last ihrer Einsamkeit verringern sollte, verdoppelte sie nur durch seine Gegenwart.

Und nun war Ostern. Anastasia sprach am Ostersonntag auf eine halbe Stunde vor, aber Melanie war froh, als das Gespräch ein Ende nahm und die mehr und mehr unbequem werdende Freundin wieder ging. Und so kam auch der zweite Festtag, unfestlich und unfreundlich wie der erste, und als Rubehn über Mittag erklärte, daß er abermals eine Verabredung habe, konnte sie's in ihrer Herzensangst nicht länger ertragen, und sie beschloß, in die Kirche zu gehen und eine Predigt zu hören. Aber wohin? Sie kannte Prediger nur von Taufen und Hochzeiten her, wo sie, neben frommen und nichtfrommen, manch liebes Mal bei Tisch gesessen und beim Nachhausekommen immer versichert hatte: „Geht mir doch mit eurem Pfaffenhaß. Ich habe mich mein Lebtag nicht so gut unterhalten wie heute mit Pastor Käpsel. Ist das ein reizender alter Herr! Und so humoristisch und beinahe witzig. Und schenkt einem immer ein und stößt an und trinkt selber mit und sagt einem verbindliche Sachen. Ich begreif euch nicht. Er ist doch interessanter als Reiff oder gar Duquede."

Aber nun eine Predigt! Es war seit ihrem Einsegnungstage, daß sie keine mehr gehört hatte.

Endlich entsann sie sich, daß ihr Christel von Abendgottesdiensten erzählt hatte. Wo doch? In der Nikolaikirche. Richtig. Es war weit, aber desto besser. Sie hatte so viel Zeit übrig, und die Bewegung in der frischen Luft war seit Wochen ihr einziges Labsal. So machte sie sich auf den Weg, und als sie die große Petristraße passierte, sah sie zu den erleuchteten Fenstern des ersten Stockes auf. Aber *ihre* Fenster waren dunkel und auch keine Blumen davor. Und sie ging rascher und sah sich um, als verfolge sie wer, und bog endlich in den Nikolaikirchhof ein.

Und nun in die Kirche selbst.

Ein paar Lichter brannten im Mittelschiff, aber Melanie ging an der Schattenseite der Pfeiler hin, bis sie der alten, reichgeschmückten Kanzel gerad gegenüber war. Hier waren Bänke gestellt, nur drei oder vier, und auf den Bänken saßen Waisenhauskinder, lauter Mädchen in blauen Kleidern und weißen Brusttüchern, und dazwischen alte Frauen, das graue Haar unter einer schwarzen Kopfbinde versteckt, und die meisten einen Stock in Händen oder eine Krücke neben sich.

Melanie setzte sich auf die letzte Bank und sah, wie die kleinen Mädchen kicherten und sich anstießen und immer nach ihr hinsahen und nicht begreifen konnten, daß eine so feine Dame zu solchem Gottesdienste käme. Denn es war ein Armengottesdienst, und deshalb brannten auch die Lichter so spärlich. Und nun schwieg Lied und Orgel, und ein kleiner Mann erschien auf der Kanzel, dessen sie sich von ein paar großen und überschwenglichen Bourgeoisbegräbnissen her sehr wohl entsann und von dem sie mehr als einmal in ihrer übermütigen Laune versichert hatte, „er spräche schon vorweg im Grabsteinstil. Nur nicht so kurz." Aber heute sprach er kurz und pries auch keinen, am wenigsten überschwenglich, und war nur müd und angegriffen, denn es war der zweite Feiertagabend. Und so kam es, daß sie nichts Rechtes für ihr Herz finden konnte, bis es zuletzt hieß: „Und nun, andächtige Gemeine, wollen wir den vorletzten Vers unsres Osterliedes singen." Und in demselben Augenblicke summte wieder die Orgel und zitterte, wie wenn sie sich erst ein Herz fassen oder einen Anlauf nehmen müsse, und als es endlich voll und mächtig an dem hohen Gewölbe hinklang und die Spittelfrauen mit ihren zittrigen Stimmen einfielen, rückten zwei von den kleinen Mädchen halb schüchtern an Melanie heran und gaben ihr ihr Gesangbuch und zeigten auf die Stelle. Und sie sang mit:

„Du lebst, du bist in Nacht mein Licht,
Mein Trost in Not und Plagen,
Du weißt, was alles mir gebricht,
Du wirst mir's nicht versagen."

Und bei der letzten Zeile reichte sie den Kindern das Buch zurück und dankte freundlich und wandte sich ab, um ihre Bewegung zu verbergen. Dann aber murmelte sie Worte, die ein Gebet vorstellen sollten und es vor dem Ohr dessen, der die Regungen unsres Herzens hört, auch wohl waren, und verließ die Kirche so still und seitab, wie sie gekommen war.

In ihre Wohnung zurückgekehrt, fand sie Rubehn an seinem Arbeitstische vor. Er las einen Brief, den er, als sie eintrat, beiseite schob. Und er ging ihr entgegen und nahm ihre Hand und führte sie nach ihrem Sofaplatz.

„Du warst fort?" sagte er, während er sich wieder setzte.

„Ja, Freund. In der Stadt . . . In der Kirche."

„In der Kirche! Was hast du da gesucht?"

„Trost."

Er schwieg und seufzte schwer. Und sie sah nun, daß der Augenblick da war, wo sich's entscheiden müsse. Und sie sprang auf und lief auf ihn zu und warf sich vor ihm nieder und legte beide Arme auf seine Knie: „Sage mir, was es ist! Habe Mitleid mit mir, mit meinem armen Herzen. Sieh, die Menschen haben mich aufgegeben, und meine Kinder haben sich von mir abgewandt. Ach, so schwer es war, ich hätt es tragen können. Aber daß du, *du* dich abwendest von mir, das trag ich nicht."

„Ich wende mich nicht ab von dir."

„Nicht mit deinem Auge, wiewohl es mich nicht mehr sieht, aber mit deinem Herzen. Sprich, mein Einziger, was ist es? Es ist nicht Eifersucht, was mich quält. Ich könnte keine Stunde leben mehr, wär es *das*. Aber ein anderes ist es, was mich ängstigt, ein anderes, nicht viel Besseres: ich habe deine Liebe nicht mehr. Das ist mir klar, und unklar ist mir nur das eine, wodurch ich sie verscherzt. Ist es der Bann, unter dem ich lebe und den du mit zu tragen hast? Oder ist es, daß ich so wenig Licht und Sonnenschein in dein Leben gebracht und unsre Einsamkeit auch noch in Betrübsamkeit verwandelt habe? Oder ist es, daß du mir mißtraust? Ist es der Gedanke an das alte ‚Heute dir und morgen mir'? O sprich. Ich will dich nicht leiden sehen. Ich werde weniger unglücklich sein, wenn ich dich glücklich weiß. Auch getrennt von dir. Ich will gehen, jede Stunde. Verlang es, und ich tu es. Aber reiße mich aus dieser Ungewißheit. Sage mir, was es ist, was dich drückt, was dir das Leben vergällt und verbittert. Sage mir's. Sprich."

Er fuhr sich über Stirn und Auge, dann nahm er den beiseite geschobenen Brief und sagte: „Lies."

Melanie faltete das Blatt auseinander. Es waren Zeilen vom alten Rubehn, dessen Handschrift sie sehr wohl kannte. Und nun las sie: „Frankfurt, Ostersonntag. Ausgleich gescheitert. Arrangiere, was sich arrangieren läßt. In spätestens acht Tagen muß ich unsre Zahlungseinstellung aussprechen. M. R. . . ."

In Rubehns Mienen ließ sich, als sie las, erkennen, daß er einer neuen Erschütterung gewärtig war. Aber wie sehr hatte er sie verkannt, sie, die viel, viel mehr war als ein bloß verwöhnter Liebling der Gesellschaft, und eh ihm noch Zeit blieb, über seinen Irrtum nachzudenken, hatte sie sich schon in einem wahren Freudenjubel erhoben und ihn umarmt und geküßt und wieder umarmt.

„O nur das! . . . O nun wird alles wieder gut . . . Und was eurem Hause Unglück bedeutet, mir bedeutet es Glück, und nun weiß ich es, es kommt alles wieder in Schick und Richtung, weit über all mein Hoffen und Erwarten hinaus . . . Als ich damals ging und das letzte Gespräch mit ihm hatte, sieh, da sprach ich von den Menschlichen unter den Menschen. Und es ist mir, als wär es gestern gewesen. Und auf diese Menschlichen baut ich meine Zukunft und rechnete darauf, daß sie's versöhnen würde: ich liebte dich! Aber es war ein Fehler, und auch die Menschlichen haben mich im Stich gelassen. Und jetzt muß ich sagen, sie hatten recht. Denn die Liebe tut es nicht, und die Treue tut es auch nicht. Ich meine die Werkeltagstreue, die nichts Beßres kann, als sich vor Untreue bewahren. Es ist eben nicht viel, treu zu sein, wo man liebt und wo die Sonne scheint und das Leben bequem geht und kein Opfer fordert. Nein, nein, die bloße Treue tut es nicht. Aber die bewährte Treue, *die* tut es. Und nun kann ich mich bewähren und will es und werd es, und nun kommt *meine* Zeit. Ich will nun zeigen, was ich kann, und will zeigen, daß alles Geschehene nur geschah, weil es geschehen mußte, weil ich dich liebte, nicht aber, weil ich leicht und übermütig in den Tag hineinlebte und nur darauf aus war, ein bequemes Leben in einem noch bequemeren fortzusetzen."

Er sah sie glücklich an, und der Ausdruck des Selbstsuchtslosen in Wort und Miene riß ihn aus der tiefen Niedergedrücktheit seiner Seele heraus. Er hoffte nun selber wieder, aber Bangen und Zweifel liefen nebenher, und er sagte bewegt: „Ach, meine liebe Melanie, du warst immer ein Kind, und du bist es auch in diesem Augenblicke noch. Ein verwöhntes und ein gutes, aber doch ein Kind. Sieh, von deinem ersten Atemzuge an hast du keine Not gekannt, ach, was sprech ich von Not, nie, solange du lebst, ist dir ein Wunsch unerfüllt geblieben. Und du hast gelebt wie im Märchen von ‚Tischlein decke dich', und das Tischlein *hat* sich dir gedeckt, mit allem, was du wolltest, mit allem, was das Leben hat, auch mit Schmeicheleien und Liebkosungen. Und du bist geliebkost worden wie ein King-Charles-Hündchen mit einem blauen Band und einem Glöckchen daran. Und alles, was du getan hast, das hast du spielend getan. Ja, Melanie, spielend. Und nun willst du auch spielend entbehren lernen und denkst: es findet sich. Oder denkst auch wohl, es sei hübsch und apart, und schwärmst für die Poetenhütte, die Raum hat für ein glücklich liebend Paar, oder wenigstens haben *soll*. Ach es liest sich erbaulich von dem blankgescheuerten Eßtisch und dem Maienbusch in jeder Ecke und von dem Zeisig, der sich das Futternäpfchen selber heranzieht. Und es ist schon richtig: die gemalte Dürftigkeit sieht geradesogut aus wie der gemalte Reichtum. Aber wenn es aufhört, Bild und Vorstellung zu sein, und wenn es Wirklichkeit und Regel wird, dann ist Armut ein bitteres Brot, und Muß eine harte Nuß."

Es war umsonst. Sie schüttelte nur den Kopf immer wieder und sagte dann in jener einschmeichelnden Weise, der so schwer zu widerstehen war: „Nein, nein, du hast unrecht.

Und es liegt alles anders, ganz anders. Ich hab einmal in einem Buche gelesen, und nicht in einem schlechten Buche, die Kinder, die Narren und die Poeten, die hätten immer recht. Vielleicht überhaupt, aber von ihrem Standpunkt aus ganz gewiß. Und ich bin eigentlich alles drei's, und daraus magst du schließen, wie *sehr* ich recht habe. Dreifach recht. ‚Ich will spielend entbehren lernen', sagst du. Ja, Lieber, das will ich, das ist es, um was es sich handelt. Und du glaubst einfach, ich könn es nicht. Ich kann es aber, ich kann es ganz gewiß, so gewiß ich diesen Finger aufhebe, und ich will dir auch sagen, warum ich es kann. Den einen Grund hast du schon erraten: weil ich es mir so romantisch denke, so hübsch und apart. Gut, gut. Aber du hättest auch sagen können, weil ich andre Vorstellungen von Glück habe. Mir ist das Glück etwas anderes als ein Titel oder eine Kleiderpuppe. *Hier* ist es, oder nirgends. Und so dacht ich und fühlt ich immer, und so war ich immer, und so bin ich noch. Aber wenn es auch anders mit mir stünde, wenn ich auch an dem Flitter des Daseins hinge, so würd ich doch die Kraft haben, ihm zu entsagen. *Ein* Gefühl ist immer das herrschende, und seiner Liebe zuliebe kann man alles, alles. Wir Frauen wenigstens. Und *ich* gewiß. Ich habe so vieles freudig hingeopfert, und ich sollte nicht einen Teppich opfern können! Oder einen Vertiko! Ach, einen Vertiko!" und sie lachte herzlich. „Entsinnst du dich noch, als du sagtest: ‚Alles sei jetzt Enquête.' Das war damals. Aber die Welt ist inzwischen fortgeschritten, und jetzt ist alles Vertiko!"

Er war nicht überzeugt; seine praktisch-patrizische Natur glaubte nicht an die Dauer solcher Erregungen, aber er sagte doch: „Es sei. Versuchen wir's. Also ein neues Leben, Melanie!"

„Ein neues Leben! Und das erste ist, wir geben diese Wohnung auf und suchen uns eine bescheidenere Stelle. Mansarde klingt freilich anspruchslos genug, aber dieser Trumeau und diese Bronzen sind um so anspruchsvoller. Ich habe nichts gelernt, und das ist gut, denn wie die meisten, die nichts gelernt haben, weiß ich allerlei. Und mit Toussaint L'Ouverture fangen wir an, nein, nein, mit Toussaint-Langenscheidt, und in acht Tagen oder doch spätestens in vier Wochen geb ich meine erste Stunde. Wozu bin ich eine Genferin! Und nun sage: Willst du? Glaubst du?"

„Ja."

„Topp."

Und sie schlug in seine Hand und zog ihn unter Lachen und Scherzen in das Nebenzimmer, wo das Vrenel in Abwesenheit des Dieners eben den Teetisch arrangiert hatte.

Und sie hatten an diesem Unglückstage wieder einen ersten glücklichen Tag.

22

VERSÖHNT

Und Melanie nahm es ernst mit jedem Worte, das sie gesagt hatte. Sie hatte dabei ganz ihre Frische wieder, und eh ein Monat um war, war die modern und elegant eingerichtete Wohnung gegen eine schlichtere vertauscht, und das Stundengeben hatte begonnen. Ihre Kenntnis des Französischen und beinahe mehr noch ihr glänzendes musikalisches, auch nach der technischen Seite hin vollkommen ausgebildetes Talent hatten es ihr leicht gemacht, eine Stellung zu gewinnen, und zwar in ein paar großen schlesischen Häusern, die gerade vornehm genug waren, den Tagesklatsch ignorieren zu können.

Und bald sollte es sich herausstellen, wie nötig diese raschen und resoluten Schritte gewesen waren, denn der Zusammensturz erfolgte jäher als erwartet, und jede Form der Einschränkung erwies sich als geboten, wenn nicht mit der finanziellen Reputation des großen Hauses auch die bürgerliche verlorengehen sollte. Jede neue Nachricht von Frankfurt her bestätigte dies, und Rubehn, der anfangs nur allzu geneigt gewesen war, den Eifer Melanies für eine bloße Opferkaprice zu nehmen, sah sich alsbald gezwungen, ihrem Beispiele zu folgen. Er trat als amerikanischer Korrespondent in ein Bankhaus ein, zunächst mit nur geringem Gehalt, und war überrascht und glücklich zugleich, die berühmte Poetenweisheit von der „kleinsten Hütte“ schließlich an sich selber in Erfüllung gehen zu sehen.

Und nun folgten idyllische Wochen, und jeden neuen Morgen, wenn sie von der Wilmersdorfer Feldmark her am Rande des Tiergartens hin ihren Weg nahmen und an ihrer alten Wohnung vorüberkamen, sahen sie zu der eleganten Mansarde hinauf und atmeten freier, wenn sie der zurückliegenden schweren und sorgenreichen Tage gedachten. Und dann bogen sie plaudernd in die schmalen, schattigen Gänge des Parkes ein, bis sie zuletzt unter der schrägliegenden Hängeweide fort, die zwischen dem Königsdenkmal und der Louiseninsel steht und hier beinahe den Weg sperrt, in die breite Tiergartenstraße wieder einmündeten. Den schrägliegenden Baum aber nannten sie scherzhaft ihren Zoll- und Schlagbaum, weil sich dicht hinter demselben ein Leiermann postiert hatte, dem sie Tag um Tag ihren Wegezoll entrichten mußten. Er kannte sie schon, und während er die große Mehrheit, als wären es Steuerdefraudanten, mit einem zornig-verächtlichen Blick verfolgte, zog er vor unserem jungen Paare regelmäßig seine Militärmütze. Ganz aber konnt er sich auch ihnen gegenüber nicht zwingen und verleugnen, und als sie den schon Pflicht gewordenen Zoll eines Tages vergessen oder vielleicht auch absichtlich nicht entrichtet hatten, hörten sie, daß er die Kurbel in Wut und Heftigkeit noch dreimal drehte und dann so jäh und plötzlich abbrach, daß ihnen ein paar unfertige Töne wie Knurr- und Scheltworte nachklangen. Melanie sagte: „Wir dürfen es mit niemand verderben, Ruben; Freundschaft ist heuer rar.“ Und sie wandte sich wieder um und ging auf den Alten zu und gab ihm. Aber er dankte nicht, weil er noch immer in halber Empörung war.

Und so verging der Sommer, und der Herbst kam, und als das Laub sich zu färben und an den Ahorn- und Platanenbäumen auch schon abzufallen begann, da hatte sich bei denen, die Tag um Tag unter diesen Bäumen hinschritten, manches geändert, und zwar zum Guten geändert. Wohl hieß es auch jetzt noch, wenn sie den alten Invaliden unter ihrerseits devotem Gruße passierten, „daß sie der neuen Freundschaften noch nicht sicher genug seien, um die bewährten alten aufgeben zu können", aber diese neuen Freundschaften waren doch wenigstens in ihren Anfängen da. Man kümmerte sich wieder um sie, ließ sie gesellschaftlich wieder aufleben, und selbst solche, die bei dem Zusammenbrechen der Rubehnschen Finanzherrlichkeit nur Schadenfreude gehabt und je nach ihrer klassischen oder christlichen Bildung und Beanlagung von „Nemesis" oder „Finger Gottes" gesprochen hatten, bequemten sich jetzt, sich mit dem hübschen Paare zu versöhnen, „das so glücklich und so gescheit sei und nie klage und sich so liebe". Ja, sich so liebe. *Das* war es, was doch schließlich den Ausschlag gab, und wenn vorher ihre Neigung nur Neid und Zweifel geweckt hatte, so schlug jetzt die Stimmung in ihr Gegenteil um. Und nicht zu verwundern! War es doch ein und dasselbe Gefühl, was bei Verurteilung und Begnadigung zu Gerichte saß, und wenn es anfangs eine sensationelle Befriedigung gewährt hatte, sich in Indignation zu stürzen, so war es jetzt eine kaum geringere Freude, von den „Inséparables" sprechen und über ihre „treue Liebe" sentimentalisieren zu können. Eine kleine Zahl Esoterischer aber führte den ganzen Fall auf die Wahlverwandtschaften zurück und stellte wissenschaftlich fest, daß einfach seitens des stärkeren und deshalb berechtigteren Elements das schwächere verdrängt worden sei. Das Naturgesetzliche habe wieder mal gesiegt. Und hiermit sah sich denn auch der einen Winter lang auf den Schild gehobene van der Straaten abgefunden und teilte das Schicksal aller Saisonlieblinge, noch schneller vergessen als erhoben zu werden. Ja, der Spott und die Bosheit begannen jetzt ihre Pfeile gegen ihn zu richten, und wenn des Falles ausnahmsweise noch gedacht wurde, so hieß es: „Er hat es nicht anders gewollt. Wie kam er nur dazu? Sie war siebzehn! Allerdings, er soll einmal ein lion gewesen sein. Nun gut. Aber wenn dem ‚Löwen' zu wohl wird ..." Und dann lachten sie und freuten sich, daß es so gekommen, wie es gekommen.

Ob van der Straaten von diesen und ähnlichen Äußerungen hörte? Vielleicht. Aber es bedeutete ihm nichts. Er hatte sich selbst zu skeptisch und unerbittlich durchforscht, als daß er über die Wandlungen in dem Geschmacke der Gesellschaft, über ihr Götzenschaffen und Götzenstürzen auch nur einen Augenblick erstaunt gewesen wäre. Und so durfte denn von ihm gesagt werden, „er hörte, was man sprach, auch wenn er es *nicht* hörte". Weg über das Urteil der Menschen, galt ihm nur eines ebensowenig oder noch weniger: ihr Mitleid. Er war immer eine selbständige Natur gewesen, frei und fest, und so war er geblieben. Und auch derselbe geblieben in seiner Nachsicht und Milde.

Und der Tag kam, wo sich's zeigen und auch Melanie davon erfahren sollte.

Es war schon ausgangs Oktober und nur wenig gelbes und rotes Laub hing noch an den halb kahl gewordenen Bäumen. Das meiste lag abgeweht in den Gängen und wurde, wo's trocken war, zusammengeharkt, denn seit gestern hatte sich das Wetter wieder geändert, und nach langen Sturm- und Regentagen schien eine wundervolle Herbstessonne. Vielleicht die letzte dieses Jahres.

Und auch Anninettchen wurde hinausgeschickt und blieb heute länger fort als erwartet, bis endlich um die vierte Stunde die Magd in großer Aufregung heimkam und in ihrem schweren Schweizerdeutsch über ein eben gehabtes Erlebnis berichtete: „Sie hab auf der Bank g'sesse, wo die vier Löwe das Brückle halte, und hätt ebe g'sagt: ‚Sieh, Aninettle, des isch der alt Weibersommer, der will di einspinne, aber der hat di no lang nit', und das Aninettl hab grad g'juchzt un lacht un n'am Ohrring g'langt, do wäre zwei Herre über die Brück komme, so gute funfzig, aber schon auf der Wipp, und einer hätt g'sagt, e langer Spindelbein: ‚Schau des Silberkettle; des isch e Schweizerin; un i wett, des isch e Kind vom Schweizer G'sandte.' Aber do hat der andre g'sagt: ‚Nei, des kann nit sein; den Schweizer G'sandte, den kenn i, un der hat kein Kind un kein Kegel ...' Un do hat er z'mir g'sagt: ‚Ah nu, wem g'hört das Kind?' Un da hab i g'sagt: ‚Dem Herr Rubehn, un's isch e Mädle, un heißt Aninettl.' Un do hab i g'sehn, daß er sich verfärbt hat und hat wegg'schaut. Aber nit lang, da hat er sich wieder umg'wandt und hat g'sagt: ‚'s isch d' Mutter, und lacht auch so, un hat dieselbe schwarze Haar. Es isch e schön's Kindle. Findscht nit au?' Aber er hat's nit finde wolle und hat nur g'sagt: ‚Übertax' es nit. Es gibt mehr so. Un's ischt e Kind aus 'm Dutzend.' Jo, so hat er g'sagt, der garstige Spindelbein: ‚'s gibt mehr so, un's ischt e Kind aus 'm Dutzend.' Aber der gute Herre, der hat's Pätschle g'nomme un hat's g'streichelt. Un hat mi g'lobt, deß i so brav un g'scheidt sei. Jo, so hat er g'sagt. Und dann sind sie gange."

All das hatte seines Eindrucks nicht verfehlt, und Melanie war während der Tage, die folgten, immer wieder auf diese Begegnung zurückgekommen. Immer wieder und wieder hatte die Vreni jedes Kleinste nennen und beschreiben müssen, und so war es durch Wochen hin geblieben, bis endlich in den großen und kleinen Vorbereitungen zum Feste der ganze Vorfall vergessen worden war.

Und nun war das Fest selber da, der Heilige Abend, zu dem auch diesmal Rubehns jüngerer Bruder und der alte Prokurist, die sich zur Rückkehr nach Frankfurt nicht hatten entschließen können, geladen waren. Auch Anastasia.

Melanie, die noch vor Eintreffen ihres Besuchs allerlei Wirtschaftliches anzuordnen hatte, war ganz Aufregung und erschrak ordentlich, als sie gleich nach Dunkelwerden und lange vor der festgesetzten Stunde die Klingel gehen hörte. Wenn das schon die Gäste wären! Oder auch nur einer von ihnen. Aber ihre Besorgnis währte nicht lange, denn sie hörte draußen ein Fragen und Parlamentieren, und gleich darauf erschien das Vrenel und trug eine mittelgroße Kiste herein, auf der, ohne weitere Adresse, bloß das eine Wort „Julklapp" zu lesen war.

„Ist es denn für uns, Vreni?“ fragte Melanie.
„I denk schon. I hab ihm g'sagt: ,'s isch der Herr Rubehn, der hier wohnt. Un die Frau Rubehn.' Un do hat er g'sagt: ,'s isch schon recht; des isch der Nam'.' Un do hab i's g'nomme.“
Melanie schüttelte den Kopf und ging in Rubehns Stube, wo man sich nun gemeinschaftlich an das Öffnen der Kiste machte. Nichts fehlte von den gewöhnlichen Julklappszutaten, und erst als man unten am Boden eines großen Gravensteiner Apfels gewahr wurde, sagte Melanie: „Gib acht. Hierin steckt es.“ Aber es ließ sich nichts erkennen, und schon wollten sie den Gravensteiner, wie alles andre, beiseite legen, als sich durch eine zufällige Bewegung ihrer Hand die geschickt zusammengepaßten Hälften des Apfels auseinander schoben. „Ah, voilà.“ Und wirklich, an Stelle des Kernhauses, das herausgeschnitten war, lag ein in Seidenpapier gewickeltes Päckchen. Sie nahm es, entfernte langsam und erwartungsvoll eine Hülle nach der andern und hielt zuletzt ein kleines Medaillon in Händen, einfach, ohne Prunk und Zierat. Und nun drückte sie's an der Feder auf und sah ein Bildchen und erkannt es, und es entfiel ihrer Hand. Es war, en miniature, der Tintoretto, den sie damals so lachend und übermütig betrachtet und für dessen Hauptfigur sie nur die Worte gehabt hatte: „Sieh, Ezel, sie hat geweint. Aber ist es nicht, als begriffe sie kaum ihre Schuld?“
Ach, sie fühlte jetzt, daß das alles auch für sie selbst gesprochen war, und sie nahm das ihrer Hand entfallene Bildchen wieder auf und gab es an Rubehn und errötete.
Dieser spielte damit hin und her und sagte dann, während er die Feder wieder zuknipste: „King Ezel in all his glories! Immer derselbe. Wohlwollend und ungeschickt. Ich werd es tragen. Als Uhrgehäng, als Berloque.“
„Nein, *ich*. Ach, du weißt nicht, wieviel es mir bedeutet. Und es soll mich erinnern und mahnen ... jede Stunde ...“
„Meinetwegen. Aber nimm es nicht tragischer als nötig und grüble nicht zuviel über das alte leidige Thema von Schuld und Sühne.“

„Du bist hochmütig, Ruben.“
„Nein.“
„Nun gut. Dann bist du stolz.“
„Ja, das bin ich, meine süße Melanie. Das bin ich. Aber auf was? Auf *wen*?“
Und sie umarmten sich und küßten sich, und eine Stunde später brannten ihnen die Weihnachtslichter in einem ungetrübten Glanz.

STINE

ERSTES KAPITEL

In der Invalidenstraße sah es aus wie gewöhnlich: die Pferdebahnwagen klingelten, und die Maschinenarbeiter gingen zu Mittag, und wer durchaus was Merkwürdiges hätte finden wollen, hätte nichts anderes auskundschaften können, als daß in Nummer 98e die Fenster der ersten Etage – trotzdem nicht Ostern und nicht Pfingsten und nicht einmal Sonnabend war – mit einer Art Bravour geputzt wurden.

Und nicht zu glauben: diese Merkwürdigkeit ward auch wirklich bemerkt, und die schräg gegenüber an der Scharnhorststraßenecke wohnende alte Lierschen brummte vor sich hin: „Ich weiß nicht, was der Pittelkown wieder einfällt. Aber sie kehrt sich an nichts. Un was ihre Schwester is, die *Stine,* mit ihrem Stübeken oben bei Polzins un ihren Sep'ratschlüssel, daß keiner was merkt, na, *die* wird grad ebenso. Schlimm genug. Aber die Pittelkown is schuld dran. Wie sie man bloß wieder dasteht und rackscht und rabatscht! Und wenn es noch Abend wär, aber am hellen, lichten Mittag, wo Borsig und Schwarzkoppen seine grade die Straße runterkommen. Is doch wahrhaftig, als ob alles Mannsvolk nach ihr raufkucken soll; 'ne Sünd und 'ne Schand."

So brummelte die Lierschen vor sich hin, und so wenig freundlich ihre Betrachtungen waren, so waren sie doch nicht ganz ohne Grund; denn oben auf dem Fensterbrett und kniehoch aufgeschürzt stand eine schöne, schwarze Frauensperson mit einem koketten und wohlgepflegten Wellenscheitel und wusch und rieb, einen Lederlappen in der Hand, die Scheiben der einen Fensterseite, während sie den linken Arm, um sich besser zu stützen, über das andere Querholz gelegt hatte. Mitunter gönnte sie sich einen Stillstand in der Arbeit und sah dann auf die Straße hinunter, wo jenseits des Pferdebahngeleises ein dreirädriger, beinahe eleganter Kinderwagen in greller Mittagssonne hielt. Dem im Wagen sitzenden, allem Anschein nach überaus ungebärdigen Kinde, das ganz aristokratisch in weiße Spitzen gekleidet war, war ein zehnjähriges

Mädchen zur Aufsicht beigegeben, das, als alles Bitten und Zureden nichts helfen wollte, dem Schreihals einen tüchtigen Klaps gab. Im selben Augenblick aber schielte die Zehnjährige, die diesen Erziehungsakt gewagt hatte, scheu nach dem Fenster hinauf, und richtig, es war alles von drüben her gesehen worden, und die schöne schwarze Person, die „klapsen und erziehen" durchaus als ihre Sache betrachtete, drohte sofort mit dem Lederlappen nach der auf ihrem Übergriff Ertappten hinüber. Auch schien ein Zornausbruch in Worten trotz der weiten Entfernung folgen zu sollen; aber ein befreundeter Briefbote, der gerade die Straße heraufkam, hielt einen Brief in die Höh, zum Zeichen, daß er ihr etwas bringe. Sie verstand es auch so, stieg sofort vom Fensterbrett auf einen nebenstehenden Stuhl und verschwand im Hintergrund des Zimmers, um den Brief draußen auf dem Korridor in Empfang zu nehmen. Eine Minute später kam sie zurück und setzte sich ins Licht, um bequemer lesen zu können. Aber was sie da las, schien ihr mehr Ärger als Freude zu machen, denn ihre Stirn legte sich sofort in ein paar Verdrießlichkeitsfalten, und den Mund aufwerfend, sagte sie spöttisch: „Alter Ekel. Immer verquer." Aber sie war keine Person, sich irgendwas auf lange zu Herzen zu nehmen, und so lehnte sie sich, den Brief immer noch in der Hand haltend, weit über die Fensterbrüstung hinaus und rief mit jener enrhümierten Altstimme, wie sie den unteren Volksklassen unserer Hauptstadt nicht gerade zum Vorteil eigen ist, über die Straße hin: „Olga!"

„Was denn, Mutter?"

„‚Was denn, Mutter!' Dumme Jöre! Wenn ich dir rufe, kommste. Verstehste?"

Ein mit einem alten Dampfkessel bepackter Lastwagen, der dröhnend und schütternd gerade des Weges kam, hinderte die unverzügliche Ausführung des Befehls; kaum aber, daß der Rollwagen vorüber war, so nahm Olga den Stoßgriff des Kinderwagens in die Hand und fuhr, quer über den Damm hin, auf das Haus zu und mit einem Ruck in den Hausflur hinein. Hier nahm sie das Kind heraus und ging, während sie den Wagen zunächst unten stehenließ, treppauf in die Wohnung der Mutter.

Diese hatte sich mittlerweile beruhigt, die Stirnfalte war fort, und Olga bei der Hand nehmend, sagte sie mit jenem Übermaß von Vertraulichkeit, das gewöhnliche Leute gerade bei Behandlung intimster Dinge zu zeigen pflegen: „Olga, der Olle kommt heute wieder. Immer, wenn's nich paßt, is er da. Grad als wollt er mir ein'n Tort antun. Ja, so is er. Na, es hilft nu nich, und Gott sei Dank, vor achten kommt er nich. Und nun gehst du zu Wanda und sagst ihr ... Ne, laß man ... Bestellen kannst du's doch nich, es is zu lang zum Bestellen. Ich werde dir lieber einen Zettel schreiben."

Und mit diesen Worten trat sie von der Tür her, wo dies Gespräch stattgefunden, an einen überaus eleganten und um ebendeshalb zu Haus und Wohnung wenig passenden Rokokoschreibtisch heran, auf dem eine fast noch mehr überraschende ledergepreßte Schreibmappe lag. In dieser Mappe begann jetzt die noch immer hochaufgeschürzte Frau nach einem Stück Briefpapier zu suchen, anfangs ziemlich ruhig, als sich aber, nach dreimaligem Durchblättern der roten Löschpapierbogen, immer noch nichts gefunden hatte, brach ihre schlechte Laune wieder los und richtete sich, wie gewöhnlich, gegen Olga:

„Hast es wieder weggenommen und Puppen ausgeschnitten?"

„Nein, Mutter, wahr und wahrhaftig nich; ich kann es dir zuschwören."

„Ach, geh mir mit dein ewiges Geschwöre. Haste denn gar nichts?"

„Ja, mein Schreibebuch."

Und Olga lief, so rasch es ging, in das Neben- und Hinterzimmer und kam dann mit einem blauen Schreibeheft zurück. Die Mutter riß ohne weiteres die letzte Seite heraus, auf deren oberster Zeile lauter „ch" standen, und kritzelte nun mit verhältnismäßiger Schnelligkeit einen Brief fertig, faltete das Blatt zweimal und verklebte noch die offene Stelle mit

Briefmarkenstreifen, von denen sie die gummireichsten immer mit dem Bemerken „Is besser als Englischpflaster" aufzuheben pflegte. „So, Olgachen. Nun gehst du zu Wanda un gibst ihr das. Und wenn sie nich da is, gibst du's an den alten Schlichting. Aber nich an seine Frau un auch nich an die Flora, die kuckt immer rein und braucht nicht alles zu wissen. Und wenn du zurückkommst, dann gehste mit zu Bolzanin ran un bestellst 'ne Torte."

„Was für eine?" fragte Olga, deren Gesicht sich plötzlich verklärte.

„Appelsine ... Un bezahlst sie gleich. Un wenn du sie bezahlt hast, sagste, daß er nichts drauflegen soll, auch keine Appelsinenstücke, die doch bloß Pelle un Steine sind ... Und nun geh, Olgachen, un mach flink, un wenn du wieder da bist, kannst du dir drüben bei Marzahn auch für 'n Sechser Gerstenbonbons kaufen."

ZWEITES KAPITEL

Olga säumte nicht und ging in die Hinterstube, um hier ihr rot und schwarz kariertes Umschlagetuch zu holen, das, neben einem etwas verschlissenen Schnurenhut, ihr gewöhnliches Straßenkostüm bildete. Witwe Pittelkow in Person aber stieg, nachdem sie das immer noch schreiende Kind in eine ganz vornehm ausgestattete Himmelwiege gelegt und ihm eine Flasche mit Saugpfropfen in den Mund gesteckt hatte, zwei Treppen höher zu Polzins hinauf, wo ihre Schwester Stine Chambre garnie wohnte.

Polzins waren gutsituierte Leute, die das mit dem Chambre garnie gar nicht nötig gehabt hätten, aber trotzdem, aus purem Geiz, alles vermieteten, oder doch soviel wie irgend möglich, um ihrerseits frei wohnen zu können oder, wie Frau Polzin sich ausdrückte, „für umsonst einzusitzen". Er, Polzin, war seiner eigenen Angabe nach „Teppichfabrikant" (allerdings niedrigster Observanz) und beschränkte sich darauf, unter geflissentlicher Verachtung aller Komplementärfarbengesetze, schmale, kaum fingerbreite Tuchstreifen wie Stroh oder Binsen nebeneinanderzuflechten und dies Geflecht als „Polzinsche Teppiche" zu verkaufen. „Sehen Sie", so schloß jedes seiner Geschäftsgespräche, „solch ‚Polzinscher' " – er behandelte sich dabei ganz als historische Person – „wird nie alle; wenn eine Stelle weggetreten is oder der Eßtisch mit seinem Rollfuß ein Loch eingerissen hat, nehm ich ein paar alte Streifen raus und setz ein paar neue rein, un alles is wieder propper und fix und fertig. Sehen Sie, so sind die ‚Polzinschen'. Aber wenn der Smyrnaer ein Loch hat, dann hat er's, und da hilft kein Gott nich."

Polzin, wie sich aus diesem Redestück ergibt, neigte zu philosophischer Betrachtung: ein Zug, der durch das zweite Metier, das er betrieb, noch eine ganz erhebliche Stärkung erfuhr. Während der Abendstunden nämlich war er bei sich bietenden Gelegenheiten auch noch Lohndiener und wegen seiner Vorsicht und Geschicklichkeit beim Präsentieren in dem zwischen Invaliden- und Chausseestraße gelegenen Stadtteil allgemein beliebt, was Frau Polzin in ihren Gesprächen mit der Pittelkow immer wieder betonte: „Sehn Sie, liebe Pittelkow, mein Mann is ein ordentlicher und manierlicher Mensch, der, weil wir selber ganz klein angefangen haben, am besten weiß, daß es nich jeder zum Wegschmeißen hat. Un sehn Sie, danach präsentiert er auch, und Saucieren, die nich feststehn und immer hin und her rutschen, die nimmt er gar nich. Und wenn Polzin schon eine einzige Plüschtaille verdorben hat, so will ich sterben. Und ebenso galant und manierlich is er auch bei's Mitnehmen. Er is mein Mann, aber das muß ich sagen, er hat was Feines un Bescheidenes un überhaupt so was, was die andern *nich* haben. Ja, das muß ich ihm lassen. Und da reichen nich hundertmal, daß er mir gesagt hat: ‚Emilie, heut hab ich mir mal wieder über meine Kollegen geschämt. Natürlich war es wieder der mit 'n Plattfuß aus der Charitéstraße. Glaubst du, daß er sich auch bloß geniert und ein ganz klein bißchen für Schein und Anstand gesorgt hätte? I, Gott bewahre. Ganz dreiste weg, als ob er sagen wollte: ‚Ja, meine Herrschaften, da steht der Rotwein, un nu nehm ich ihn mit nach Hause.‘ “

So waren die Polzins, an deren Flurtür, trotz einer daneben befindlichen Klingel, die Pittelkow jetzt klopfte, zum Zeichen (so hatte man abgemacht), daß es bloß „Freundschaft“ sei, was zu Besuch käme. Und gleich danach erschien denn auch Frau Polzin und öffnete.

Die nur drei Stuben zählende Polzinsche Wohnung erfreute sich des Vorzugs eines Korridors, der aber freilich nicht größer war als ein aufgeklappter Spieltisch und augenscheinlich nur den Zweck hatte, drei auf ihn ausmündende Türen zu zeigen, von denen die links gelegene zu der verwitweten Privatsekretär Kahlbaum, die mittlere zu Polzins selbst, die rechts gelegene zu Stine führte. Diese hatte das beste Zimmer der Wohnung, hell und freundlich, mit dem Blick auf die Straße, während sich die Kahlbaum mit etwas Beleuchtung vom Hof her und die Polzinschen Eheleute mit einem schrägen Dachlicht begnügen mußten, das, wie bei photographischen Ateliers, von oben her einfiel.

„Liebe Polzin“, sagte die Pittelkow, als beide Frauen sich oberflächlich begrüßt hatten, „es riecht wieder so sehr nach Petroleum bei Ihnen. Warum nehmen Sie nich Koks? Sie werden sich mit Ihrem ewigen Petroleumkocher noch alle Mieter aus der Wohnung kochen. Und Ihr lieber Mann! Was sagt denn *der* eigentlich dazu? Der muß doch nachgerade bei Puten und Fasanen eine feine Nase gekriegt haben. Und ich weiß nicht, wenn ich ein herrschaftlicher Lohndiener wäre, *so* was litt ich nich. In Gesellschaften immer was Delikats und zu Hause *so*. Na, meinetwegen. Is denn Stine drin?“

„Ich denke doch, ich habe sie nicht weggehen hören. Und denn wissen Sie ja, liebe Pittelkow, wir sehen nichts un hören nichts.“

„Versteht sich, versteht sich“, lachte die Pittelkow, „sehen nichts un hören nichts. Und das ist auch immer das beste.“

Sehr wahrscheinlich, daß sich dies Gespräch noch fortgesetzt hätte, wenn nicht in ebendiesem Augenblick die Tür von rechts her aufgemacht und Stine herausgetreten wäre.

„Jott, Stine", sagte die Pittelkow mit einem Ausdruck von Freude. „Na, das ist recht, Kind. Ein Glück, daß du da bist. Du mußt heute noch runterkommen un helfen."

Unter diesen Worten waren die Schwestern, während sich Frau Polzin artig, aber grienend zurückzog, in Stines Zimmer eingetreten und auf ein paar kleine Stühle zugegangen, die zu beiden Seiten des Fensters auf einem Trittbrett standen. Draußen am Fenster aber war ein Dreh- und Straßenspiegel angebracht, bei dessen Anbringung der ebenso praktische wie pfiffige Polzin vor Jahr und Tag schon zu seiner Frau gesagt hatte: „Emilie, solange *der* da ist, solange vermieten wir."

Die Pittelkow setzte sich gegenüber dem Drehspiegel, der denn auch heute wieder, wie zur Bestätigung der Worte Polzins, eine Quelle herzlichen Vergnügens für die hübsche Witwe wurde, nicht aus Eitelkeit (denn sie sah sich gar nicht), sondern aus bloßer Neugier und Spielerei. Stine, die das alles schon kannte, lächelte vor sich hin; auch sie trug einen gewellten Scheitel, aber ihr Haar war flachsgelb, und die Ränder der überaus freundlichen Augen zeigten sich leicht gerötet, was, aller sonst blühenden Erscheinung und einer gewissen Ähnlichkeit mit der Pittelkow unerachtet, doch auf eine zartere Gesundheit hinzudeuten schien. Und so war es auch. Die brünette Witwe war das Bild einer südlichen Schönheit, während die jüngere Schwester als Typus einer germanischen, wenn auch freilich etwas angekränkelten Blondine gelten konnte.

Stine sah der immer noch mit dem Spiegel beschäftigten Schwester eine Weile zu, dann erhob sie sich, hielt ihr die Hand vor die Augen und sagte: „Nun hast du aber genug, Pauline. Du mußt doch nachgerade wissen, wie die Invalidenstraße aussieht."

„Hast recht, Kind. Aber so is der Mensch; immer das Dummste gefällt ihm un beschäftigt ihn, un wenn ich in den Spiegel kucke und all die Menschen und Pferde drin sehe, dann denk ich, es is doch woll anders als so mit bloßen Augen. Und ein bißchen anders is es auch. Ich glaube, der Spiegel verkleinert, un verkleinern is fast ebensogut wie verhübschen. Aber *du* brauchst nicht kleiner zu werden, Stine, du kannst so bleiben, wie du bist. Ja, wahrhaftig. Aber, warum ich komme. Jott, man hat doch keine ruhige Stunde."

„Was is denn?"

„Er kommt heute wieder."

„Nu Pauline, das is doch kein Unglück. Bedenke doch, daß er für alles sorgt. Und so gut wie er ist und gar nich so."

„Na, ich wollt ihm auch. Und den alten Baron bringt er auch mit und noch einen."

„Und noch einen? *Wen* denn?"

„Lies."

Und sie reichte Stine den eben erhaltenen Brief, und diese las nun mit halblauter Stimme: „Mein lieber schwarzer Deibel. Ich komme heute, aber nicht allein; Papageno kommt mit und ein Neffe von mir auch; natürlich noch jung und etwas blaß. ‚Aber bleich und blaß, ei, die Weiber lieben das.' Sorge nur, daß Wanda kommt und Stine. Wein schick ich und eine Salatschüssel. Aber für alles andre mußt Du sorgen. Nichts Apartes, nichts Großes, bloß so wie immer. Dein Sarastro."

„Wer ist denn der Neffe?" fragte Stine.

„Weiß ich nich. Wer kann alle Neffens kennen? Denkst du, daß ich mich um seinen Stammbaum kümmere? Jott, wie mag es damit aussehen! Na, überhaupt Stammbäume!"

„Laß ihn das nich hören."

„Oh, der hört noch ganz andres. Oder denkst du, daß ich mir wegen eine Treppe hoch un mit Klavier un Diwan un wegen 'nen Schreibtisch, der immer wackelt, weil er dünne Beine hat, ein Pechpflaster aufkleben soll? Nein, Stinechen, da kennst du deine Schwester schlecht. Oder wegen den blassen Neffen? Ich denk ihn mir so." Und dabei zog sie das Gesicht in die Länge und drückte mit Daumen und Zeigefinger die beiden Backen ein.

Stine lachte. „Ja, damit wirst du's wohl getroffen haben. Und überhaupt, ich find es unpassend und ungebildet, daß er den jungen Menschen mitbringt. Ein Onkel ist doch immer so was wie 'ne Respektsperson. Für sich mag er ja tun, was er will; aber solchen jungen Menschen ... ich weiß nicht, Pauline. Findst du nich auch?"

„Na, ob ich finde. Natürlich; erst recht. Aber, Kind, wenn wir davon erst reden wollen, denn is kein Ende. Das is nu mal so; sie taugen alle nichts un is auch recht gut so; wenigstens für unsereins – mit *dir* is es was anders – und für alle, die so tief drinsitzen un nich aus noch ein wissen. Denn wovon soll man denn am Ende leben?"

„Von Arbeit."

„Ach Jott, Arbeit. Bist du jung, Stine. Gewiß, arbeiten is gut, un wenn ich mir so die Ärmel aufkrempie, is mir eigentlich immer am wohlsten. Aber, du weißt ja, denn is man mal krank un elend, un Olga muß in die Schule. Wo soll man's denn hernehmen? Ach, das ist ein langes Kapitel, Stine. Na, du kommst doch? So Klocker acht oder lieber noch ein bißchen eh'r."

DRITTES KAPITEL

Während die Pittelkow oben bei Stine war, um sich dieser für den Abend zu versichern, ging Olga die Invalidenstraße hinauf, um erst den Brief abzugeben und dann auf dem Rückwege bei Konditor Bolzani die Torte zu bestellen. Es war ihr Eile befohlen, aber sie kehrte sich nicht dran, freute sich vielmehr, eine Stunde lang ohne mütterliche Kontrolle zu sein, und getröstete sich, „daß es noch lange hin sei bis Abend". An allen Läden blieb sie stehen, am längsten vor dem Schaufenster eines Putzgeschäfts, aus dessen buntem Inhalt sie sich abwechselnd eine rote Schärpe mit Goldfransen und dann wieder einen braunen Kastorhut mit Reiherfeder als Schönstes wünschte. Diesen Wunsch in Erfüllung gehen zu sehen, war freilich wenig Aussicht vorhanden, aber es schadete nicht viel, weil sich ihre nächste Zukunft unter allen Umständen angenehm genug gestalten mußte. Wanda, wie sie von Tante Stine her wußte, hatte meistens Sandtorte, ja mitunter sogar Schokoladenplätzchen in ihrem Schrank, und wenn sich beides auch nicht erfüllte, so blieben doch immer noch die Gerstenbonbons.

Solchen Betrachtungen hingegeben, kam Olga bis an die Chausseestraße, wo, wie gewöhnlich in dieser kirchhofreichen Gegend, ein großes Begräbnis die Straßenpassage hemmte. Olga, weitab davon, irgendwelchen Anstoß an dieser Wegestörung zu nehmen, wünschte ganz im Gegenteil, dieselbe so lange wie möglich andauern zu sehen, und stellte sich, besseren Überblicks halber, auf eine vor einem Öl- und Spiritusgeschäft angebrachte Steintreppe. Der Wagen mit dem Sarge war schon eine Weile vorüber, so daß sie nur noch das versilberte Kreuz über einem Meer von schwarzen Hüten hin und her schwanken sah. Kutschen fehlten im Zuge (so wenigstens schien es), dafür aber folgten allerlei Baugewerke mit Bannern und Musik, und während noch aus der Front her der Trauermarsch der Zimmerleute bis weit nach rückwärts tönte, klang schon aus der Mitte des Zuges und vom Oranienburger Tor her ein zweiter und dritter Trauermarsch herauf, so daß Olga nicht wußte, worauf sie hören und welchem Geblase sie den Vorzug geben sollte. Neben dem eigentlichen Gefolge drängten breite Volksmassen mit vorwärts und ließen nur allemal eine schmale Gasse frei, wenn reitende Schutzleute von der Queue her bis an die Spitze des Zuges und dann wieder zurücksprengten. ‚Wer es nur is?‘ dachte Olga, in deren Herzen etwas wie Neid aufkeimte, so schön begraben zu werden; aber soviel sie horchte, sie konnte es bei den mit ihr auf der Steintreppe Stehenden nicht mit Bestimmtheit in Erfahrung bringen. Einer versicherte, daß es ein alter Mauerpolier, ein anderer, daß es ein reicher Ratszimmermeister sei, während eine mit braunem Torfstaub ganz überdeckte Frau, die der herannahende Zug sichtlich beim Abladen unterbrochen hatte, von nichts Geringerem als von einem Minister für Maurer und Zimmerleute wissen wollte. „Dummes Zeug", unterbrach sie der nebenan wohnende Budiker, „so was gibt es ja gar nich." Aber das Torfweib ließ sich nicht stören und sagte nur: „Warum nich, warum soll es so was nich geben?" Und so stritt man sich hin und her. Endlich aber war der Zug vorüber, und Olga passierte nun den Damm und bog hundert Schritt weiter abwärts in die Tieckstraße ein.

Nummer 27a war das dritte Haus von der Ecke: fünf Fenster Front, drei Stock und eine kleine Mansarde. Der Wirt, ein Kupferschmied, hatte den Hof in eine halboffene Werkstatt verwandelt, in der nun den ganzen Tag über auf oft zweimannshohen Braukesseln herumgehämmert wurde, bei welchem Gedröhn und Gehämmre Wanda ihre Rollen lernte. Es tat ihr nichts; ja, sie hätte nirgends lieber wohnen mögen, und der Kupferschmiedegeselle, der auf der obersten Kesselrundung oft stundenlang herumritt und sich dabei in platonischer Liebe (der einzigen, die Wanda so kleinen Leuten gestattete) verzehrte, war jedesmal ihr guter Freund. Ihre von Glasermeister Schlichting abgemietete Wohnung lag nämlich nach dem Hofe hinaus und hatte *hier* ihren eigentlichen Auf- und Eingang. Hier befand sich denn auch ihre Klingel und ihre Karte: „Wanda Grützmacher, Schauspielerin am Nordend-Theater."

Und dieses Titels durfte sie sich rühmen wie manche Berühmtere. War sie doch ein Liebling der Bühne, die das Glück hatte, sie zu besitzen, und nicht nur ein Liebling des Publikums, sondern auch des Direktors, der, persönlicher Beziehungen zu geschweigen, vor allem *das* an ihr schätzte, daß sie, mit Ausnahme der Gage, vollkommen prätensionslos war und alles spielte, was vorkam. „Immer tapfer in die Bresche", war einer ihrer Lieblingssätze. Sie war überhaupt für Leben und Lebenlassen, behandelte delikate Vorkommnisse von einem gewissen höheren Standpunkt aus und hatte stereotype, dem urältesten Berliner Witzfonds entnommene Wendungen, in denen sich ihre Stellung zum „Ideal" ausdrückte. Sie zog dementsprechend „ein gutes Gehalt einer schlechten Behandlung vor", und wenn ihr bei Soupers mit Bourgeoiswitwern, einer ihr besonders sympathischen Gesellschaftsklasse, die Speisekarte gereicht wurde, so zeigte sie mit einem ihr kleidenden und seine Wirkung nie verfehlenden Ernst auf das rasch als Bestes und Teuerstes Erkannte, jedesmal feierlich hinzusetzend: „Dafür laß ich mein Leben."

So Wanda Grützmacher, Tieckstraße 27a.

Olga, die sonderbarerweise noch nie Bestellungen bei der Schauspielerin zu machen gehabt hatte, klingelte zunächst vorn bei Schlichtings, und Fräulein Flora Schlichting erschien denn auch, halb verschlafen, an der Tür und öffnete.

„Is Fräulein Wanda zu Haus?"

„Zu Haus is sie; ich glaube, sie schläft. Hast du was abzugeben?"

„Ja, aber ich soll es ihr selber geben."

„I, gib man ..." Und damit griff sie nach dem Brief.

Olga zog aber energisch zurück. „Nein, ich darf nich ..."

„Na, denn komme morgen wieder."

Wanda, trotzdem sie nicht Wand an Wand mit der Schlichtingschen Vorderstube wohnte, mußte trotzdem von dieser Unterhaltung gehört haben; denn als eben die Tür zugeworfen werden sollte, war sie, wie aus der Erde gewachsen, da und sagte: „Gott, Olgachen. Was bringst du denn, Kind? Mutter is doch nich krank?" Olga hielt ihr statt aller Antwort den Brief entgegen. „Ach, ein Brief. Na, denn komm in meine Stube, daß ich ihn lesen kann. Hier is es ja stockduster un wahrhaftig nicht zu merken, daß man bei 'nem Glaser wohnt."

Dabei nahm sie das Kind bei der Hand und zog es mit sich durch die mit jedem Schritte dunkler werdende Schlichtingsche Wohnung bis in ihre Hinterstube hinein. Hier mußte sie lachen, als sie den sonderbaren Briefverschluß ihrer Freundin Pauline sah; dann aber öffnete sie die verklebte Stelle mit einer aus ihrem dicken, schwarzen Zopf genommenen Haarnadel und las nun mit sichtlicher Freude:

„Liebe Wanda. Er kommt heute wieder, was mir sehr verkwehr is, denn ich mache gerade reine. Jott, ich bin so ärgerlich und bitte Dich bloß: komm. Ohne Dir is es nichts. Stine kommt auch. Komm Klocker acht, aber nich später und behalte lieb

Deine Freundin

Pauline Pittelkow geb. Rehbein."

Wanda steckte den Brief unter die Taille, schnitt Olga ein großes Stück von einem in einer Fayenceterrine mit Deckel aufbewahrten altdeutschen Napfkuchen ab und sagte dann: „Und nu grüße Mutterchen und sag ihr, ich käme Punkt acht. Mit 'm Schlag. Denn wir von's Theater sind pünktlich, sonst geht es nich. Und wenn du wiederkommst, Olgachen, so kannst du gleich die kleine Hoftreppe raufkommen, bloß drei Stufen, da brauchst du vorn nich durch un is kein Fräulein Flora nich da, die dich anschreit und wegschicken will. Hörst du?" Und in einer Art Selbstgespräch setzte sie hinzu: „Gott, diese Flora; je weniger Bildung, je mehr Einbildung. Ich begreife diese Menschen nich."

Olga versprach, alles zu bestellen, und eilte mit ihrem Beutestück ins Freie. Kaum draußen, sah sie sich noch einmal um und biß dann herzhaft ein und schmatzte vor Vergnügen. Aber schnöder Undank keimte bereits in ihrer Seele, und während es ihr noch ganz vorzüglich schmeckte, sagte sie schon vor sich hin: „Eigentlich is es gar kein richtiger... Ohne Rosinen... Einen mit Rosinen eß ich lieber."

VIERTES KAPITEL

Als Olga, nach Erledigung aller ihr aufgetragenen Gänge, den zu Kaufmann Marzahn an der Ecke natürlich mit eingerechnet, wieder nach Hause kam, fand sie hier alles verändert und Tante Stine damit beschäftigt, die rote Wollschnur der Tüllgardinen in die messingblechenen Halter einzuhaken.

Überall herrschte Sauberkeit und Ordnung – nur in der Nebenstube war man noch nicht fertig geworden –, und das einzige, was als Störung gelten konnte, war ein eben abgegebener Korb mit Weinflaschen und eine vorläufig auf einen danebenstehenden Stuhl gesetzte Hummermayonnaise.

Olga berichtete, daß Wanda kommen würde, was von seiten der Pittelkow mit sichtlicher Freude vernommen wurde. „Wenn Wanda nich da is, is es immer bloß halb. Ich möchte mir nich alle Tage hinstellen und Prinzessin spielen; aber das muß wahr sein, alle von's Theater haben so was un kriegen einen Schick un können reden. Wo's ihnen eigentlich sitzt, ich weiß es nich, und am wenigsten bei Wanda. Wanda war immer die Faulste von uns un die Klügste auch nich un ließ sich vorsagen und ohne Lehrer Kulike ... na, mit dem hatte sie's. Überhaupt, es war 'ne pfiffige Kröte, was sonst die Dikken eigentlich nich sind. Aber immer gut und kein Neidhammel und gab immer was ab."

Während dieser Rede, die sich nur halb an Stine richtete, war die mitten auf dem Sofa stehende Witwe mit Geraderückung dreier Bilder beschäftigt und trat, als sie damit fertig war, vom Sofa her bis an die Türschwelle zurück, um von hier aus noch einmal alles überblicken und sich von dem Gelungensein ihres Arrangements überzeugen zu können. Wegen solcher Dinge gelobt zu werden war ihr, bei ihrer im Grunde genommen ganz auf Wirtschaftlichkeit und Ordnung gestellten Natur, ein wahres Herzensbedürfnis, und wenn sie je zuvor einen Anspruch auf ein dafür einzuheimsendes Lob gehabt hatte, so sicherlich heute. Alles, was aus dem ihr zur Verfügung stehenden Material gemacht werden konnte, war daraus gemacht worden und ließ wenigstens momentan übersehen, wie sehr und zum Teil auch in wie komischer Weise sich die hier aufgestellten Sachen untereinander widersprachen. Ein Büfett, ein Sofa und ein Pianino, die, hintereinander weg, die von keiner Tür unterbrochene Längswand des Zimmers einnahmen, hätten auch bei „Geheimrats" stehen können; aber die von der Pittelkow eben geradegerückten drei Bilder stellten das im übrigen erstrebte Ensemble wieder stark in Frage. Zwei davon: „Entenjagd“ und „Tellskapelle“, waren nichts als schlecht kolorierte Lithographien allerneuesten Datums, während das dazwischenhängende dritte Bild, ein riesiges, stark nachgedunkeltes Ölporträt, wenigstens hundert Jahre alt war und einen polnischen oder litauischen Bischof verewigte, hinsichtlich dessen Sarastro schwor, daß die schwarze Pittelkow in direkter Linie von ihm abstamme. Gegensätze wie diese zeigten sich in der gesamten Zimmereinrichtung, ja, schienen mehr gesucht als vermieden zu sein, und während sich an einem der Wandpfeiler ein prächtiger Trumeau mit zwei vorspringenden goldenen Sphinxen breitmachte, standen auf dem Bücherschrank zwei jämmerliche Gipsfiguren, eine Polin und ein Pole, beide kokett und in Nationaltracht zum Tanze ansetzend. Am interessantesten aber präsentierte sich der eben erwähnte Bücherschrank selbst, dessen vier Mittelfächer leer waren, während auf seinem obersten Brett zwölf prachtvoll in Leder gebundene Bände von Humes „History of England“ und achtzehn Bände „Œuvres posthumes de Frédéric le Grand“ standen und einen wundervollen Gegensatz zu dem „Berliner Pfennigmagazin“ bildeten, das, in zwei Haufen übereinandergetürmt, unten im Schrank lag. All dies Einrichtungsmaterial, Kleines und Großes, Kunst und Wissenschaft, war an ein und demselben Vormittage gekauft und mittels Handwagen, der ein paarmal fahren mußte, von einem Trödler in der Mauerstraße nach der Invalidenstraße geschafft worden. Auf die vor allem verwunderlichen französischen und englischen Prachtbände hatte *der,* aus dessen Mitteln dies alles kam, eigens und mit besonderem Nachdruck bestanden, „auf daß“, wie er sich in seiner spöttisch huldigenden Weise auszudrücken liebte, „die Welt erfahre, wer Pauline Pittelkow eigentlich sei“.

Das waren die Schätze, die jetzt von der Tür her einer letzten Musterung unterworfen wurden, und als schließlich auch noch die Fransen des vor dem Sofa liegenden Brüsseler Teppichs geradegezupft waren, sagte die Pittelkow: „So, Stine, nu komm, nu kochen wir uns einen Kaffee, das heißt einen orntlichen. Und Olga holt uns was dazu. Willst du Streusel oder bloß mit Zucker und Zimt?"

„Ach, Pauline, du weißt ja ..."

„Na, dann Streusel ... Olga."

Und diese, die, weil die Tür auf stand, jedes Wort gehört und sich nur zum Schein, aber ebendeshalb auch um so zudringlich-liebevoller mit dem „Brüderchen" beschäftigt hatte, stürzte jetzt wie besessen aus der Hinterstube nach vorn und war ganz Ohr und Auge.

„Da, Olga. Nu geh. Aber von Katzfuß, nich von Zachow. Und nasche nich wieder und rede nachher von Krümel."

„Und nu, Stine", fuhr die Pittelkow fort, während Olga verschwand und das längst blank gewordene Treppengeländer im Nu herunterrutschte, „nu wird's auch wohl Zeit, uns fein zu machen. Aber komme nich wieder in deinem grünen Kamlott. Du weißt, so was kann er nich leiden. Und solang es so is, wie es is, muß man doch machen, was er will. Und denn bringt er ja auch das ausgepustete Ei mit. Und *die* kenn ich, die verlangen immer am meisten, und wenn's weiter nichts is, wollen sie wenigstens was sehn un Augen machen. Und das weiß auch die Wanda. Paß mal auf, die kommt wieder mit's schwarze Samtkleid und 'ne Rose vorn. Ich muß immer lachen."

Und wirklich, Wanda kam in schwarzem Samt und sah sehr stattlich aus. Ihr Kopf hatte nichts von der frappierenden Schönheit ihrer alten Schul- und Jugendfreundin, aber an „Pli" war sie dieser, wie die Pittelkow selbst zugestand, sehr überlegen. „In Pli kann ich gegen Elisabetten nich an." Das war die letzte Rolle, worin sie Wanda gesehen und beinahe widerwillig bewundert hatte.

„Ah, Wanda", so begrüßte sie jetzt die Freundin, „das is nett, daß du da bist; immer pünktlich."

„Ja, liebe Pauline, das is so bei uns, das lernen wir wie die Soldaten. Wenn's Stichwort fällt, müssen wir vor, und wenn's das Leben kostet."

Die Pittelkow lachte herzlich, was sie jedoch nicht abhielt, Wanda mit einer gewissen Feierlichkeit in den rechten Sofaplatz hineinzukomplimentieren. Stine, die sehr gut aussah und auf Wunsch der Schwester ihr getüpfeltes „Perlhuhnkleid" anhatte, sollte sich neben Wanda setzen, bestand aber hartnäckig auf ihrem Willen und nahm einen Lehnstuhl der Schauspielerin gegenüber. Zwischen beiden stand ein Riesenbukett, das im Invalidenhausgarten für diesen Festabend geschnitten worden war: ein Dutzend Rosen, aus deren Mitte hohe Feuerlilien aufwuchsen. Wanda, die riechen wollte, bückte sich zu tief hinein und machte sich dadurch einen gelben Bart, was Paulinen ungemein amüsierte. Sogar Olga wurde herbeigerufen.

„Sieh, Olga, sieh, Tante Wanda hat 'nen Schnurrbart. Und was für einen! Ihr sollt mal sehn, Kinder, der junge Graf hat gar keinen!"

In diesem Augenblick wurde die Klingel gezogen, und die Pittelkow ging, um in Person zu öffnen. Stine folgte, weil sie nicht sitzen bleiben und großartig die Dame spielen wollte. Wanda dagegen, im Vollgefühl dessen, was sie sich und der Kunst schuldig sei, rührte sich nicht vom Fleck und thronte weiter. Erst als der Besuch eintrat, erhob sie sich und erwiderte leichthin den Gruß der beiden älteren Herren, während sie vor dem jungen Grafen einen Hofknicks machte.

„Darf ich die Herrschaften miteinander bekannt machen?" fragte jetzt Sarastro verbindlich und mit anscheinend ernstester Miene. „Mein Neffe Waldemar" – dieser verbeugte sich –, „Frau Pauline Pittelkow, geborene Rehbein, Fräulein Ernestine Rehbein, Fräulein Wanda Grützmacher. Einer Vorstellung unsres Freundes Papageno bedarf es nicht; er genießt des Vorzuges, allen Anwesenden bekannt zu sein."

In der Art, wie diese Vorstellung von den drei Damen aufgenommen wurde, zeigte sich durchaus die Verschiedenheit ihrer Charaktere: Wanda fand alles in der Ordnung, Pauline brummte etwas von Unsinn und Afferei vor sich hin, und nur Stine, das Verletzende der Komödie herausfühlend, wurde rot.

„Hat Borchardt geschickt?"

„Versteht sich, hat er . . ."

„Nun, dann bitt ich also . . ."

Der ungewöhnliche Bestimmtheitston, in dem das alles von seiten Sarastros gesagt wurde, verschnupfte die Pittelkow nicht wenig; sie hielt es aber für angemessen, ihren Ärger darüber auf andere Zeit zu vertagen, und ging mit Stine hinaus, um den schon vorher gedeckten Tisch aus dem Hinterzimmer in das Vorderzimmer zu tragen.

Inzwischen war der alte Graf, der sehr feine Nerven hatte, durch die Feuerlilien und ihren Geruch heftig inkommodiert worden; er nahm sie darum ohne weiteres aus dem Bukett, öffnete das Fenster und warf sie hinaus. „Ein mir unerträglicher Geruch; halb Kirchhof, halb Pfarrgarten. Und von beiden halt ich nicht viel."

Ehe fünf Minuten um waren, war die Tafelrunde geschlossen. Alle saßen an einem ovalen Tisch: obenan der alte Graf, neben ihm Wanda und Stine, dann Papageno und Waldemar, zuunterst aber, also dem alten Grafen gegenüber, seine Freundin Pauline. Sie saß so, daß sie bei jedem Aufblick in den Trumeau sehen mußte, was den alten Grafen, als er es merkte, zu dem halb scherzhaften, halb huldigenden Zuruf „Ehre, dem Ehre gebührt!" veranlaßte. Die Pittelkow aber gefiel sich heute in Ablehnung solcher Huldigungen und sagte: „Jott, Ehre! *Mir* ist nichts jräßlicher, als immer meine Visage sehn."

„Dann bitt ich meine schöne Freundin, ihren Augenaufschlag etwas niedriger zu richten; sie sieht dann *mich*."

Das erheiterte sie. „Da bin ich doch lieber fürs Gewesene. Da bin ich doch noch lieber für mich."

Sarastro und Papageno waren entzückt und tranken ihrer schwarzen Freundin zu. „Immer dieselbe", sagte Sarastro. „Nicht wahr, Fräulein Wanda?"

Diese stimmte zu, schon einfach, weil sie mußte, begann aber doch an ihrer Rose zu zupfen, zum Zeichen, daß sie nicht hergekommen sei, sich vor den Triumphwagen der Witwe Pittelkow zu spannen. Dann lehnte sie sich zurück und sah nach der „Tellskapelle“.

Papageno trug dieser Stimmung Rechnung und kam der Künstlerin, die durchaus versöhnt werden mußte, mit einem Kunstgespräch entgegen, was sich um so eher tun ließ, als auch der alte Graf an allem Theaterklatsch einen ehrlichen Anteil nahm und keinen Unterschied machte, gleichviel, ob sich's um die Lucca oder Patti oder um die letzte Choristin in der „Fledermaus“ handelte.

„Meine Gnädigste“, begann Papageno, „was dürfen wir demnächst an Neuigkeiten auf Ihrem Kunstinstitut erwarten?“

„Unser Alter“, erwiderte Wanda, „will es mit einem Ausstattungsstück versuchen. Er meint, es sei noch das einzige ...“

„Da hat er recht. Ist es eine Reise nach dem Mond oder in den Mittelpunkt der Erde?“

„Hoffentlich das letztere“, warf der alte Graf ein. „Ich bin für Mittelpunkte.“

Wanda lächelte. Das Eis war gebrochen, und es wurde ihr von diesem Augenblick an einigermaßen schwer, in einem öden, weil wenigstens zunächst noch unpersönlich verbleibenden Kunstgespräch weiter fortzufahren. Sie bezwang sich aber und sagte, während sie nur dann und wann den alten Grafen verständnisvoll streifte: „Wegen Beschaffung eines Textes hat sich der Alte natürlich kein graues Haar wachsen lassen. Er bleibt bei seiner Abneigung, für Dinge zu zahlen, die man umsonst haben kann, und glaubt, wie mein Kollege Pöltrig sagt, der übrigens studiert hat, anstandslos in das Gebiet der Dichtung übergreifen zu können. Unser Alter ist überhaupt der Mann der Übergriffe, woran ich immer nur mit Unwillen denken kann.“

„Empörend!“ sagte der alte Graf. „Übrigens ahn ich bereits, an welche Tür er geklopft haben wird. Wohlzuverstehen: an welche Dichtertür. Ich wette zehn gegen eins: Shakespeare ...“

„Der Herr Graf treffen immer ins Schwarze. Ja, das ‚Wintermärchen', und mir ist die Hauptrolle zugefallen, die der Hermióne, von der ich vorläufig nur weiß, daß ich eine ganze Szene lang auf einem Postament stehe, ganz schmucklos, aber doch was Weißes um."

Sarastro lächelte. „Diese Besetzung der Rolle kann niemand überraschen, und Sie, mein gnädiges Fräulein, wenn Sie nicht blind gegen Ihre so deutlich hervortretenden Gaben und Vorzüge sind, am wenigsten. Die Natur hat Sie *zu* glücklich ausgestattet, als daß das Marmorbräutliche, das hier beinahe ausschließlich in Frage kommt, an Ihnen vorübergehen konnte. Wenn ich mir Sie so denke, ganz Stein, und mit einem Male durchdringt Sie das warme, pulsierende Leben, alles wogt, und in rötlicher Beleuchtung steigen Sie vom Sockel hernieder, um wieder Mensch unter Menschen zu sein – ein erhabener Gedanke..."

„Der Herr Graf schmeicheln. Es ist eine Rolle, die durchaus Jugend fordert, ja, mehr als Jugend; ich möchte sagen dürfen: Jugend und Zartheit..."

„Eigenschaften, die Sie sich in übergroßer Bescheidenheit nur absprechen, um unsres heftigsten Widerspruchs sicher zu sein. Hermióne, soviel mir vorschwebt, ist schon zu Beginn des Stücks Gattin und Mutter, zudem auf Untreue verklagt – Ereignisse, die doch nur ausnahmsweise vor das vierzehnte Lebensjahr fallen. Ich bitte Sie, was heißt jung, und vor allem, was heißt zart. Es wird mit diesem Worte ‚zart' ein beständiger Mißbrauch getrieben, und alles, was bleich oder schwindsüchtig ist, das ist sicher, als zart bezeichnet zu werden. Eine der vielen Verirrungen unsres modernen Geschmacks. Zart, zart; zart ist etwas Innerliches, Seelisches, das auch innerhalb einer vollsten Formengebung existieren kann. Fragen Sie meinen Neffen. Er reist seit fünf Jahren in Italien umher, namentlich in Kirchen, und kennt, schlecht gerechnet, fünftausend Heilige weiblichen Geschlechts. Und was heilig ist, muß doch auch zart sein. Und nun soll er uns Rede stehen über den Begriff der Zartheit. Ich will seinem bessern Urteile nicht

vorgreifen, aber ich wage vorweg die Behauptung, alles, was er von heiligen Cäcilien und Barbaras und selbstverständlich auch von Genovevas, die immer die Hauptsache bleiben, gesehen hat – alle waren Damen von Ihrer Konstitution, meine Gnädigste, Damen, denen alles Mondscheinene fehlte, Damen in schwarzem Samt und roter Rose. Waldemar, ich bitte dich dringend, unterstütze mich in einer Sache, die meinem Herzen und meinem Kunstgefühl gleich viel bedeutet."
Er stieß mit Wanda an und hatte die Freude, daß Waldemar auf den angestimmten Ton einging und unter verbindlichem Lächeln versicherte: der Onkel habe recht; alle Heiligen seien wohlproportioniert, und auch das Zarteste könne sich noch innerhalb der Wellenlinie ...
„Brav, brav", unterbrach hier der Graf. „Und so bitt ich denn, die Gläser zu füllen, um auf das Wohl Hermiónens zu trinken – eine von Fräulein Wanda bevorzugte Akzentverschiebung, die mir eine ganz neue Auffassung verspricht. Denn die Akzente machen's im Leben und in der Kunst. Es lebe die Kunst, es lebe das Zarte, es lebe die Wellenlinie, vor allem, es lebe Hermióne-Hermióne, es lebe Fräulein Wanda, es lebe die rote Rose!"
Wanda verneigte sich und überreichte dem alten Grafen die rote Rose, die so sinnig den Schluß seiner Rede gebildet hatte. Der alte Baron aber stieß von der anderen Seite her mit beiden an.
Es folgte nun Toast auf Toast, Papageno ließ Stine leben, und nachdem auch noch Waldemar, ebenfalls an Stine sich wendend, ein paar Worte gesprochen, sprach Wanda, wie herkömmlich, in Klappreimen, die sie sich übrigens auf die einfachste Weise, indem sie „Liebe" statt „Freundschaft" setzte, für Gelegenheiten wie die heutige aus einem alten Stammbuchvers zurechtgemacht hatte. Zuletzt ergriff der alte Graf noch einmal das Wort, um seine Freundin Pauline leben zu lassen. Er verschwieg aber ihren Namen dabei, sprach nur ganz allgemein über den Zauber und die Vorzüge der Witwenschaft und schloß mit dem Ausruf:

„Es lebe meine Mohrenkönigin, meine Königin der Nacht!"
Alles erhob sich, und Baron Papageno versicherte, daß das ein echter Sarastro-Toast gewesen sei und daß die Reihe der Trinksprüche nicht würdiger hätte schließen können.
Alle stimmten zu, nur nicht *die,* der der Trinkspruch gegolten hatte. Das Drastische darin mochte gehen (verhöhnte sie doch selber alles, was sie „sich zieren" nannte), der Spott aber, der durchklang, und ein behagliches Sich-Ergehen in Witzeleien, die sie nur halb verstand und die gerade deshalb ihr schlimmer erschienen, als sie waren – *das* verdarb ihr die Stimmung, und so sagte sie, während sie sich verfärbte: „Na, Graf, bloß nich *so,* bloß nich übermütig. Das lieb ich nich. Un so vor alle! Was sollen denn der junge Herr Graf davon denken?"
„Immer das Beste!"
„Na, das Jute wäre mir lieber." Und während sie sich Wasser einschenkte, wiederholte sie: „Königin der Nacht. Is nich zu glauben."

FÜNFTES KAPITEL

Die sich im Herzen der Witwe Pittelkow regende Verstimmung würde sich bei der vorherrschenden Tafelheiterkeit unter allen Umständen rasch wieder verzogen haben; der alte Graf aber, der die beispiellose Heftigkeit seiner „Königin der Nacht" nur zu gut kannte, hielt es nichtsdestoweniger für angezeigt, auch der bloßen Möglichkeit eines Sturmes vorzubeugen. „Ich denke", sagte er, „wir sorgen für etwas frische Luft und nehmen im Nebenzimmer den Kaffee."
„Geht nich", erwiderte die Pittelkow. „Alle Gardinen ab; alles wie Kraut und Rüben ..."
„Gut denn, so bleiben wir. Auch eng und warm hat seine Vorzüge ... Darf ich bitten ..." Und damit nahm er, die Tafel aufhebend, Wandas Arm und geleitete sie bis an den Sofaplatz, den sie beim Erscheinen der Herren innegehabt hatte. Der junge Graf führte Stine, während der mit der Sitte

solcher Pittelkow-Abende längst vertraute Baron ohne weiteres einen eleganten Likörkasten und eine Zigarrenkiste vom Büfett her auf den Sofatisch setzte. Der alte Graf nickte zustimmend, strich ein Phosphorholz an der Sohle seines Lackstiefels und zündete sich eine sorgfältig gewählte Havanna an. Als er den ersten Zug getan und die Wolke weggeblasen hatte, wandte er sich kavalierhaft verbindlich an Wanda und Stine und sagte: „Die Damen erlauben doch?"

Frau Pauline hatte sich gleich von Tisch in die Küche begeben und kam schon nach wenigen Minuten mit dem Kaffee zurück, eine Schnelligkeit, die sich nur daraus erklärte, daß sich Olga der ihr gewordenen Doppelaufgabe: das Kind ruhig und das Wasser im Kochen zu erhalten, mit einer durch Furcht und Hoffnung gleichmäßig geschärften Gewissenhaftigkeit unterzogen hatte. Der Kaffee wurde präsentiert, auch der alte Baron nahm aus dem Zigarrenkistchen, und einen Augenblick später kräuselten sich die Rauchwolken von zwei Seiten her durch die Luft.

„In der ganzen Welt gibt es keine zweite solche Zigarre", versicherte Papageno.

„Zugestanden", erwiderte der Graf. „Und zudem eine Zigarre *hier,* im Hause meiner Freundin, ist mir immer wie Opiumrauchen, das glücklich macht, und bei jedem neuen Zuge seh ich die Gefilde der Seligen oder, was dasselbe sagen will, die Huris im Paradiese."

„Na, na", sagte die Pittelkow, die, wenn sie nicht schon da waren, neue Verhöhnungen fürchten mochte.

Der alte Graf aber ließ sich durch diesen Zuruf nicht stören und fuhr seinerseits fort: „Überhaupt alles wundervoll, und ich vermisse nur eins: die Liköre. Papageno hat freilich für den Kasten gesorgt – dafür ist er Papageno –, aber nicht für den Schlüssel ... Ah, sieh da, Fräulein Stine bringt ihn schon. Ich glaube, sie hat überhaupt den Schlüssel und schließt uns jedes Glück auf, vorausgesetzt, daß sie will ... Und nun überlassen Sie mir die Wahl, meine Damen. Ich wette, daß ich's für jede von Ihnen treffe."

„Das wäre", sagte Wanda, „da bin ich doch neugierig."

„Es ist leichter, als Sie denken. Jedem sind seine Neigungen von der Stirn zu lesen: hier, meine Freundin, ist für Curaçao" – die Pittelkow nickte –, „der früher unter dem schlichteren Namen ‚Pomeranzen' eine nicht verächtliche Karriere machte; Fräulein Stine ist natürlich für Anisette und Fräulein Wanda für einen Benediktiner oder zwei. Kosten Sie, meine Gnädigste. Wie denken Sie über solche Mönche? Nicht wahr, nicht übel?"

Es wurde nun immer belebter, und je mehr sich eine narkotische Wolke durch das Zimmer verbreitete, desto mysteriöser wurde auch die Sprache. Der alte Graf übernahm dabei die Führung, während Baron Papageno sekundierte. Beider Intimitäten aber richteten sich ausschließlich an Wanda, weil sie vor den beiden Schwestern eine gewisse Scheu hatten, vor der älteren um ihres unberechenbaren Temperaments, vor der jüngeren um ihrer Unschuld willen. Wanda, die die momentane Vernachlässigung zu Beginn der Tafel längst vergessen hatte, sah in diesem beständigen Sichwenden an ihre Person selbstverständlich nichts als einen ihr zustehenden Triumph und berauschte sich in der Fülle der ihr immer eindringlicher zuteil werdenden Huldigungen. Und was die Huldigungen nicht taten, das tat der Benediktiner. Alle Grandezza war längst abgestreift, und als sie mit einigen Kulissengeheimnissen debütiert und namentlich den alten Direktor in seiner eigentlichsten Sphäre, der des Serails, gekennzeichnet hatte, war sie vorgeschritten genug, dem Wunsche des alten Grafen, der nach Proben ihrer Kunst verlangte, nachzugeben. Ein paar auch jetzt noch verbleibende Bedenken wurden durch Baron Papageno beseitigt, der im rechten Moment erzählte, „die Rachel habe, mit nichts als einem Spitzenschleier drapiert, auf der Pfaueninsel die Phädra gespielt und den Kaiser Nikolaus zur Bewunderung hingerissen: er bezweifle nicht, daß Wanda dasselbe könne, gleichviel nun, ob sie den ‚Ritter Toggenburg' oder den ‚Gang nach dem Eisenhammer' oder auch bloß den ‚Handschuh' deklamiere. Aber einer müsse hinter ihr stehen und die Gesten machen; ohne Gesten sei der Erfolg nur halb.“ Diese Frage wurde weiter ausgesponnen, und nachdem man die verschiedenen Formen und Zusätze durchgenommen hatte, durch deren Anfügung die Schillersche Ballade zu höherer Wirkung gelangen sollte, kam man schließlich überein, da doch alles auf den dramatischen Effekt hinauslaufe, lieber die Deklamation ganz fallenzulassen und statt dessen ein Stück aufzuführen: ein Schattenspiel oder am liebsten eine *Kartoffelkomödie.* Dieses Wort, kaum gefallen, wurde mit Begeisterung aufgenommen, und Wanda, nachdem sie die noch vor ihr stehende kleine Tasse geleert, erhob sich von ihrem Sofasitz, zum Zeichen, daß sie nunmehr bereit sei, mit einer dramatischen Aufführung zu beginnen.

„Aber was? Was? ... Lustspiel oder Trauerspiel?“

„Natürlich Trauerspiel ...“, so klang es durcheinander, und selbst der junge Graf und Stine, die sich bis dahin zurückgehalten hatten, wurden lebendig. Wanda selbst aber verbeugte sich und sagte nicht ohne Anflug von Humor: „Ein verehrungswürdiges Publikum wird seinerzeit über Inhalt und Titel des näheren verständigt werden.“

„Bravo! Bravo!“

Hierauf zog sie sich in der Tat zurück und ging in die Küche, wo sie das Nötigste für die Komödie zu finden hoffte. Die Pittelkow folgte. Bald danach aber erschienen beide wieder in Front der Wohnung, wo man sofort, die nach der Nebenstube führende Flügeltür öffnend, innerhalb ebendieser Türöffnung ein kariertes Plaid auszuspannen und in etwa Manneshöhe zu befestigen begann. Dahinter nahm jetzt Wanda ihren Stand und drückte das Plaid gerade weit genug herunter, um bequem darüber fortsehen zu können. Und nun verkündigte sie: „Judith und Holofernes, Trauerspiel in zwei Akten von Tussauer, ohne Musik. Wir beginnen mit dem ersten Akt“ („sehr gut“ ... „merkwürdig“), „oder, was dasselbe sagen will, mit der Zeltgasse des Holofernes.“

Und nach dieser Ankündigung schnellte das Plaid wieder in die Höhe, und an Stelle von Wandas brünettem Gesicht erschien eine weißgekleidete Kartoffelprinzessin mit rotem Turban und rotem Siegellackmund. Natürlich Judith. Diese verneigte sich, geschickt dirigiert, vor dem Publikum, sah abwechselnd nach links und rechts, wie wenn sie jemand erwartete, und begann dann in etwas heiserem Ton:

„Er *ist* es, Holofern, der schwergeprüfte Mann,
ich seh sein großes Schwert und einen Klunker dran."

Wirklich zeigte sich in ebendiesem Augenblicke von der einen Seite her eine hagere Rotmantelgestalt mit einer Papierkrone:

„Wer bist du, schöne Frau? Wo kommst du hergereist?
Im Krieg ist mancher Mann manchmalen etwas dreist."

„Auch im Frieden", tuschelte Sarastro dem Baron zu. Judith aber fuhr fort:

„Ergebne Dreistigkeit erleid ich sittig gern,
ich nenne *Judith* mich und suche *Holofern*."

„So bin ich's, den du suchst ... Wie war ich so allein ..."

„Doch nur durch *deine* Schuld ..." – „Es soll nicht länger sein."

Und unter einem halb befehlshaberischen, halb vertraulichen Augen- und Fingerwink auf sein Zelt zuschreitend, folgte Judith, während das gleichzeitig im Nebenzimmer erlöschende Licht anzeigte, daß der Vorhang vorläufig falle.

Der junge Graf wollte Beifall klatschen, der Oheim aber hielt ihn zurück und erklärte, daß man sein Feuer, auch in solchen Dingen, nie zu früh verknattern müsse. Dies alles sei nur Vorspiel und stelle viel, viel Intrikateres in Aussicht. Er, für seine Person, sei vor allem neugierig, wie Fräulein Wanda gewisse szenische Schwierigkeiten, so beispielsweise das Konnubium und in zweiter Reihe die Dekapitation, überwinden werde. Freilich bestreite man jetzt das Vorhandensein szenischer Schwierigkeiten, aber alles habe doch seine Grenze.

Sarastro würde noch weitergesprochen haben, wenn nicht das

sich wieder erhellende Nebenzimmer den Fortgang der Handlung angezeigt hätte. Wirklich erschien im nächsten Augenblick Judith aufs neue, diesmal, um ihren entscheidenden Monolog zu halten.

„Er sterbe ... Muß er's denn? Mir selber ist es leid,
er sprach von einem Schmuck und sprach von einem Kleid,
allein, wer bürgt dafür? Ich weiß, wie Männer sind,
ist erst der Sturm vorbei, so dreht sich auch der Wind:
Er sprach von Frau sogar, allein, was ist es wert? ...
Komm denn an meine Brust, geliebtes Racheschwert;
er hat es so gewollt – ich fasse seinen Schopf,
daß er mich zubegehrt, das kostet ihm den Kopf."

Und im selben Augenblick (die Gestalt des Holofernes war inzwischen aus der Tiefe heraufgestiegen) vollzog sich auch schon der Enthauptungsakt, und der Kopf des Holofernes flog, über die Gardine fort, ins andre Zimmer hinein und fiel hier vor Baron Papageno nieder. Alles klatschte dem Stück und mehr noch dem virtuosen Schwerthiebe Beifall, der alte Baron aber nahm den ihm zu Füßen liegenden Kopf auf und sagte: „Wahrhaftig, bloß eine Kartoffel. Kein Holofernes. Und doch war es mir, als ob er lebe. Was eigentlich auch nicht wundernehmen kann. Denn früher oder später ist eine derartige Dekapitation unser aller Los. Irgendeine Judith, die wir ‚zubegehren' – beiläufig eine herrliche Wortbildung –, entscheidet über uns und tötet uns so oder so."
„Lassen Sie's, Baron. Wozu diese schwermütigen Betrachtungen. Ich find es einfach superb. Und glücklich der Dichter, der derlei schaffen konnte. Sie, Fräulein Wanda, nannten vorhin einen Namen, aber vielleicht nur, um von sich persönlich abzulenken ... Eigene Schöpfung?"
„O nein, Herr Graf."
„Nun, wenn nicht von Ihnen, meine Gnädigste, von wem denn?"
„Von einem jungen Freunde."
„Will sagen, von einem alten Anbeter."

„Nein, Herr Graf, von einem wirklichen jungen Freunde, von einem Studenten."

„Das sind wir alle. *Was* studiert er? Darauf kommt es an."

„Ich habe das Wort vergessen, und auf seiner Karte steht es immer nur halb. Und sein Museum ist in der Königgrätzer Straße. Da wollen sie, wenn mir recht ist, herauskriegen, wie die Welt entstanden ist und woraus und wann."

„Und vielleicht auch, warum? Ein sehr interessantes Studium ... Und er dichtet auch?"

Wanda bejahte, zugleich hinzusetzend, daß es nichts Leichtes gewesen sei, seiner ernsten Richtung in der Kunst ein Stück wie Judith und Holofernes abzugewinnen. „Er werde seine Muse nicht entweihen", seien damals seine Worte gewesen. Aber sie habe, Gott sei Dank, Mittel in Händen gehabt, ihn zu zwingen.

„Ah, ich verstehe ..."

„Nein, nicht *das,* Herr Graf. Er ist ein sehr verschämter junger Mann und liest mir bloß seine großen Trauerspiele vor, immer mit einem Vorspiel. Und dabei hofft er auf meine Fürsprache. Damit hab ich ihn in der Gewalt. Freilich, ich muß es sagen, es wird nichts mit ihm. Aber ein guter Junge, der mir alles zuliebe tut."

„Glaub ich", lachte der Baron. „Aber, meine Gnädigste, wer wollt es auch anders? Und nun denk ich, wir machen einen Whist."

Ein Spieltisch wurde herbeigeschafft und aufgeklappt, und die drei Herren und Wanda nahmen Platz. Auf ein niedriges Tischchen daneben wurde ein Champagnerkühler gesetzt, und der alte Graf in Person machte den Wirt. Eigentlich trank nur Wanda, trotzdem auch ihr ein Spatenbräu sehr viel lieber gewesen wäre. Stine stand hinter Papagenos Stuhl und mußte die Versicherung anhören, eine reine Jungfrau bringe Glück. Die Pittelkow machte sich wirtschaftlich zu tun und putzte bereits die Gabeln wieder blank.

So verging eine gute Weile. Zuletzt aber warf der alte Graf die Karten hin und sagte: „Kommt nichts dabei heraus. Ein

Spiel ist eigentlich nur was, wenn es la banque ou la vie geht. Ich glaub, ich habe sieben Mark verloren und quäle mich nun schon eine Glockenstunde. Wanda, sind Sie bei Stimme? Natürlich; was frag ich noch. Eine Dame wie Sie hat ihre Requisiten immer bei sich. Omnia mea mecum portans . . ."

Papageno lachte.

Der alte Graf aber fuhr fort: „Omnia mea . . . Welche Perspektive! Auf Ihr Wohl, Wanda. Und auf das Ihre, Fräulein Stine. Pauline braucht unser Wohl nicht, *der* ist wohl von selbst."

„Na, na, Graf. Bloß nich so. Von selbst? Wovon denn? Weiß es Gott, es is auch nich immer 'n Vergnügen."

„O vorzüglich, Pauline. Du bist doch die Beste. Stoß an, Kind. Aber nun singen, Wanda."

„Ja, wer begleitet?"

„Natürlich der, der allein begleiten kann: Papageno."

„Gut, gut."

Und der alte Baron schob einen Stuhl ans Klavier, drehte den kleinen Schlüssel und öffnete. „Was soll es sein?"

„Nun", sagte der alte Graf, „das wenigstens sind wir dir schuldig, Freund, daß wir mit der Papageno-Arie beginnen. Also: ‚Bei Männern, welche Liebe fühlen, fehlt auch ein gutes Herze nicht.' Aber freilich, das ist eine Platitüde, das ist selbstverständlich. Erst was folgt, ist das Eigentliche. ‚Die süßen Triebe mitzufühlen, ist dann des Weibes erste Pflicht.'"

Der Baron nickte zustimmend und wiederholte den Schluß: „. . . ist dann des Weibes erste Pflicht." Wanda aber, die, wie die meisten ihrer Art, an ganz unmotivierten Anstands- und Tugendrückfällen litt, sagte mit einem Male: „Nein, meine Herren, es ist noch zu früh. Ich finde, dies Lied ist schon über der Grenze."

Die Herren sahen einander an, weil keiner wußte, was er aus diesem Unsinn machen sollte; die Pittelkow aber, die sich über das „Wandasche Gehabe" ganz aufrichtig ärgerte, fuhr energisch dazwischen und sagte: „Jott, Wanda, bloß keine Geschichten. Jrenze! Wenn einer so was hört! Man is entweder rüber, oder man is nich rüber. Un wenn man erst rüber is, und wir sind rüber, dann is es auch ganz egal, ob es Klock zehn is oder Klock elfe. Nein, Wanda, bloß nich zieren. Immer anständig, dafür bin ich; aber zieren kann ich nich leiden."

Es schien sich ein Streit entspinnen zu sollen, der bei dem rücksichtslosen Charakter der Pittelkow, bei der alles immer biegen oder brechen mußte, leicht zu sehr unliebsamen Erörterungen hätte führen können. Niemand wußte das – nach allerpersönlichsten Erfahrungen – besser als der alte Graf selbst. Er sprang also über den Streitpunkt rasch weg und sagte: „Dann bin ich, wenn es die ‚Zauberflöte' nicht sein kann, für den ‚Alten Feldherrn'. Aber im Kostüm."

Das wurde denn auch allerseits freudig aufgenommen, und nach kurzem Rückzug in die Nebenstube trat Wanda wieder ein, rot drapiert und eine Gardinenstange statt des Fahnenstockes in der Hand.

„Singen, singen!"

„Ich werde ja", sagte Wanda, sich vor ihrem Publikum verneigend, „aber was? Der ‚Alte Feldherr' hat *zwei* Stücke."

„Nun denn, das Hauptstück: ‚Fordre niemand, mein Schicksal zu hören.' Ein wundervolles Lied und ebenso wahr wie ergreifend. Eigentlich könnt es jeder singen, vor allem solche alte Feldherren wie wir. Nicht wahr, Papageno? Aber nun anfangen. Schnell, schnell."

Und im nächsten Augenblick brach es los, und durch alle drei Stockwerke hin, so daß selbst die Polzins oben es hören konnten, klang es in immer erneutem Refrain:

„Ist mir nichts, ist mir gar nichts geblieben
als die Ehr und dies alternde Haupt."

Die Pittelkow hatte sich dabei hinter den Stuhl des alten Grafen gestellt und schlug mit ihrem Zeigefinger den Takt auf seiner kahlen Kopfstelle. Wanda war glücklich und gab immer Neues zum besten, wobei die Pittelkow, die viel Gehör hatte, die zweite Stimme sang, während Sarastro mit seinem Baß und der nach wie vor am Klavier begleitende Papageno mit seinem schadhaft gewordenen Bariton einfielen. Nur der junge Graf und Stine schwiegen und wechselten Blicke.

SECHSTES KAPITEL

So verging noch eine Stunde. Dann brach man endlich auf, und Sarastro und Papageno baten mit aller Dringlichkeit um die Ehre, Fräulein Wanda, „damit ihr nichts zustoße", gemeinschaftlich nach Hause bringen zu dürfen. Der junge Graf schloß sich wohl oder übel an. Die so doppelt und dreifach Gefeierte drang freilich ihrerseits auf Vereinfachung des Verfahrens, immer wieder versichernd, „daß einer genüge". Sie sah sich aber überstimmt. „Die Verantwortung sei zu groß."
Als alle fort waren, nahm die Pittelkow ihre Schwester um die Taille, walzte mit ihr dreimal im Zimmer umher und sagte dann: „So, Stine, nu wird es erst nett. Eine braune Kanne voll hab ich uns gleich noch beiseite gestellt, und ein paar Morgensemmeln sind auch noch da. Die werden nu woll zäh genug sein; aber mit Butter geht es doch, da rutschen sie ... Nein, diese Wanda, nich zu glauben. Und eine Stimme wie 'ne Harfenjule."
Stine versuchte, zum Guten zu reden, und warf der Schwester vor, daß sie, wie gewöhnlich, viel zu streng sei. Zudem verrate sie sich; alles, was sie da sage, sei doch bloß aus Eifersucht. Aber sie brauche gar nicht eifersüchtig zu sein, denn alle drei seien ja mitgegangen, und drei seien immer besser als einer. Die gute Wanda! Nun ja, wenn man wolle, so ließe sich jedem was am Zeug flicken (ihnen beiden auch); alles in allem aber sei die Grützmacher eigentlich eine nette Person, und jedenfalls eine sehr gutmütige.
„Ja", sagte Pauline, „das ist sie; man bloß so wichtig und zierig. Und wenn sie sich dann ausgeziert hat, denn ziert sie sich wieder nicht genug und hat so was Johliges und Genierliches."

„Du bist heute gut im Zuge“, lachte Stine. „Das also ist Wanda. Und nun sage mir, wie bin *ich* denn? Aber nein, sag es nur lieber nicht...“

„Will auch nicht...“

„Sage mir lieber etwas über die drei. Wie steht es mit dem alten Grafen?“

„Ein Ekel.“

„Und mit dem Baron?“

„Ein Dummbart.“

„Und mit dem jungen Grafen?“

„Ein armes, krankes Huhn.“

SIEBENTES KAPITEL

Der nächste Tag verging, ohne daß sich die Schwestern auch nur gesehen hätten: die Pittelkow hatte wieder Ordnung zu schaffen, und Stine sollte bis Sonnabend abend noch eine große Rahmenstickerei abliefern.

Und still und ohne Begegnung wie der erste Tag schien auch der zweite vergehen zu sollen. Niemand kam zu Stine hinauf, und diese – nachdem Olga den Drücker gebracht hatte – wußte nur das eine, daß ihre Schwester Pauline mit beiden Kindern in die Stadt gegangen sei. Langsam schwanden die Stunden, und die niedergehende Sonne hing schon tief zwischen den zwei Türmen des Hamburger Bahnhofs, als ein elegant gekleideter Herr die Invalidenstraße heraufkam und in Nähe des von Stine bewohnten Hauses eine Häusermusterung begann. Es war der junge Graf, der, seinem Sehen und Suchen nach zu schließen, die Pittelkowsche Hausnummer samt ihrem a, b, c vergessen haben mußte, trotzdem aber darauf rechnete, sich in dem Wirrwarr zurechtzufinden. Und sei's nun aus Zufall oder mit Hilfe kleiner Zeichen, er traf es wirklich; und als er gleich danach auf dem ersten Treppenflur „Witwe Pittelkow“ las, stieg er, nunmehr sicher geworden, ohne weiteres bis ins dritte Stock hinauf und klingelte.

Stine, die die Schwester erwartet haben mochte, kam rasch und öffnete.
„Gott, Herr Graf."
„Ja, Fräulein Stine."
„Sie wollen zu meiner Schwester; meine Schwester muß gleich zurückkommen. Ich habe Drücker und Schlüssel und kann Ihnen aufschließen."
„Nein, ich will *nicht* zu Ihrer Schwester; ich will zu Ihnen, Fräulein Stine."
„Das geht nicht, Herr Graf. Ich bin allein, und ein alleinstehendes Mädchen muß auf sich halten. Sonst gibt es ein Gerede. Die Leute sehen alles."
Er lächelte. „Wenn es so ist, Fräulein Stine, dann ist rasches Eintreten immer noch das sicherste."
„Nun gut, Herr Graf ... Ich bitte ..."
Und damit trat sie von der Korridortür zurück und ging ihm voran, auf ihr Zimmer zu.

Die Polzin hatte, solange das Gespräch dauerte, beobachtend an ihrem Türguckloch gestanden. Im selben Augenblick aber, wo Stine voranschreitend den Grafen in ihr Zimmer führte, wandte sie sich ebenfalls in ihre halbdunkle Stube zurück, in der auf einem kienigen Klapptisch bereits das Abendbrot für ihren Mann stand: ein Bückling und ein rundes Landbrot, von dem sie jedesmal zwei kaufte, „weil sich das frische zu sehr wegschneide".
„Na", sagte Polzin, „was meinst du, Mutter? Drei Mark mehr is nu woll nich zuviel?"
„Drei ...? Wo denkst du hin? Wenigstens fünfe. Man bloß, daß es noch nich sicher is. Er war so zittrig und bibberte so."
Und bei diesen Worten legte sie das Ohr wieder an die Wand, während Polzin, der mit seiner Klapperei die Horcherszene nicht stören wollte, von seiner Arbeit aufstand und sich an sein Abendbrot machte.

ACHTES KAPITEL

Der unerwartete Besuch war inzwischen in das Frontzimmer eingetreten, und während Stine wieder auf das Fenster und ihre hier aufgestellte Rahmenstickerei zuschritt, forderte sie den jungen Grafen auf, auf dem schräg zur Seite stehenden Sofa Platz zu nehmen. Er lehnte dies aber ab und schob statt dessen einen Stuhl in die Nähe Stines, die sich ihrerseits sofort wieder ihrer Arbeit zuwandte, freilich in sichtlicher Erregung. Die Nadel flog, und der orangefarbene Faden von Flockseide blitzte bei jedem neuen Stich, den sie machte.

„Nun, Herr Graf", begann sie, während sich ihr Kopf immer tiefer auf die Stickerei senkte, „was verschafft mir die Ehre? Was führt Sie zu mir?"

Aber ehe der, an den sich die Frage richtete, noch antworten konnte, fuhr sie schon mit einer ihr sonst fremden Lebendigkeit fort: „Ich glaube, Sie verkennen mich. Sie mögen darüber lachen; aber ich bin ein ordentliches Mädchen, und ist keiner in der Welt, der hintreten und zu mir sagen kann: ‚Du lügst.' Ich sehe ja, wie's geht ... nein, nein, lassen Sie mich ausreden ... und solch ein Leben, wie's meine Schwester führt, verführt mich nicht; es schreckt mich bloß ab, und ich will mich lieber mein Leben lang quälen und im Spital sterben, als jeden Tag alte Herren um mich haben, bloß um Unanständigkeiten mitanhören zu müssen oder Anzüglichkeiten und Scherze, die vielleicht noch schlimmer sind. Das kann ich nicht, das will ich nicht. Und nun wissen Sie, woran Sie sind."

„Fräulein Stine", sagte der junge Graf, „Sie sagen, ich irrte mich in Ihnen. Ich glaube nicht, daß ich mich in Ihnen irre. Aber selbst, wenn es so wäre, so lassen Sie mich Ihnen sagen, Sie irren sich auch in mir. Ich komme zu Ihnen, weil Sie mir gefallen und mir eine Teilnahme eingeflößt haben oder, lieber rundheraus, weil Sie mir leid tun. Ich hab es Ihnen wohl angesehen, daß an dem Abend neulich nicht alles nach Ihrem

Sinn und Geschmack war, und da nahm ich mir vor, du willst sehen, wie's dem Fräulein Stine geht. Ja, Fräulein, das nahm ich mir vor, und wenn ich Ihnen helfen kann, so *will* ich Ihnen helfen und Ihnen Ihre Freiheit wiedergeben und Sie losmachen aus dieser Umgebung. Ich glaube, daß ich es kann, trotzdem ich kein Prinz bin und noch weniger ein Wundertäter. Und Sie dürfen auch nicht fürchten, daß ich eines Tages mit der Absicht kommen werde, mir einen schönen Dank dafür zu holen. Nein, nichts davon. Ich bin krank und ohne Sinn für das, was die Glücklichen und Gesunden ihre Zerstreuung nennen. Eine lange Geschichte, womit ich Sie nicht behelligen will, wenigstens heute nicht."

Er hatte sich, während er diese letzten Worte sprach, erhoben und sah, seine Hand auf Stines Stuhl lehnend, in den Sonnenball, der eben zwischen den nach Westen stehenden Bäumen des Invalidenparkes niederging. Alles schwamm in einem goldenen Schimmer, und das Schweigen, in das er verfiel, zeigte, daß er auf Augenblicke von nichts als von der Schönheit des sich vor ihm auftuenden Bildes hingenommen war. Endlich aber nahm er sich Stines Hand und sagte: „Was hab ich da gesprochen von Freiheit geben und Sie wieder losmachen wollen! Geben Sie mir keine Antwort darauf. Alles falsch und eingebildet und töricht dazu. Weil ich mich selber hilfebedürftig fühle, war ich wohl des Glaubens, Sie müßten auch hilfebedürftig sein. Aber ich empfinde mit einemmal, daß Sie's *nicht* sind, daß Sie's nicht sein können."

Stine lächelte vor sich hin. Der junge Graf aber, der es nicht sah oder nicht sehen wollte, fuhr in dem ihm eigentümlichen elegischen Tone fort: „Ja, Fräulein Stine, das Kranksein, das eigentlich von Jugend auf mein Lebensberuf war, es hat auch seine Vorteile; man kriegt allerlei Nerven in seinen zehn Fingerspitzen und fühlt es den Menschen und Verhältnissen ab, ob sie glücklich sind oder nicht. Und mitunter sogar den Räumen, darin die Menschen wohnen. Und *hier* lehren mich meine Sinne. Sie können nicht unglücklich sein. Es ist nicht ein Zufall, daß ein solches Bild hier vor Ihnen ausgebreitet liegt, und ein Zimmer, in das die Sonne jeden Abend so freundlich blickt, das ist ein gutes Zimmer."

„Ja", sagte Stine, „das ist es. Freilich, man soll sich seines Glückes nicht rühmen, schon um's nicht zu berufen. Aber es ist wahr, ich bin glücklich."

Der junge Graf sah sie bei diesen Worten forschend und beinahe verwundert von der Seite her an. Er hatte sich darin gefallen, ihr, um der freundlichen Umgebung willen, in der er sie gegen Erwarten antraf, ohne weiteres das Glück zuzusprechen, und war nun doch betroffen, sie so rundheraus das bestätigen zu hören, was er ihr selber eben gesagt hatte. Stine sah das alles und setzte deshalb hinzu: „Sie müssen nun freilich nicht denken, ich wisse vor lauter Glück nicht ein noch aus. So steht es auch nicht. Ich bin glücklich, aber nicht wie die, welche die Not nicht kennen und immer nur gute Tage haben. Und bin auch nicht so glücklich wie die katholische Schwester, die mich letzten Winter in meiner Krankheit pflegte. Solche fromme Seele, die nichts will als Gott wohlgefällig sein, ja, *die* hat freilich mehr und mit der steht es besser. Aber ich bin so gut dran wie gewöhnliche Menschen, die Gott schon danken, wenn ihnen nichts Schlimmes passiert."

„Und das Zusammenleben mit Ihrer Schwester! Ist es Ihnen keine Last und keine Sorge?"

„Nein. Ich liebe meine Schwester, und sie liebt mich."

„Aber Sie sind doch so sehr verschieden."

„Nicht so sehr, wie Sie glauben. Sie verkennen meine Schwester; meine Schwester ist sehr gut."

„Aber das Verhältnis, in dem sie steht! Es muß doch darüber geredet werden und Anstoß geben bei Leuten, die noch ihren Katechismus haben und die Zehn Gebote halten."

„Ja, bei denen gibt es freilich Anstoß, und meine Schwester, wenn sie mit solchen zusammentrifft, muß oft böse Worte hören. Aber so heftig sie sonst ist, so ruhig ist sie dabei. Sie hat nämlich einen sehr guten Verstand, ein großes Gerechtigkeitsgefühl, und wenn sie solche Worte hört, so sagt sie: ‚Ja.

Stine, das ist nun mal nicht anders; wer sich in den Rauch hängt, der wird schwarz.'"

„Nun gut. Aber einen je besseren Verstand Ihre Schwester hat und je mehr sie zugibt, so wie sie lebt, das Urteil und Gerede der Leute herauszufordern, desto mehr muß sie doch leiden unter der Mißachtung, die sie trifft."

„Es wäre vielleicht so", nahm Stine wieder das Wort, „wenn alle Menschen in einerlei Weise dächten. Aber das ist nicht der Fall. Die, die sie verurteilen – und die mitunter lieber schweigen sollten –, das sind immer nur einzelne; die meisten plappern ihre Lehren und Vorwürfe nur so herunter und meinen es nicht bös und denken in ihrem Herzen ganz anders darüber."

„Wie das?"

„Ja, das ist schwer zu sagen; aber es ist so und kann auch kaum anders sein. Denn die, die Not leiden, wollen vor allem aus ihrer Not und ihrem Elend heraus und sinnen und simulieren bloß, wie das zu machen sei. Brav sein und sich rechtschaffen halten, das ist alles sehr gut und schön, aber doch eigentlich nur was Feines für die Vornehmen und Reichen, und wer arm ist und das Feine mitmachen will, über den ziehen sie bloß her – und die gestern noch die Strengsten waren, am meisten – und reden und spotten, daß man was Apartes sein wolle. ‚Die denkt wohl, sie sei es.' Ach, wie oft hab ich das hören müssen."

„Welche Verworrenheit der Begriffe."

„Ja, so nennen Sie's, und ich mag nicht widersprechen. Aber dieselben Leute, die so verworren scheinen, sind auch wieder sehr hell und halten auf Pflicht, wo sie sich aus freien Stükken verpflichtet haben. Und das gleicht manches wieder aus. Neben ihrem bloßen Gerede, das heute so ist und morgen so, gibt es auch was, das ihnen feststeht, und das ist das Wort und die Zusage. Mit dem ‚sich gut halten', solange man frei ist, kann man's am Ende halten, wie man will; aber mit dem Kontrakt muß man's halten, wie man soll. Was ich übernehme, das gilt, und ehrlich sein ist die Hauptsache geworden. Und so kann es einer armen Frau passieren, in einem Verhältnis, das nicht löblich ist, doch noch gelobt zu werden."

„Und dieses Vorzuges genießt Ihre Schwester?"

„Ja. Daß sie das Verhältnis hat, ist ihr kein Lob, aber bei der großen Mehrzahl auch keine Schande. Die arme Frau, so sagen sie, sie hätt's lieber anders. Aber sie *muß*. Und muß ist eine harte Nuß. Und so läßt man sie's nicht entgelten und fordert nur das *eine* von ihr, daß sie, was sie versprochen, auch respektiere. Wanda darf tun und lassen, was sie will; meine Schwester Pauline darf es nicht. Die muß halten, wozu sie sich verpflichtet; und ich darf Ihnen versichern, es *wird* gehalten."

„Und in das alles hat sich Ihre Schwester hineingefunden? Vielleicht sogar mit Leichtigkeit?"

„Doch nicht leicht. Eher schwer. Aber, die Wahrheit zu gestehen, nicht schwer von Tugend wegen – davon will sie nichts wissen –, sondern nur deshalb, weil ihr von Natur an einem Leben nichts liegt, wie sie's zu führen gezwungen ist. Meine Schwester ist arbeitsam und ordentlich und ganz ohne Passion. Wenigstens hat sie mir das hundertmal versichert."

„Und aufrichtig?"

„Wer sieht ins Herz? Aber ich glaube: ganz aufrichtig. Und wenn Sie meine Schwester so gut kennten wie ich, so würden Sie's auch glauben."

„Und doch sagte sie mir, als ich vorgestern nach Olga fragte: ‚Danach dürfen Sie nicht fragen. Einen Vater hat sie, das ist gewiß. Aber mehr kann ich Ihnen nicht sagen.' "

Stine lächelte verlegen vor sich hin. Endlich aber sagte sie: „Ja, in diesem Tone spricht sie gern, das ist wahr; aber nicht aus schlechter Sitte, sondern aus Übermut. Sie weiß, daß sie noch immer sehr hübsch ist, und hat aus Eitelkeit und Gefallsucht, wovon ich sie nicht freisprechen kann, eine sie beständig quälende Lust, die Männer in Verwunderung zu setzen, bloß um sie hinterher auszulachen. Ich kenne sie besser, weil ich ihr Leben kenne. Sie war kaum zwanzig, als Olga geboren wurde. Da hatte sie nun das Kind – eine gewöhnliche Verführungsgeschichte, womit ich Sie verschonen will; und weil man ihren Anspruch mit einer hübschen Geldsumme zufriedenstellte, so war sie nun eine ‚gute Partie' geworden und verheiratete sich auch bald danach. Und wie meist in solchen Fällen: mit einem kreuzbraven Mann. Aber ich muß auch sagen, er kam ihr zu. Sie war eine ganz vorzügliche Frau. Nicht das geringste konnte ihr nachgesagt werden; als der Mann krank wurde, hat sie ihn mit allem, was sie hatte, treu bis zum Tode gepflegt. Freilich, als er dann in seinem Grabe lag, war auch der letzte Notgroschen hin, und Ihr Herr Onkel, der in demselben Hause wohnte, nahm sich ihrer an. Und da kam es dann – nun, Sie wissen, wie. Das geht jetzt ins dritte Jahr, und sie wünscht es sich nicht anders, trotzdem sie klagt und wettert, übrigens ohne sich viel dabei zu denken. Sie nimmt ihr gegenwärtig Leben als einen Dienst, drin sich Gutes und Schlimmes die Waage hält; aber des Guten ist doch mehr, weil sie keine Sorge hat um das tägliche Brot. Und nun bitt ich Sie, wenn Sie sie wiedersehen, so sehen Sie sich ihr Tun und Treiben auf meine Worte hin an, und Sie werden finden, daß ich nicht zuviel gesagt habe."

„Und was fordert sie von Ihnen?"

„Fordert? Nichts. Sie liebt mich und ist seelensgut zu mir und freut sich, daß ich auf mich halte, und ermutigt mich darin. ‚Es ist immer das klügste so', das sind ihre Worte. Würd es aber anders kommen, so wär es nicht viel, und sie würde nur sagen: ‚Ich weiß wohl, Stine, das Richtige läßt sich nicht immer tun.' Ja, sie sieht das, was sie das Richtige nennt, für etwas Wünschenswertes an, aber nicht als etwas Notwendiges; sie gönnt es mir, nichts weiter."

Allmählich, während dies Gespräch geführt wurde, war die Sonne drüben niedergegangen, und nur ein letztes verblassendes Abendrot schimmerte noch zwischen dem Gezweige der Parkbäume. Stine hatte längst den Stickrahmen beiseite gestellt, und der junge Graf, der ihr jetzt gegenübersaß, sah in dem Fensterspiegel, wie die ganze Straße hinunter die Gaslaternen aufflammten. Er war so benommen davon, daß er eine Weile schwieg und dem eigentümlichen Straßenbilde zusah.

„Ich sehe", sagte Stine, „der Spiegel tut es Ihnen auch an. Ich weiß das schon; es ist immer dasselbe."

Der junge Graf nickte. Dann nahm er Stines Hand wie zum Abschied und sagte, während er sich rasch erhob: „Ich darf doch wiederkommen, Fräulein Stine?"

„Besser wäre es, Sie kämen nicht. Sie beunruhigen mich nur."

„Aber Sie verbieten es nicht, Sie sagen nicht nein?"

„Ich sage nicht nein, weil ich es nicht sagen darf. Meine Schwester würd es unklug finden, und ich weiß, daß ich ihr Rücksichten schuldig bin."

„So denn auf Wiedersehen, Fräulein Stine."

Stine gab ihm das Geleit bis auf den kleinen Korridor; dann aber rasch in ihre Stube zurückkehrend, trat sie ans offene Fenster und sog die frische Luft ein, die vom Park her herüberkam. Aber es blieb ihr bang ums Herz, und sie hatte das bestimmte Gefühl, daß ihr nur Schweres und Schmerzliches aus dieser Bekanntschaft erwachsen werde. ‚Warum hab ich nicht nein gesagt? Ich habe mich nun in seine Hand begeben ... Und doch, ich will nicht, will nicht. Ich hab es ihr auf dem Sterbebette schwören müssen. »Stine«, sagte sie, »halte dich. Es kommt nichts dabei heraus. Du bist nicht so hübsch wie deine Schwester Pauline, das ist mir ein Trost. Ach, das Hübschsein ...« – Ich war noch ein halbes Kind damals; aber was ich ihr versprochen, ich will es halten!'

Im selben Augenblick, wo der junge Graf, von Stine geleitet, aus dem Zimmer in den Korridor trat, trat auch die Polzin von ihrem Horcheplatz wieder an den Klapptisch zurück, wo sich nun zwischen den beiden Eheleuten sofort ein kurzes, aber intimes Zwiegespräch entspann.

„Er ist eigentlich lange geblieben", sagte Polzin, während er sich wieder an den Webstuhl setzte. „Wie war es denn?"

„Gar nichts war es. Und wird auch nichts."

„I wo", sagte Polzin. „Es wird schon werden. Alles muß doch Zeit und Weile haben. Aber du denkst immer ..."

„Ach was, denken; ich denke gar nich. Ich sage bloß, wenn was werden soll, wird es gleich. Un wenn es nich gleich wird, wird es gar nich ... Ich kenne doch auch die Mannsleute."

„Ja, ja", sagte Polzin und griente, „*die* kennst du."

„Höre, Polzin, komme mir nich *so*. Fange nich wieder alte Geschichten an."

„I, wie werd ich denn ... Ich meine ja bloß ..."

NEUNTES KAPITEL

Der junge Graf wiederholte seine Besuche. Während der ersten Woche kam er einen Tag um den andern, dann täglich; aber immer blieb er nur bis Spätnachmittag. Dann ging er wieder.

Einmal kam ausnahmsweise der Abend heran, und man öffnete die Fenster und sah hinaus. Die Schwere der Luft machte, daß das Straßentreiben unten anders als sonst auf die Sinne wirkte; die Lichter brannten trüber, und das Geläute der Pferdebahnglocke klang gedämpfter herauf. Über dem Parke drüben stand der Mond und warf seinen Schimmer auf einen frei zwischen den Bäumen stehenden Obelisken; die Nachtigallen schlugen, und die Linden blühten in aller Pracht.

Der junge Graf wies darauf hin und sagte: „Das ist nun ein Park und heißt auch so. Aber ist es nicht eigentlich wie ein Kirchhof? Daß alles blüht, das hat der Kirchhof auch. Und der Obelisk sieht aus wie ein Grabstein."

„Und ist auch so was."

„Wie das? Ist da jemand begraben?"

„Nein, begraben nicht. Aber ein Denkmal ist es, das zur Erinnerung an die mit der ‚Amazone' Verunglückten errichtet wurde. Hundert oder mehr, und ich habe manchmal ihre Namen gelesen. Es ist rührend; lauter junge Leute."

„Ja", sagte der junge Graf, „ich entsinne mich, lauter junge Leute." Dann schwieg er wieder, und der Ton, in dem er gesprochen hatte, klang fast, wie wenn er sie mehr beneide als beklage.

Bald danach brach er auf, sichtlich bewegt von der Wendung, die das Gespräch genommen, und Stine sah, als er auf die Straße hinaustrat, daß er nicht, wie gewöhnlich, nach links hin auf die Bahnhofsbrücke zuschritt, sondern quer über den Damm nach dem eingegitterten Park. Da stand er nun an dem Gitter und beugte sich vor, und es war, als ob er die Namen, die der Obelisk trug, in dem Halblicht zu lesen versuche.

An diesem Tage hatte sein Besuch etwas länger gedauert; sonst blieb er nur bis Sonnenuntergang und hatte seine Freude daran, Stine bei der Arbeit zu sehen und dabei plaudern zu hören. Er nahm teil an allen Vorkommnissen; am liebsten aber war es ihm, wenn sie Geschichten aus ihrem Leben erzählte, von ihren Kinder- und Schultagen, von dem frühen Tod ihrer Mutter und von der Einsegnung, die kurz nachher gewesen, und wie die Leute im Hause gesammelt hätten, um ihr das Einsegnungskleid schenken zu können. Und wie sie dann in demselben Jahre noch in das große Woll- und Stickereigeschäft eingetreten sei – dasselbe, für das sie jetzt noch arbeite; meistens zu Haus, aber mitunter auch im Geschäft selbst – und wie sie da lebten und Freundschaften schlössen und in der Weihnachtswoche bis in die halbe Nacht beisammensäßen und der Reihe nach eine immer vorlesen müsse. Das sei nicht bloß gestattet, das sei sogar gewünscht; denn der Herr des Geschäfts sei klug und gütig und wisse, was es wert sei, die, die arbeiten müßten, bei Lust und Liebe zu halten. Und so käm es auch, daß sie keinen Wechsel im Personal hätten, oder doch nur sehr selten, und alle gern blieben, es sei denn, daß sie sich verheirateten. Überhaupt müsse sie sagen, es würde so viel von Aussaugen und Quälen und von Bedrückung gesprochen, aber nach ihrer eigenen Erfahrung könne sie dem durchaus nicht zustimmen. Im Gegenteil. Im Winter hätten sie Maskenball und Theaterstücke; denn ihr Geschäftsherr, wie sie nur wiederholen könne, vergesse nie, daß ein armer Mensch auch mal aus dem Alltag heraus wolle. Das schönste aber seien die Landpartien im Sommer. Da würden ein paar Kremser gemietet, und noch vor Tau und Tage ging es ins Freie hinaus, nach Schildhorn und Grunewald oder nach Tegel und dem Finkenkrug. Oder auch zu Wasser, was freilich, solange sie da sei, nur einmal gewesen, aber ihr auch ganz unvergeßlich geblieben sei. Da wär ein Dampfschiff gemietet worden, und die ganze Spree hinauf, an Treptow und Stralow und dann an Schloß Köpenick und Grünau vorüber, wären sie bis in die Einsamkeit gefahren, bis an eine Stelle, wo nur ein einziges Haus mit einem hohen Schilfdach dicht am Ufer gestanden habe. Da wären sie gelandet und hätten Reifen gespielt. Ihr aber sei das Herz so zum Zerspringen voll gewesen, daß sie nicht habe mitspielen können, wenigstens nicht gleich, weshalb sie sich unter eine neben dem Haus stehende Buche gesetzt und durch die herabhängenden Zweige wohl eine Stunde lang auf den Fluß und eine drüben ganz in Ampfer und Ranunkeln stehende Wiese geblickt habe, mit einem schwarzen Waldstreifen dahinter. Und es sei so still und einsam gewesen, wie sie gar nicht gedacht, daß Gottes Erde sein könne. Nur ein Fisch sei mitunter aufgesprungen und ein Reiher über die Wasserfläche hingeflogen. Und als sie sich satt gesehen an der Einsamkeit, habe sie die andern wieder aufgesucht und mit ihnen gespielt; und sie höre noch das Lachen und sehe noch, wie die Reifen in der Sonne geblitzt hätten.

Der junge Graf hörte nichts lieber als dergleichen Erzählungen, und so glücklich ihn jedes Wort stimmte, so lehrreich war es ihm auch. Er war in der Vorstellung herangewachsen, daß die große Stadt ein Babel sei, darin die Volksvergnügungen wenn nicht mit Sittenlosigkeit und Roheit, so doch mit Lärm und Gejohle ziemlich gleichbedeutend seien, und mußte nun aus Stines Munde hören, daß dies Babel eine Vorliebe für Lagern im Grünen, für Zeck und Anschlag habe. Dergleichen verfehlte denn auch nicht, seine Gedanken immer mehr einer ihm angeborenen, allen Standesvorurteilen abgewandten Richtung zuzuwenden, und wenn Stine mit solchen Schilderungen, ernsten und heiteren, ihn in die Gemütlichkeit hineingeplaudert hatte, wurde er zuletzt selber mitteilsam und sogar gesprächig und erzählte von seinem eigenen Leben: von dem Predigtamtskandidaten, bei dem er bis zum Überdruß Gesangbuchlieder und Bibelsprüche habe lernen müssen, weil es so das bequemste für den Lehrer gewesen, von seinen Vorbereitungen zum Examen, durch das er nur (denn er habe nie was gelernt) wie durch ein Wunder hindurchgekommen sei, und endlich, nach seinem Eintritt ins Regiment, von seinen Avantageur- und Fähnrichstagen. Das wäre seine beste Zeit gewesen, seine einzig frohe, trotzdem es bei seinem frommen und eisenfresserischen Kommandeur ein für allemal festgestanden habe, „ein Fähnrich ist ein Nichtsnutz". Und da mit einemmal hab es geheißen „Krieg"; ein Jubel wäre losgebrochen, und drei Tage später hab er schon eingepfercht in einem Waggon gesessen, überglücklich, auch seinerseits aus dem Garnisons-Einerlei heraus zu sein. Überglücklich. Aber freilich nicht auf lange. Denn wieder drei Tage später, und er habe, aus dem Sattel geschossen, dagelegen, und als einen Halbtoten hätten sie ihn weggetragen. Und während seine Kameraden von Sieg zu Sieg gezogen seien, hätte er sich in einem Nest an der Grenze hingequält und nicht gewußt, ob er leben oder sterben solle. Und die Natur hab es auch nicht recht gewußt und habe sich nicht entscheiden wollen. Aber zuletzt *habe* sie sich entschieden, und er sei genesen. Oder doch halb. Ob zu seinem Glück? Er wisse es nicht. „Es ist doch das schönste, wenn die Sonne niedergeht und ausruhen will von ihrem Tagewerk."

Stine verstand ihn wohl und bat ihn, als er das sagte, nicht so zu sprechen. Er müsse doppelt hoffen; denn wer vom Tode

gerettet sei, der lebe lange. So sage das Sprichwort, und die Sprichwörter hätten immer recht.
Er lächelte bei diesen Worten und lenkte dann auch seinerseits wieder zu heiteren Dingen über. Und bald danach trennte man sich in Herzlichkeit und guter Laune.

ZEHNTES KAPITEL

Es war in der dritten Woche nach ihrer Bekanntschaft, ein Freitagabend, und der junge Graf hatte noch keine zehn Minuten das Haus verlassen, als es oben an der Flurtür klopfte. Das war das Zeichen für die Polzin, die denn auch sofort erschien und sich mit der Pittelkow begrüßte.
„War Besuch hier, liebe Polzin? Ich meine bei Stine?"
„Kann ich wirklich nich sagen, liebe Frau Pittelkow. Sie wissen, wir sehen und hören nichts."
Es schien, daß sich die Polzin über dies ihr Lieblingsthema noch weiter verbreiten wollte; Stine jedoch, die das draußen auf dem Flur geführte Gespräch gehört und die Stimme der Schwester erkannt hatte, ließ es nicht dazu kommen. „Ei, das ist hübsch, Pauline, daß du da bist." Und hiermit wandte sie sich wieder in ihr Zimmer zurück, um, vorsichtig umhersuchend, von einem schon im vollen Abendschatten stehenden Eckschrank die Lampe herunterzunehmen.
„Laß man, Stinechen", sagte die Schwester. „Es ist so hübsch schmustrig hier, un das Schmustrige hab ich nu mal am liebsten, un is immer wie 'n altes schwarzes Kreppschintuch, wo man sich gleich einmummeln un anlehnen kann, un braucht nicht steif un grade zu sitzen. Nein, laß man, Stine; wir haben Licht genug von unten her. Sieh doch bloß, da kuckt ja der Mond grad über Sieboldten seinen Schornstein weg."
Unter solchem Geplauder hatte die Pittelkow auf dem Sofa Platz genommen und sagte, während sie sich behaglich in die Kissen drückte: „Ja, was ich sagen wollte, Stine, das Grafchen war eben wieder hier?"

„Ja, Pauline.“

„Jott, Kind, wie dir die Backen brennen.“

„Ja, sie brennen mir. Aber ich weiß eigentlich nicht, warum. Es ist fast zum Ärgern; ich bin rot geworden und brauchte doch nicht.“

„Ach, mein Stineken, werde du man rot; es is immer besser, mal zuviel als mal zuwenig. Aber was ich sagen wollte, das Grafchen ... Es gefällt mir nich, daß er hier immer bei Dagesschluß die Treppe raufsteigt, grad als müßt er die Betglocke läuten.“

„Er ist der beste Mensch von der Welt, Pauline. Nie hätt ich geglaubt, daß es einen so guten Menschen gäbe. Den ersten Tag hatte ich eine Aussprache mit ihm und redete von Anständigkeit und Auf-sich-halten und daß ich ein ordentliches Mädchen sei. Aber ich schäme mich jetzt fast, daß ich so was gesagt habe. Denn immer ängstlich sein ist auch nicht gut und zeigt bloß, daß man sich nicht recht traut und daß man schwächer ist, als man sein sollte.“

Die Pittelkow lächelte vor sich hin und schien antworten zu wollen, aber Stine fuhr fort: „Ja, Pauline, der beste Mensch, ohne Falsch und ohne Hochmut, aber auch ohne Glück. Wenn er mir so gegenübersitzt, ist es mir oft, als ob wir die Rollen vertauscht hätten und als ob ich eine Prinzessin wär und könnt ihn glücklich machen. Er sieht mich dann immer an und hört auf jedes Wort, das ich spreche, nicht bloß zum Schein und aus Haberei, nein, solch dummes Ding bin ich nicht mehr, mir so was einzubilden, wenn es nicht wahr wäre. Nichts von bloß so tun; ich seh es ihm an, daß er wirklich dabei ist und daß ihn alles freut, was ich da so hinplaudere. Freilich, du wirst mich für eitel halten und es nicht glauben wollen.“

„Oh, warum nich, Stine? Warum soll ich es nich glauben? Ich glaub es alles. Aber alles hat auch seinen Grund, und sogar seinen guten Grund. Und ich kenn ihn auch.“

„Und ich denke mir, ich kenn ihn auch und weiß, woran es liegt. Sieh, es liegt daran, er hat so wenig Menschen gesehen und noch weniger kennengelernt. In seiner Eltern Hause gab es nicht viel davon – sie sind alle stolz und hart, und seine Mutter ist seine Stiefmutter –, und dann hat er Kameraden und Vorgesetzte gehabt und hat gehört, wie seine Kameraden und seine Vorgesetzten sprechen, aber wie Menschen sprechen, das hat er nicht gehört, das weiß er nicht recht. Ich denke mir das nicht aus, ich hab es von ihm, es sind seine eigenen Worte. Ja, Pauline, *daran* liegt es. *Das* ist der Grund, daß ich armes Ding ihm gefalle; nichts weiter. Er ist unglücklich in seinem Haus und seiner Familie. Vor allem aber denke nur nicht, er sei mein Anbeter oder Liebhaber oder wie du's sonst noch nennen willst. Ich sehe wohl, daß er mich liebhat, aber das ist doch was andres, und das kann ich dir sagen: noch ist kein Wort über seine Lippen gekommen, dessen ich mich vor Gott und Menschen oder vor mir selber zu schämen hätte."

„Glaub es", sagte die Pittelkow. „Glaub es alles. Aber, meine liebe Stine, das ist es ja eben. Ich hab es mir so gedacht, geradeso. Gleich als ich ihn das erstemal sah, als die beiden Alten mit da waren und Wanda Holofernessen köppte, da wußt ich es. Sieh, Kind, es sind mir so viele Mannsleute zu Gesicht gekommen, und wenn ich welche sehe, na, so kenn ich sie gleich durch un durch un kann sie aussuchen wie Handschuh nach der Nummer un weiß gleich, was los is. Un mit dem jungen Grafen is nich viel los. Er is man schwächlich, un die Schwächlichen sind immer so un richten mehr Schaden an als die Dollen."

Stine sah die Schwester an.

„Ja, du siehst mich an, Kind. Aber es is wahr un wahrhaftig so. Du denkst wunder, wie du mich beruhigst, wenn du sagst: ‚Es is keine Liebschaft.' Ach, meine liebe Stine, damit beruhigst du mich gar nich; konträr im Gegenteil. Liebschaft, Liebschaft. Jott, Liebschaft is lange nich das Schlimmste. Heut is sie noch, un morgen is sie nich mehr, und er geht *da* hin, und sie geht *da* hin, un den dritten Tag singen sie wieder alle beide: ‚Geh du nur hin, ich hab mein Teil.' Ach, Stine,

Liebschaft! Glaube mir, daran stirbt keiner, un auch nich mal, wenn's schlimm geht. Was is denn groß? Na, dann läuft 'ne Olga mehr in der Welt rum, un in vierzehn Tagen kräht nich Huhn nich Hahn mehr danach. Nein, nein, Stine, Liebschaft is nich viel, Liebschaft is eigentlich gar nichts. Aber wenn's hier sitzt" – und sie wies aufs Herz –, „dann wird es was, dann wird es eklig."

Stine lächelte.

„Du lachst, und ich weiß auch, warum. Du lachst, weil du denkst, Pauline weiß nichts davon und kann auch nichts davon wissen; denn es hat ihr nie *hier* gesessen. Un das hat auch seine Richtigkeit damit. Ich bin noch so drum rumgekommen. Aber, meine liebe Stine, man erlebt nich bloß an sich selbst, man erlebt auch an andern. Un ich sage dir, von so was, wie du mit dem Grafen vorhast oder der Graf mit dir, von so was is noch nie was Gutes gekommen. Es hat nu mal jeder seinen Platz, un daran kannst *du* nichts ändern, un daran kann auch das Grafchen nichts ändern. Ich puste was auf die Grafen, alt oder jung, das weißt du, hast es ja oft genug gesehen. Aber ich kann so lange pusten, wie ich will, ich puste sie doch nich weg, un den Unterschied auch nich; sie sind nun mal da und sind, wie sie sind, und sind anders aufgepäppelt wie wir und können aus ihrer Haut nicht raus. Un wenn einer mal raus will, so leiden es die andern nich und ruhen nich eher, als bis er wieder drinsteckt. Un denn kannst du hier so lang in die Sonne kucken, bis sie morgens bei Polzins oder bei der Frau Privatsekretär wieder rauskommt, er kommt doch nich, *er* sitzt erster Klasse mit Plüsch und hat noch ein Luftkissen bei sich, un sie hat 'nen blauen Schleier an 'n Hut, und so geht es, heidi, nach Italien. Un das is denn, was sie Hochzeitsreise nennen."

„Ach, Pauline, so kommt es nicht."

„Ja, so kommt es, mein armes Stineken. Und wenn es nich kommt, na, denn kommt es noch schlimmer; denn is er ein Eigensinn un will partout mit 'n Kopp durch die Wand, un hast du denn den Kladderadatsch erst recht. Glaube mir,

Kind, von 'ne unglückliche Liebe kann sich einer noch wieder erholen un ganz gut rausmausern, aber von's unglückliche Leben nich."

ELFTES KAPITEL

Baron Papageno (niemanden über sich) wohnte von alter Zeit her drei Treppen hoch, teils weil er das seiner Meinung nach erst in etwa Dachhöhe beginnende Ozon auch in seiner Berliner Abschwächung nicht missen wollte, teils weil er einen Widerwillen hatte, bei jeder über ihm stattfindenden Mahlzeit ein halbes Dutzend Menschen und Stühle herumpoltern zu hören. Namentlich war ihm das Hinundherschrammen in den Tod verhaßt, das seiner in früheren Wohnungen gemachten Erfahrung nach überall da blühte, wo Kinder mit zu Tisch saßen, Kinder, die noch nicht alt genug waren, ihren Stuhl manierlich heranzustellen, und sich deshalb aushilfsweise zum Schieben gezwungen sahen. Neben dem Griffelgequietsch auf Schiefertafeln gab es nichts, was ihn so nervös gemacht hätte wie solche Stuhl- und Rutschfahrten ihm zu Häupten.

Aber freilich, seine der gesamten Wohnungsfrage geltenden Sorglichkeiten beschränkten sich nicht auf Luftschicht und Hausruhe, sondern zeigten sich beinahe mehr noch in dem Raffinement, mit dem er bei der Wahl der Stadtgegend verfahren war und Zietenplatz- und Mohrenstraße-Ecke gewählt hatte. Wie sich denken läßt, hielt er diese seine Kastellecke für nicht mehr und nicht weniger als den schönsten Punkt der Stadt und lag darüber mit dem alten Grafen in einer beständigen Fehde. Dieser seinerseits zog die Behrenstraße weit vor, unterlag aber bei den sich darüber entspinnenden Streitigkeiten jedesmal, weil er in der üblen Lage war, mit bloßen legitimistischen Sentiments gegen Tatsachen fechten zu müssen. „Ich bitte Sie, Graf", sagte dann Papageno mit einer von vornherein überlegenen Miene, „was haben Sie, Hand aufs Herz, in der Behrenstraße? Sie sehen nun schon sieben

Jahre lang in das Portal der kleinen Mauerstraße hinein, ohne je was anderes herauskommen zu sehen als eine Kutsche mit einer alten Prinzessin oder einer noch älteren Hofdame. Das ist mir aber, offen gestanden, trotzdem die Kutschen zu sind, als Point de vue nicht anziehend genug. Und nun vergleichen Sie damit meine Mohrenstraße-Ecke. Sag ich zuviel, wenn ich behaupte, daß mir, von meinem Ausguck aus, ganz Berlin, soweit es mitspricht, zu Füßen liegt? Was ich jeden Morgen zuerst zu begrüßen in der Lage bin, ist der alte Zieten auf seinem Postament. Als er noch weiß war, war er mir freilich noch lieber, und wenn ich ihn damals so marmorblank in der Morgensonne dastehen und leuchten sah, dacht ich mitunter, er werde reden wie der selige Memnon aus seiner Säule. Nun, das hat er schon damals unterlassen, und seitdem er erz- und olivenfarben geworden ist, ist es vollends damit vorbei – die besseren Tage liegen ihm und anderen zurück. Aber besser oder nicht, der alte Zieten ist überhaupt nur Vorposten an dieser Stelle, hinter dem ich – die Menge muß es bringen – an jedem neuen Tage nach links hin die Gamaschen des Alten Dessauers und nach rechts hin die Fahnenspitze des alten Schwerin blinken sehe. Vielleicht ist es auch sein Degen. Und en arrière meiner Generäle türmten sich die Ministerien auf und Pleß und Borsig, und wenn ich mich noch weiter vorbeuge, sehe ich sogar das Gitter von Radziwill, jetzt Bismarck, und durchdringe mich mit dem patriotischen Hochgefühle: *hier* Preußen unter dem Alten Fritzen, *dort* Preußen unter dem Eisernen Kanzler."

So liebte Baron Papageno zu perorieren und schloß dann in der Regel mit Zitaten aus der ersten Strophe des „Ring des Polykrates", womit sich seine Kenntnis der Ballade, wie bei vielen andern, erschöpfte.

Der Baron lag auch heute wieder im Fenster, aber nicht nach dem Zietenplatze, sondern nach der Mohrenstraße hinaus, und beobachtete die Sperlinge, die grad gegenüber in der Dachrinne saßen und sich unter beständigem Gepiep und Gehupf, dem dann ein abschüttelndes Flügelschlagen folgte, den

Extravaganzen eines geordneten oder vielleicht auch ungeordneten Familienlebens hingaben. Er sann darüber nach, ob er sich nicht aus moralpädagogischen Gründen ein kleines Pustrohr anschaffen und durch Hinüberschießen kleiner Lehmkugeln etwas mehr Askese heranbilden solle, als er draußen auf dem Flur die Klingel gehen hörte. Seine Wirtin mußte, der Tagesstunde nach, eigentlich noch zu Hause sein, und so hielt er vorläufig ruhig auf seinem Beobachtungsposten aus, bis das mehrfach wiederholte Klingeln ihn veranlaßte, nachzusehen, was es sei.

Baron Papageno hatte draußen den Postboten erwartet und war nicht wenig überrascht, statt seiner den jungen Grafen vor sich zu sehen. „Ah, Waldemar! Herzlich willkommen. Wie Zeit und Jugend sich ändern! Ich schlief immer noch um elf, und *Sie* sind schon auf und gestiefelt und gespornt und machen Ihre Visiten. Aber bitte, geben Sie mir Ihren Überzieher. Oder wenn Sie meine Dienste verschmähen, auch gut; auch das alte ‚Selbst ist der Mann' hat seine Vorzüge. Hier an diesen Riegel, wenn ich bitten darf. Und nun lassen Sie mich vorangehen und den Führer machen ... Soll ich das Fenster schließen?"

„Ich denke", sagte der junge Graf, „wir lassen es, wie's ist."

„Gut. Oder vielmehr desto besser. Nichts über frische Luft. Ich war eben naturhistorischen Betrachtungen hingegeben, und zwar dem Liebesleben einer Sperlingsfamilie drüben in der Dachrinne. Nichts interessanter als solche Betrachtungen. Und warum? Weil wir ihnen entnehmen dürfen, daß auch das tierweltlich Intrikateste seine Parallelstellen in unserem eigenen Leben findet. Glauben Sie mir, Waldemar, nichts falscher als die Vorstellung, daß es mit der Gattung homo was ganz Besonderes sei."

Der junge Graf nickte zustimmend. Der alte Baron aber, ohne sich im geringsten um Anzweiflung oder Zustimmung zu kümmern, fuhr in dem ihm eigenen jovialen Tone fort:

„Sehen Sie, Waldemar, die Sperlinge. Meine Passion! Jedes Alter hat seine Passionen, und die Sperlinge repräsentieren

am Ende nicht die schlimmste. Hübsch freilich sind meine Freunde drüben nicht und auch nicht wählerisch, eigentlich in nichts; im Gegenteil, immer frère cochon, aber auch immer amüsant, und das ist für mich das Entscheidende. Denn die meisten Tiere – wiederum ganz nach höherer Analogie – sind herzlich langweilig, darunter selbst solche, die für bevorzugt gelten und, fast möcht ich sagen, den Vortritt haben. Nehmen Sie beispielsweise den Hahn. Er denkt sich wunder was und ist doch eigentlich nur ein Geck. Außer dem Amte, das ihm obliegt und über das ich in so früher Stunde nicht gern sprechen möchte, was tut er sonst noch, das der Rede wert wäre? Nichts. Er hält sommers von drei Uhr ab seine Dienststunden. Aber das ist mir zuwenig. Und nun vergleichen Sie damit den Sperling. Immer guter Laune, gesprächig, fidel. Überall guckt er rein, alles will er wissen, alles will er haben – die reinen Preußen in der Weltgeschichte der Vögel ... Aber ich verschwatze mich, die Sperlinge sind nun mal mein Steckenpferd, ein etwas sonderbares Bild. Und nun nehmen Sie Platz, wenn ich bitten darf ... Zigaretten? Oder einen Morgenkognak?"
Und er fuhr im Zimmer hin und her, um zunächst ein Kistchen Zigaretten und dann Aschbecher und Feuerzeug vor den jungen Grafen hinzustellen. Als er aber endlich damit zur Ruhe war, nahm er selber Platz und blickte mit seinen freundlich-grauen Augen, die pfiffig und unbedeutend in die Welt hineinsahen, seinen Besucher an.
„Ich komme", begann dieser, „in einer etwas diffizilen Angelegenheit ..."
„Also Geldsache", warf Papageno dazwischen und versuchte zu lachen. Denn seine Finanzlage war nicht die beste.
„Nein, nicht das, lieber Baron. Es handelt sich vielmehr um eine Herzens- und Standessache. Rundheraus, ich habe vor, mich zu verheiraten."
„Ah, charmant. Eine Hochzeit. Wahrhaftig, ich wüßte nicht, lieber Waldemar, was Sie mir Lieberes sagen könnten. *Ich* hab es verpaßt und stecke nun in meinen Junggesellenpantoffeln. Aber wenn ich höre, daß ein anderer es wagen will,

da faßt mich immer ein heftiger Neid, und ich höre nichts als Orgel und Tanzmusik und sehe nichts als Buketts und kleine weiße Atlasschuhe. Die sind auch eine Passion von mir, beinahe noch mehr als die Sperlinge. Und aus allen Backöfen werden dann Kuchen gezogen, und abends steigen Raketen aus dem Park in den schwarzblauen Himmel auf, und im Kruge, was immer das Interessanteste bleibt, gibt es nichts als Friesröcke, Brustlatz und Zwickelstrümpfe."

„Meine Hochzeit, lieber Baron, wenn sie überhaupt stattfindet, wird mutmaßlich einfacher verlaufen. Ich habe nicht unter den Komtessen des Landes gewählt und bin, von unserm Standpunkt aus angesehn, eine gute Stufe herabgestiegen . . ."

„Auch *das* hat seine Vorzüge. Junge Bourgeoise?"

„Nein, Baron, Sie müssen noch eine Stufe tiefer. Ich habe vor, die Zustimmung des Mädchens vorausgesetzt, mich mit der Schwester der Pittelkow zu verloben, mit Stine."

Der Baron war aufgesprungen. Er faßte sich aber schnell wieder und sagte, während er sich setzte: „Sie werden Ihre Gründe gehabt haben. Außerdem weiß ich aus hundert Erlebnissen, um nicht zu sagen aus eigener Erfahrung, welche Launen Gott Amor hat und in welchen Sprüngen und Abweichungen er sich gefällt. Man kann beinahe sagen, er hat eine Vorliebe für den Ausnahmefall. Aber Ihr Onkel? Ihre Familie?"

„Das eben ist es, Baron, weshalb ich zu Ihnen komme. Daß meine Familie niemals zustimmen wird, ist mir gewiß; auch liegt es mir fern, nur den Versuch dazu machen zu wollen. Ich respektiere die herrschenden Anschauungen. Aber man kann in die Lage kommen, sich in tatsächlichen Widerstreit zu dem zu setzen, was man selber als durchaus gültig anerkennt. Das ist meine Lage. Meine Familie kann den Schritt nie gutheißen, den ich vorhabe, braucht es nicht, soll es nicht; aber sie kann ihn gelten lassen, ihn verzeihn. Und diese Verzeihung möcht ich haben, nichts weiter. Ich will keine guten Worte hören, aber, wenn's sein kann, auch keine bösen. Es genügt mir, einer gewissen Teilnahme sicher zu sein, in der sich dann, aufs letzte hin angesehn, doch immer noch ein Rest von Liebe birgt. Und mir diese Teilnahme zu gewinnen, dazu bedarf ich eines Anwaltes. Glauben Sie, daß mein Onkel geneigt sein könnte, dieser Anwalt zu sein? Sie kennen ihn besser als ich. Er gilt für stolz bis zum Hochfahrenden; andrerseits hab ich ihn in Situationen gesehen, die die Kehrseite davon waren. Sie wissen, Baron, welche Situationen ich meine. Und nun sagen Sie mir, was hab ich von dem Onkel zu gewärtigen? Sind Sie der Meinung, daß ich einer heftigen Szene voller Unliebsamkeiten und vielleicht voller Beleidigungen entgegengehe, so verzichte ich von vornherein auf den Versuch, ihn zu meinem Fürsprecher bei meinen Eltern machen zu wollen."

Der Baron sah vor sich hin und wirbelte an seinem grauen, etwas mausrigen Schnurrbart. Endlich, als er einsah, daß er wohl oder übel sprechen müsse, warf er sich in den Schaukelstuhl zurück und sagte, während er jetzt ebenso nach der Zimmerdecke hinauf- wie vorher zur Erde niederstarrte: „Lieber Haldern, wer rät, gerät leicht mit hinein. Und ich gerate nicht gern mit hinein; in nichts. Aber Sie wollen meine Meinung, und so muß ich sie geben und meine Vorsicht opfern. Nun denn, es scheint mir unerläßlich, daß Sie mit Ihrem Onkel sprechen."

„Ich freue mich dieser Bestätigung meiner eignen Ansicht."

„Sie müssen mit ihm sprechen, sag ich, auf alle Fälle, trotzdem ich weiß, daß er ein absolut unberechenbarer Herr ist und sich aus lauter Widersprüchen zusammensetzt oder doch aus Eigenschaften, die danach aussehn. Er steckt, und insoweit liegt die Sache zunächst nicht allzu günstig für Sie, bis über die Ohren in Dünkel und Standesvorurteilen, und doch ist ebensogut möglich, daß er Sie küßt und umarmt und sich vorweg zu Gevatter lädt. Auf Ehr!"

Waldemar lächelte vor sich hin, aber es war ein Lächeln, das mehr Zweifel als Zustimmung ausdrückte.

„Ja, Waldemar. Sie lächeln. Und wenn ich Ihren Onkel nach

seiner Alltags- und Durchschnittslaune beurteile, so kann ich nur sagen, Sie haben ein Recht zu lächeln. Aber, um es zu wiederholen, er ist auch einer völlig entgegengesetzten Auffassung fähig, und ich hab ihn im Klub und auch sonstwo Dinge sagen hören, daß mir das Blut in den Adern starrte."

„Und in Fragen wie diese?"

„Wie Sie sagen; just in Fragen wie diese. War es vor oder nach dem Kriege, gleichviel, aber es sind noch keine zehn Jahre, daß sich der jüngste Schwilow mit der Duperré verlobte, Balletteuse comme il faut. Sie werden sich ihrer erinnern und damals von der Sache gehört haben. Nun, Waldemar, wenn ich sage, die Duperré hatte, was Ruf angeht, einen Knacks, so sagt das eigentlich gar nichts, denn sie war *ein* Knacks vom Wirbel bis zur Zeh – die Zeh selbst war natürlich ihr Bestes –, und alle Welt war außer sich, und der Klub ballotierte den armen Schwilow, den sie damals Schmilow und ich weiß nicht wie sonst noch nannten, heraus. Lauter schwarze Kugeln. Was aber tat Ihr Herr Onkel? Er gab ihm mit Ostentation eine weiße Kugel. Und als ich ihn auf dem Heimwege nach dem Warum fragte, blieb er vor der Rampe von Prinz Georg stehn, unten wo die Bohlenbretter liegen oder wenigstens damals noch lagen, und perorierte so laut in die Behrenstraße hinein, daß die Schildwache bis an das Eisengitter der Rampe herantrat und hinuntersah, um zu sehn, was es denn eigentlich gäbe. Und was war es, das er sagte? Das wäre der erste vernünftige Schritt, den das Haus Schwilow seit fünfhundert Jahren getan. Einer wäre beim Kremmer Damm, in der sogenannten ‚ersten Hohenzollernschlacht', für die neukreierte Nürnbergerei gefallen, was grad auch nicht das gescheiteste gewesen, seitdem aber schweige die Geschichte von ihnen, was ein wahres Glück sei, sie würde sonst nur von Imbéciles und im günstigsten Fall von allerlei Durchschnittsware zu berichten gehabt haben, von öden Mittelmäßigkeiten, die sich mit den umwohnenden Ihlows – die geradeso wie die Schwilows waren – in einem fort versippten und verschwägerten und sich unausgesetzt der Aufgabe hingaben, die sechzehn Ahnen, die sie schon zu Albrecht des Bären Zeiten hatten, auf zweiunddreißig, vierundsechzig und hundertachtundzwanzig zu bringen. Was ihnen denn auch, wie nicht erst versichert zu werden brauche, längst geglückt sei. Denn schon beim Regierungsantritt des Großen Kurfürsten hätten sie die Zahl voll gehabt. Und in derselben riesigen Proportion wie die Ahnenreihe sei auch die Stultitia gewachsen, die einzig historisch beglaubigte Ahnfrau des Geschlechts. ‚Und nun passen Sie auf, Papageno', so schloß er, ‚*wir* erleben es freilich nicht mehr und können es nur von einem andern Stern aus – vielleicht von der Venus, was mir das liebste wäre – beobachten, aber das sag ich Ihnen, diese Balletteuse bringt die ganze Sippe wieder auf die Beine, der ganze Stammbaum, der gerade deshalb für uns und die Menschheit so dürr ist, weil er für sich selbst so wunderbar grünt und blüht, kriegt wieder ein andres Ansehn, und wo bis jetzt immer nur Landrat oder Deichhauptmann stand, stehen, von Anno neunzehnhundert an, junge Genies, Feldherren und Staatsmänner, und irgendein Skribifax schreibt ein dickes Buch und beweist durch Grabschriften und Taufscheine, daß die Duperré die Tochter oder Enkelin des Admirals Graf Duperré gewesen sei, desselben prächtigen alten Duperré, der achtzehnhundertdreißig Algier bombardierte, den Dey von Tunis gefangennahm und fast so vornehm war wie die Montmorencys oder die Lusignans. Glauben Sie mir, Baron, ich kenne Familien und Familiengeschichten, und, mein Wort zum Pfande, wo das alte Blut nicht aufgefrischt wird, da kann sich die ganze Sippe begraben lassen. Und behufs Auffrischung gibt es nur zwei legitime Mittel: Illegitimitäten oder Mesalliancen. Und, sittenstrenger Mann, der ich bin, bin ich natürlich für Mesalliancen.'"

Waldemar sah vor sich hin. Dann nahm er das Wort und sagte: „Wohl, ich könnte mir einen Trost und eine Hoffnung daraus nehmen und eine freundliche Aufnahme beim Onkel wenigstens als eine Möglichkeit gewärtigen. Aber muß ich Sie, lieber Baron, an den alten, unserm gesamten Adel so geläufig gewordenen Satz erinnern: ‚Ja, Bauer, *das* ist was andres‘? Immer der andre, der andre. Was für die Schwilows gilt, gilt darum noch nicht für die Halderns. Dem ‚andern‘, so denkt jeder einzelne, darf alles passieren, aber nicht ihm selbst. Es ist eine merkwürdige Erscheinung, mit welcher Gleichgültigkeit alte Familien sich gegenseitig beurteilen und welches Arsenal von Spott verschossen wird, die sich gleichdünkenden und mitbewerbenden Mächte zu ridikülisieren. Aber dieser Spott, ich muß es noch einmal sagen, ist immer nur für den ‚andern‘ da. Was kümmern meinen Oheim die Schwilows? Je mehr Balletteusen, desto besser; denn mit jeder neuen Balletteuse hat er nicht bloß einen neuen Stoff für die Klubmedisance, sondern auch eine beständig erneute Veranlassung, sich mit immer wachsendem Stolze des ungeheuren Unterschiedes zwischen den verduperréten Schwilows und den oberpriesterhaft rein gebliebenen Sarastro-Haldern bewußt zu werden. Das zieht sich durch alle Adelsgeschichten, wiederholt sich bei jeder Familie: je freier in der Theorie, desto befangener in der Praxis, desto enger und ängstlicher in der Anwendung auf das eigne Ich.“

„Es ist, wie Sie sagen, Waldemar, und ich mag mich nicht verbürgen, daß es mit Ihrem Onkel anders steht. Aber steh es mit ihm, wie's wolle, Sie müssen ihm unter allen Umständen das Wort gönnen. Es bleibt doch immer die Möglichkeit seiner Zustimmung; und versagt er sie, so war es am Ende bloß der Onkel, bloß eine halbe Respektsperson, der man, wenn es zu toll kommt, den Respekt auch kündigen kann. Und da liegt der Unterschied zwischen Onkel und Vater. Einem Vater gegenüber, und wenn er einem das Furchtbarste sagt, muß man sich ruhig verhalten und sich das Furchtbarste gefallen lassen, das verlangt so das vierte Gebot. Aber das vierte Gebot schneidet scharf ab und versteigt sich, soweit mir bekannt ist, nirgends zu dem Zusatzparagraphen: ‚Du sollst Onkel und Tante ehren.‘ Und das ist ein wahres Glück. Gott, Tante! Ich hatte auch mal eine, eine merkwürdige Frau, die Gott weiß was von mir verlangte, nur nicht das eine, daß ich sie ehren sollte. Beinahe das Gegenteil. Nein. Onkel und Tante sind hors de concours. Einem Onkel gegenüber kann man sich seiner Haut wehren; einem Onkel kann man antworten und widersprechen und steht schlimmstenfalls Mann gegen Mann, und wär es mit dem Pistol in der Hand. Also nur vorwärts, Waldemar, vorwärts."

Der junge Graf erhob sich; der Baron aber wollte von Aufbruch noch nichts wissen und drückte seinen Gast leise wieder in das Sofa zurück. „Ich bitte Sie, Waldemar, Sie werden doch nicht gehn, ohne meinen Lafitte gekostet zu haben. Ich weiß, Sie machen sich nichts draus, unter allen Umständen ist Ihnen die Stunde zu früh; aber ich lasse Sie nicht los, und wenn Sie nicht trinken wollen, nun, so nippen Sie wenigstens. Anstoßen müssen wir doch, um dem Geschäftlichen einen ungeschäftlichen und, wenn's sein kann, einen gemütlichen Abschluß zu geben."

Während er noch so sprach, war er an einen Wandschrank getreten, der in seinem untersten Fach zugleich sein Weinkeller war, und kam mit zwei Gläsern und einer Flasche zurück. An der Art, wie er den Kork zog, erkannte man den Frühstücker von Fach, und nun goß er ein und stieß an. „Hören Sie, wie das klingt. So harmonisch soll alles klingen. Ja, harmonisch, das ist das rechte Wort. Und nun Ihr Wohl, Waldemar. Ich halte Sie nicht mehr lange fest, aber doch fünf Minuten noch. Ich muß Ihnen nämlich eine Liebeserklärung machen, die Sie mir zugute halten wollen. Einem solchen ‚vieux' wie ich muß man was zugute halten. Sehen Sie, Sie haben ein so gutes Gesicht, ein bißchen schwermütig, aber das tut nichts, das gibt einen Charme mehr, und ich wollte mein Leben darauf verwetten, daß Sie keinem Menschen je was zuleide getan haben ... Ich schloß Sie gleich in mein Herz, gleich den ersten Abend ... Und nun bring ich noch eine Gesundheit aus, aber ohne Namen. Wozu sollt ich ihn auch nennen? Er steht ohnehin in Ihrem Herzen ... Und sehen Sie, Sie sind mir seitdem noch lieber geworden. Im ersten Augenblick bekam ich einen Schreck, ich kann es nicht leugnen, und als ich nun gar noch einen Rat geben sollte, ja, das war mir ein bißchen zuviel. Aber das Diplomatische, das Offizielle, das liegt nun hinter uns, und ich kann nun sprechen, wie mir der Schnabel gewachsen ist. Und da will ich Ihnen denn aufrichtig sagen, aber nur so ganz unter uns, Sie brauchen sich nicht auf mich zu berufen: ich freue mich immer, wenn einer die Courage hat, den ganzen Krimskrams zu durchbrechen. Es gilt auch von dieser Ebenbürtigkeitsregel, was von jeder Regel gilt, sie dauert so lange, bis der Ausnahmefall eintritt. Und Gott sei Dank, daß es Ausnahmefälle gibt. Es lebe der Ausnahmefall. Es lebe ... Noch ein halbes Glas, Waldemar. Und was ich Ihnen zum Abschiede noch sagen wollte, ja, sagen muß: der jüngste Schwilow, von dem ich Ihnen vorhin erzählte, hatte recht, und Ihr Onkel hatte zweimal recht, und die Gesellschaft beruhigte sich über die Duperré. Noch kein Vierteljahr, daß ich die jetzige Baronin Schwilow auf Tzschatschow, etwas schwer auszusprechen, im Französischen Theater traf, wo die Subra die Froufrou spielte. Sie sah reizend aus, ich meine die Schwilow – die Subra natürlich auch –, und als sie im Zwischenakt das Köpfchen warf und dabei die Brillanten im Ohrläppchen hin und her läuteten, da läutete sie zugleich die ganze vornehme Gesellschaft zusammen. Und wissen Sie, wer ihr am meisten den Hof machte? Natürlich der Herr Onkel, der aussah, als ob er selber geneigt sei, das von ihm prognostizierte dicke Buch von der gräflichen Admiralstochter zu schreiben. Ja, ja, Waldemar, Erfolg und Mut. Oder beginnen wir mit dem Mut. Am Mute hängt der Erfolg. Und nun Gott befohlen."

Waldemar hatte sich inzwischen erhoben und seinen Hut genommen. Er dankte dem Baron und bat ihn, wenn ein ernsteres Zerwürfnis eintreten sollte, seinen Besuch wiederholen zu dürfen.

ZWÖLFTES KAPITEL

Waldemar, als er bei Baron Papageno vorsprach, hatte die Meinung des Barons in einer ihm wichtigen Angelegenheit hören, im übrigen aber in ebendieser Sache sich durchaus nicht beeilen wollen. Umgekehrt, ein seiner Natur entsprechendes Abwarten und Hinausschieben, und wenn auch nur auf ein paar Tage, war auch diesmal sein Plan gewesen, und erst der ermutigende Ton, in dem der Baron gesprochen hatte, hatte den Gedanken in ihm angeregt, den Besuch beim Onkel, in Ausnutzung der guten Stimmung, in der er sich befand, auf der Stelle machen zu wollen. So bog er denn vom Zietenplatz her in die Mauerstraße ein, sah, als er das Königsmarcksche Palais passierte, zu der zweiten Etage, hinter deren kleinen Fenstern er mit einem vor Jahr und Tag dort wohnenden Freunde manche glückliche Stunde verplaudert hatte, hinauf und stand nach einer abermaligen Straßenbiegung vor dem altmodischen, im übrigen aber gut- und saubergehaltenen Hause, dessen oberes Stockwerk der Onkel seit einer Reihe von Jahren innehatte. Portiersleute fehlten, statt ihrer aber war ein ganzes System von Gittertüren da, das, wenn man unten – oder, was dasselbe sagen wollte, vor einem mit allerhand unleserlichen Blechschildern reich ausgestatteten Parterreverhau – klingelte, mitunter wie durch einen rätselhaften Federdruck in seiner Gesamtheit aufsprang, mitunter aber auch *nicht,* in welch letzterem Falle die nun von Etage zu Etage nötig werdende Einzelklingelei gar kein Ende nahm und bei jedem neuen Gitter zu dem Erscheinen eulenartiger alter Köchinnen führte, deren Examinationsverfahren um so peinlicher und eindringlicher war, als nur ihr Auge die Fragen stellte. Waldemar war zu lang und zu gut mit dieser altberlinischen Haus- und Treppeneinrichtung bekannt, um für gewöhnlich Anstoß daran zu nehmen; heute jedoch hatte dieses Absperrungssystem eine gewisse Bedeutung für ihn, und jede neu zu passierende Gittertür erschien ihm wie eine Mahnung, „es lieber nicht versuchen zu wollen".

Der mitgebrachte gute Mut indes überwand alle Bedenklichkeiten und ließ ihn schließlich bei der dritten und letzten Gittertür ankommen, an der er von einem alten Muffel von Diener (natürlich vom Lande), dessen Umwandlung ins Herrschaftliche sich nur sehr unvollkommen vollzogen hatte, mit einigermaßen überraschlicher Freundlichkeit empfangen wurde. Der Herr Graf seien zu Haus und würden sich sehr freuen. „Er sitzt über die Kupferstiche“, so schloß er, „und wenn er *da* drüber her is, is er immer guter Laune.“

Der Diener ging voran, um zu melden, und der Eindruck, den Waldemar gleich bei seinem Eintreten empfing, war der denkbar günstigste. Wenn schon immer eine gewisse, durch einen guten Geschmack in Einrichtung und Ausschmückung bedingte Behaglichkeit in dem Wohnzimmer des Onkels anzutreffen war, so war diese Behaglichkeit heute bis zur Gemütlichkeit gesteigert. Die Fenster standen auf, und von den „Linden“ her klang die Musik eines auf Wache ziehenden Bataillons herüber. Aber das war nicht alles; einfallende Lichter blitzten an den Wänden hin und her, und auf einem großen und eleganten Ständer von Mahagoniholz, dessen Wände niedergeklappt waren, lag eine Kupferstichmappe, darin der alte Graf emsig und andächtig zu blättern schien. Er trug schottisch karierte Pantalons, Samtrock und einen Fes mit Puschel, alles in allem ein ziemlich sonderbar zusammengestelltes Kostüm, das freilich vollkommen zu seiner Versicherung stimmte: dem Eklektizismus gehöre die Welt.
„Ah, Waldemar. Soyez le bienvenu. Herzlich willkommen, mein Junge. Nimm einen Stuhl oder stelle dich persönlich hierher... Im übrigen ganz nach deiner Bequemlichkeit. Du findest mich in einer gewissen Aufregung: eben hat mir Amsler diese Mappe voll italienischer Stiche geschickt, und ich schwelge in Reminiszenzen. Sieh...“
„Mantegna...“
„Ja, Waldemar, Mantegna. Du wirst das Original in der Brera gesehen haben. Süperb. Wie das wohltut, eine ver-

ständnisvolle Seele zu finden. Alles redet von Kunst, aber niemand weiß etwas davon, und die wenigen, die die Wissenden sind, die fühlen wieder nichts oder wenigstens nicht genug. Ich möchte wissen, oder lieber nicht wissen, was der Baron zu diesem gekreuzigten und zugleich so wundersam verkürzten Christus sagen würde. Mantegna, für den ich beiläufig eine Spezialpassion habe – du hast doch hoffentlich seine Fresken im Gonzagaschen Palaste gesehn? –, Mantegna, sag ich, hat den Leichnam Christi hier von der Fußsohle her gemalt, ein Wunderstück der Verkürzung, etwas Klassisches, etwas nie Dagewesenes, versteht sich in seiner Art. Ich wette zehn gegen eins, der Baron würde mir versichern, Christus sähe hier aus wie eine Badepuppe. Und wenn er sich dazu aufschwänge, so wär es nicht das Schlimmste. Denn das ist zuzugestehn: die ganze Gestalt hat etwas Verzwergtes, etwas Koboldartiges; und indem ich darüber spreche, kommt mir ein andrer Vergleich, der mit dem von der Badepuppe beinahe zusammenfällt. Wahrhaftig, dieser Zwerg-Christus erinnert mich an das in Holz geschnitzte Christkind in Ara Celi, an die Bambinopuppe. Findest du nicht auch?"

„In der Tat", antwortete Waldemar, „es erinnert daran. Aber ich fürchte, lieber Onkel ..."

„... dich gestört zu haben. Nein, Waldemar. Ein Italianissimus wie du kann mich nie stören, wenn ich in italienischen Erinnerungen schwelge. Nichts davon. Aber diese Dinge stören *dich*. Wenigstens heute. Du bist zerstreut, du hast etwas auf dem Herzen. Und es kann nichts Kleines sein, denn ich seh in deinem Gesichte so was wie Fieberröte, die mir nicht recht gefällt. Laß dir sagen, Waldemar, was du freilich auch ohne mich weißt, daß dein Leben an einem seidnen Faden hängt. Also solide! Debauchiere, wer kann und mag, aber jeder nach seinen Kräften, und durchschwärmte Nächte sind nicht für jedermann und sicherlich nicht für dich. Übrigens nichts für ungut. Sitte hin, Sitte her, ich bin kein Sittenrichter, und jedenfalls der letzte, dich für den Jünglingsverein anwerben zu wollen; meinen Beitrag zahl ich. Aber Gesundheit, Waldemar, Gesundheit; du bist für immer ins Schuldbuch der Tugend eingeschrieben, oder, um mich deutlicher und doch zugleich kaum minder poetisch auszudrücken, du mußt leben wie eine eingemauerte Nonne; den andern trau ich nicht recht. Und nun sage mir, wenn sich's sagen läßt, woher die roten Flecke?"

Waldemar lachte. „Von einem zu frühen Frühstück, lieber Onkel. Ich war beim Baron, und als ich gehen wollte, hielt er mich mit einem Glase Lafitte fest."

Jetzt war das Lachen auf des alten Grafen Seite. „Der gute Baron. Er nennt es Lafitte, Gott verzeih es ihm, und bildet sich noch ein, eine Weinzunge zu haben. Und warum? Weil er von der Voraussetzung ausgeht, ein beständiger Frühstücker müsse sich auch zum Frühstücksverständigen ausbilden. Ein Satz, der grundfalsch ist und an die Doktoren erinnert, die mit Stolz von ihrer fünfzigjährigen Erfahrung sprechen, nachdem ihnen jeder einzelne, wenn irgend möglich, gestorben ist. Glaube mir, Waldemar, wer beständig zwischen Hiller und Dressel hin und her pendelt, kann seine Zunge verfeinern, aber auch nicht. Und das letztere bildet die Regel. Übrigens, um elf beim Baron, was bedeutet das? Da muß was vorliegen. Und nun heraus damit!"

„Ich war da, mir seinen Rat zu holen."

„Bei dem Baron? Rat? Nun, da steh ich doch noch lieber zu seinem Lafitte. Der ist schlimmstenfalls mit Pepsinpastillen zu bekämpfen, aber von seinem Rat ist kein Erholen. Waldemar, ich dächte doch ... Rat! Nun, ich bin auch nicht von den Sieben Weisen Griechenlands, aber neben dem Baron ... Oder vielleicht war der gute Papageno nur Vorstufe. Laß hören. Ist es eine Sache, von der ich erfahren darf, an der ich möglicherweise mit raten und taten kann?"

„Ja, Onkel. Und zu dem Zwecke bin ich hier. Es ist, wie du sagst, der Baron war nur Vorstufe."

„Nun denn?"

„Also kurz, ich habe vor, mich zu verheiraten."

Der alte Graf schlug mit der flachen Hand auf den Tisch.

„Du erschrickst . . .“

„Ich erschrecke nicht. Das ist nicht das rechte Wort, und wenn ich eben mit der Hand auf den Tisch schlug, so war es nur ein lebhaftes oder vielleicht auch *zu* lebhaftes Zeichen meiner Teilnahme. Nervosität, nichts weiter. Du bist überhaupt ein Gegenstand meiner Teilnahme, Waldemar; denn ich bin dir ungeheuer gut, und wenn ich das Wort nicht haßte, weil so viel Mißbrauch damit getrieben wird, so spräche ich dir rundheraus von meiner Liebe. Wahrhaftig, Junge, du bist der Beste von allen lebenden Halderns – vielleicht können wir auch die Toten mit einrechnen –, und ich weiß nicht, was ich alles für dich tun könnte. Daß du mich beerbst, versteht sich von selbst; ich wünsche dir jedes erdenkliche Glück. Aber eines, wenn es eins ist, wünsch ich dir *nicht*. Ein Mann wie du heiratet nicht. Das bist du drei Parten schuldig: dir, deiner Nachkommenschaft – die bei kränklichen Leuten wie du nie ausbleibt – und drittens der Dame, die du gewählt.“

„Es ist keine Dame.“

Der alte Graf verfärbte sich. Unter einem halben Dutzend Möglichkeiten, die durch sein Hirn schossen, war auch eine . . . Nein, nein . . . Und er faßte sich wieder und sagte mit wiedergewonnener Ruhe: „Keine Dame? Was dann? Wer?“

„Stine.“

Der alte Graf sprang auf, warf seinen Stuhl um einen Schritt zurück und sagte: „Stine! Bist du toll, Junge?“

„Nein, ich bin bei Sinnen. Und ich frage dich, ob du mich hören willst?“

Der Graf sagte nicht ja und nicht nein, setzte sich aber wieder und sah Waldemar fragend an.

„Ich nehme an“, fuhr dieser fort, „daß du mich hören willst. Und wenn du meinen ersten Satz gehört haben wirst, so wirst du ruhiger werden. Ich bin in den Jahren und in der Lage, selbständig handeln zu dürfen, und ich *werde* selbständig handeln. An dem allen ist nichts zu ändern; Krankheit macht eigensinnig, und die Halderns sind es von Natur. Ich komme nicht, um eine Familienerlaubnis nachzusuchen, die mir, wenn das Gesetz eine Verweigerung zuließe, verweigert werden würde. Da dies nicht der Fall ist, so hat anfragen und Antwort einholen keinen Sinn. Und so denn noch einmal: meine Entschlüsse sind gefaßt. Du sollst nicht den Anwalt für mich machen, am wenigsten für das, was ich vorhabe – mit solchen Dingen komme ich dir nicht; und wenn ich nichtsdestoweniger dein gutes Wort erbitte, so geschieht es, weil alles Gehässige meiner Natur widerstreitet. Haß ist mir häßlich. Ich erbitte dein gutes Wort, weil ich versöhnungsbedürftig bin und in Frieden aus dieser Alten Welt scheiden möchte."

„Was heißt das? Was hast du vor? Waldemar, ich bitte dich, du wirst uns doch nicht eine dieser modernen Selbstmordkomödien aufführen und dich mit deiner Stine nach erfolgter Kopulation – das Wort bleibt mir in der Kehle stecken – auf eine Bahnschiene werfen oder im Hans-und-Grete-Stil in einen Dorftümpel stürzen wollen? Ich bitte dich, Waldemar, verschon uns wenigstens mit einem Debüt im Polizeibericht."

„Es ist nicht das. Ich habe nur einfach vor, mit der Alten Welt Schicht zu machen und drüben ein andres Leben anzufangen."

„Und als Hinterwäldler deine Tage zu beschließen. Umgang mit Chingachgook, alias le gros serpent, und Vermählung deiner ältesten Tochter, Komtesse Haldern, mit irgendeinem Unkas oder einem Großgroßneffen von Lederstrumpf. Was meinst du dazu? Und wenn nicht Hinterwäldler, so doch Cowboy, und wenn nicht Cowboy, so vielleicht Kellner auf einem Mississippidampfer. Ich gratuliere. Waldemar, ich begreife dich nicht. Ist denn keine Spur von Haldernschem Blut in dir? Ist es denn so leicht, aus einer Welt bestimmter und berechtigter Anschauungen zu scheiden und bei Adam und Eva wieder anzufangen?"

„Da triffst du's, Onkel. Ja, bei Adam und Eva wieder anfangen, das will ich, da liegt es. Was dir ein Schrecken ist, ist mir eine Lust. Ich habe mir sagen lassen, alles regle sich nach einem Gesetz des Gegensatzes, das zugleich ein Gesetz des

Ausgleichs ist, eine neue Theorie von diesem oder jenem; die Vorhand ist, glaub ich, streitig. Aber gleichviel, von wem sie herrührt, es hat damit nach meiner eigenen Erfahrung und ebenso nach meinem bißchen Wissen seine vollkommene Richtigkeit. Der Alte Fritz haßte das Alte Testament, weil er in seiner Jugend erbarmungslos damit gequält worden war, und der dicke König liebte die Frauen und überschätzte sie, weil sie fünfzig Jahre lang vom preußischen Hofe verbannt gewesen waren. Alles, was unten ist, kommt mal wieder obenauf, und was wir Leben und Geschichte nennen, läuft wie ein Rad; ‚la grande roue de l'histoire' sagen die Franzosen. Und nun laß mich die Nutzanwendung machen. Die Halderns haben lang genug an der Feudalpyramide mit bauen helfen, um endlich den Gegensatz oder den Ausgleich, oder wie du's sonst nennen willst, erwarten zu dürfen. Und da kommt denn nun Waldemar von Haldern und bezeigt eine Neigung, wieder bei Adam und Eva anzufangen."

Der Alte war nicht unempfindlich gegen solche Sätze, die, wenn sich's nicht um Verwirklichung an einem Familienmitglied gehandelt hätte, sehr wahrscheinlich seinen Beifall gehabt haben würden. Ein Lächeln lief über sein Gesicht, das ausdrücken mochte: „sieh, er führt seine Sache gut", ja, vielleicht entsann er sich sogar, in Übermut und Weinlaune mehr als einmal dasselbe proklamiert zu haben. Und so war es denn in einem viel ruhigeren Tone, daß er antwortete: „Waldemar, laß uns vernünftig reden. Ich bin nicht so verrottet, wie du glaubst. Ich kann dem allen folgen, und ich habe von der göttlichen Weltordnung nicht die Vorstellung, daß sie sich mit dem Staatskalender und der Rangliste vollkommen deckt. Ja, ich will dir noch mehr sagen: ich habe Stunden, in denen ich ziemlich fest davon überzeugt bin, daß sie sich *nicht* damit deckt. Und es werden, und vielleicht in nicht allzu ferner Zukunft, die Regulierungszeiten kommen, von denen du eben sprachst, und vielleicht auch wieder die Adam-und-Eva-Zeiten. Und sie mögen auch kommen, warum nicht? Ich bin vor Adam nie erschrocken, und vor Eva erst recht nicht. Aber sind gerade *wir* dazu da, dem weltgeschichtlichen Umschwungsrade, das du da vorhin zitiertest, sind, sag ich, gerade *wir* dazu da, diesem grande roue de l'histoire solchen energischen Vorwärts- oder meinetwegen auch Zurückruck zu geben? Überlasse das andern. Zur Zeit sind wir noch die Beati possidentes. ‚Sei im Besitze, und du bist im Recht' ist vorläufig noch für *uns* geschrieben. Warum sich selbst um diesen Besitz bringen und auf eigene Kosten eine Zukunft heraufbeschwören, von der vielleicht keiner profitiert, und wir gewiß nicht. Adam, Neubeginn der Menschheit, Paradies und Rousseau – das alles sind wundervolle Themata, für die sich in praxi alle diejenigen begeistern mögen, die dabei nur gewinnen und nichts verlieren können; die Halderns aber tun gut, all dies in der Theorie zu belassen und nicht persönlich danach zu handeln."

Der junge Graf lächelte vor sich hin. „Ja, Onkel, das ist das Allgemeine, das alltäglich Gültige. Gewiß, ich weiß es. Da gilt das, was du sagst. Und laß mich dir versichern, ich bin weitab davon, den Welt- oder auch nur den Gesellschaftsreformator machen zu wollen. Dazu hab ich nicht die Schultern. Aber das Besondre, das Besondre."

„Welches Besondre?"

„Stine."

„Ja so, die", sagte der alte Haldern und ließ in allem erkennen, daß er im Laufe des Gesprächs den Ausgangspunkt so gut wie vergessen hatte. „Ja, Stine ... Dummes Zeug. Ich kenne das. Ein Junggeselle, der über fünfzig hinaus ist, ist mehr als einmal in Gefahr gewesen, an dieser Klippe zu scheitern. Aber das sind Anwandlungen, Fieberanfälle. Solange sie dauern, legt man sich die Weltgeschichte nach dem kleinen Gefühl zurecht, das einen gerade beherrscht, aber von heute auf morgen oder, wenn es hoch kommt, von heute bis übers Jahr hat man sich besonnen und sieht die Dinge nicht mehr durch das Trug- und Zauberglas unsrer erhitzten Phantasie, sondern durch die Fensterscheibe der Alltäglichkeit. Stine! Du sollst nicht brüsk mit ihr brechen, im Gegenteil, besuche sie, solange dich's dazu treibt; habe deine Plauderstunde mit ihr ruhig weiter; aber es muß der Augenblick kommen, wo sich's ausgeplaudert hat und wo du deinen Irrtum empfindest. Eines schönen Tages fällt es dir wie Schuppen von den Augen, und du siehst in einen Abgrund."

„In welchen?"

„Das wag ich nicht vorher zu sagen, vielleicht bloß in den der Langeweile, vielleicht auch in einen schlimmeren. Und den Tag danach schreibst du ihr einen Abschiedsbrief und trittst deine dritte Römerfahrt an. Rom paßt ohnehin für die Halderns, alt zu alt. Aber nicht Amerika. Ja, für die Diggings oder ein Goldgräbercamp ist mir, offen gestanden, auch Stine zu schade. Beiläufig, was Stine von Amerika braucht, ist eine Singersche Nähmaschine."

Waldemar erhob sich von seinem Platze. „Du hast, Onkel, von deinem Standpunkt aus, ein Recht, so zu sprechen, ja, vielleicht härter und herber noch; es liegt dir fern, mich kränken zu wollen, ich höre das heraus, und ich danke dir dafür. Aber alles, was du gesagt, kann mich nicht umstimmen; es muß bleiben, wie es ist. Ich fühle mich zu diesem liebenswürdigen Geschöpf, das nichts ist als Wahrhaftigkeit, Natürlichkeit und Güte, nicht nur hingezogen, das sagt nicht genug, ich fühle mich an sie gekettet, und ein Leben ohne sie hat keinen Wert mehr für mich und ist mir undenkbar geworden. Es braucht nicht Amerika zu sein; es findet sich auch wohl ein Winkel hier ..."

„Was Gott verhüte ..."

„Dann also drüben. Und ich bitte dich, mir bei den Eltern in Groß-Haldern, wenn nichts weiter, so doch das Ausbleiben eines großen, aufgesteiften Protestes erwirken zu wollen. Eine gegen mich verhängte Familienacht möcht ich, wenn's irgend geht, vermieden sehen, so wenig Schreckliches alle Bann- und Achterklärungen von jeher für mich gehabt haben. Ich erwarte kein Ja, keinen Segen; ich verzichte darauf, schon einfach, weil ich muß. Es verlangt mich nur zu hören, daß man sich in das Unvermeidliche gefunden hat, daß man sich ihm unterwirft, als wäre es eine Schickung, oder welch sonstige fromme Bezeichnung man dafür wählen mag. Der junge Pastor kann ja Worte zur Auswahl stellen. Lebte der alte Buntebart noch, so wär es besser. Der Besitz fällt meinem jüngeren Bruder zu, trotzdem Groß- und Klein-Haldern Primogenitur sind; ich werde den Verzicht gerichtlich aussprechen. Nur ein Pflichtteil erbitt ich mir, um das Nötigste durchführen zu können. Und nun noch einmal: Willst du mein Fürsprecher sein, der wenigstens das Schmerzlichste von mir abwendet und mir für die Zukunft, und wenn es die fernste wäre, die Möglichkeit einer Versöhnung offenhält?"

Der alte Graf schüttelte den Kopf.

„Also nein. Und auch *das* ist gut, weil es etwas Bestimmtes ist. Ich danke dir, daß du mich angehört und mich mit Standesredensarten und vor allem auch mit jenem französischen Worte, das bei solchen Gelegenheiten in unseren Kreisen gang und gäbe ist, verschont hast. Und nun lebe wohl, ich sehe dich nicht wieder. Alles, was noch zu tun oder zu sagen bleibt, wird durch andere geschehen."

Der alte Graf hatte sich ebenfalls erhoben und schritt, über den Teppich hin, auf und ab. Jetzt aber blieb er stehen und sprach nicht ohne Bewegung vor sich hin: „Und daran bin ich schuld ... ich."

„Schuld? Du? Schuld an meinem Glück? Nein, Onkel, nur Dank und wieder Dank." Und dabei nahm er den Hut, um zu gehen, hielt aber noch einmal an, augenscheinlich in Zweifel, ob er dem Oheim die Hand reichen solle oder nicht.

Der alte Graf sah es und trat seinerseits einen Schritt zurück.

So verbeugte sich denn der Neffe nur in aller Förmlichkeit und schritt dann auf die Tür zu, die nach dem Korridor hinausführte.

Draußen stand Johann, der gehorcht hatte, mit dem Überzieher schon in der Hand und ließ es an Dienstbeflissenheit nicht fehlen. Aber das nachdrückliche Schweigen, in dem er verharrte, schien doch auch seinerseits eine Mißbilligung ausdrücken zu sollen. War er doch lange genug im Haldernschen Dienst, um über Mesalliancen noch strenger zu denken als sein Herr.

DREIZEHNTES KAPITEL

Erst als er wieder allein war, wurde sich der alte Graf alles dessen, was er gehört hatte, voll bewußt. Allerdings war ihm gleich im ersten Augenblick das Blut zu Kopf gestiegen; Waldemars ruhiges Sprechen aber und vielleicht mehr noch ein ihm tief im Blute steckender Hang nach dem Aparten und Abenteuerlichen hatte seinen Unmut zurückgehalten. Indessen, dieser Zustand konnte nicht dauern, und jetzt, wo Waldemar fort und die Diskussion einer ihn prickelnden Frage geschlossen war, war auch der Moment wieder da, die zurückgedrängten ersten Empfindungen: Entrüstung und Schreck, wiederauflohen zu lassen.

In der Tat auch Schreck. Er war Grund und Ursach all dieser Wirrnisse, die nicht gekommen wären, wenn er, für seine Person, auf die törichte Laune, Waldemar bei der Pittelkow einzuführen, verzichtet hätte. Dieser faux pas seinerseits mußte früher oder später zur Kenntnis seines älteren Bruders, des Majoratsherrn auf Groß- und Klein-Haldern, kommen, und wenn er sich dann verklagt sah, gleichviel laut oder leise, wie wollt er da bestehen? Und wenn vor *ihm*, dem Bruder, wie vor *ihr*, der Schwägerin? Sie war die stolzeste Frau weit und breit, eine von Petersburger Erinnerungen getragene kurländische Dame, vor der selbst die Halderns nur mit Mühe bestehen konnten und der eine Schwiegertochter im Stile von Stine Rehbein einfach Tod und Schande bedeutete. Was half es, wenn Waldemar aus dem Lande ging und sich für immer expatriierte? Die Tatsache der „Encanaillierung" eines Haldern blieb bestehen, und mit ihr der Skandal, die Blâme, das Ridikül. Und das letztere war das Schlimmste.

„Nein, es geht nicht", überlegte der Graf, während er, immer erregter und nervöser werdend, in seinem Zimmer auf und ab schritt. „Ich werde mit Gewalt dazwischenfahren. *Ich* bin schuld, ja und nochmals ja, und immer wieder ja – ich will es nicht von mir abwälzen. Aber meine Dummheit allein hat es nicht dahin gebracht, da steckt meine gute Freundin dahinter, dieser schwarze Gottseibeiuns, meine gute Pittelkow, die jeden Tag rappelköppischer wird. Denn so viel bon sens sie hat, so ist sie doch vom Hochmutsteufel besessen, und während sie nach links hin sich einbildet, mit mir machen zu können, was sie will, will sie nach rechts hin die blonde Schwester mit ihrer langweiligen Tugendgrimasse direkt in unsere Familie hineinspielen. Aber ich werde dem Hause Pittelkow mit all seinen Annexen zeigen, daß es denn doch die Rechnung ohne den Wirt gemacht hat. Undankbare Kreatur. Aus dem Kehricht hab ich sie aufgelesen, und als Lohn für meine Guttat zahlt sie mir in *dieser* Münze."

Während er noch so sprach, traf sich's, daß sein Blick von ungefähr in den Spiegel fiel. Er trat denn auch heran, rückte sich das rote Halstuch zurecht und lachte: „So also sieht ein Ehrenmann aus, ein Witwenretter und Waisenvater ... Habe die Ehre." Und er bekomplimentierte sich selbst. „Immer das alte Lied. Sowie man in der Patsche sitzt, spielt man sich auf den Unschuldigen hinaus, schimpft über die Komplizen, die meist viel weniger Schuld haben als man selbst, und läßt andere die Dummheiten entgelten, die man höchst eigenhändig gemacht hat. Und in meinem Falle nennt sich diese schnöde Weißwäscherei noch aristokratische Gesinnung und erhebt sich über die Pittelkows, die sich wenigstens nicht mit ‚Noblesse oblige' durch die Welt zieren. Jammervoll. Wohin man sieht, hat man sich zu schämen. Und doch muß etwas geschehen, und wenn meine Schuld noch zehnmal größer wäre."

Bei diesen Worten zog er die Klingelschnur. „Eine Droschke, Johann." Und während dieser sich nach dem nächsten Halteplatz aufmachte, machte der alte Graf Toilette, sorglich und vor dem Spiegel, aber doch mit der Raschheit eines alten Militärs.

Eine halbe Stunde später hielt die Droschke vor dem Eingange zum Invalidenpark. Der alte Graf stieg aus und ging, über den Damm fort, auf das ihm wohlbekannte Haus zu, das im grellen Scheine der Mittagssonne wie ausgestorben dalag. Pauline stand am Fenster und erkannte den Grafen, als er hastigen Schrittes auf ihre Wohnung zusteuerte. „Jott", sagte sie, „nu schon bei Dage!" Dabei rückte sie aber doch den Kragen zurecht und warf ihre Küchenschürze hinter den Ofen. Und jetzt hörte sie's klingeln.

„Mama zu Haus?"

Olga wollte „nachsehen"; aber der Graf war nicht in der Laune, sich auf seinem eigensten Territorium allerlei lächerlichen Anmeldeförmlichkeiten zu unterwerfen, und trat also, während er Olga folgte, gleichzeitig mit dieser in das Vorderzimmer ein.

„Guten Tag, Witwe."

Die Pittelkow sah, daß er schlechter Laune war, und erwiderte deshalb, ohne sich von ihrer Fensterstelle zu rühren, im gleichgültigsten Tone: „Guten Tag, Graf ... Eine schmähliche Hitze ..."

Der alte Graf bezeigte keine Lust, sich in ein Wettergespräch einzulassen, warf sich vielmehr ohne weiteres ins Sofa und sagte, während er sich mit dem Taschentuch etwas frische Luft zufächelte: „Komme heute in einer ernsten Sache, Pauline. Was ist das mit der Stine?"

„Mit Stine?"

„Ja. Sie hat da mit meinem Neffen angebändelt. Und nun ist er verrückt geworden und will sie heiraten. Und wer ist schuld daran? Du, Pauline. Du hast mir dies eingebrockt. Du, nur du. Stine macht nicht drei Schritte, geht nicht von hier bis ans Fenster, ohne dich zu fragen; sie hat nie was andres getan, als was du gewollt oder gutgeheißen hast, und auf dich fällt dieser Skandal. Ich frage dich, ob ich Anspruch auf solche Behandlung habe? Nun, wir wollen sehen, was wird. Wolle du, was du willst, *ich* will, was ich will. Die Welt ist verrückt genug geworden, aber so weit sind wir noch nicht, daß die Häuser Haldern und Pittelkow Arm in Arm ihr Jahrhundert in die Schranken fordern. Nein, Pauline. Solchen Unsinn verbitt ich mir, und was ich von dir fordre, ist das, daß du dieser Kinderei ein Ende machst."

„Kann ich nicht."

„Weil du nicht willst."

„Oh, ich will schon. Ich *habe* schon gewollt, gleich als ich die Geschichte kommen sah. Es ist ein Unglück für meine Stine."

„Was?"

„Es ist ein Unglück für meine Stine. Ja, Graf. Oder denken Sie, daß ich so dumm bin, so was für 'n Glück zu halten? Ach, du meine Güte, da sind der Herr Graf mal wieder aus Irrland, un ganz gehörig. Und nu hören Sie mal ein bißchen zu. Hier drüben wohnt ein Schlosser, ein Kunstschlosser, und hat 'nen Neffen, einen allerliebsten Menschen, der bei den ‚Maikäfern' gestanden – aber jetzt is er wieder ins Geschäft. Nu, der war letzten Sommer immer um die Stine rum, un wenn *der* das Mädchen nimmt, dann geh ich nächsten Sonntag in 'n Dom oder zu Büchseln und weine mir aus und danke dem lieben Gott für seine große Guttat un Gnade, was ich nu schon eine gute Weile *nich* gedhan habe. Ja, Graf, so steht es. Mein Stinechen ist kein Mächen, das sich an einen hängt oder mit Gewalt einen rankratzt, Graf oder nich, un hat's auch nich nötig. Die kriegt schon einen. Is gesund un propper un kein Untätchen an ihr, was nich jeder von sich sagen kann. He?"

„Komme mir nicht damit. Das sind Ausweichungen und Redensarten, bloß um von der Sache loszukommen. Darum handelt sich's nicht. Untätchen! Was heißt Untätchen? Ich habe der Stine nichts auf den Leib gered't, ich weiß, sie ist ein gutes Kind. Aber was soll das mit deinem ‚Untätchen' und ‚was nicht jeder von sich sagen kann'? Meinst du mich? Meinetwegen. Mir tut's nichts; ich bin drüber weg. Aber du meinst meinen Neffen, und das reizt mich und ärgert mich, weil's mal wieder deinen schlechten Charakter zeigt. Oder wenn nicht deinen schlechten Charakter, so doch, daß du hart bist und ohne rechte Güte. Was soll das mit dem anzüglichen Vorwurf und deinem spöttischen Gesicht dabei? Waldemar ist ein armer, unglücklicher Mensch und kann freilich keinen Degen verschlucken oder sich einen Amboß auf die Brust legen lassen. Und wenn du das ein ‚Untätchen' nennen willst, nun, so tu's. Aber seine Krankheit und sein Elend, das ist es ja gerade, was ihm vor Gott und Menschen zur Ehre gereicht. Denn woher hat er's? Aus dem Krieg her hat er's. Er war noch keine neunzehn und ein schmächtiger, dünner Fähnrich bei den Dragonern und sah aus wie 'ne Milchsuppe, das muß wahr sein. Aber ein Haldern war er. Und weil er einer war, war er der erste von der Schwadron, der an den Feind kam, und vor dem Karree, das sie sprengen sollten, ist er zusammengesunken, zwei Kugeln und ein Bajonettstich und das Pferd über ihn. Und das war zuviel für den jungen Menschen. Zwei Jahre hat er gelegen und gedoktert und gequient, und nun drückt er sich schwach und krank in der Welt herum; und weil er nicht weiß, was er machen soll, besucht er Stine und will sie heiraten. Das ist ein Unsinn. Aber komme mir nicht mit allerlei Spitzen und Anzüglichkeiten, die für den armen Jungen nicht passen. Er hat das Eiserne Kreuz, und ich will, daß du mit Achtung von ihm sprichst."

Pauline lachte. „Jott, Graf, wenn das einer hört, so muß er ja wahr und wahrhaftig denken, ich wollt einem einen Spott draus machen, daß er ein braver Junge gewesen. Aber das is auch so eine von euren Marotten, daß ihr immer denkt, wir verstünden nichts davon und wüßten nichts von Vaterland und knappzu von Courage. Aber wie steht es denn? Alle Wetter, ich bin auch fürs Vaterland und für Wilhelm; und wer seine Knochen zu Markte getragen hat, vor dem hab ich Respekt un brauche mir nich erst sagen zu lassen, daß ich Respekt vor ihm haben soll. Un denn, Graf, man nich immer jleich mit die Halderns. Ich habe welche gekannt, die waren auch erst neunzehn und keine Halderns und saßen *nich* zu Pferde, nein, immer bloß auf Gebrüder Benekens, un mußten auch immer vorwärts. Un zuletzt, als es bergan ging un sie nich mehr konnten, da hielten sie sich an die Kusseln, weil sie sonst rücklings runtergefallen wären, un immer die verdammten Dinger dazwischen, die so quietschen un sich anhören wie 'ne Kaffeemühle. Ne, ne, Graf, die Halderns haben es nich alleine gemacht un der junge Graf auch nicht. Aber er hat seine Schuldigkeit getan un seine Gesundheit drangegeben, und da werd ich ihm doch nichts anreden – i, da biß ich mir ja lieber die Zunge ab. Ich habe bloß sagen wollen, daß an Stine kein Untätchen is. Un dabei bleib ich. Und da wir nu mal davon reden, dabei bleib ich auch, daß ans Gräfliche öfter so was is als an unserein, un nu gar erst an Stinechen. Ich weiß nicht, wie die Dokters es nennen; aber das weiß ich: es gibt Untätchen schon von 'n Urgroßvater her. Un die Urgroßväter, was so die Zeit von 'n dicken König war, na, die waren schlimm. Un die Halderns werden woll auch nich anders gewesen sein als die andern."

„Es ist gut", sagte der alte Graf mit wiedergewonnener Ruhe. „Was du gleich zuerst gesagt hast von dem Schlosser drüben und seinem Neffen, das ist die Hauptsache, das hat mich überführt. Ich glaube jetzt, daß du unschuldig an der Sache bist, und muß auch einräumen, es sieht dir nicht ähnlich. Du bist viel zu klug und zu verständig, um solchen Unsinn in Gang zu bringen. Denn du sagst es ja selbst, ein Unsinn ist es und ein Unglück dazu. Und noch dazu für alle beide."

Pauline nickte zustimmend.

„Also ein Unglück, sag ich. Und nun laß uns überlegen, wie wir da rauskommen oder es wenigstens eingrenzen und wieder Schick in die Sache bringen. Waldemar ist eigensinnig – alle Kranken sind es – und wird von seinem Vorhaben nicht lassen wollen, davon bin ich überzeugt. Es ist also nur dadurch etwas zu machen, daß wir auf den andern Part, auf deine Schwester, einen Einfluß gewinnen."

Die Pittelkow zuckte mit den Achseln.

„Du willst sagen, es fehlt auch *ihr* nicht an Eigensinn. Und ich glaub es beinah. Außerdem ist alles Zureden umsonst, solange noch die Möglichkeit für Stine bleibt, Waldemar zu sehn und zu sprechen. *Den* wird sie natürlich lieber hören als uns. Jeder hört am liebsten, was ihm schmeichelt und wohltut. Ich seh also nur *ein* Mittel: sie muß fort. Und ich stelle dir alles dabei zur Verfügung. Überlege. Sie wird doch irgendwo in der Welt, in der Priegnitz oder Uckermark, eine Freundin oder Anverwandte haben, und wo nicht, so müssen wir so was erfinden. Da muß sie hin. Nur weg von hier, weg. Zeit gewonnen, alles gewonnen. Und ist erst eine Trennung da und haben beide vierzehn Tage lang eingesehn, daß sich auch ohne Mondscheinkuß immer noch leben läßt, so haben wir wenigstens einen guten Anfang gemacht. Und dann sehen wir weiter."

Die Pittelkow war im wesentlichen damit einverstanden und fiel, als ihr Haldern auch erzählt hatte, daß Waldemar nach Amerika wolle, rasch wieder in ihren Alltags- und Gemütlichkeitston. „Ich war von Anfang an dagegen. Und nu will er auch noch nach Amerika! Du mein Gott, was will er da? Da müssen sie scharf ran, und bei sieben Stunden in Stichsonne, da fällt er um. Erst heute früh haben sie hier einen vom Bau vorbeigebracht un war noch dazu ein Steinträger mit Schnurrbart und Soldatenmütze, was immer die stärksten sind. Un nu solch armer Invalide. Graf, ich werd es schon machen un will gleich zu Wanda, die muß mir eine Geschichte zurechtlügen. Un wenn ich die habe, dann packen wir Stinen ein, nach Alt-Landsberg oder nach Bernau mit's Storchnest oder nach Fürstenwalde. Sie will immer beistehn un helfen, und wir müssen ihr so was vorreden von Beistand und Hilfe."

Der Graf war erfreut, und so trennten sie sich.

VIERZEHNTES KAPITEL

Die Pittelkow, als der Graf fort war, warf sich in Staat, nahm ihren Umhang und ging in die Tieckstraße, um mit Wanda zu beraten, was zu tun und in welchem märkischen Neste

Stine wohl am besten unterzubringen sei. Wanda, dessen entsann sie sich, hatte eine ältere, nach Teupitz hin an einen Schlächtermeister verheiratete Halbschwester; vielleicht wenn man sagte, daß da was Kleines angekommen und der Mann samt seinen vielen Kindern eines Beistands in der Wirtschaft bedürftig sei? ‚Ja, so muß es gehn. Un is erst wer in Teupitz, so kommt er sobald nich wieder weg. Und die Frau wird sie schon festhalten – so viel wird sie doch woll von Wandan haben, daß sie nich gleich lockerläßt. Un wenn jrade geschlachtet wird, kann Stine ja zusehn und hat en bißchen Zerstreuung.‘

In dieser Richtung gingen die Gedanken der Pittelkow, die, während sie diese Pläne machte, nicht ahnen konnte, daß ziemlich um ebendiese Zeit bereits Entschlüsse gefaßt und Entscheidungen getroffen worden waren, die jeden weiteren Klugheitsplan unnötig machten.

Waldemar, als er den Onkel verlassen hatte, hatte seinen Weg erst bis Schloß Bellevue hin und von dort aus nach einem um ein paar hundert Schritte weiter flußabwärts gelegenen Sommerlokale genommen, das er für gewöhnlich an jedem Spätnachmittag, eh er zu Stine ging, aufzusuchen pflegte. Dort im Schatten alter Bäume niederzusitzen und zu sinnen und zu träumen war das, was er liebte. Wirt und Wirtin in diesem Lokale kannten ihn längst, ebenso war er Intimus der dort zahlreich ansässigen Spatzen, die, sobald er Platz genommen, den Tisch umhüpften und die Brocken und Krümel des eigens für sie bestellten Stück Kuchens aufzupicken pflegten. Das alles war heute geradeso wie sonst, und nur die ihre Köpfe neugierig zusammensteckenden Kellner beschäftigten sich augenscheinlich mit der Frage, was ihren regelmäßigen Spätnachmittagsgast heute schon zu so früher Stunde hierhergeführt haben könnte. Denn es war erst zwei. Waldemar hatte seine Freude daran, diese kleine Neugier zu beobachten, und las aus den Mienen der Kellner den Gang ihrer Unterhaltung mit einer Sicherheit voraus, als ob er sie vom nächsten Baum her hätte belauschen können. Überhaupt entging ihm nichts, und wenn er eine Zeitlang die Qualmwolken aus dem gerade gegenübergelegenen Borsigschen Eisenwerke hatte hervorquellen und nach der Jungfernheide hin abziehen sehen, so gab er seinem Blick mit einemmal wieder eine Seitwärtsrichtung und zählte dabei die Brückenpfeiler oder die Spreekähne, die von der Stadt her den Fluß herunterkamen. Er war ohne jede Spur besonderer Erregung und beschäftigte sich, was übrigens seinem Charakter entsprach, kaum noch mit dem Gespräche, das er eben erst mit dem Onkel gehabt hatte. Wenn er den Frieden nicht haben konnte, so war es schon viel für ihn, ihn seinerseits ehrlich und aufrichtig gewollt zu haben. Und das war ja der Fall. Aus diesem Bewußtsein erwuchs ihm etwas wie Trost und Ergebung, und wenn Ergebung auch nicht das absolute Beste, nicht der Friede selbst war, so war es doch das, was dem Frieden am nächsten kam.

Er blieb wohl eine Stunde. Dann erst erhob er sich und ging auf den Ausgang zu. Von draußen her aber sah er noch einmal über den Staketzaun in den Garten zurück. Da war wieder die Musikestrade mit den wackeligen Notenpulten und gleich dahinter das primitive Büfett mit den eingeschnittenen Querhölzern, daran zahllose Weißbierdeckel wie kleine Schilde hingen. Und dicht daneben und halb überwachsen von einer Kugelakazie stand der eben von ihm verlassene Tisch, auf dessen grüner Platte jetzt die Lichter und Schatten tanzten. Er konnte sich nicht losreißen von dem allem und prägte sich's ein, als ob er ein bestimmtes Gefühl habe, daß er's nicht wiedersehen werde. ‚Glück, Glück. Wer will sagen, was du bist und wo du bist! In Sorrent, mit dem Blick auf Capri, war ich elend und unglücklich, und *hier* bin ich glücklich gewesen.‘ Und nun ging er weiter flußabwärts bis an die Moabiter Brücke, weil er vorhatte, den Rückweg am andern Ufer zu machen. Als er aber drüben war, nahm er langsam und unter gelegentlichem Verweilen seinen Weg auf den Humboldtshafen und zuletzt auf den Invalidenpark zu. Dort blieb er stehen und musterte das gegenübergelegene Haus. Stine stand oben am Fenster. Er grüßte mit der Hand und stieg dann in ihre Wohnung hinauf.

Stine empfing ihn schon an der Tür, glücklich, ihn zu sehen, aber doch mit einem Anfluge von Sorge, weil er sonst nie vor Dämmerstunde kam.
„Was ist?“ sagte sie. „Du siehst so verändert aus.“
„Möglich. Aber es ist nichts. Ich bin vollkommen ruhig.“
„Ach, sage nicht *das*. Wenn man sagt, man sei ruhig, ist man's nie.“
„Woher weißt du das?“
„Ich glaube, das lernt jeder, dafür sorgt das Leben. Und dann weiß ich es von Pauline. Wenn die zu mir sagt: ‚Stine, nun bin ich wieder ruhig‘, dann ist es immer noch schlimm genug. Aber nun sage, was ist?“
„Was ist? Eine Kleinigkeit. Eigentlich nichts. Ich stand immer einsam unter den Meinigen, und nun soll ich noch etwas einsamer dastehn. Es wirkt einen Augenblick, aber nicht lange ...“
„Du verschweigst mir etwas. Sprich!“
„Gewiß, deshalb bin ich hier. Und so höre denn. Ich war bei meinem Onkel, um ihm zu sagen ... ja was, Stine? ... um ihm zu sagen, daß ich dich liebhätte ...“
Stine kam in ein Zittern.
„... und daß ich dich heiraten wolle ... Ja, heiraten, nicht um eine Gräfin Haldern aus dir zu machen, sondern einfach eine Stine Haldern, eine mir liebe kleine Frau, und daß wir dann nach Amerika wollten. Und zu diesem Schritt erbät ich seine Zustimmung oder doch eine Fürsprache bei meinen Eltern.“
„Und?“
„Und diese Fürsprache hat er mir verweigert.“
„Ach, was hast du getan?“
„Sollt ich nicht?“
„Was hast du getan?“ wiederholte Stine, zugleich hinzu-

setzend: „Und ich Ärmste bin schuld daran. Bin schuld, weil ich's habe geschehen lassen und mich nie recht gefragt habe, was wird. Und wenn mir die Frage kam, so hab ich sie zurückgedrängt und nicht aufkommen lassen und nur gedacht: ‚Freue dich, solange du dich freuen kannst.' Und das war nicht recht. Daß es nicht ewig dauern würde, das wußt ich; aber ich rechnete doch auf manchen Tag. Und nun ist alles falsch gewesen, und unser Glück ist hin, viel, viel schneller als nötig, bloß weil du wolltest, daß es dauern solle."

Waldemar wollte widersprechen; aber Stine litt es nicht und sagte, während ihre Stimme mit jedem Augenblick beschwörender und eindringlicher wurde: „Du willst nach Amerika, weil es hier nicht geht. Aber glaube mir, *es geht auch drüben nicht.* Eine Zeitlang könnt es gehn, vielleicht ein Jahr oder zwei, aber dann wär es auch drüben vorbei. Glaube nicht, daß ich den Unterschied nicht sähe. Sieh, es war mein Stolz, ein so gutes Herz wie das deine lieben zu dürfen; und daß es mich wieder liebte, das war meines Lebens höchstes Glück. Aber ich käme mir albern und kindisch vor, wenn ich die Gräfin Haldern spielen wollte. Ja, Waldemar, so ist es; und daß du so was gewollt hast, das macht nun ein rasches Ende. Vor Jahren, ich war noch ein Kind, hab ich mal ein Feenstück gesehn, in dem zwei Menschen glücklich waren; aber ihr Glück, so hatte die Fee gesagt, würde für immer hinsein, wenn ein bestimmtes Wort gesprochen oder ein bestimmter Name genannt werde. Siehst du, so war es auch mit uns. Jetzt hast du das Wort gesprochen, und nun ist es vorbei, vorbei, weil die Menschen davon wissen. Vergiß mich; du wirst es. Und wenn auch nicht, ich mag keine Kette für dich sein, an der du dein Leben lang herumschleppst. Du mußt frei sein; gerade du."

„Ach, meine liebe Stine, wie du mich verkennst. Du sprichst von einer ‚Kette' und daß ich frei sein müsse. Freiheit. Nun ja, mein Leben war frei, was man so frei sein nennt, seit ich aus meiner Eltern Hause ging, und in manchen Stücken auch früher schon. Aber wie verlief es trotzdem? Wie war es von

Jugend an? Wir haben so viel davon geplaudert, und ich habe dir von meinen Kindertagen erzählt und von dem langweiligen Hauslehrer, der den Frommen spielen mußte nach Anweisung und mich mit Sprüchen und Geboten und dem ewigen ‚Was ist das' quälte und mit dem Glaubensbekenntnis, das ich nie verstand und er auch nicht. Aber der arme, traurige Mensch, der – ich sollte vielleicht nicht spotten, gerade *ich* nicht – immer einen Katarrh und eine Liebschaft hatte, war lange nicht der Schlimmste. Das schlimmste war, daß ich im Hause selbst, bei meinen eignen Eltern, ein Fremder war. Und warum? Ich habe später darauf geachtet und es in mehr als einer Familie gesehn, wie hart Eltern gegen ihre Kinder sind, wenn diese ganz bestimmten Wünschen und Erwartungen nicht entsprechen wollen."

Stine, die dieselbe Wahrnehmung auch in ihrer bescheidenen Sphäre gemacht haben mochte, nickte zustimmend, und Waldemar, der sich dieser Zustimmung freute, fuhr deshalb fort: „Es wird wohl überall so sein, und jedenfalls war es so bei uns. Und dazu die Launen und Verstimmungen einer Frau, weil ihr ein Großfürst einmal ein Billett geschrieben, das beinahe ein Liebesbillett war, und die sich nun einbildete, nicht viel was andres als eine Mißheirat geschlossen zu haben. Da hast du das Bild meiner Stiefmutter. Den Sommer über war sie verstimmt über das langweilige Landleben und über die Damen der Nachbarschaft, die gar keine Damen waren, wenigstens nicht in ihren Augen; und wenn sie dann winters zu Hofe ging, so war sie noch verstimmter, weil Schönere oder Vornehmere da waren und ihr den Rang abliefen. Und diese schlechte Laune mußt ich entgelten, diese Verstimmungen trafen *mich*, der ich ihr überhaupt von Anfang an mißfiel. Und als ich dann heranwuchs und wohl auch meinerseits zeigen mochte, daß mir nicht alles gefalle, da war ich vollends nicht auf Rosen gebettet. Und so ging's, bis ich mit neunzehn eintrat und mit zu Felde zog und die Kugel kriegte oder zwei, wovon ich dir erzählt habe. Da wurd es freilich einen Augenblick besser, und ich war ein Vierteljahr lang der Held

und Mittelpunkt der Familie, besonders als auch prinzliche Telegramme kamen, die sich nach mir erkundigten. Ja, Stine, das war meine große Zeit. Aber ich hätte sterben oder mich rasch wieder zu Gesundheit und guter Karriere herausmausern müssen, und weil ich weder das eine noch das andere tat und nur so hinlebte, manchem zur Last und keinem zur Lust, da war es mit meinem Ruhme bald vorbei. Der Vater hätt es vielleicht ändern können, wenn er ein festes Eintreten für mich gewagt und nicht seinen Haus- und Ehefrieden über mein Glück gestellt hätte. So konnt er sich nicht aufraffen, und so hab ich denn durch viele Jahre hingelebt, ohne recht zu wissen, was Herz und Liebe sei. Nun weiß ich es. Und jetzt, *wo* ich es weiß und mein Glück festhalten will, soll ich es wieder aus der Hand lassen. Und alles bloß, weil du von Ansprüchen sprichst und vielleicht auch daran glaubst, die mir im Blute stecken sollen und die – weil im Blute – gar nicht aufzugeben seien. Ach, meine liebe Stine, was geb ich denn auf? Nichts, gar nichts. Ich sehne mich danach, einen Baum zu pflanzen oder ein Volk Hühner aufsteigen oder auch bloß einen Bienenstock ausschwärmen zu sehen."
Er schwieg und sah vor sich hin, Stine aber nahm seine Hand und sagte: „Wie du dich selbst verkennst. Der Tagelöhnersohn aus eurem Dorfe, der mag so leben und dabei glücklich sein; nicht du. Dadurch, daß man anspruchslos sein will, ist man's noch nicht; und es ist ein ander Ding, sich ein armes und einfaches Leben ausmalen oder es wirklich führen. Und für alles, was dann fehlt, soll das Herz aufkommen. Das kann es nicht, und mit einem Male fühlst du, wie klein und arm ich bin. Ach, daß ich in diesem Augenblick so spreche, das ist vielleicht auch schon eine Schwachheit und ein kleines Gefühl; aber ich kämpfe nicht dagegen an, weil ich glaube, daß aus allem, was du vorhast, nur Unheil kommt, nur Enttäuschung und Elend. Der alte Graf ist dagegen, und deine Eltern sind dagegen – du sagst es selbst –, und ich habe noch nichts zum Glück ausschlagen sehen, worauf von Anfang an kein Segen lag. Es ist gegen das vierte Gebot, und wer da-

gegen handelt, der hat keine ruhige Stunde mehr, und das Unglück zieht ihm nach."

„Ach, meine liebste Stine, du redest dich so hinein und kommst mir nun gar mit dem vierten Gebot. Glaube mir, das mit dem vierten Gebot, das hat auch seine Grenze. Vater und Mutter sind nicht bloß Vater und Mutter, sie sind auch Menschen, und als Menschen irren sie so gut wie du und ich. Nein, ich will dir sagen, was es ist und warum du glaubst, so sprechen zu müssen. Ich verstehe mich ein bißchen auf das menschliche Herz; denn sieh, wer jahrelang auf dem Krankenbett liegt, der hat viel Zeit und spürt vielem nach, und das verlockendste sind immer die Schlängelgänge des Herzens, des eignen und des der andern. Und nun höre, was es ist. Es ist was Hochmütiges in eurer Familie, daran drei Grafen genug hätten, etwas Trotziges und Herausforderndes, und ein Hang, die Wahrheit zu sagen und mitunter auch noch mehr. Deine Schwester hat es sehr stark, und du hast es auch, hast auch dein Teil daran. Und sieh, in diesem deinem falschen Stolze willst du nicht, daß ich auch nur einen Augenblick glauben soll, du hättest an so was wie eine Stine Haldern gedacht. Das ist dir gegen deine Ehre. Hab ich recht, und ist es so?"

„Nein."

„Gut. Ich glaube dir. Ich weiß ganz bestimmt, daß du ‚ja' gesagt hättest, wenn du's hättest sagen können. Und daß du dies ehrliche ‚Nein' sagen kannst, das ist schön von dir und läßt mich aufs neue sehen, eine wie gute Wahl ich getroffen. Und nun soll es an bloßen Einbildungen scheitern. *Ich* bin aus den Vorurteilen heraus, und nun willst *du* sie haben. Ich beschwöre dich, Stine, mache dich frei davon, und vor allem entschlage dich deiner Ängstlichkeiten."

Stine schüttelte den Kopf.

„Es soll also nichts mit uns werden?"

„Es kann nicht."

„Und alles soll bloß ein Sommerspiel gewesen sein?"

„Es muß."

„Und es kommt dir nicht der Gedanke, daß mir dies alles das Leben bedeuten könnte?"

„Um Gottes willen, Waldemar!"

„Ich will keine Ausrufe, ich will eine Antwort. Ein ‚Ja', kurz und bestimmt, und dann fort, fort. Sprich, Stine, du weißt, was ich bitte. Willst du?"

„Nein." Und sie stürzte weinend an ihm vorüber. Er hielt sie aber fest und sagte: „Stine, *so* wollen wir nicht scheiden. Ein ‚Nein' soll nicht dein letztes Wort gewesen sein. Setze dich nieder und sieh mich an. Und nun sage mir: Hast du mich wirklich geliebt?"

„Ja."

„Von Herzen?"

„Von ganzem Herzen."

Und das Krampfschluchzen, unter dem sie sprach, ging in eine Ohnmacht über.

Als sie wieder zu sich kam, war sie allein.

FÜNFZEHNTES KAPITEL

Waldemar ging nach rechts auf das Oranienburger Tor zu, weil ihm darum zu tun war, in einem an der Ecke der Linden und Friedrichstraße gelegenen Bankhause verschiedene geschäftliche Dinge zum Abschluß zu bringen. Aber in der Nähe der Weidendammer Brücke fiel ihm ein, daß die Büros sehr wahrscheinlich schon geschlossen seien, weshalb er seinen Stadtgang aufgab, um sich in seine dicht hinter dem Generalstabsgebäude gelegene Wohnung zurückzubegeben. Er war durch ebendiese Wohnung Nachbar von Moltke, welche Nachbarschaft er gern hervorhob und in Ernst und Scherz zu versichern liebte: „Man kann nicht besser aufgehoben sein als gerade da. Wer für die große Sicherheit so zu sorgen weiß, der sorgt auch für die kleine."

Von der Dorotheenstädtischen Kirche her schlug es fünf, als unser zu Betrachtungen derart nur zu geneigter Freund in den

Schiffbauerdamm einbog, und ehe noch die Turmuhr ausgeschlagen hatte, schlugen die kleinen Uhren nach, die sich in ziemlich beträchtlicher Zahl an der Wasser- und Rückfront der jenseitigen Fabrikgebäude befanden. Er zählte die Schläge, musterte den Kai hüben und drüben und freute sich des regen und doch stillen Lebens, das hier überall auf und ab wogte. Nichts entging ihm, auch nicht das Treiben auf den Kähnen, an deren Tauen und Strickleitern und mitunter auch auf quergelegten Ruderstangen allerlei Wäsche zum Trocknen hing, und erst, als er unter langsamem Weiterschlendern die Graefsche Klinik im Rücken hatte, ließ er von dem Beobachten ab und ging rascheren Schrittes auf die Unterbaumbrücke zu. Hier hielt er wieder und betrachtete die bronzenen Kandelaber, die, weil sie noch keine Patina hatten, in der schrägstehenden Sonne prächtig blitzten und flimmerten. ‚Wie hübsch das alles ist. Ja, es kommen bessere Tage. Nur ... wer's erlebt. Qui vivra, verra ...' Und er brach ab und sah von der Brückenwölbung auf die tief unten am Kai sich hinziehenden Weiden, aus deren graugrünem Blattwerk einige tote Äste wie Besen hervorragten. Es waren seine Lieblinge, diese Bäume. ‚Halb abgestorben und immer noch grün.'

Endlich war er vom Kronprinzenufer und der Alsenstraße her bis an den reizenden, mit Bosketts und Blumenbeeten und dazwischen wieder mit Marmorbildern und Springbrunnen geschmückten Square gekommen, der, dem Königsplatze vorgelegen, einen Teil desselben ausmacht und doch auch wieder sich von ihm scheidet. Eine frische Brise ging und milderte die Hitze, von den Beeten aber kam ein feiner Duft von Reseda herüber, während drüben bei Kroll das Konzert eben anhob. Unser Kranker sog das alles in vollen Zügen ein, Duft und Melodie: ‚Wie lange, daß ich nicht *so* frei geatmet habe. »Königin, das Leben ist doch schön« – unsterbliches Wort eines optimistischen Marquis, und ein pessimistisches Gräflein plappert es ihm nach.'

Nun schwieg die Musik drüben, und Waldemar, während er

zwischen den großen Rondellen auf und ab schlenderte, musterte zugleich die Figuren, die hier mit Hilfe von Sternblumen und roten Verbenen in den Rasen eingezeichnet waren; endlich aber ging er auf eine Bank zu, die, von allerlei dicht dahinterstehendem Strauchwerk überwachsen, einen vollen Schatten gewährte. Da nahm er Platz; denn er war müde geworden. Das viele Gehen in der Hitze hatte seine Kräfte verzehrt, und so schloß er unwillkürlich die Augen und fiel in Traum und Vergessen. Als er wieder erwachte, wußte er nicht, ob es Schlaf oder Ohnmacht gewesen; ‚ich glaube, so kommt der Tod', und erst allmählich fand er sich wieder zurecht und bemerkte nun ein Marienwürmchen, das sich ihm auf die Hand gesetzt hatte. Da blieb es und kroch hin und her, trotzdem er schüttelte und pustete. ‚Einen wie feinen Instinkt die Tiere haben; es weiß, daß es sicher ist.' Endlich aber flog es doch fort, und Waldemar, sich vorbeugend von seiner Bank, begann jetzt, allerlei Figuren in den Sand zu zeichnen, ohne recht zu wissen, was er tat. Als er sich's aber bewußt wurde, sah er, daß es Halbkreise waren, die sich, erst enge, dann immer weiter und größer, um seine Stiefelspitze herumzogen. ‚Unwillkürliches Symbol meiner Tage. Halbkreise! Kein Abschluß, keine Rundung, kein Vollbringen ... Halb, halb ... Und wenn ich nun einen Querstrich ziehe', und er zog ihn wirklich, ‚so hat das Halbe freilich seinen Abschluß, aber die rechte Rundung kommt nicht heraus.'

In solche Gedanken verloren, saß er noch eine Weile. Dann stand er auf und ging auf seine Wohnung zu.

Diese, gleich zu Beginn der Zeltenstraße, bestand aus einem zwei Treppen hoch gelegenen Front- und Hinterzimmer, von denen jenes auf die Parkbäume des Krollschen Gartens, dieses auf eine grasbewachsene, bis hart an die Spree sich hinziehende Baustelle sah. Dahinter die roten Dächer von Moabit und weiter links der grüne Saum der Jungfernheide. Waldemar liebte diesen Blick, und so kam es, daß er das Zimmer, darin er schlief, zugleich zu seinem Wohn- und

Arbeitszimmer gemacht und ein altdeutsches Zylinderbüro darin aufgestellt hatte.
Er hielt sich auch heute nicht in dem Vorderzimmer auf, vertauschte den engen Rock mit einem leichten Jackett und trat an das Fenster seines Schlafzimmers. Die Sonne war im Niedergehen, und er entsann sich jenes Tages, als er von Stines Fenster aus dasselbe Sonnenuntergangsbild vor Augen gehabt hatte ... „Wie damals", sprach er vor sich hin. Und er sah in die röter werdende Glut, bis endlich der Ball gesunken und volle Dämmerung um ihn her war.
Auf seinem Schreibzeug lag ein kleiner Revolver, zierlich und mit Elfenbeingriff. Er nahm ihn in die Hand und sagte: „Spielzeug. Und tut es am Ende doch. Bei gutem Willen ist viel möglich; ‚mit einer bloßen Nadel', sagt Hamlet, und er hat recht. Aber ich kann es nicht. Es ist mir, als wäre hier noch alles weh und wund oder doch eben erst vernarbt. Nein, ich erschrecke davor, trotzdem ich wohl fühle, daß es standesgemäßer und Haldernscher wäre. Doch, was tut's! Die Halderns, die mir schon so viel zu vergeben haben, werden mir auch *das* noch verzeihen müssen. Ich habe nicht Zeit, mich über Punkte wie diese zu grämen."
Und er legte den Revolver wieder aus der Hand.
„Ich muß es also anders versuchen", fuhr er nach einer Weile fort. „Und schließlich warum nicht? Ist die Blâme denn gar so groß? Kaum. Es finden sich am Ende ganz reputierliche Kameraden. Aber welche? Ich war nie groß im Historischen – überhaupt worin? –, und nun versagen mir die Beispiele. Hannibal ... Weiter komm ich nicht. Indessen, er kann genügen. Und es werden gewiß noch ein paar sein."
Während er so sprach, zog er eins der unteren Schubfächer in seinem Schreibtisch auf und suchte nach einem Schächtelchen. Als er's endlich hatte, fiel er wieder in Betrachtungen. „Auch klein. Noch kleiner als das Spielzeug da. Und doch genug. Es ist ein Ersparnis aus alten Zeiten her, und mein Vorgefühl war richtig, als ich mir's damals sammelte."
Bei diesen Worten stand er auf, stellte sich eine noch aus

dem Süden mitgebrachte römische Lampe zurecht und nahm, als er die vier kleinen Dochte derselben angezündet hatte, Kuverts und Briefbogen aus einer vor ihm liegenden Schreibmappe.

Dann schrieb er:

„Mein lieber Onkel! Wenn Du diese Zeilen erhältst, sind alle Wirrnisse gelöst. Etwas gewaltsam. Aber das ist gleich. Es wird Dir obliegen, und jedenfalls bitte ich Dich darum, das Geschehene nach Groß-Haldern hin zu melden. Was über mich entschied, war, wie Du bei Eintreffen dieser Zeilen vielleicht schon wissen, jedenfalls aber sehr bald erfahren wirst, der Widerstand von ganz anderer und sehr unerwarteter Seite her. Und so kam, was kam. Ich klage niemanden an; ist wer schuldig, so bin *ich* es. Das gute Kind hatte nur zu recht, mich auszuschlagen; aber ich war nicht mehr stark genug, mich drein zu ergeben. Auf dem letzten Blatt meines Notizbuches hab ich über mein Erbteil von meiner Mutter Seite her verfügt. Ich hoffe, sagen zu können, verfügt auch unter schuldiger Rücksicht gegen die Halderns. Überweise das Blatt an Justizrat Erbkamm; er wird danach verfahren. Allerdings weiß ich, daß *sie*, der diese Festsetzungen zugute kommen und als ein Ausdruck meines Dankes gelten sollen, alles ablehnen wird; aber sorge dafür, daß ihr ein bestimmter Teil gesichert bleibt, auch *gegen* ihren Willen. Ein Wille kann sich ändern, und es beglückt mich die Vorstellung, vielleicht noch einmal, und wenn es nach vielen Jahren wäre, da helfen und wohltun zu können, wo mir's leider, wenn auch absichtslos, beschieden war, ein Herz zu beschweren und ihm wehe zu tun. An meinen Vater schreib ich nicht; ich wünsche Auseinandersetzungen zu vermeiden. Meine Sache kann ich in keine besseren Hände legen als in die Deinen, denn ich weiß wohl, was ich, trotz alledem und alledem, an Dir hatte. So wenig Haldernsch ich vielleicht war, so wünsch ich doch, in der Haldernschen Gruft zu stehen. Dies mein Letztes. Deiner freundlichen Erinnerung bin ich gewiß. Dein Waldemar."

Er schob das Blatt beiseite, legte die Feder nieder und fuhr sich über Aug und Stirn.

„Und nun das Letzte."

Und er nahm einen zweiten Bogen und schrieb:

„Meine liebe Stine! Du wolltest nicht den weiten Weg mit mir machen, und so mache ich den weiteren. Ich glaube, was Du tatest, war richtig, und ich hoffe, *das,* womit ich nun abschließe, soll es auch sein. Es gibt oft nur *ein* Mittel, alles wieder in Ordnung zu bringen. Vor allem klage Dich nicht an. Die Stunden, die wir zusammen verlebten, waren, vom ersten Tage an, Sonnenuntergangsstunden, und dabei ist es geblieben. Aber es waren doch glückliche Stunden. Ich danke Dir für alle Freundlichkeit und Liebe. Mein Leben hat doch nun einen Inhalt gehabt. ‚Vergiß mich' – das darf ich nicht sagen, es käme mir nicht von Herzen und wär auch töricht; denn ich weiß, Du wirst es nicht und kannst es nicht. So denn also: Gedenke mein. Aber gedenke meiner freundlich, und vor allem verzichte nicht auf Hoffnung und Glück, weil *ich* darauf verzichtete. Lebe wohl. Ich schulde Dir das Beste.

Dein Waldemar."

Als er beide Briefe kuvertiert hatte, warf er sich in den Stuhl zurück, und die freundlichen Bilder, die dieser Sommer ihm gebracht hatte, zogen noch einmal an seiner Seele vorüber. So wenigstens schien es, denn er lächelte. Dann aber nahm er das bereitgestellte Schächtelchen und schob das Innenkästchen aus der äußeren Hülse heraus. Es ging schwer, und man konnte sehen, daß er lange daran gesammelt und immer neue Käpselchen hineingezwängt hatte. ‚Schlafpulver! Ja, ich wußte, daß eure Stunde kommen würde.' Und nun brach er die Kapseln einzeln auf und tat ihren Inhalt, langsam und sorglich, in ein kleines, halb mit Wasser gefülltes Rubinglas. ‚So, das *ist* es.' Und während er das Glas hob und wieder niedersetzte, trat er noch einmal ans Fenster und sah hinaus. Der Mond, eine schwache Sichel, war aufgegangen und schüttete sein Licht über den Fluß und weit jenseits desselben über Feld und Wald.

„Es ist hell genug ... Und ich mag auch die Lampe nicht brennen und erst gegen Morgen verlöschen und verschwelen lassen, als hätt ich abgeschlossen bei Rausch und Gelage. *Mein* Leben ein Bacchanal!"

Und er löschte die Lichter und trank. Und dann nahm er seinen Platz wieder ein und lehnte sich zurück und schloß die Augen.

SECHZEHNTES KAPITEL

Den dritten Tag danach war von Mittag an ein stilles, aber rühriges Treiben auf dem Bahnhof von Klein-Haldern. Eine dicht neben dem Stationshause befindliche Pforte wurde mit Tannenzweigen umwunden, Oleander- und Lorbeerbäume standen, eine Hecke bildend, in Front, und an dem Querbalken der Pforte hing ein großer Immortellenkranz, dessen Öffnung das Haldernsche Wappen zeigte. Hinter dem Stationshause hielten mehrere herrschaftliche Wagen, die Kutscher mit einem Trauerflor um den Hut, in einem als Ausläufer des Perrons sich hinziehenden Gartenstreifen aber schritten ein Dutzend schwarzgekleidete Personen auf und ab, Dorfleute von mittleren Jahren, und sprachen ernst und leise miteinander.

Drei Uhr dreißig kam der Zug. „Haldern", „Klein- Haldern", riefen die Schaffner und öffneten ein paar Coupés, aus denen verschiedene Personen ausstiegen: zunächst ein alter Geistlicher von besonderer Würde, dem man seines Amtes und seiner Jahre halber den Vorrang gönnte, dann ein Oberst mit seinem Adjutanten und endlich mehrere reichbortierte Herren, die selbst der Klein-Halderner Stationsbeamte nicht kannte. Die Hüte mit Federbüschen aber und mehr noch der ausgesuchte Respekt, mit dem ihnen selbst von seiten des Obersten begegnet wurde, ließen keinen Zweifel darüber, daß es, wenn nicht Prinzlichkeiten, so doch Personen vom

Hof oder vielleicht auch hohe Ministerialbeamte sein mußten. Alle gingen auf den Ausgang zu, vor dem die Wagen im selben Augenblicke vorfuhren, und eine Minute später sah man nichts mehr als eine Staubwolke, die sich, immer dichter werdend, auf dem halbchaussierten Fahrwege dem nächsten Dorfe zu bewegte.

Während diese Szene sich in Front des Stationsgebäudes abspielte, wurde weiter abwärts im Zuge die große Schiebetür des letzten Wagens geöffnet und von innen her ein Sarg herausgehoben, den jetzt sechs Träger aus der Zahl derer, die bis dahin im Garten auf und ab marschiert waren, in Empfang nahmen und auf ihre Schultern hoben; andere sechs gingen zur Ablösung nebenher, und was sonst noch auf dem Bahnhof war, folgte. Solange dieser Zug den auf eine kurze Strecke zur Seite des Bahnkörpers hinlaufenden Fahrweg innehielt, war alles still; im selben Augenblick aber, wo Sarg und Träger von ebendiesem Fahrweg her in eine Kirschallee einbogen, die von hier aus geradlinig auf das nur fünfhundert Schritt entfernte Klein-Haldern zuführte, begann die Klein-Haldernsche Schulglocke zu läuten, eine kleine Bimmelglocke, die wenig feierlich klang und doch mit ihren kurzen, scharfen Schlägen wie eine Wohltat empfunden wurde, weil sie das bedrückende Schweigen unterbrach, das bis dahin geherrscht hatte.

So ging es nach Klein-Haldern hinein, ohne daß man etwas anderes als die Schulglocke gehört hätte; kaum aber, daß man nach Passierung der Schmiede – mit der das Dorf nach der andern Seite hin abschloß – in die von Klein-Haldern nach Groß-Haldern hinüberführende, beinah laubenartig zusammengewachsene Rüsterallee einmündete, so nahm auch schon ein allgemeines Läuten, daran sich die ganze Gegend beteiligte, seinen Anfang. Die Groß-Halderner Glocke, die sie die Türkenglocke nannten, weil sie von Geschützen gegossen war, die Matthias von Haldern aus dem Türkenkriege mit heimgebracht hatte, leitete das Läuten ein; aber ehe sie noch ihre ersten fünf Schläge tun konnte, fielen auch schon die

Glocken von Crampnitz und Wittenhagen ein, und die von Orthwig und Nassenheide folgten. Es war, als läuteten Himmel und Erde.

Halben Wegs zwischen den Dörfern lief ein Grenzgraben, über den eine steinerne Brücke führte. Jenseits dieser Brücke betrat man die Groß-Halderner Feldmark, und hier begann denn auch das Spalier, das alt und jung auf dieser letzten Wegstrecke gebildet hatte. Den Anfang machten die Schulen. Danach kamen die Kriegervereine mit einem Trompeterkorps aus der nächsten kleinen Garnison, und immer, wenn die Träger an einer Sektion vorüber waren, schwenkte diese dreigliedrig ein und folgte mit „Jesus, meine Zuversicht". Am Schluß aber marschierten ein paar Dreizehner Veteranen mit der alten Kriegsdenkmünze, lauter Achtziger, die den Kopf schüttelten, niemand wußte zu sagen, ob vor Alter oder über den Lauf der Welt. Und so ging es nach Groß-Haldern hinein, an dem alten Giebelschlosse vorüber und unmittelbar, auf die Feldsteinkirche zu, die, höher gelegen als das sie umgebende Dorf, von terrassenförmig ansteigenden und um diese Jahreszeit dicht in Blumen stehenden Gräberreihen eingefaßt wurde. Vor dem kleinen Rundbogenportal stand der Dorfgeistliche, neben ihm zwei Amtsbrüder, und empfing den Toten an geweihter Stätte. Zugleich setzten die Träger den Sarg nieder, auf den jetzt zunächst Palmenzweige gelegt wurden, und trugen ihn, als dies geschehen, den Mittelgang hinauf bis vor den Altar. Hier stand der alte Generalsuperintendent, der von Berlin aus mitgekommen war, um die Parentation zu halten; die großen Lichter brannten, und ihr dünner Rauch wirbelte neben dem großen, halbverblakten Altarbilde auf. Es stellte den verlorenen Sohn dar. Aber nicht bei seiner Heimkehr, sondern in seinem Elend und seiner Verlassenheit.

Die Kirche hatte sich, als der Sarg unmittelbar über der Gruftsenkung niedergelassen war, auf all ihren Plätzen gefüllt, und auch die seit dem Tode Friedrich Wilhelms IV. sonntäglich meist leerstehende herrschaftliche Loge, *heute* war sie besetzt. In Front erblickte man den alten Grafen, Waldemars Vater, in grauem Toupet und Johanniterkreuz, neben ihm in tiefer und soignierter Trauer die Stiefmutter des Toten, eine noch schöne Frau, die, was geschehen war, lediglich vom Standpunkte des „Affronts" aus ansah und mit Hilfe dieser Anschauung über die vorschriftsmäßige Trauer mit beinahe mehr als standesgemäßer Würde hinwegkam. Hinter ihr der jüngere Sohn (ihr eigener), Graf Konstantin, dem der ältere Bruder, um das mindeste zu sagen, in nicht unerwünschter Weise Platz gemacht hatte. Seine Haltung war untadelig und gleichfalls von bemerkenswerter Gefaßtheit, ohne die der Mutter ganz erreichen zu können. Ein langes Lied, das teilweis in allerkräftigsten Wendungen allem Erdendunkel einen Riegel vorzuschieben trachtete, wurde gesungen; dann sprach der alte Generalsuperintendent schöne, tiefempfundene Worte – tiefempfundene, weil ihn im eigenen Hause schwerste Schicksalsschläge getroffen hatten –, und als er nun vortrat und den Segen sprach und nach dem Singen des letzten Verses der Ton der Orgel nur noch leise nachzitterte, senkte sich der Sarg mit all den Kränzen, die ganz zuletzt noch auf ihn gehäuft worden waren, in die Gruft hernieder.

Eine tiefe Stille trat ein, und die fremden Gäste steckten eben die Köpfe zum Schlußgebet in den Hut, als man hinter einem der Pfeiler ein heftiges und beinahe krampfhaftes Schluchzen hörte. Die Gräfin sah empört nach der Stelle hin, von der es kam; aber der deckunggebende Pfeiler ließ glücklicherweise nicht erkennen, wer die Anmaßung gehabt hatte, ergriffener sein zu wollen als sie.

Stine, die die Fahrt nach Klein-Haldern schon mit dem Vormittagszuge gemacht und sich, um die Zwischenzeit hinzubringen, eine Stunde lang und länger am Außenrande des Groß-Halderner Parkes und dann wieder auf dem angrenzenden Wiesengrunde, wo sie dem Vieh, das hier weidete, zusah, verweilt hatte, war unter den letzten, die die Kirche verließen. Sie hielt sich abseits, ging noch eine Weile zwischen den Gräbern auf und ab und trat dann langsam ihren Rückweg nach dem Klein-Halderner Bahnhof hin an. Alles war still, es klangen keine Glocken mehr, und sie hörte nichts als die Lerchen, die mit ihrem Tirili aus der ringsumher in Garben stehenden Mahd in die Luft emporstiegen. Eine stieg höher als die andere, und sie sah ihr nach, bis sie hoch oben im Blau verschwunden war. ‚In den Himmel ... Ach, wer ihr folgen könnte ... Leben; leben müssen ...' Und im Übermaß schmerzlicher Erregung und einer Ohnmacht nahe, setzte sie sich auf einen Stein am Weg und barg ihre Stirn in der Hand.

Als sie sich nach einer Weile wieder erhob und ihren Weg inmitten der Fahrbahn fortsetzen wollte, hörte sie, daß in ihrem Rücken, von Groß-Haldern her, ein Wagen in raschem Trabe herankam. Und sich umwendend, sah sie, daß es dieselben Personen waren, die während der Trauerfeier mit in dem herrschaftlichen Kirchenstuhle gesessen hatten. In dem letzten Wagen aber saß Waldemars Oheim, den Sommerüberzieher zurückgeschlagen, so daß man das große blaue Ordensband, das des schwedischen Seraphinenordens, in aller Deutlichkeit erkennen konnte. Stine wollte nicht gesehen sein und trat mit halber Wendung zur Seite; der alte Graf aber hatte sie schon von fern her erkannt, und einer flüchtig in ihm aufsteigenden Verlegenheit rasch Herr werdend, erhob er sich im Wagen und lud sie durch eine freundlich-verbindliche Handbewegung zum Einsteigen ein. Über Stines Züge ging ein Leuchten, das der schönste Dank für des alten Grafen bei Gelegenheiten wie diese *nie* versagende Ritterlichkeit war; aber zugleich schüttelte sie den Kopf und ging unter gelegentlichem Verweilen und sich dadurch absichtlich verspätend auf Klein-Haldern zu, von dessen Kirschallee aus sie bald danach die weiße Dampfwolke des auf die Haupstadt zueilenden Zuges sah. Eine Stunde später, so viel wußte sie, kam ein zweiter Zug, und bis dahin allein zu sein war ihr keinesfalls unwillkommen, ja recht eigentlich das, wonach sie sich sehnte.

Dazu ward ihr nun freilich mehr Gelegenheit, als ihr lieb war. Die Zeit wollte nicht enden, und sie sah unausgesetzt den langen Schienenweg hinauf, immer nach der einen Seite hin, von der der Zug kommen mußte. Vergebens, er schien ausbleiben zu wollen. Und doch war sie todmüde von Erregung und Anstrengung und fror, und ihre Füße trugen sie kaum noch. Endlich aber sah sie, daß die Signale gezogen wurden, und bald danach auch, daß die großen Feueraugen immer näher und näher kamen. Und nun Halt. Eine Coupétür wurde geöffnet, und rasch einsteigend, drückte sie sich, Wärme halber, in eine der Ecken und zog ihre Mantille fester um ihre Schultern. Aber es half zu nichts, und ein Fieber schüttelte sie, während der Zug nach Berlin weiterdampfte.

„Stine, Kind, wie siehst du denn aus?! Dir sitzt ja der Dod um die Nase.“ So waren die Worte, womit die schon lange am ersten Treppengeländer wartende Witwe Pittelkow ihr Stinechen empfing und nicht zuließ, daß sie noch höher hinauf in ihre Polzinsche Wohnung stiege.

„Komm, Kind, und leg dich man gleich hier aufs Bett. Na, ich sage ... War's denn so doll? Oder haben sie dich geschubst? Oder haben sie dich wegjagen wollen? Oder *er* vielleicht? Na, dann erlebt er was, dann jag ich ihn zum Deibel. Olga, Baby, wo bist du denn? Uff, sag ich, un mache Feuer. Un wenn's kocht, rufst du mir. Hörst du? .... Jott, Stine, du bibberst ja man so. Was haben se dir denn gedhan?“ Und dabei knöpfte sie der Schwester das Kleid auf und schob ihr Kissen unter und deckte sie mit zwei Deckbetten zu.

Nach einer halben Stunde hatte sich Stine so weit erholt, daß sie sprechen konnte.

„Na, nu wird es ja wieder“, sagte Pauline. „Wenn die Mühle erst wieder geht, is auch wieder Wind da. Kind, dir war ja die Puste reine weg, un ich dachte schon, nu stirbt die *auch* noch.“

Stine nahm ihrer Schwester Hand, klopfte und streichelte sie und sagte: „Ich wollte, es wäre so.“

„Ach, rede doch nich *so,* Stine. Du wirst ja schon wieder werden. Un bei allens is auch wieder 'n Glück. Jott, er war ja soweit ganz gut un eigentlich ein anständiger Mensch, un nich so wie der Olle, der ans Ganze schuld is; warum hat er 'n mitgebracht? Aber viel los war nich mit ihm; er war doch man miesig."
Stine fühlte sich unter der Schwester Guttat erleichtert, und die Tränen rannen ihr übers Gesicht.
„Weine man, Stinechen, weine man orntlich. Wenn's erst wieder drippelt, is es schon halb vorbei, grade wie bei's Gewitter. Un nu trink noch 'ne Tasse ... Olga, wo bist du denn? Ich glaube, die Jöre schnarcht schon wieder ... Un nächsten Sonntag is Sedan, da machen wir auf nach 'n Finkenkrug un fahren Karussell un würfeln. Un dann würfelst du wieder alle zwölfe."

Die Polzin hatte horchend am Treppengeländer oben gestanden und mit nur zu geübtem Ohr jedes der Worte gehört, womit die Pittelkow ihr Stinechen unten an der Korridortür empfangen hatte. Gleich danach aber, als sie die Tür unten ins Schloß fallen hörte, war sie wieder in ihre Stube gegangen, wo sich Polzin eben zu seiner Nachttoilette rüstete. Von einer solchen ließ sich wirklich sprechen, denn er trug, weil er andauernd an einem trockenen Husten litt, auch beim Zubettgehen eine schwarze, mit einem dicken Tuchstreifen gefütterte Militärkrawatte.
„Nu", frug er, während er eben das Leder in die Schnalle schob. „Is sie heil wieder da?"
„Heil? Was heißt heil? *Die* wird nich wieder."
„Is eigentlich schade drum."
„I wo. Gar nich ... Das kommt davon."

ANMERKUNGEN

SCHACH VON WUTHENOW

Fontane entwarf den Plan zu „Schach von Wuthenow" im Jahre 1878, nach dem Abschluß von „Vor dem Sturm". Den Stoff hatte er, wie er später dankbar bekannte, „mit allen Details" von seiner alten Freundin Mathilde von Rohr (1810–1889), einem „wahren Anekdotenbuch", erhalten („Mathilde von Rohr" in: „Daheim", März 1892): Die ebenso schöne wie galante Frau von Crayen, Gattin eines Bankiers und preußischen Konsuls in Leipzig, Geliebte Carl Augusts von Sachsen-Weimar, war 1805, nach dem Tode ihres Gatten, mit ihren Kindern nach Berlin gezogen, wo sie in Beziehungen zu dem Kreis des Prinzen Louis Ferdinand trat. Ihr und ihrer Tochter Victoire Verhältnis zu einem Major von Schack gab den Vorwurf für die Fabel der Erzählung ab. Weiter vertiefte Fontane seine Kenntnisse über „das Kolorit der Zeit" aus einschlägigen Memoirenwerken. Bereits 1869 hatte ihm Mathilde von Rohr das „Lebensbild der Gräfin Sophie Schwerin" (hg. 1868 von deren Schwester A. von Romberg) zugesandt. Im August 1878 griff Fontane wieder zu dem Buch; im Zusammenhang damit erwähnte er zum ersten Male den Plan zu „Schach von Wuthenow" (11. und 13. August 1878).

Die Ausarbeitung der Erzählung fiel in den Sommer 1879. Fontane weilte im Juli und August dieses Jahres mit seiner Familie in Wernigerode. An Mathilde von Rohr hatte er kurz zuvor geschrieben: „Ein paar Wochen will ich mir in Wernigerode Erholung gönnen und bloß laufen und klettern, dann aber hoff ich fleißig zu sein und endlich die bewußte Fräulein v. Crayn-Novelle schreiben zu können.... Das erste Kapitel hab ich schon zwei-, dreimal geschrieben, aber immer wieder verworfen. Die Einleitung, wie ich sie *jetzt* habe, scheint mir aber die richtige zu sein. Der Anfang ist immer der entscheidende ..." (3. Juni 1879).

Wie bei den meisten epischen Werken Fontanes beanspruchte die Vollendung des Werkes, „die letzte Feile", noch viel Zeit und Arbeit. Am 14. März 1880 bot er Gustav Karpeles (1848–1909), dem Redakteur von „Westermanns illustrierten deutschen Monatsheften" in Braunschweig, die Erzählung zum Vorabdruck an und bemerkte, er sei jetzt mit ihrer „Durcharbeitung – was leider immer länger dauert als das Niederschreiben – ... beschäftigt". Zugleich skizzierte er das Thema des Werkes: „*Schach von Wuthenow* spielt im Sommer 1806: Zeit des Regiments Gensdarmes. Inhalt: Eitlen, auf die Ehre dieser Welt gestellten Naturen ist der Spott und das Lachen der Gesellschaft derartig unerträglich, daß sie lieber den Tod wählen als eine Pflicht erfüllen, die sie selber gut und klug genug sind, als Pflicht zu erkennen, aber auch schwach genug sind, aus Furcht vor Verspottung nicht erfüllen zu wollen." Der Vorabdruck kam jedoch nicht zustande; Karpeles entschied sich für „Ellernklipp" (1881).

Erst zwei Jahre später entschloß sich die „Vossische Zeitung" in Berlin, das Werk zu bringen. Am 12. Mai 1882 begann Fontane mit der letzten Überarbeitung und Korrektur. Sie machten ihm „noch furchtbar viel Arbeit" (an Emilie Fontane, 6. August 1882), selbst als der Vorabdruck in der „Vossischen Zeitung" (29. Juli – 20. August 1882) bereits begonnen hatte; Fontane mußte das Manuskript mit in die Sommerfrische nach Norderney nehmen. Kurz zuvor hatte er in einem langen Briefe an seine Frau (19. Juli 1882), die die psychologische Glaubwürdigkeit von Schachs Verhalten bezweifelt hatte, sein Werk verteidigt: „Darauf, daß es *tatsächlich* geschehen ist und auch aus *dem* Grunde geschehen ist, den ich als Hauptgrund anführe, *darauf* leg ich kein Gewicht. ... Ich geh ... einen Schritt weiter und find es vollkommen erklärlich. ... Die Furcht vor dem Ridikülen spielt in der Welt eine kolossale Rolle." Auch die „Geistreichigkeitssprache" Bülows hatte Fontane, diesmal seiner Tochter gegenüber (24. August 1882), zu rechtfertigen. Ende November 1882 (mit der Jahreszahl 1883) erschien die Buchausgabe von „Schach von Wuthenow" bei Wilhelm Friedrich in Leipzig. –

Weder der finanzielle Erfolg noch die Aufnahme des Werkes vermochten Fontane zu befriedigen. Ganze 510 Käufer hatte „Schach von Wuthenow" ein halbes Jahr nach Erscheinen gefunden; Fontane beklagte den „Jammerertrag seiner Feder" und fuhr fort: „Tausendmal hab ich mir gelobt, gleichgültig dagegen zu sein ...; aber wenn einen dann die Zahl fünfhundertzehn anstarrt, fünfhundertzehn auf sechzig Millionen Deutsche, die über die Welt hin wohnen, so kriegt man ein Zittern ..." (an W. Friedrich, 13. Juli 1883). Ähnlich enttäuschend waren die meisten Kritiken, „die in ihrem Lob wie Tadel gleichmäßig blechern" auftraten, obwohl sie zum Teil von Freunden Fontanes (Hermann Kletke in der „Vossischen Zeitung", Wilhelm Lübke im „Schwäbischen Merkur") verfaßt worden waren. „Die gesamte deutsche Presse verfolgt, mir wie andern gegenüber, beständig den Zweck, einen bestimmten Schriftsteller an eine bestimmte Stelle festnageln zu wollen. Es ist das das Bequemste. *Mein* Metier besteht darin, bis in alle Ewigkeit hinein ,märkische Wanderungen' zu schreiben.... Auch bei ,Schach' tritt das wieder hervor, und so lobt man die Kapitel ,Sala Tarone', ,Tempelhof' und ,Wuthenow'..., während doch alles, bis auf den letzten Strohhalm, von mir erfunden ist, nur gerade das nicht, was die Welt als Erfindung nimmt: die Geschichte selbst" (an W. Friedrich, 19. Januar 1883).

5 *Regiment Gensdarmes* – Feudales preußisches Kürassierregiment nach dem Vorbild der französischen Gardetruppen gleichen Namens.

7 *Bülow* – Adam Heinrich Dietrich Freiherr von Bülow (1757 bis 1807), Offizier von 1773 bis 1790; höfisch-oppositioneller Militärschriftsteller, 1805 wegen eines kritischen Buches über den Feldzug von 1805 verhaftet.

8 *Haugwitzsche Mission* – Der preußische Minister Christian Heinrich August Kurt Graf von Haugwitz (1752–1832) schloß am 15. Dezember 1805 in Schönbrunn bei Wien einen Vertrag mit Napoleon, demzufolge Preußen (das den Engländern erst abzunehmende) Hannover erhielt. Dadurch, wie auch durch den Vertrag mit Napoleon vom 15. Februar 1806, wurde Preußen in Europa vollständig isoliert und von Frankreich abhängig. Vgl. auch Anm. zu S. 49 und 50.

minos- und rhadamanthysartig – Minos und Rhadamanthys waren nach der griechischen Sage Richter in der Unterwelt.

welfischer Löwe ... springendes Roß – Die Wappentiere von Hannover und Braunschweig.

9 *Mirabeau* – Honoré-Gabriel-Victor Riquetti Graf von Mirabeau (1749–1791), einer der maßgebenden Politiker in der ersten Phase der Französischen Revolution, politischer Schriftsteller. Der Ausspruch, von Fontane wiederholt in seinen Werken und Briefen zustimmend zitiert, entstammt Mirabeaus Werk „Sur la monarchie prussienne sous Frédéric le Grand" („Über die preußische Monarchie unter Friedrich dem Großen", 4 Bände, Paris 1787).

Kalenberg – Stammsitz der welfischen Dynastie bei Hannover.

nomen et omen – (lat.) Name und Bedeutung.

de tout mon cœur – (franz.) von ganzem Herzen.

10 *Wien! Es wurde gerettet* – Der Polenkönig Johann III. Sobieski (1624–1696) entsetzte Wien am 12. September 1683 von der Belagerung durch die Türken.

10 *Maria Theresia* – Maria Theresia (1717–1780), deutsche Kaiserin 1745–1765, wurde in der Familiengruft der Habsburger im Wiener Kapuzinerkloster beigesetzt.

13 *Rahel Levin* – Der Salon Rahel Levins (1771–1833) war lange Zeit ein Mittelpunkt des kulturellen Lebens in Berlin.

der Prinz – Louis Ferdinand von Preußen (1772–1806; vgl. Anm. zu S. 105), Haupt der militärisch-höfischen Opposition gegen seinen Neffen Friedrich Wilhelm III.; ebenso seiner Kunstliebe wie seiner Frauenjägerei und seines exzentrischen Wesens wegen berühmt und berüchtigt. Er fiel kurz nach den hier geschilderten Vorgängen am 10. Oktober 1806 bei Saalfeld in einem Treffen gegen Napoleon.

14 *Zacharias Werner* – Romantischer Dichter (1768–1823); er trat 1810 zum Katholizismus über. Sein Drama „Martin Luther oder die Weihe der Kraft", das er 1814 durch „Die Weihe der Unkraft" widerrief, wurde am 11. Juni 1806 in Berlin uraufgeführt; 1807 erschien die Buchausgabe.

in aestheticis – (lat.) in Dingen der Kunst.

Tafeln direkt vom Sinai – Nach biblischer Überlieferung verkündete Gott auf dem Berge Horeb im Sinaigebirge Moses die Zehn Gebote (Altes Testament, 2. Buch Mose, Kap. 24 ff.).

regarder dans le néant – (franz.) ins Nichts blicken.

15 *Iffland* – August Wilhelm Iffland (1759–1814), Schauspieler, Schriftsteller und Theaterleiter, seit 1796 Direktor des Nationaltheaters in Berlin.

16 *Pectus facit oratorem* – (lat.) Die Gesinnung macht den Redner.

17 *‚Sage mir, mit wem du umgehst ...'* – Goethe, „Maximen und Reflexionen" (Nr. 86, nach Hecker).

‚wenn der Mantel fällt ...' – „Wenn der Purpur fällt ...": Zitat aus Schillers Drama „Die Verschwörung des Fiesco zu Genua", 5. Aufzug, 16. Auftritt.

Hannibal ante portas – (lat.) Hannibal vor den Toren; Schreckensruf in Rom beim Anrücken des karthagischen Feldherrn Hannibal (212 v. u. Z.).

alter ego – (lat.) anderes Ich.

die großen Blauen König Friedrich Wilhelms I. – Die Leibgarde („Lange Kerls") Friedrich Wilhelm I. (1713–1740). Vgl. auch S. 125.

20 *Sieh, das Gute ...* – Zitat aus Goethes Gedicht „Erinnerung".
Défilé – (franz.) Engpaß.

21 *Asperula odorata Linnéi* – (lat.) Botanischer Name für Waldmeister nach Linné. Vgl. Anm. zu S. 59.

22 *Tonkabohne* – Aromatische Baumfrucht aus Südamerika.
Cliquot extra – Französische Champagnersorte.

23 *Nostitz* – Karl von Nostitz (1771–1831), seit 1802 im Regiment Gensdarmes, 1805 zweiter Adjutant des Prinzen Louis Ferdinand, seit 1813 in russischen Diensten, wo er bis zum Generalleutnant avancierte. Seine „Lebenserinnerungen" (hg. von Hans Wahl, Weimar 1916) bilden eine wichtige Quelle zur Geschichte des Regiments Gensdarmes.

24 *C'est le premier pas ...* – (franz.) Nur der erste Schritt kostet Anstrengung.

26 *‚Die Welt ruht ...'* – Nach einem Ausspruch Friedrichs II. von Preußen.
Haude und Spenersche – Haude und Spenersche Zeitung, begründet 1741 von Ambrosius Haude, nach dessen Tode (1748) herausgegeben von Johann Karl Spener; nach der „Vossischen" ehemals die zweitgrößte Zeitung Berlins.

27 *Hâtez-vous* – (franz.) Beeilen Sie sich.

28 *Koloniefranzose* – Angehöriger der „Kolonie" der in Berlin lebenden französischen Emigranten. Vgl. Bd. 1, Anm. zu S. 71.

29 *Groom* – (engl.) Reitknecht.

31 *geprünt* – pflaumenförmig vorgewölbt.
la petite princesse – (franz.) die kleine Prinzessin.

33 *l'exactitude est ...* – (franz.) Pünktlichkeit ist die Höflichkeit der Könige: Ausspruch Ludwigs XVIII. von Frankreich.

34 *Corps de logis* – (franz.) Mittelbau.
Denkmal ... dem Grafen von der Mark errichtet – Der Berliner Bildhauer Johann Gottfried Schadow (1764–1850) schuf 1790/91 für Alexander Graf von der Mark (1778–1787), den Sohn des späteren preußischen Königs Friedrich Wilhelm II. (1786–1797) und seiner Geliebten Wilhelmine Enke, ein Grabdenkmal, das den Beginn der klassizistischen Epoche der deutschen Bildhauerkunst bezeichnet.

36 *Un teint ...* – (franz.) Ein Teint von Lilien und Rosen.

37 *Roturier* – (franz.) Verächtliche Bezeichnung eines Menschen nichtadeliger Herkunft.

37 *Sancho Pansa ... Don Quijote* – Sancho Pansa ist der dummschlaue Diener Don Quijotes, des „Ritters von der traurigen Gestalt", in dem Roman „Don Quijote" (1605/15) von Miguel de Cervantes Saavedra (1547–1616). (detebe 21496)

au fond – (franz.) im Grunde; Lieblingsausdruck Fontanes.

post festum – (lat.) nachträglich, hinterher.

38 *Ulm* – Bei Ulm besiegte Napoleon die österreichischen Truppen am 17. Oktober 1805.

Austerlitz – Bei Austerlitz (Mähren) besiegte Napoleon die verbündete österreichisch-russische Armee am 2. Dezember 1805.

Fanfaronaden – Großsprechereien.

Braunschweig – Karl Wilhelm Ferdinand, Herzog von Braunschweig (1735–1806), preußischer Oberbefehlshaber in den erfolglosen Feldzügen von 1792 und 1806 gegen Frankreich. In der Schlacht bei Jena und Auerstedt (14. Oktober 1806) tödlich verwundet.

Hohenlohe – Friedrich Ludwig Fürst zu Hohenlohe-Ingelfingen (1746–1818), preußischer General; 1806 von Napoleon bei Jena geschlagen.

ma chère – (franz.) meine Liebe.

40 *genferisch reformiert* – Alle Berliner „Koloniefranzosen" (auch Fontane) waren Anhänger des Genfer Reformators Johann Calvin (1509–1564). Vgl. Anm. zu S. 158.

41 *der russische General, dessen Namen ich immer vergesse* – Graf Pjotr Semjonowitsch Soltykow (1710–1772); ein Streifkorps seiner Armee hatte vom 9. bis 12. Oktober 1760 Berlin besetzt.

42 *Tempelritter* – Der Orden der Tempelritter wurde 1119, während der Kreuzzüge, von französischen Rittern gegründet.

‚Nathan' – Lessings Drama „Nathan der Weise" (1779).

Fehrbellin – Bei Fehrbellin besiegten 1675 die Brandenburger die Schweden.

43 *das Kleid* – Die Tempelritter trugen einen weißen Mantel mit achteckigem rotem Kreuz.

Supraweste – Enganliegende Uniformweste, die anstelle des Waffenrockes getragen wurde.

Philippe le Bel – Philipp der Schöne (1268–1314), König von Frankreich seit 1285, ließ 1307 alle Tempelritter in Frankreich verhaften und veranlaßte die Aufhebung des Ordens durch den

Papst (1312), um in den Besitz des reichen Ordensvermögens zu gelangen.

43 *jeu d'esprit* – (franz.) geistvolles Spiel.

48 *hier im Moabiter Land* – Am Rande des nördlichen Berliner Vorortes Moabit lag die Villa des Prinzen. Zugleich Anspielung auf den Volksstamm der Moabiter im Alten Testament.

49 *Massenbach* – Christian von Massenbach (1758–1827), 1806 Generalquartiermeister des Fürsten von Hohenlohe (s. Anm. zu S. 38), an dessen Niederlage bei Jena er entscheidenden Anteil hatte; im Sinne der Haugwitzschen Politik (vgl. Anm. zu S. 8) Befürworter eines Bündnisses mit Frankreich gegen Österreich und Rußland; Verfasser mehrerer tendenziöser Memoirenwerke über die preußische Geschichte seit 1786.

Phull – Karl Ludwig August von Phull (1757–1826), preußischer Offizier und Militärschriftsteller württembergischer Herkunft; trat 1806 in russische Dienste, wo er zum General avancierte und kriegswissenschaftlicher Berater des Zaren Alexander I. wurde.

Werftweiden – Werft: (niederdt.) Erderhöhung.

A la guerre ... – (franz.) Im Kriege ist es wie im Kriege.

50 *laisser passer* – (franz.) frei gehen lassen; Anspielung auf die „physiokratische" Wirtschaftstheorie des 18. Jahrhunderts, die freie Entfaltung des Handels ohne staatliche Einmischung forderte.

Ah, ces Prussiens ... – (franz.) Ah, diese Preußen sind noch viel dümmer als die Österreicher.

Lombard – Johann Wilhelm Lombard (1767–1812), preußischer Kabinettsrat unter Friedrich Wilhelm III.; gleich Haugwitz und Massenbach Befürworter einer mit Napoleon sympathisierenden preußischen Politik, für deren verhängnisvolle Folgen er u. a. von Stein in einer Denkschrift vom Mai 1806 verantwortlich gemacht wurde. Vgl. auch Bd. 1, S. 72 f.

51 *L'hirondelle frise ...* – (franz.) Die Schwalbe streift die Oberfläche der Gewässer. Frise bedeutet auch: frisiert.

rase – (franz.) streift, rasiert.

Polisson – (franz.) Lump.

Afflavit Deus et dissipati sunt – (lat.) Gott blies, und sie wurden zerstört; Aufschrift auf einer holländischen Denkmünze über die Vernichtung der spanischen, gegen England ausgeschickten Kriegsflotte (1588). Der zweite Teil des Zitates war von Fontane als Titel der Erzählung erwogen worden.

52 *Lehwald* – Hans von Lehwald (1685–1768), preußischer Heerführer im Siebenjährigen Krieg.

53 *Hic haeret* – (lat.) Hier hängt es.

en carré – (franz.) in Vierecksaufstellung.

Kutusow – Michail Illarionowitsch Golenischtschew Kutusow, Fürst Smolenski (1745–1813), russischer Feldmarschall; Oberbefehlshaber des verbündeten russisch-österreichischen Heeres in der Schlacht bei Austerlitz (2. Dezember 1805). 1812 Befehlshaber der russischen Armee in ihrem erfolgreichen Kampf gegen Napoleon.

‚In meinem Wolfstornister . . .‘ – Leicht abgewandelte Verse von Gottfried August Bürger (1747–1794). Vgl. Bd. 3, Anm. zu S. 270.

54 *deliciae generis humani* – (lat.) Liebling der Menschheit (urspr. Ehrentitel des römischen Kaisers Titus).

bei der vorjährigen Berliner Anwesenheit des . . . Kaisers – Zar Alexander I. (1777–1825) besuchte im November 1805 Berlin.

55 *Andreaskreuz* – Der höchste russische Orden, gestiftet 1698 von Peter dem Großen. Er wurde in der Regel nur an Personen im Generalsrang verliehen, die bereits Träger anderer hoher russischer Orden waren. Der *Rittmeister* Schach wäre daher als Empfänger des Ordens nicht in Betracht gekommen.

Brenkenhof – Franz Balthasar Schönberg von Brenkenhof (1723 bis 1780), preußischer Staatswirt; wahrscheinlich liegt hier eine Verwechslung Fontanes vor.

Der letzte König von Polen . . . – Stanislaus II. August Poniatowski (1732–1798); er wurde 1795, nach der dritten Teilung Polens, zur Abdankung gezwungen.

Kleopatra – Königin von Ägypten, Geliebte Caesars und Antonius'; sie ließ sich durch den Biß einer Giftschlange töten (30 v. u. Z.).

56 *beauté coquette . . .* – (franz.) kokette, alltägliche, himmlische, teuflische Schönheit.

beauté, qui inspire . . . – (franz.) Schönheit, die allein wahres Gefühl einflößt.

Dussek – Johann Ladislaus Dušek (1760–1812), Pianist und Komponist aus Böhmen; zeitweise als Kammervirtuose bei Louis Ferdinand angestellt.

56 *Mieux vaut* ... – (franz.) Besser spät als nie.
tutti quanti – (ital.) alles miteinander.
57 *belles lettres* ... – (franz.) schöne Wissenschaften und Künste.
‚Huldigung der Künste‘ – „Die Huldigung der Künste“: „Ein lyrisches Spiel“ Schillers, geschrieben für den festlichen Empfang des weimarischen Erbprinzen Karl Friedrich und seiner Gemahlin, der russischen Großfürstin Maria Paulowna, am 12. November 1804 (gedruckt April 1805).
Parturiunt montes ... – (lat.) Zitat aus der Epistel II/3 (De arte poetica: Über die Dichtkunst) des römischen Dichters Horaz: „Es kreißte, wie die Fabel sagt, ein Berg, / und er gebar, zu großer Lustbarkeit / der Nachbarschaft, ein winzigkleines Mäuschen.“ (Übersetzung von Christoph Martin Wieland).
58 *Maçon* – (franz.) Freimaurer.
Chi va piano ... – (ital.) Wer langsam geht, geht sicher.
Rüchel – Ernst Philipp von Rüchel (1754–1823), preußischer General; er vertrat die Beibehaltung der friderizianischen Kampfesweise.
Nero – Der römische Kaiser Nero (37–68), durch seine Grausamkeit berüchtigt (Christenverfolgung, vgl. Anm. zu S. 266), trat selbst als Schauspieler auf.
chagriniert – gekränkt.
59 *das Linnésche System* – System der Einteilung und Klassifizierung der Pflanzen von dem schwedischen Naturforscher Karl von Linné (1707–1778).
Quincaillerie – Putzware.
Kalckreuth – Friedrich Adolf Graf von Kalckreuth (1737–1818), preußischer General, 1807 Feldmarschall, 1810 Gouverneur von Berlin; seines militärischen Ehrgeizes wegen berüchtigt.
Roter Adler – Seit 1792 nach dem schwarzen Adlerorden der zweithöchste preußische Orden. Zu Fontanes Stellung zur Ordensfrage vgl. auch Bd. 1, Anm. zu S. 67.
... *Da liege, bis du schwarz wirst* – Dieselbe Anekdote erzählt Fontane auch in „Effi Briest“ (Bd. 4, S. 304).
60 *Sidney Smith* ... *St. Jean d'Acre* – Der englische Admiral Sidney Smith (1764–1840) verteidigte 1799 den syrischen Hafen St. Jean d'Acre (Akkon) erfolgreich gegen Napoleon.
Richard Cœur de Lion – Der englische König Richard Löwenherz (1157–1199) eroberte 1191 auf dem 3. Kreuzzug Akkon; Fontane

war dessen abenteuerliche Lebensgeschichte besonders durch den Roman „Ivanhoe" (1820) des von ihm verehrten schottischen Dichters Walter Scott (1771–1832) vertraut. (detebe 21321)

60 *Sinumbralampe* – Öllampe mit geringem Schattenwurf; sine umbra: (lat.) ohne Schatten.

61 *Freundin Pauline* – Pauline Wiesel, eine der Geliebten des Prinzen Louis Ferdinand; Frau eines preußischen Beamten.

Gentz – Friedrich von Gentz (1764–1832), Publizist und Politiker; seit 1786 in preußischen, seit 1802 in österreichischen Diensten. Gentz galt als glänzender und glühender Verfechter patriotischer Gesinnungen gegen Napoleon; später wandelte er sich zum berüchtigten Propagandisten und Diplomaten im Dienste der reaktionären Politik Metternichs. Vgl. Bd. 5, S. 56.

Buchholtz – Friedrich Buchholtz (1768–1843), preußischer Geschichtsschreiber.

62 *Mais revenons ...* – (franz.) Aber kehren wir zu unserer schönen Victoire zurück.

Comme un ange – (franz.) wie ein Engel.

restitutio in integrum – (lat.) Wiederherstellung des unversehrten Zustandes; die Anzüglichkeit liegt darin, daß darunter zugleich die Jungfräulichkeit verstanden werden kann.

63 *ci-devant* – (franz.) ehemals.

64 *... bei Morgarten und Sempach ...* – Bei Morgarten (1315) und Sempach (1386) besiegten die Schweizer Eidgenossen die österreichischen Ritterheere.

toujours perdrix – (franz.) alle Tage Rebhühner; Lieblingszitat Fontanes, Äußerung des Überdrusses. Angeblich auf den Beichtvater Heinrichs IV. von Frankreich (1589–1610) zurückgehend, dem der König tagelang Rebhühner hatte vorsetzen lassen, um ihn zur Einsicht in die Notwendigkeit der Abwechslung (in Liebesdingen) zu bringen.

Le laid c'est le beau – (franz.) Das Häßliche ist das Schöne.

68 *Prag und Leuthen* – Schlachten im Siebenjährigen Krieg (1757).

Valmy und Pirmasens – Schlachten im Ersten Koalitionskrieg gegen Frankreich (1792, 1793).

Holbergs „Politischer Zinngießer" – In dem satirischen Lustspiel „Der politische Kannegießer" (1722) des dänischen Dichters Ludvig Holberg (1684–1754) wird die Neigung der rückständigen

Kleinbürger, über schwierigste politische Fragen zu debattieren, verspottet.

70 *cercle intime* – (franz.) vertrauter Kreis.

71 *de tout mon cœur* – S. Anm. zu S. 9.

Räuber – Räuber oder Dieb: verkohltes Ende des Kerzendochtes, das die Flamme zum Rußen bringt.

Debauchenprinz – debauche: (franz.) liederliches Leben.

72 *Rousseau* – S. Anm. zu S. 361.

Mirabeau – Mirabeaus Antlitz war gleich dem Victoires von Blatternarben entstellt. Vgl. Anm. zu S. 9.

76 *Katharina von Bora* – Katharina von Bora (1499–1552) floh 1523 aus dem Kloster und heiratete 1525 Luther.

77 *Prédicateurs* – (franz.) Prediger.

Importance – (franz.) Wichtigkeit.

78 *Bethmann* – Friederike Auguste Konradine Bethmann (1760 bis 1815), seit 1788 in Berlin; eine vielseitig begabte Schauspielerin.

80 *Assemblée nationale* – (franz.) Nationalversammlung.

81 *tête carrée* – (franz.) Dickschädel.

lupus in fabula – (lat.) der Wolf in der Fabel (d. h., er ist immer dann nicht weit, wenn man von ihm spricht); Zitat aus der Komödie „Adelphi“ des römischen Dichters Publius Terentius Afer (2. Jahrhundert v. u. Z.).

82 *contre cœur* – (franz.) gegen den Sinn.

83 *ein Jeu entrieren* – (franz.) ein Spiel machen.

Mariage – Kartenspiel.

C'est pour les domestiques – (franz.) Das ist für die Dienstboten.

Et pour la canaille – (franz.) und für den Pöbel.

91 *carte blanche* – (franz.) freie Hand.

95 *„Le choix du Schach“* – (franz.) „Die Wahl des Schach“.

97 *Tout à vous* – (franz.) ganz der Ihre.

Cause célèbre – (franz.) Tagesgespräch.

98 *Wuthenow am See* – „Schloß Wuthenow existiert nicht, hat auch nie existiert“ (Fontane an W. Friedrich, 19. Januar 1883).

104 *die Knesebecks* – Die Familie des preußischen Feldmarschalls Karl Friedrich von dem Knesebeck (1768–1848).

105 *Prinzeß Ferdinand* – Anna Elisabeth Luise von Brandenburg-Schwedt, seit 1755 Gattin des Prinzen August Ferdinand von Preußen (1730–1813), des jüngsten Bruders Friedrichs II., Mutter des Prinzen Louis Ferdinand. Vgl. Anm. zu S. 13.

106 *die schöne Radziwill* – Luise Friederike von Preußen (1770 bis 1836), seit 1796 Gattin des Fürsten Anton Heinrich von Radziwill (1775–1833), der durch seine Komposition zu Goethes „Faust" bekannt wurde.

Est-elle riche? . . . – (franz.) Ist sie reich? – Ohne Zweifel. – Ah, ich verstehe.

107 *Anekdoten . . . „Du, du!" . . . „Bon soir, Messieurs!"* – Beide Anekdoten finden sich in Franz Kuglers „Geschichte Friedrichs des Großen" (1840/42), die Illustrationen schuf Adolph Menzel. Die erste (3. Buch, 29. Kapitel) stellt dar, wie Friedrich II. einen Panduren, der auf ihn schießen wollte, durch den Zuruf „Du, du!" außer Fassung brachte, die zweite (3. Buch, 28. Kapitel) zeigt Friedrich II. am Abend der Schlacht bei Leuthen (1757) im Schloß von Lissa, die österreichischen Offiziere überraschend („Guten Abend, meine Herren!").

110 *Malplaquet* – Bei Malplaquet besiegten die österreichisch-englischen Truppen die Franzosen (11. September 1709); ein preußisches Korps war an dem Sieg beteiligt.

Hochkirchner Kirchhof – Die preußische Armee wurde am 14. Oktober 1758 in Hochkirch von den Österreichern überfallen und erlitt eine der schwersten Niederlagen im Siebenjährigen Kriege.

113 *Obotriten* – Alter slawischer Volksstamm im heutigen Mecklenburg.

114 *Pontaknase* – gerötete Nase; Pontac: französischer Rotwein.

Oh, ces pauvres gens . . . – (franz.) Oh, diese armen Leute, diese unglücklichen Carayons!

Girondins . . . – Die Anführer der Girondisten, des rechten Flügels im französischen Nationalkonvent, stammten meist aus dem südwestfranzösischen Departement Gironde; als Vertreter des Großbürgertums gerieten sie in zunehmendem Maße in Gegensatz zur *Berg*partei, die die Forderungen der demokratischen Bourgeoisie, des Kleinbürgertums und der Plebejer vertrat. Der Volksaufstand vom 31. Mai bis 2. Juni 1793 setzte ihrer Herrschaft ein Ende. 29 Girondisten wurden hingerichtet.

115 *Graf von Lusignan* – Die Lusignans waren ein altes und vornehmes französisches Adelsgeschlecht, das seit 967 urkundlich belegt ist. Vgl. S. 350.

. . . König von Zypern – Guy von Lusignan, Sohn Hugos VIII.,

kaufte 1192 die Insel Zypern von Richard Löwenherz; seine Nachkommen waren bis 1489 Könige von Zypern.

115 *die schöne Melusine* – Berühmte Gestalt der französischen Sage, halb Weib, halb Fisch; angeblich die Begründerin der Familie und des Schlosses der Lusignans. In Fontanes Schaffen spielte die Gestalt der Melusine eine nicht unbedeutende Rolle; er wurde u. a. durch sie zu der (unvollendeten) Novelle „Oceane von Parceval“ (1882) angeregt, deren Motive später z. T. im „Stechlin“ wiederaufgegriffen wurden. Vgl. auch Bd. 3, S. 328, Bd. 5, S. 116.

116 *hautain* – (franz.) hochmütig.

lâcheté – (franz.) Angst.

117 *Köckritz* – General von Köckritz (1744–1821); Generaladjutant Friedrich Wilhelms III. bis zum Tode der Königin Luise (1810).

„Einsiedler“ – Vornehmes Potsdamer Hotel in nächster Nähe des Schlosses.

118 *Paretz* – Schloß an der Havel.

Ah, je comprends – (franz.) Ah, ich verstehe.

119 *Hufeland* – Christoph Wilhelm Hufeland (1762–1836), bedeutender Mediziner; er wurde 1801 leitender Arzt der Berliner Charité.

Frau Rietz ... – Wilhelmine Enke, die Geliebte Friedrich Wilhelms II., heiratete 1782 den Kammerdiener Rietz. 1796 wurde sie zur Gräfin von Lichtenau ernannt.

120 *Bischoffswerder* – Johann Rudolf von Bischoff(s)werder (1741 bis 1803), General und Minister Friedrich Wilhelms II. von Preußen; gewann durch seine okkultistischen Veranstaltungen verhängnisvollen Einfluß auf den König. Vgl. Bd. 4, S. 221, Bd. 3, S. 169.

121 *Rubber* – (engl.) Zwei oder drei Partien im Whist.

123 *Que vous êtes bon ...* – (franz.) Wie gütig Sie sind, lieber Herr General.

124 *Josua Reynolds* – Joshua Reynolds (1723–1792), englischer Porträtist, von Fontane sehr geschätzt.

Gainsborough – Thomas Gainsborough (1727–1788), englischer Bildnis- und Landschaftsmaler.

Correggio – Antonio da Correggio (um 1494–1534), italienischer Maler der Hochrenaissance.

der König ... sagte ... – Die Redeweise des „einsilbigen“ Königs machte später im manierierten preußischen Offiziersjargon Schule.

125 *Türkisches Zelt* – Von Fontane häufig erwähntes Ausflugslokal in Charlottenburg.

126 *enfin* – (franz.) schließlich.

Honnêteté – (franz.) Ehrenhaftigkeit.

Marienfließ oder Heiligengrabe – In Marienfließ in der Ostpriegnitz und in Pommern und in Heiligengrabe, ebenfalls in der Ostpriegnitz, ehemaligen Klöstern, waren „adlige Fräuleinstifte“ eingerichtet worden, die unverheirateten Töchtern des Adels als Altersheime offenstanden. Fontane, der mit der Einrichtung und Organisation dieser Stifte durch wiederholte Besuche bei Mathilde von Rohr (vgl. S. 393) im Kloster Dobbertin in Mecklenburg vertraut geworden war, führte sie in viele seiner Werke ein (Lindow in „Vor dem Sturm“, Arendsee in „Grete Minde“, Himmelpfort in „L'Adultera“, vor allem Wutz im „Stechlin“).

127 *question d'amour* – (franz.) Liebesangelegenheit.

130 *Cottbusser* – Berliner Biersorte.

Et payer ... – (franz.) Und die zerschlagenen Töpfe bezahlen.

133 *en vue* – (franz.) in Sicht.

135 *Melonenkirche* – Volkstümliche Bezeichnung der Berliner Dreifaltigkeitskirche; ihr Dach hatte die Form einer Melone.

136 *Josty* – Bekannte Berliner Konditorei.

138 *On revient ...* – (franz.) Man kehrt immer zu seiner ersten Liebe zurück.

139 *Damn ... What's that? ...* – (engl.) Verdammt ... Was ist das? ... Nicht Stein. Es war etwas ... O Gott ... wie Schießen ... Ja, Pistolenschießen ... Himmel, er ist tot.

140 *magnifique* – (franz.) großartig.

141 *un peu de poudre* – (franz.) etwas Pulver.

142 *Mingdynastie* – Sie regierte in China von 1368 bis 1644.

Mandschuheere – Das Reitervolk der Mandschu-Tataren fiel seit 1573 von der Mandschurei aus in China ein und eroberte 1644 Peking; die Mandschudynastie beherrschte China bis 1911.

144 *au sein de sa famille* – (franz.) Im Schoße seiner Familie; Zitat aus der Oper „Lucile“ (1769) von Jean-François Marmontel (1723 bis 1799).

145 *Plénipotentiaire* – (franz.) Bevollmächtigter.

146 *Araceli* – S. Anm. zu S. 356.

va bene – (ital.) es steht gut.

L'ADULTERA

Den Stoff zu „L'Adultera" entnahm Fontane einem Gesellschaftsskandal, der sich Ende 1874 in Kreisen der Berliner Hochfinanz ereignet hatte: Therese Ravené, geb. von Kusserow aus Münster, hatte ihren Gatten, den Berliner Eisenindustriellen Louis Ravené, verlassen und war mit dem Königsberger Bankier Gustav Simon geflohen; zwei Jahre später heiratete sie ihn, fing „als Frau Simon ein neues, besseres Leben an" (Fontane an Georg Friedlaender, 28. März 1889). Der Sohn des geschiedenen Ravenéschen Paares wurde in Berlin bei einer Frau Harder in Pension gegeben, die mit Fontanes Frau Emilie bekannt war. Fontane erfuhr auf diesem Wege manche Details der Affäre (vgl. Anm. zu S. 276). – Nach dem Tode Ravenés wurde in dessen luxuriösem Palmenhaus eine Pflanzenauktion abgehalten. Fontane bewahrte die betreffende Zeitungsnotiz auf, fügte sie später dem Rohentwurf der Handschrift von „L'Adultera" bei und ließ das entscheidende Kapitel des Romans in jenem Palmenhaus spielen.

Die Niederschrift von „L'Adultera" wurde im Dezember 1879 begonnen und im Januar 1880 „im Brouillon" abgeschlossen. Von Februar bis April 1880 korrigierte und feilte Fontane den Roman durch, und im Juni und Juli des gleichen Jahres erschien er im Vorabdruck in der von Paul Lindau (1839–1919) herausgegebenen Monatsschrift „Nord und Süd" (Band 13, S. 299–349, und Band 14, S. 47–95). Bereits am 14. Januar 1880 hatte Fontane das Werk Paul Lindau mit folgenden Worten angeboten: „Es wird niemand gefeiert, noch weniger gelästert, und wenn ich bemüht gewesen bin, das *Leben* zu geben, wie es liegt, so bin ich nicht minder bemüht gewesen, das *Urteil* zu geben, wie es liegt. Das heißt im Letzten und nach lange schwankender Meinung freundlich und versöhnlich."

Der Vorabdruck des Romans trug Fontane, wie er sich noch anderthalb Jahrzehnte später erinnerte, „viel Anerkennung, aber auch viel Ärger und Angriffe ein ... Die Philister und Tugendwächter, deren Tugend darin besteht, daß sie die Tugend *nicht* bewachen, sondern sie nur immer weiter behaupten, auch wenn sie längst weg ist – diese guten Leute beschuldigten mich neben anderem der Indiskretion. ... Ich sei so was wie ein eingeweihter Hausfreund in dem hier geschilderten Ravenéschen Hause geworden. Dies war nun aber ganz falsch. Ich habe das Ravenésche Haus nie betreten, habe die schöne junge Frau nur einmal in einer Theaterloge, den Mann nur einmal in einer Londoner

Gesellschaft und den Liebhaber überhaupt nie gesehen. Ich denke, in solchem Falle hat ein Schriftsteller das Recht, ein Lied zu singen, das die Spatzen auf dem Dache zwitschern" (an Josef Victor Widmann, 27. April 1894). – Im März 1882 erschien „L'Adultera" in Breslau im Verlage von Salo Schottlaender (1844–1920). Zuvor hatte Fontane noch vergeblich versucht, den Verleger zur Wiederherstellung „der alten und ursprünglichen Überschrift: *Melanie Van der Straaten*" zu bewegen (Brief an Schottlaender, 11. September 1881).

147 *L'Adultera* – (ital.) die Ehebrecherin.

149 *Konventikler* – Angehöriger einer religiösen Sekte (vgl. Gideon Franke in „Irrungen Wirrungen", Rex im „Stechlin").

150 *„O rühret, rühret nicht daran"* – Zweiter Vers des Gedichtes „Rühret nicht daran" (1842) des mit Fontane bekannten Dichters Emanuel Geibel (1815–1884).

Repartis – (franz.) Entgegnungen.

...zu dem Gutzkowschen Vanderstraaten – Manasse Vanderstraaten, ein reicher niederländischer Jude, ist eine der Hauptgestalten des Trauerspiels „Uriel Acosta" (1846) von Karl Gutzkow (1811–1878). Fontane lehnte das „Tendenzstück" ab: „Es ist alles ... schief, verworren, unwahr" (an M. Ludwig, 29. April 1873).

152 *Subskriptionsball* – Ball für die Angehörigen der hochbegüterten Schichten. Die Teilnahme war abhängig von der vorherigen Einzeichnung in eine Liste („Subskription") gegen Erlegung eines hohen Geldbetrages. Vgl. S. 256.

153 *le Veuvage* – Vgl. Bd. 5, S. 157.

154 *Simson* – Held aus dem Alten Testament (Buch der Richter, Kap. 13 ff.).

Wieland der Schmied – Heldengestalt der germanischen Sage.

der ‚Meister' ... – Straaten spielt hier auf Richard Wagners Vorliebe für Stoffe aus der nordischen Mythologie an. Vgl. Anm. zu S. 177.

155 *Tintoretto* – (ital.; „das Färberlein") Beiname des venezianischen Malers der Spätrenaissance Jacopo Robusti (1518–1594). Fontane beurteilte Tintoretto sehr kritisch: „Der Mangel an aller Innerlichkeit ist geradezu erschreckend" (an Zöllner, 10. Oktober 1874).

156 *„Wer unter euch ohne Sünde ist ..."* – Zu ergänzen ist: „der werfe den ersten Stein auf sie".(Johannes-Evangelium, Kap. 8.)

156 *Suboff ... Kaiser Paul* – Der Zar Paul I. wurde am 23. März 1801 von dem Fürsten Plato Subow und den Grafen Nikolaus und Valerian Subow ermordet.

157 *König Ezel* – Der Hunnenkönig Attila (gest. 453) wurde in deutschen Heldensagen als grausamer Herrscher dargestellt.

158 *... prädestiniert* – Die Prädestinationslehre, die das menschliche Leben als von Gott vorherbestimmt ansieht, ist ein Hauptbestandteil des evangelisch-reformierten, auf den Genfer Johannes Calvin zurückgehenden Glaubensbekenntnisses. Sie kommt im Werke Fontanes des öfteren als bestimmendes Motiv vor. Vgl. Anm. zu S. 40 und das Gedicht „Man hat es oder hat es nicht", Bd. 1, S. 28, ferner Bd. 5, S. 266.

c'est tout – (franz.) das ist alles.

Dänenprinz ... Sein oder Nichtsein – Anspielung auf den berühmten Monolog des Dänenprinzen Hamlet in Shakespeares Tragödie (3. Aufzug, 1. Auftritt), der sehr oft von Fontane zitiert wird.

159 *die ‚gestrengen Herren'* – Die sog. „Eisheiligen", die Tage vom 11. bis 13. Mai.

162 *Eh bien ...* – (franz.) Nun gut, Ezel. Machen wir das Spiel.

Accent grave – (franz.) Schweres Betonungszeichen im Französischen.

... alle zwölf Söhne Jakobs ... er selber als Flügelmann – Ruben war der älteste Sohn Jakobs (Altes Testament, 1. Buch Mose, Kap. 29). Vgl. S. 217 f.

Rubens ... Peter Paul – Peter Paul Rubens, flämischer Maler (1577–1640).

163 *Krugs Garten* – Bis 1883 bestehendes Ausflugslokal am Lützowplatz in Berlin, in der Nähe von Fontanes Wohnung.

‚auf Ehre' – Vgl. S. 140.

Chartres und Poupry – Chartres und Poupry (in der Gegend von Orléans) waren im Deutsch-Französischen Krieg Anfang Dezember 1870 Schauplatz zahlreicher Gefechte.

das Kreuz – Das Eiserne Kreuz.

164 *‚Die Mohrenwäsche'* – Gemälde (1842) von Karl Joseph Begas (1794–1854): ein kleines Mädchen versucht mit einem Schwamm eine Negerin weiß zu waschen.

Simplicitas – (lat.) Einfalt.

166 *Übergang über die Beresina* – Beim Rückzug aus Rußland erlitt

die napoleonische Armee im November 1812 an der Beresina eine entscheidende Niederlage.

166 *sein großer Chef* – Graf Helmuth von Moltke (1800–1891), Chef des preußischen Generalstabes.

Koloniefranzose – S. Anm. zu S. 28.

Admiral Duquesne – Marquis Abraham Duquesne (1610–1688), französischer Admiral.

167 *wie sie ... nur einem Polizeirat zu Gebote stehen* – Beliebtes Motiv bei Fontane. Vgl. das Gedicht „Großes Kind" (Bd. 1, S. 11), ferner Bd. 3, S. 213 ff.

169 *die Veronesische „Hochzeit zu Cana"* – Berühmtes Gemälde (1571) des italienischen Malers Paolo Veronese (1528–1588).

Das ist Tells Geschoß – Zitat aus Schillers „Wilhelm Tell", 4. Aufzug, 3. Szene.

170 *Montefiascone* – Italienischer Wein.

Irgendwas Benedettihaftes ... Ems – Anspielung auf die unmittelbare Vorgeschichte des Deutsch-Französischen Krieges 1870/71. Bismarck hatte das Verhalten des französischen Botschafters Benedetti in Ems zum Anlaß genommen, um durch die sog. „Emser Depesche" Frankreich zum Kriege zu provozieren. Vgl. Bd. 3, Anm. zu S. 44.

Rußland und England – Während des ganzen 19. Jahrhunderts bestanden starke Gegensätze zwischen England und Rußland, ausgelöst vor allem durch die Interessen beider Großmächte im Vorderen Orient. Kurz bevor Fontane mit der Niederschrift von „L'Adultera" begann, hätte der Russisch-Türkische Krieg (1877/78) beinahe einen bewaffneten Konflikt zwischen England und Rußland ausgelöst.

171 *Seine Durchlaucht der Fürst* – Otto Fürst von Bismarck.

sein hochaufgespeicherter Doppelschatz – Anspielung auf die Ehrungen und „Dotationen", die Bismarck nach den Kriegen von 1864, 1866 und 1870/71 zuteil wurden. Vgl. Bd. 4, Anm. zu S. 46 und S. 152.

six-le-va – (franz.) das Sechsfache gilt (beim Glücksspiel).

das Märchen vom ‚Fischer un sine Fru' ... dessen pikante Schlußwendung uns unser polizeirätlicher Freund hoffentlich nicht vorenthalten will – Der Schlußsatz des Märchens lautet: „Ga man hen, se sitt all weder in 'n Pißputt."

172 *Ekrasierung* – Zermalmung.

172 *Dethronisierung des Papstes* – Anspielung auf die Beseitigung der weltlichen Herrschaft des Papstes (1870) und auf den sog. „Kulturkampf" Bismarcks gegen den politischen Einfluß der katholischen Kirche seit 1872. Um 1879, zur Zeit der Niederschrift von „L'Adultera", hatte dieser Kampf bereits an Schärfe verloren. Vgl. S. 267.

Dschingiskhanartiges – Dschingis Khan (1155–1227) war der durch grausame Eroberungskriege berüchtigte Begründer eines mongolischen Großreiches.

173 *Glücks-Tempelherrn* – S. Anm. zu S. 42.

... die Jesuiten aus dem Lande geschafft – Der Jesuitenorden wurde 1872 im Gebiete des Deutschen Reiches verboten.

Die Bösen sind wir los ... – Leicht abgewandeltes Zitat aus „Faust", 1. Teil, Hexenküche, Vers 2509.

Murillo – Bartholomé Esteban Murillo (1618–1682), spanischer Maler.

174 *A la bonne heure* – (franz.) Das lasse ich mir gefallen.

Immaculatas und Concepciones – Conceptio immaculata: (lat.) unbefleckte Empfängnis. Hier Bezeichnung eines von Murillo gepflegten Bildtyps der Darstellung Marias.

magnifique – (franz.) großartig.

175 *Die Tizianischen scheinen mir diese wohltuend gemäßigte Temperatur zu haben* – Die Madonnenbilder des italienischen Renaissancemalers Tiziano Vecelli (1477–1576).

Pomuchelskopf – (niederdt.) Kartoffelkopf. Anspielung auf die satirisch gezeichnete Gestalt des Herrn von Pomuchelskopp in Fritz Reuters Roman „Ut mine Stromtid" (1862/64).

Allons enfants – (franz.) Vorwärts, Kinder (Anfangsworte der Marseillaise, der französischen Nationalhymne).

Mouet – Französischer Champagner.

Bei den Gebeinen des unsterblichen Roller – Leicht abgewandeltes Zitat aus Schillers Drama „Die Räuber", 3. Akt, 2. Szene.

... des Tizianischen roten Ruhebetts – Gemeint ist der Amor auf dem Bilde „Venus mit dem Perlhuhn" (1545).

Suum cuique – (lat.) Jedem das Seine.

177 *Götterdämmerung* – Anspielung auf die gleichnamige Oper (1874) von Richard Wagner.

Casta diva – (lat.) keusche Göttin (die Mondgöttin Luna).

Der Ritter von Bayreuth – Richard Wagner lebte seit 1871 in

Bayreuth. Fontanes Stellung zu Wagner und Bayreuth (wo 1876 zum ersten Male die Festspiele stattgefunden hatten) war ähnlich kritisch wie die van der Straatens. Vgl. S. 192 ff., Bd. 3, S. 186, Bd. 4, S. 110, Bd. 5, S. 138.

177 *Tannhäuser ... Venusberg-Mann* – Anspielung auf Wagners Oper „Tannhäuser" (1845).

die Voggenhuber – Vilma von Voggenhuber-Krolop (1844 bis 1888), Wagner-Sängerin, seit 1868 an der Berliner Hofoper.

178 *„Friede sei ihr erst Geläute!"* – Schlußvers aus Schillers „Lied von der Glocke".

179 *Lacrimae Christi* – (lat.) „Tränen Christi", italienischer Weißwein. Vgl. Bd. 5, S. 100.

Der Selige hatte recht. Gold ist nur Schimäre – Anspielung auf den seinerzeit sehr beliebten Komponisten Giacomo Meyerbeer (1791–1864), dessen Oper „Robert der Teufel" (1831) das Zitat entstammt. Es wird von Fontane öfters zur spöttischen Charakterisierung bourgeoiser Heuchelei verwendet. Vgl. Bd. 3, S. 201.

181 *... weil sie jenen Allerloyalsten zugehörtc, die sich schon beglückt fühlen, einen bloßen Schattenriß an dem herabgelassenen Vorhange des Eckfensters gesehen zu haben* – Vor dem Palais Kaiser Wilhelms I., Unter den Linden, pflegten sich in seinen letzten Regierungsjahren Menschen anzusammeln, um ihn zu grüßen.

182 *Siegesdenkmal* – Die nach einem Entwurf von Strack geschaffene, 1873 eingeweihte Siegessäule zur Erinnerung an die drei Kriege von 1864, 1866 und 1870/71 stand damals auf dem Königsplatz im Berliner Tiergarten.

ma chère – (franz.) meine Liebe.

183 *der ‚Große Mann'* – Bismarck.

184 *Air* – (franz.) Ansehen.

185 *Stoffel* – Eugène-George-Henri-Céleste Baron von Stoffel (1823 bis 1907), 1866 bis 1870 französischer Militärattaché in Berlin. Seine eingehenden und sachkundigen Berichte über das preußische Heerwesen wurden von der französischen Regierung nicht ernstgenommen.

187 *Dames d'honneur* – (franz.) Ehrendamen.

189 *jaloux* – (franz.) eifersüchtig.

191 *Mais à la guerre ...* – (franz.) Aber im Kriege ist es wie im Kriege.

192 *„Wotans Abschied"* – Aus Richard Wagners Oper „Die Walküre" (1856).

193 *Pontarlier* – Französische Stadt an der Schweizer Grenze. Am 31. Januar und 1. Februar 1871 fanden hier Gefechte statt.

194 *Montecchi und ... Capuletti* – Anspielung auf die beiden feindlichen Familien Montague und Capulet in Shakespeares „Romeo und Julia".

tout à fait – (franz.) ganz und gar.

195 *Au revoir* – (franz.) Auf Wiedersehn.

Mit dem Musizieren vermochte sich van der Straaten freilich auch jetzt nicht auszusöhnen – Einer der vielen eigenen Züge Fontanes, die bei van der Straaten wiederkehren (vgl. auch Anm. zu S. 210); Fontane interessierte sich in gleichem Maße für die bildende Kunst, wie er der Musik gleichgültig, ja ablehnend gegenüberstand.

196 *Stralauer Fischzug* – Altes Berliner Volksfest, das alljährlich (bis 1892) am 24. August stattfand.

199 *‚Wir satteln nur um Mitternacht.' O Leonore!* – Zitat aus der Ballade „Lenore" (1773) von Gottfried August Bürger (1747 bis 1794), die Fontane sein Leben lang bewunderte. Vgl. Bd. 3, Anm. zu S. 270.

Ship-Hotel – (engl.) Schiff-Hotel.

200 *monsieurherkulesartig* – „Monsieur Herkules": Posse von Leonhard Kohl von Kohlenegg (1834–1875), Pseudonym Poly Henrion. Fontane schätzte das kleine Lustspiel sehr und nannte es 1882 in einer Rezension ein „allerliebstes und vergleichsweise auf schwindelnder Höhe stehendes Stück." Vgl. Bd. 3, S. 106, und Bd. 4, S. 134.

der Ball ging seitwärts, und Rubehn fing ihn auf – Eine der symbolischen Vordeutungen, die sich in allen Erzählwerken Fontanes finden. „L'Adultera" ist besonders reich an ihnen.

202 *Schapp* – (niederdt.) Schrank mit Doppeltür.

203 *à tout prix* – (franz.) um jeden Preis.

Santa Maria Saluta – Santa Maria della Salute, Kuppelkirche (17. Jh.) in Venedig. Vgl. S. 259.

der alte Sprachenkardinal – Giuseppe Mezzofanti (1774–1849), italienischer Sprachgelehrter; Kustos der vatikanischen Bibliothek, Kardinal seit 1838. Er soll zuletzt 58 Sprachen verstanden und 12 gesprochen haben.

203 *Salus salutis, vierte Deklination, oder dritte* – (lat.) das Heil, des Heils (dritte oder konsonantische Deklination).

205 *im Lande Kanaan, wo Kaleb die große Traube trug* – Kaleb und andere israelitische Fürsten brachten von ihrem Erkundungszug durch Kanaan als Zeichen des Reichtums des Landes u. a. eine große Weintraube mit (Altes Testament, 4. Buch Mose, Kap. 13).
Kein Geld, kein Schweizer – Point d'argent, point de Suisse: (franz.) Kein Kreuzer, kein Schweizer; geflügeltes Wort über die schweizerischen Söldnertruppen, die sich seit dem Ende des Mittelalters gegen hohe Bezahlung im Ausland verdingten.

206 *Leander* – Gestalt der antiken Mythologie; Leander durchschwamm den Hellespont (die Dardanellen), um zu seiner Geliebten Hero zu gelangen.

Kapitän Boyton – Englischer Berufsschwimmer des 19. Jahrhunderts, konstruierte einen Schwimmanzug für Langstreckenschwimmer.

enfin – (franz.) schließlich.

207 *katilinarische Verschwörung* – Der römische Patrizier Catilina (um 108–62 v. u. Z.), eine zweifelhafte Existenz, wollte durch den Sturz des Senats das Konsulat erringen. Seit Bismarcks Blut-und-Eisen-Rede (30. September 1862) wurde der Begriff von den herrschenden Kreisen zur Diffamierung aller oppositioneller Bestrebungen verwendet. Vgl. Bd. 1, S. 345.

208 *Gewürznägelchen* – Gewürznelke.

Triumphzug des Germanicus; Thusnelda . . . Piloty – Thusnelda, die Gattin des Arminius, wurde im Jahre 15 u. Z. von ihrem Vater Segestes dem römischen Feldherrn Drusus Caesar (genannt Germanicus) ausgeliefert und von diesem im Jahre 17 im Triumphzug durch Rom geführt. Der Historienmaler Karl von Piloty (1826–1886) schuf danach 1873 sein berühmtes Gemälde „Thusnelda im Triumphzug des Germanicus".

209 *Thumelicus* – Sohn der Thusnelda und des Arminius, in der Gefangenschaft geboren.

‚Sei weiß wie Schnee . . .‘ – Abwandlung eines Zitates aus Shakespeares „Hamlet" („. . . sei so keusch wie Eis, so rein wie Schnee, du wirst der Verleumdung nicht entgehn", 3. Aufzug, 1. Szene), in Verbindung gebracht mit einem geflügelten Wort aus dem Kinderlied „Das Lämmgen" (1772) von Friedrich Justin Bertuch:

„Ein junges Lämmgen, weiß wie Schnee". Vgl. S. 249, Bd. 1, S. 240, Bd. 4, S. 218.

209 *Das Wasser rauscht'* ... – Anfangsvers von Goethes Ballade „Der Fischer".

Venus Kallipygos – Die Venus mit dem schönen Gesäß; Beiname der antiken Liebesgöttin Aphrodite (Venus), für die Statuen gebraucht, die sie nach hinten blickend darstellen.

Kallipygosepigramm – Zweizeiler des mit Fontane befreundeten Dichters Paul Heyse (1830–1914), veröffentlicht während der Entstehungszeit von „L'Adultera": „Göttliches Weib! – ‚O pfui, die Hetäre!' – Warum so entrüstet? / Hast du doch selbst wohl schon ‚göttliche Pfirsich!' gesagt." (Verse aus Italien, 1880.)

210 *Distichon* – Zweizeiler, bestehend aus einem sechstaktigen (Hexameter) und einem fünftaktigen (Pentameter) Vers.

Ich hasse Prüderien und jene Prätensionen höherer Sittlichkeit, hinter denen nichts steckt – Eines der für den alten Fontane bezeichnendsten und wichtigsten Selbstbekenntnisse.

211 *„Eierhäuschen"* – Beliebtes Ausflugslokal an der Oberspree. Vgl. Bd. 5, S. 148 ff.

213 *„Long, long, ago"* – (engl.) „Lang, lang ist's her"; englisch-irisches Volkslied von Thomas Haynes Bayly (1797–1839).

„O säh ich auf der Heide dort" – „O west thou in the cauld blast", volkstümliches Lied von dem schottischen, von Fontane sehr geschätzten Lyriker Robert Burns (1759–1796), übersetzt von Ferdinand Freiligrath (1838), vertont von Felix Mendelssohn-Bartholdy.

215 *„Rothtraut, Schön-Rothtraut"* – „Schön Rohtraut" (nicht: Rothtraut); Gedicht (1838) Eduard Mörikes, von Fontane sehr geliebt und des öfteren zitiert.

216 *Enquête* – (franz.) Untersuchungskommission.

217 *die Causerie, die doch nun mal unser Bestes ist* – Selbstbekenntnis Fontanes. Am 24. August 1882 schrieb er an seine Tochter: „Ich bin – auch darin meine franzosische Abstammung verratend – im Sprechen wie im Schreiben ein Causeur."

au fond – (franz.) im Grunde.

Mesquinerie – Kleinlichkeit.

218 *die sechs Halblegitimen* – Gemeint sind die *vier* Söhne Jakobs, die er mit den Mägden Silpa und Bilha gezeugt hatte: Dan,

Naphthali, Gad und Asser (Altes Testament, 1. Buch Mose, Kap. 30 und 35).

218 *die spätere ägyptische Exzellenz* – Joseph.

der Jüngste – Benjamin.

die vier alten Grognards von der Lea her – Grognard: (franz.) Brummbär; Lea, Jakobs erste Frau und Schwester der Rahel, gebar ihm *sechs* Söhne: Ruben, Simeon, Levi, Juda, Isaschar und Sebulon (Altes Testament, 1. Buch Mose, Kap. 29 ff.).

Eh bien – (franz.) nun gut.

der Junge – Gemeint ist Joseph.

Und was Schwäche war – Rubens Vergehen mit Bilha (Altes Testament, 1. Buch Mose, Kap. 35).

Refus – (franz.) Ablehnung.

219 *au sein de sa famille* – S. Anm. zu S. 144.

222 *Orchard* – (engl.) Obstgarten.

223 *Gärten in Kew* – Kew in der Nähe von London besitzt einen großen Botanischen Garten.

224 *Kagelmann* – Name eines pensionierten Lokomotivführers in Wernigerode, in dessen Hause Fontane mehrere Jahre hindurch (unmittelbar vor Aufnahme der Arbeit an „L'Adultera") seinen Sommeraufenthalt genommen hatte.

eine typische Gärtnerfigur ... – Vgl. die nahezu gleiche Charakteristik des Gärtners Dörr in „Irrungen Wirrungen" (Bd. 3, S. 12 f. und S. 15 ff.).

225 *ins mittelste Zelt* – „Die Zelte": bekanntes Berliner Vergnügungslokal am Tiergartenufer.

228 *Drakäen* – Drachenbäume (palmenähnliche Gewächse).

230 *Man wandelt nicht ungestraft unter Palmen* – „Es wandelt niemand ungestraft unter Palmen ...": Zitat aus Goethes Roman „Die Wahlverwandtschaften", 2. Teil, Kap. 7.

233 *soupçonnös* – argwöhnisch.

237 *née de Caparoux* – (franz.) geborene von Caparoux.

Madame est Française! ... – (franz.) Die Dame ist Französin! ... Ah, unser schönes Frankreich.

das Schubertsche Lied – „Der Wanderer"; nach einem Gedicht von Georg Philipp Schmidt, genannt Schmidt von Lübeck (1766 bis 1849).

238 *Sportsman* – (engl.) Spieler.

238 *Steeplechase* – (engl.) Hindernisrennen.
kräpsch – streitbar.

239 *Herzogin von Mouchy ... die Beauffremont* – Angehörige des französischen Hochadels.
Un teint ... – (franz.) Ein Teint wie Lilien und Rosen, und ganz und gar vornehm.
Beauté – (franz.) Schönheit.

244 *Singuhr* – Volkstümlicher Ausdruck für das Glockenspiel der Parochialkirche in der Klosterstraße.

247 *Leone Leoni* – Held des gleichnamigen Romans (1835) der französischen Schriftstellerin George Sand (1804–1876).
Regards – (franz.) Rücksichten.

248 *ein Hausgesetz* – Vgl. S. 157.
‚Gottes Mühlen ...‘ – Zitat aus Friedrich von Logaus (1604 bis 1655) „Sinngedichten“: „Gottes Mühlen mahlen langsam, mahlen aber trefflich klein. / Ob aus Langmut er sich säumet, bringt mit Schärf er alles ein.“
Ezechiel – (hebräisch Hesekiel) Prophet des Alten Testamentes.
als Adam grub und Eva spann – Anspielung auf ein altes, zuerst 1493 gedrucktes Sprichwort: „Da Adam reutet und Eva spann, / wer was die Zeit da ein Edelmann?“

249 *Dreidoppelte Geheimnisse von Paris* – Anspielung auf den bekannten zehnbändigen Sittenroman des französischen Schriftstellers Eugène Sue (1804–1857) „Les Mystères de Paris“ („Die Geheimnisse von Paris“, 1842/43).
Es hat eben alles seine natürliche Konsequenz – Vgl. Bd. 3, S. 21 und 160.

255 *Farnesina* – Villa in Rom (erbaut 1508–1511) mit dem Freskenschmuck von Raffael (Geschichte von Amor und Psyche und Galatea) u. a.
die Stimme ... die vor den Pharisäern das himmlische Wort sprach – Vgl. Anm. zu S. 156.

256 *die Kirche, wo Kaiser Max begraben liegt* – Das Grabmal des Kaisers Maximilian I. (1459–1519) mit den Standbildern von Peter Vischer d. Ä. (um 1460–1529) befindet sich in der Hofkirche zu Innsbruck; der Kaiser selbst liegt jedoch in Wiener Neustadt begraben.
der, den Anastasius Grün als ‚Letzten Ritter‘ gefeiert hat – Anton Alexander Graf von Auersperg (1806–1876), Pseudonym Ana-

stasius Grün, feierte Maximilian in seinem Romanzenzyklus „Der letzte Ritter" (1830).

256 *Bildnis Andreas Hofers* – Der Tiroler Freiheitskämpfer gegen die napoleonische Fremdherrschaft, Andreas Hofer (1767–1810), wurde in Mantua hingerichtet; sein Grabmal befindet sich ebenfalls in der Innsbrucker Hofkirche.

257 *die ‚Cascinen'* – Der Stadtpark im Norden von Florenz.

Rialto – Brücke in Venedig.

260 *das Tal „zwischen den Seen"* – Das Bödeli-Tal mit dem Luftkurort Interlaken.

Rousseau-Insel – Spreeinsel im Berliner Tiergarten. Vgl. Anm. zu S. 361.

265 *mais il faut payer . . .* – (franz.) Aber wir müssen für alles bezahlen und doppelt für unser Glück.

c'est mon métier – (franz.) Das ist mein Beruf.

266 *‚Die Fackeln des Nero'* – Gemälde (1876) des polnischen Malers Heinrich Siemirádski (1843–1902) im Museum zu Krakau; es war zeitweise auch in Berlin ausgestellt. Der römische Kaiser Nero (37–68) ließ die gefangenen Christen mit Pech einreiben und längs der Straßen als lebendige Fackeln an Pfählen anbinden.

267 *. . . was man oben nicht will* – Anspielung auf den sog. „Kulturkampf". Vgl. Anm. zu S. 172.

268 *de haut en bas* – (franz.) von oben herab.

„Mit meinem Mantel . . ." – Dritter und vierter Vers des auf S. 213 zitierten Liedes von Robert Burns.

cheer up, dear – (engl.) Kopf hoch, Liebe.

269 *it is a nine-days-wonder* – (engl.) Es ist ein Neun-Tage-Wunder.

271 *‚Wer nie sein Brot mit Tränen aß'* – Aus dem Lied des Harfenspielers in Goethes Roman „Wilhelm Meisters Lehrjahre".

276 *Wir haben keine Mutter mehr* – Nach den Fontane mündlich überlieferten Berichten über die Vorgänge im Haus Ravené (vgl. S. 407) soll der junge Ravené nach der Scheidung seiner Eltern erklärt haben: „Ich habe keine Mutter mehr!"

277 *embarras de richesse* – (franz.) Verwirrung von Überfluß.

A shadow of a shadow – (engl.) Der Schatten eines Schattens.

278 *metteurs en scène* – (franz.) Regisseure.

279 *Servet* – Der spanische Arzt und Theosoph Michael Servet (1511 bis 1553) wurde auf Drängen Calvins (vgl. Anm. zu S. 158) am 27. Oktober 1553 in Genf als Ketzer verbrannt.

284 *King-Charles-Hündchen* – „Karlshund“, schwarz-roter, glatthaariger Zwergterrier; Schoßhund, benannt nach dem englischen König Karl II. (1660–1685).

286 *Toussaint L'Ouverture* – (1743–1803) Sohn eines Sklaven, Anführer der Neger auf Haiti während eines Aufstandes gegen die Kolonialherrschaft (1791–1801).
Toussaint-Langenscheidt – Sprachlehrmethode zum Selbststudium, die der Berliner Sprachgelehrte und Verlagsbuchhändler Gustav Langenscheidt (1832–1895) in Gemeinschaft mit dem französischen Sprachlehrer Charles Toussaint (gest. 1877) entwickelte.

288 *Inséparables* – (franz.) Unzertrennliche.

291 *Ah, voilà* – (franz.) Ah, sieh da.
King Ezel . . . – (engl.) König Ezel in all seiner Herrlichkeit.

STINE

Seinem Tagebuche zufolge begann Fontane am 23. November 1881 mit der Arbeit an „Stine“. Erst im Frühjahr 1888 schloß er die Korrekturarbeiten endgültig ab. Bereits im Januar dieses Jahres hatte er das Werk dem Verleger Emil Dominik (1844–1896) zum Vorabdruck für dessen Halbmonatsschrift „Zur guten Stunde“ mit den folgenden Worten angeboten: „‚Stine‘ ist das richtige Pendant zu ‚Irrungen Wirrungen‘, stellenweise weniger gut, stellenweise besser. Es ist nicht ein so breites, weite Kreise umfassendes Stadt- und Lebensbild wie ‚Irrungen Wirrungen‘, aber an entscheidenden Stellen energischer, wirkungsvoller. Die Hauptperson ist nicht Stine, sondern deren ältere Schwester, Witwe Pittelkow. Ich glaube, sie ist eine mir gelungene und noch nicht dagewesene Figur.“ Der Verleger lehnte jedoch den Vorabdruck ab, wahrscheinlich aus Furcht, „Stine“ könnte ein ähnlich unliebsames Aufsehen unter dem „gebildeten“ Lesepublikum erregen wie ein Jahr zuvor „Irrungen Wirrungen“ (vgl. Bd. 3, S. 376).

Fontane reichte die Erzählung danach noch der „Vossischen Zeitung“ ein; auch hier war das Ergebnis das gleiche. Diese Ablehnung zeitigte aber immerhin ein wertvolles Nebenergebnis. In einer Korrespondenz mit Paul Schlenther (1854–1916; er war damals Redakteur der Sonntagsbeilage der „Vossischen Zeitung“) fand Fontane Gelegenheit, sich selbst ebenso ausführlich wie kritisch über „Stine“ zu äußern.

Zunächst hatte Fontane – bei der Überreichung des Manuskriptes

„der höchst fragwürdigen ‚Stine'" – an Schlenther geschrieben (4. Juni 1888): „Meine Hoffnungen auf Annahme – selbst wenn Ihre Empfehlung, was doch auch noch unsicher, der Arbeit zur Seite stehen sollte – sind sehr gering ... Schlimm ist es für mich, daß mir die sogenannten ‚Familienblätter', in denen sub rosa ganz anders geschweinigelt wird, verschlossen sind. Auch der Mut der relativ Kühnsten reicht dazu nicht aus."

Schlenther las und antwortete sofort. Am 13. Juni 1888 schrieb ihm der Dichter: „Was Sie schreiben, ist alles nur zu richtig. Stine, als Figur, bleibt weit hinter Lene zurück, und da sie Hauptheldin ist und dem Ganzen den Namen gibt, so hat das Ganze mit darunter zu leiden. Davon wäscht mich kein Regen rein, und auch der Umstand, daß die Pittelkow und der alte Graf Haldern zu den besten Figuren meiner Gesamtproduktion gehören, kann die Sache nicht wieder ins gleiche bringen. Ich habe dabei nur einen Trost: je länger ich lebe, je klarer wird es mir, es ist auch gar nicht nötig, daß einem ein Ding in allen Teilen glückt. Es ist nur wünschenswert. Geht dieser Wunsch aber nicht in Erfüllung, und dies ist die Regel, und selbst die Großen und Größten sind diesem Gesetz unterworfen, so muß man schon zufrieden sein, wenn dem mühe- und liebevoll Geschaffenen die Existenzberechtigung zugesprochen wird. Das ist schon sehr viel, und dies habe ich ja auch mit meiner ‚Stine' erreicht.

Ich möchte noch ein Wort sagen dürfen. Ich schreibe alles wie mit einem Psychographen (die grenzenlose Düftelei kommt erst nachher) und folge, nachdem Plan und Ziel mir feststehen, dem bekannten ‚dunklen Drange'. Es klingt ein bißchen arrogant, aber ich darf ehrlich und aufrichtig sagen: es ist ein natürliches, unbewußtes Wachsen. Wenn nun bei diesem Naturprozeß eine sentimentale und weisheitsvolle Lise wie diese Stine herauskommt, so muß das einen Grund haben, denn im ganzen wird man mir lassen müssen, daß ich wie von Natur die Kunst verstehe, meine Personen in der ihnen zuständigen Sprache reden zu lassen. Und nun spricht diese Stine im Stine-Stil statt im Lene-Stil. Warum? Ich denke mir, weil es eine angekränkelte Sentimentalwelt ist, in die sie durch ihre Bekanntschaft mit Waldemar hineinversetzt wird. Und so wird die Sentimentalsprache zur Natürlichkeitssprache, weil das Stück Natur, das hier gegeben wird, eben eine kränkliche Natur ist. Dadurch geht freilich ein Reiz verloren, und an die Stelle von Seeluft tritt Stubenluft, aber der psychologische Prozeß, Vorgang und Ton sind eigentlich richtig."

Kurz nach diesem Briefe wurde dem Dichter namens der Chefredaktion der „Vossischen Zeitung“ die endgültige Ablehnung mitgeteilt. Am 22. Juni schrieb er an Schlenther: „Eben kommt das Paket. Es ist ganz ehrlich, wenn ich Ihnen versichere: ‚Eigentlich ist es mir lieb, es wieder in Händen zu haben‘. ... Ich hätte wieder das sittliche Halloh mit anhören müssen. Familie X. hätte sich wieder über ‚Schneppengeschichten‘ beschwert, und selbst bei Familie Y. hätten alle wohlwollenden Gesinnungen für mich nicht ausgereicht, mir ein Bedauern über den armen alten Mann, der sich so wenig der Pflicht seiner Jahre bewußt ist, zu ersparen. Und so mag es denn so wohl sein. ... Sie aber seien nochmals schönstens bedankt für Ihr treues Zumirstehen und – ich bitte das sagen zu dürfen – beglückwünscht für Ihr freies Drüberstehen. Denn daß der alte sogenannte Sittlichkeitsstandpunkt ganz dämlich, ganz antiquiert und vor allem ganz lügnerisch ist, *das* will ich wie Mortimer auf die Hostie beschwören.“
Es vergingen noch volle anderthalb Jahre, ehe Fontane ein Blatt fand, das bereit war, den Abdruck des „gefährlichen“ Werkes zu wagen. Es war die Zeitschrift „Deutschland“, herausgegeben von dem progressiven, dem Kreis um Schlenther und Brahm nahestehenden Schriftsteller Fritz Mauthner (1849–1923). Bereits zu Beginn ihres zweiten Jahrganges ging seine „Wochenschrift für Kunst, Litteratur, Wissenschaft und soziales Leben“ wieder ein. Im ersten Jahrgang, vom Januar bis zum März 1890, war „Stine“ in ihren Spalten zum ersten Male veröffentlicht worden. Kurz darauf, im April 1890, erschien auch die Buchausgabe der Erzählung: als erstes Werk des Vaters im kurz zuvor (1. Oktober 1888) begründeten Verlag Friedrich Fontanes in Berlin. – Am 20. Mai 1890 war im „Berliner Tageblatt“ eine Rezension von „Stine“ erschienen. Ihr Verfasser war der junge Schriftsteller Theodor Wolff (geb. 1868, 1943 im Konzentrationslager Sachsenhausen ermordet). Fontane schrieb an ihn am 24. Mai 1890: „Heute abend erst bringt mir mein Sohn Ihre schon vor vier Tagen erschienene, überaus freundliche Besprechung meiner ‚Stine‘. Ich eile nun, Ihnen zu danken. Es ist gewiß alles so, wie Sie sagen. Es ist so hinsichtlich der Mischung von Romantischem und Realistischem, und es ist so hinsichtlich der Parallele zwischen Lene und Stine. Lene ist berlinischer, gesünder, sympathischer und schließlich auch die besser gezeichnete Figur. Auf die Frage Lene oder Stine hin angesehn, kann ‚Stine‘ nicht bestehen. Darüber habe ich mir selber keine Illusionen gemacht. Das Beiwerk aber – mir die Hauptsache – hat in ‚Stine‘ vielleicht noch mehr Kolorit.

Mir sind die Pittelkow und der alte Graf die Hauptpersonen, und ihre Porträtierung war mir wichtiger als die Geschichte. Das soll gewiß nicht sein, und der eigentliche Fabulist muß der Erzählung als solcher gerechter werden. Aber das steckt nun mal nicht in mir. In meinen ganzen Schreibereien suche ich mich mit den sogenannten Hauptsachen immer schnell abzufinden, um bei den Nebensachen liebevoll, vielleicht zu liebevoll verweilen zu können. Große Geschichten interessieren mich in der *Geschichte;* sonst ist mir das Kleinste das liebste. Daraus entstehen Vorzüge, aber auch erhebliche Mängel, und diese so nachsichtig berührt zu haben, dafür Ihnen nochmals schönsten Dank." – Aus der gleichen Zeit stammt auch das Widmungsgedicht, das Fontane zu „Stine" verfaßte (vgl. Bd. 1, S. 63).

295 *Borsig ... Schwarzkopp* – In der Berliner Chausseestraße befanden sich ein Zweigwerk der Maschinenfabrik von Borsig und die Berliner Maschinenbau AG, vormals L. Schwartzkopff.

296 *enrhümiert* – rauh.

298 *Chambre garnie* – (franz.) möbliertes Zimmer.

303 *Kastorhut* – Kastor: eine Plüschart.

304 *Queue* – (franz.) Ende.

309 *Humes „History of England"* – „Geschichte von England" von David Hume (1711–1776); zuerst 1754 bis 1763 in London erschienen.

„Œuvres posthumes de Frédéric le Grand" – „Nachgelassene Werke Friedrichs des Großen", zuerst erschienen 1788/89 in Berlin.

„Berliner Pfennigmagazin" – Eine von Friedrich Wilhelm Gubitz (1786–1870) begründete Romanzeitung nach englischem Vorbild; Vorläufer der modernen illustrierten Zeitschriften.

310 *Kamlott* – Kamelott: Mischgewebe aus Wolle oder Baumwolle und Seide.

Pli – Schick.

Elisabett – Gemeint ist Wanda in der Rolle der Elisabeth in „Maria Stuart".

313 *Lucca* – Pauline Lucca (1841–1908), österreichische Opernsängerin, 1861 bis 1872 an der Hofoper in Berlin, auch seit 1880 wieder vorübergehend in Berlin, wo sie triumphale Erfolge hatte.

Patti – Adelina Patti (1843–1919), italienische Opernsängerin, zeitweise in Berlin.

313 *Reise nach dem Mond oder in den Mittelpunkt der Erde* – Anspielung auf die Ausstattungsstücke nach den Romanen „Die Reise um den Mond“ und „Reise zum Mittelpunkt der Erde“ des französischen Schriftstellers Jules Verne (1828–1905).

316 *Königin der Nacht* – Ebenso wie Papageno und Sarastro Gestalt aus Mozarts Oper „Die Zauberflöte“ (1791).

318 *die Rachel* – Elisa Rachel, genannt Félix (1821–1858), berühmte französische Tragödin.

... die Phädra gespielt – Fontane schildert die Szene ausführlich in seinen „Wanderungen durch die Mark Brandenburg“ (Havelland). Allerdings spielte danach die Rachel nicht die Phädra, sondern die Athalie (beides Titelheldinnen von Tragödien des französischen Dramatikers Jean Baptiste Racine, 1639–1699).

‚Ritter Toggenburg‘ ... ‚Gang nach dem Eisenhammer‘ ... ‚Handschuh‘ – Balladen von Schiller. Vgl. Bd. 1, S. 206 ff.

319 *Judith und Holofernes* – Judith soll nach dem apokryphen Buch „Judith“ des Alten Testaments den feindlichen Feldherrn Holofernes betört und ihn im Schlaf getötet haben. Durch ihre Tat rettete sie ihre Vaterstadt Betylua. Der Stoff wurde häufig dramatisiert (u. a. von Hans Sachs, Opitz, Hebbel, Georg Kaiser).

320 *Konnubium* – Beischlaf.

Dekapitation – Enthauptung.

323 *la banque ou la vie* – (franz.) die Bank oder das Leben.

Omnia mea mecum portans – (lat.) Alles Meinige bei mir tragend.

324 *der ‚Alte Feldherr‘* – Singspiel von Karl von Holtei (1798 bis 1880), Uraufführung 1825 im Königstädtischen Theater in Berlin. Vgl. Bd. 3, Anm. zu S. 59.

335 *... die mit der ‚Amazone‘ Verunglückten* – Am 14. November 1861 war das preußische Kadettenschulschiff „Amazone“ mit seiner gesamten Besatzung durch einen Sturm vor der holländischen Küste vernichtet worden.

337 *nur ein einziges Haus ... dicht am Ufer* – Gemeint ist „Hankels Ablage“. Vgl. Bd. 3, S. 65 ff.

Babel – Babylon war nach biblischer Überlieferung der Sammelplatz aller Verderbtheit (Offenbarung des Johannes, Kap. 18).

338 *Zeck* – Gesellschaftsspiel.

Examen, durch das er nur ... wie durch ein Wunder hindurchgekommen sei – Autobiographische Anspielung; Fontane besaß eine große Abneigung gegen Examina, und Ausfälle gegen „Examenweisheit und Examendünkel" in Preußen finden sich sehr häufig in seinen Werken und Briefen. Vgl. Bd. 5, S. 225.

338 *Avantageur* – Offiziersanwärter.

339 *Kreppschin* – Crêpe de Chine, chinesische Kreppseide.

Sieboldt – Fabrik in der Chausseestraße.

344 *Point de vue* – (franz.) Aussichtspunkt.

der alte Zieten auf seinem Postament. Als er noch weiß war . . . – Das Denkmal des Generals Zieten (1699–1786) von Johann Gottfried Schadow. Ursprünglich befand sich das Marmor-Original auf dem Wilhelmsplatz in Berlin, es wurde später durch eine Bronzenachbildung ersetzt.

Memnon – Sagenhafter äthiopischer König; er soll zwei Statuen des Pharaonen Amenophis IV. geschaffen haben, aus denen angeblich zu bestimmten Zeiten leise Töne zu hören waren.

. . . des alten Dessauers – Das Denkmal des Feldmarschalls Leopold von Anhalt-Dessau (1676–1747) von Schadow.

. . . des alten Schwerin – Das Denkmal des Grafen Schwerin (1684–1757) war bereits während der Regierungszeit Friedrichs II. (1740–1786) auf dem Wilhelmsplatz errichtet worden.

en arrière – (franz.) hinter.

Pleß und Borsig – Gemeint sind die Palais des schlesischen Magnaten Fürst von Pleß und des Industriellen Borsig in der Wilhelmstraße.

das Gitter von Radziwill, jetzt Bismarck – Das Tor des Palais der Fürsten Radziwill in der Wilhelmstraße. Das Palais diente Bismarck und seinen Nachfolgern als Reichskanzlerpalais.

„Ring des Polykrates" – Ballade von Schiller. Vgl. Bd. 1, S. 206 ff. und S. 258.

346 *frère cochon* – (franz.) Bruder Schwein.

349 *ballotieren* – für oder gegen jemand durch die Abgabe weißer oder schwarzer Kugeln stimmen.

Rampe von Prinz Georg – Gemeint ist das Palais des Prinzen Georg von Preußen (1826–1902) in der Behrenstraße.

Imbéciles – (franz.) Idioten.

350 *Regierungsantritt des Großen Kurfürsten* – Friedrich Wilhelm, der „Große Kurfürst", übernahm am 1. Dezember 1640 die Regierung.

Stultitia – (lat.) Dummheit.

350 *Admiral Graf Duperré* – Befehlshaber der französischen Flotte bei der Eroberung Algiers im Juni und Juli 1830. Fontane hatte als Kind die Nachrichten über dieses Ereignis mit großer Spannung verfolgt; es gehörte zu seinen bleibenden Jugendeindrükken. Vgl. Bd. 1, S. 184 und S. 259.

Montmorencys ... Lusignans – Alte französische Adelsfamilien. Vgl. Anm. zu S. 115.

351 *‚Ja, Bauer, das ist was andres‘* – Schlußzeile des Gedichtes „Der Junker und der Bauer“ von Friedrich Wilhelm Ramler (1725 bis 1798) nach einer Fabel Michael Richeys (1678–1761). Der Vers wurde zum geflügelten Wort.

Tante! Ich hatte auch mal eine, eine merkwürdige Frau ... – Wohl eine Anspielung auf Fontanes Tante Philippine („Tante Pinchen“), die 1882, kurz nach Beginn der Arbeit an „Stine“, gestorben war.

352 *hors de concours* – (franz.) außer Konkurrenz.

Lafitte – Roter Bordeauxwein.

353 *im Französischen Theater* – Gemeint sind die Gastspiele des „Französischen Theaters“ (in französischer Sprache) im Konzertsaal des Königlichen Schauspielhauses in Berlin in den Jahren 1877–1879, die Fontane in der „Vossischen Zeitung“ besprochen hatte.

wo die Subra die Froufrou spielte – Die Lesart „Freifrau“ (für „Froufrou“), die sich seit der Erstausgabe in allen „Stine“-Ausgaben findet, beruht zweifellos auf einem verschleppten Schreibfehler. Madame Subra, eine der Hauptdarstellerinnen der französischen Gastspieltruppe, spielte die Titelrolle in dem Pariser Sittenstück „Froufrou“ (1869) von Henri Meilhac und Ludovic Halévy. Fontane besprach die Aufführung am 18. Februar 1877 in der „Vossischen Zeitung“. In der (seither nicht wieder gedruckten) Rezension heißt es: „Madame Subra gab die Froufrou sehr gut. Es ist entschieden ihre beste Rolle. Alles an ihr paßt dazu: die zarte Figur, das feine Profil, die weiche Stimme, in der, auch wenn sie heiter klingt, schon ein leiser Klageton zittert.“

355 *Eklektizismus* – Philosophische Methode, die auf der unschöpferischen Zusammenstellung von Elementen verschiedener philosophischer Systeme zu einem neuen System beruht; hier im spöttisch übertragenen Sinne gebraucht.

Soyez le bienvenu – (franz.) Seid willkommen.

355 *Amsler* – Berliner Kunsthandlung, mit deren Mitinhaber Theodor Ruthardt Fontane mehrere Male in Krummhübel zusammen in der Sommerfrische gewesen war.

Mantegna – Andrea Mantegna (1431–1506), italienischer Maler und Kupferstecher.

Brera – Gemäldegalerie in Mailand.

356 *Gonzagascher Palast* – Herzogspalast in Mailand.

Ara Celi ... Bambinopuppe – In der alten, auf den Überresten eines römischen Tempels erbauten Kirche „Santa Maria in Aracoeli" in Rom wird als höchstes Heiligtum das 60 cm große geschnitzte Bild des Jesuskindes, der „Santo Bambino", verehrt. Vgl. S. 146.

debauchieren – ausschweifend leben.

Jünglingsverein – Im 19. Jahrhundert entstanden in Deutschland zahlreiche evangelische „Jünglingsvereine", die das Ziel hatten, alleinstehenden jungen Männern, insbesondere aus dem Klein- und Mittelbürgertum der heranwachsenden Großstädte, zu einer Freizeitgestaltung im christlichen Geiste zu verhelfen.

357 *Hiller und Dressel* – Weinrestaurants Unter den Linden.

359 *Chingachgook, alias le gros serpent ... Unkas* – Anspielungen auf die „Lederstrumpf"-Erzählungen des amerikanischen Schriftstellers James Fenimore Cooper (1789–1851). (detebe 21820)

360 *der dicke König* – Friedrich Wilhelm II. von Preußen. Vgl. auch S. 369 und Anm. zu S. 119.

la grande roue de l'histoire – (franz.) das große Rad der Geschichte.

361 *Beati possidentes* – (lat.) die glücklichen Besitzenden.

‚Sei im Besitze, und du bist im Recht' – „Sei im Besitze, und du wohnst im Recht": Zitat aus „Wallensteins Tod", 1. Aufzug, 4. Auftritt.

Rousseau – Anspielung auf die berühmte Forderung „Zurück zur Natur!" des französischen Philosophen Jean-Jacques Rousseau (1712–1778).

364 *Encanaillierung* – Das Herabsinken zur „Canaille", d. h. zum „Lumpenpack", wie vom preußischen Junkertum nach dem Vorbild Friedrichs II. gern der nichtadlige Teil der Bevölkerung genannt wurde.

die Blâme, das Ridikül – die Schande, die Lächerlichkeit.

365 *bon sens* – (franz.) gesunder Menschenverstand.
Noblesse oblige – (franz.) Adel verpflichtet.

367 *... Arm in Arm ihr Jahrhundert in die Schranken fordern* – Anspielung auf Schillers „Don Carlos", 1. Akt, 9. Auftritt.

369 *die verdammten Dinger ... die so quietschen* – Die französischen Mitrailleusen, die Vorläufer der Maschinengewehre.

379 *die Graefsche Klinik* – Die Klinik des berühmten Augenarztes Albrecht von Graefe (1828–1870).
Qui vivra, verra – (franz.) Wer leben wird, wird sehen.
Square – (engl.) Platz.
„Königin, das Leben ist doch schön" – Zitat aus Schillers „Don Carlos", 4. Akt, 21. Auftritt.

381 *Hannibal* – Der karthagische Feldherr Hannibal entzog sich im Jahre 183 v. u. Z. durch Gift der drohenden Auslieferung an die Römer.

386 *Dreizehner Veteranen* – Teilnehmer des Befreiungskrieges 1813/15.
Parentation – Leichenfeier.
Es stellte den verlorenen Sohn dar ... – Das Gleichnis vom verlorenen Sohn (Lukas-Evangelium, Kap. 15) war ein beliebtes Thema der bildenden Kunst.
seit dem Tode Friedrich Wilhelms IV. ... – Die Regierungszeit Friedrich Wilhelms IV. von 1840 bis 1857 war durch eine betont christlich-konservative Kulturpolitik gekennzeichnet gewesen.

387 *Johanniterkreuz* – Der (evangelische) Johanniterorden war 1852 von Friedrich Wilhelm IV. mit der Aufgabe der Förderung und Ausübung christlicher Krankenpflege betraut worden, diente jedoch auch der Wahrung adliger Standesinteressen. Sein Zeichen war ein weißes achteckiges Kreuz. Fontane wohnte von Anfang Oktober 1872 bis zu seinem Tode in der Mansarde des Hauses der „Ballei Brandenburg" des Johanniterordens in Berlin. Vgl. Bd. 5, S. 331.

390 *Sedan* – Der Jahrestag der Kapitulation der Armee Napoleons III. bei Sedan am 2. September 1870 wurde in Deutschland bis 1918 als Feiertag begangen.

NACHWORT

WERNER WEBER

THEODOR FONTANE

Er sei mit den Jahren jünger geworden, und die Lebenslust, die eigentlich ein Erbteil der Jugend ist, scheine in ihm zu wachsen, je länger der abgewickelte Faden werde. Daran hält man sich gern im Gespräch über Theodor Fontane. Vor allem „Lebenslust" und „Jugend im Alter" sind die Stichwörter, mit denen man den Menschen Fontane so bequem wie den Dichter zu fassen versucht. Der alte Herr von der Potsdamer Straße verfügte – so geht es weiter – über das, was man Berliner Witz nennt, und zwar Berliner Witz gepaart mit der Grazie des französischen Rokoko. Und ferner heißt es, die berlinische Eigenart des Witzelns über alles und jedes, des „Kohlens" über jeglichen Gegenstand, sei auch ihm keineswegs fremd, aber das Witzeln erscheine zur geistreichen Causerie, zur sarkastischen Plauderei veredelt. Und dann hat Fontane ja selber hier und dort seine romanische Abstammung betont. „Wie ungermanisch bin ich doch! Alle Augenblicke ... empfind ich meine romanische Abstammung. Und ich bin stolz darauf", das schrieb er, als er auf dem Lago Maggiore reiste, an seine Frau. Daneben ist bekannt, und Fontane selbst pocht ein wenig darauf: die Ahnen der Vaterseite gehören in die Gascogne, und zu dieser Landschaft werden Phantasie und leichter Sinn gerechnet; die Ahnen der Mutter gehören in die Cevennen, sind Gebirgsleute, das heißt energisch und charakterfest. Nach der Aufhebung des Ediktes von Nantes suchten Tausende von französischen Protestanten einen Ort für die Freiheit ihres Glaubens. Sie wanderten in Holland, England und Brandenburg ein. Louis Henri Fontane und seine Frau Emilie, geborene Labry, waren Abkömmlinge hugenottischer Einwanderer in Berlin. Ihnen wurde am 30. Dezember 1819 in Neu-Ruppin der Sohn geboren: Theodor Fontane. Von Neu-Ruppin zog die Familie nach Swinemünde. Aber der Hauptplatz für das Leben Theodor Fontanes wurde Berlin; da lebte und arbeitete er über ein halbes Jahrhundert. Es ist das Berlin des alten Kaisers. Harry Maync hat es so geschildert: „Die ... Gemeinden Schöneberg, Friedenau, Wilmersdorf, Schmargendorf, Steglitz, Zehlendorf waren noch wirkliche Dörfer ... die man auf staubigen Landstraßen erreichte ... Den

Verkehr mit Stralau, Hankels Ablage oder dem Eierhäuschen, wo Fontanes Romanmenschen so gern einkehren, vermittelten bereits die sonntags stets überfüllten Spreedampfer. Die blutjunge Reichshauptstadt selbst lag ... noch in den Windeln und machte einen rechten Emporkömmlingseindruck."

Damit sind die Voraussetzungen genannt, welche (wenn ich das Wort Fontanes übernehmen darf) „ein kulturhistorisches Problem" ausmachen. Gascogne, Cevennen, französische Kolonie in Berlin, Berlin selbst und die Mark. Theodor Fontane hat die Verflechtungen des einen im andern oft bedacht und besprochen. Vielleicht am übersichtlichsten in der Studie unter dem Titel „Die Märker und das Berlinertum". Da ist der Märker: nüchtern, charaktervoll, anstellig, ohne Liebenswürdigkeit, aber versehen mit Pflichtgefühl und Ordnungssinn. Und so war im Ursprung Berlin, nämlich märkisch. Wie aber und woher kam das Berlinertum mit seiner Schlagfertigkeit, Geistesgegenwart und Ironie – woher die Pointen-Sprache? Waren es die französischen Kolonisten, die das brachten? Das, was man den „richtigen Berliner" nennt, stammt nicht von ihnen her, „kann nicht von ihnen herstammen", sagt Fontane: „Alles, was damals aus Frankreich kam, waren keine parisischen, sondern puritanische Leute, steif, ernsthaft, ehrpußlich, was sie vielfach bis auf diesen Tag geblieben sind." – Also die Kolonisten waren es nicht. Wer denn? Fontane nennt das Tabakskollegium Friedrich Wilhelms I., die Verfeinerung des Kollegium-Tons unter Friedrich dem Großen, das heißt, die Ausbildung der pointierten Sanssouci-Sprache; und er nennt den Raisonniercharakter in der Umgangssprache der friderizianischen Truppen. „So daß die Geburtsstätte dieses Berlinertums eigentlich auch wieder in Potsdam zu suchen ist", setzt er mit einem nicht ganz versteckten Lächeln hinzu.

Da halte ich ein. Was heißt denn „Lebenslust", was heißt „Berliner Witz" und „Grazie des französischen Rokoko", was heißt „Refugiés-Wesen" und „Märkertum" und „Berliner Geist". Das alles ist so allgemein wahr, daß es im besondern auch Falsches an sich hat. Das Wahre ist einzeln. Und soweit wir es bei Theodor Fontane finden möchten, ist es wohl am besten aus ihm selbst zu finden, nicht in der Gascogne und nicht in den Cevennen, nicht in Berlin und nicht in der Mark. Nicht das Herkommen macht das Leben und die Kunst, sondern Leben und Kunst geben das Herkommen zu verstehen. Fontane, der jugendliche alte Herr, der witzig-ironi-

Theodor Fontane
Bleistiftzeichnung von Luise Kugler, 1853

sche Plauderer, in Sachen Herzenswärme eher schwach: Ist das viel mehr als ein Gerücht? Ich will nicht zu schweres Gewicht auf das Wort Emilie Fontanes legen, mit dem sie dem Sohne Friedrich über die Schwierigkeiten ihres Mannes Bericht gab. Sie äußerte: „Es ist nicht zu beschreiben, wie schwer es ist, mit dem armen Kranken zu leben, die Tage sowohl wie die Nächte. Wir erwarten den Arzt, der immer dringender von einer Nervenheilanstalt spricht. Papa, der erst damit einverstanden schien, zeigt jetzt ein rechtes Grauen, so daß ich nur in äußerster Not meine Einwilligung dazu geben würde ... Diesen klaren, verständigen Mann so zu sehen ist herzzerreißend." Nicht darauf möchte ich Gewicht legen. Viel mehr auf ein Wort, welches der Dichter selbst nicht leichthin, sondern sorglich in eine Strophe gefaßt hat. Es heißt:

Mein Herze, glaubt's, ist nicht erkaltet,
Es glüht in ihm so heiß wie je.
Und was ihr drin für Winter haltet,
Ist Schein nur, ist gemalter Schnee.

Gemalter Schnee. Was liegt darunter? Mit dieser Frage wollen wir uns beschäftigen. – Ich setze bei der Erzählung „Irrungen Wirrungen" ein. Sie erinnern sich an die Abschiedsgespräche zwischen Lene, der Pflegetochter der alten Frau Nimptsch, und Baron Botho. „Ich hab es so kommen sehn, von Anfang an, und es geschieht nur, was muß", sagt das Mädchen. Die Tage mit Botho waren Traum; jetzt drängt die Wirklichkeit herein. Kein Vorwurf ist möglich, nicht dahin, nicht dorthin; es ist kein Unrecht geschehen. „Ich habe dich von Herzen lieb gehabt, das war mein Schicksal, und wenn es eine Schuld war, so war es meine Schuld", sagt Lene, und weiter: „Und noch dazu eine Schuld, deren ich mich, ich muß es dir immer wieder sagen, von ganzer Seele freue, denn sie war mein Glück. Wenn ich nun dafür zahlen muß, so zahle ich gern." Später, wenn Botho aus dem Haus der Mutter Nimptsch geht, geleitet ihn Lene bis zum Gartengitter. „Und sie gab ihm einen Kuß und noch einen und schloß dann das Gitter." Botho, auf der andern Seite der Straße, schaut sich um; Lene ist noch da; er möchte zurück, „aber sie wehrte heftig mit der Hand. Und so ging er denn weiter die Straße hinab, während sie, den Kopf auf den Arm und den Arm auf den Gitterpfosten gestützt, ihm mit großem Auge nachsah." In solchen

Augenblicken des Erzählens, mit der genau gesehenen und vollkommen im Wort geborgenen Geste, scheint durch die alltägliche, vergängliche Gestalt die Seele selbst hindurch, wie sie für sich das Schicksal entdeckt. Wir fragen nicht danach, was Lene sinnt – das Leben selber sinnt: Was ist das Glück? Und das heißt bei Theodor Fontane: ,,Was darf sein?" Jedes Leben ist für einen bestimmten Weg auf ein bestimmtes Ziel hin entworfen; aber zu diesem Entwurf gehört bei Fontane die Freiheit, sich nicht an den vorbestimmten Weg und das vorgesetzte Ziel zu halten. Jedes Ausweichen ist möglich; aber es überantwortet den einzelnen demjenigen, was Fontane die Konsequenzen nennt, und die Konsequenzen sind fast immer Strafe; jedenfalls Leiden. ,,Meine liebe, arme Herzensfrau", schreibt er im April 1852 aus Brüssel, ,,. . . Ich kann Dir nur zurufen, was ich Dir schon so oft zugerufen habe: ,Laß uns mit Ergebung tragen, was der Himmel über uns verhängt.' Wir sind beide nicht vom christlichen Märtyrergeschlecht und werden es schwerlich zur Freudigkeit des Leidens bringen, aber laß uns wenigstens Fassung darin finden, daß wir nichts andres tragen, als was uns bestimmt ist und von Anfang an bestimmt war." Man hat es oder hat es nicht. Das ist auch der Titel eines Fontaneschen Gedichts:

Nur als Furioso nichts erstreben
Und fechten, bis der Säbel bricht;
Es muß sich dir von selber geben –
Man hat es oder hat es nicht.

Soll man in diesem Zusammenhang von Calvin reden? Das wäre so richtig und so falsch, wie das meiste richtig und falsch ist, wenn man es nur weit genug nimmt. Ich meine, man müßte von Schopenhauer reden. Es gibt in der Abhandlung ,,Über die anscheinende Absichtlichkeit im Schicksale des Einzelnen"* Stellen, auf die Fontanes Fassung der Konsequenzen wie ein Echo antwortet, ja unter das Bildnis des Mädchens, das dem Geliebten mit großen Augen nachschaut, könnte als Text die folgende Stelle Schopenhauers gegeben werden: ,,Bei einem solchen absichtlich scheinenden Widerstande brauchen manche Leute die Redensart: ,ich merke, es soll nicht sein'; andere nennen es ominös, noch andere einen Fingerzeig

* In: ,Parerga und Paralipomena' I der Zürcher Ausgabe in 11 Bänden, detebe 20421–20431.

Gottes: sämtlich aber teilen sie die Ansicht, daß, wenn das Schicksal sich einem Plane mit so offenbarer Hartnäckigkeit entgegenstellt, wir ihn aufgeben sollten; weil er, als zu unserer uns unbewußten Bestimmung nicht passend, doch nicht verwirklicht werden wird und wir uns, durch halsstarriges Verfolgen desselben, nur noch härtere Rippenstöße des Schicksals zuziehn, bis wir endlich wieder auf dem rechten Wege sind; oder auch weil, wenn es uns gelänge, die Sache zu forcieren, solche uns nur zum Schaden und Unheil gereichen würde."

Die Einsicht darein, was sein darf – oder wenigstens die Einsicht: es soll nicht sein; die willige Erfahrung des Übergänglichen, des steten Vorlaufens zum Ziel: das macht die Schmerzen erträglich, und manchmal gelingt es der Seele, darin ein Glück zu bergen. Das Glück steht bei Fontane in der Erinnerung, nicht in der Erwartung. Das Glück ist ein Perfekt. „Erinnerung ist viel, ist alles. Und die hab ich nun und bleibt mir und kann mir nicht mehr genommen werden. Und ich fühle ordentlich, wie mir dabei leicht zu Mute wird." Lene sagt das zu Botho. Fontane sagt es zu sich selber. Nur im geschehenen Leben ist Glück sichtbar und die Regel, unter welcher es sich einstellt und wieder versagt. So ist Theodor Fontanes Neigung zur Historie kein Vergnügungsspiel, sondern eine lebensernste Entscheidung: Geschichte ist ihm ein möglicher Trostraum vor dem Geschehenden. Geschehenes nimmt das Geschehende ein. In der Erzählung „Vor dem Sturm" kommt über die knappe Gegenwart weniger Tage viel gelebtes Leben aus der Tiefe der Zeit und aus weitem Raume. Die erinnerte Vergangenheit scheint nur da, um zu lehren: „Bäume nicht auf, versuch's nicht mit Streit, / Berühr es nicht, überlaß es der Zeit." Ich sage: Geschehenes nimmt das Geschehende ein. Das gilt bis zum Grade, wo das Erinnern zugleich ein Erretten aus dem Angriff der Gegenwart ist. Graf Douglas sagt zu König Jakob: „O denk an alles, was einsten war, / Und sänftige deinen Sinn –" Und der König findet durch Erinnerung einen Ausweg zu bereinigter Gegenwart. Und was wird für Sir Walter Raleigh in letzter Nacht zur Zuflucht? Die Erinnerung. Sie gießt „Lebenslust durch des Gefangnen Adern". Erinnerungsvermögen – das heißt bei Theodor Fontane soviel wie Sinn für Tatsachen, für getane Sachen. Diesem Sinn verdanke er viel, sagte er: „Es erwächst einem aus diesem Sinn ein Trost, jedenfalls eine Resignation. ‚Es ist nun mal so'." Die Gegenkraft zum Sinn für Tatsachen heißt „Einbildung". Immer wenn das Einbilden anfängt, setzt das Schlimme ein. Denn Einbilden ist nichts anderes als ein Sich-Wegstehlen aus den getanen Sachen; Übermut vor dem Verfügten; sträfliche Widersetzlichkeit gegenüber dem Fatalen im genauen Wortsinn. Ducunt volentem fata, nolentem trahunt. Im Einbilden sitzt der Verrat; aus ihm kommt das Schlimme. Ist aber das Einbilden ein Übermut gegenüber dem Verfügten, dann ist dagegen Resignation die für Fontane mögliche Demut davor. „Was soll der Unsinn?" und „Wird's werden, wie es immer war, / Halb scheitern, halb gelingen?" Von der einen Frage zur andern läuft die Strecke, auf welcher Fontanes Resignation sich mit dem Leben unterhält und immer wieder zu leisten versucht, was zum Leben erwünscht ist: Glauben an diese Welt trotz dieser Welt. Glaube, Liebe, Hoffnung – und die Liebe die größte von den dreien. Aber was vermag die Liebe zu halten, an Dasein, an Glück? Sie gehört zum Glauben und zur Hoffnung, und mit diesen neigt sie aus der Gegenwart und vom Vergangenen weg zum Kommenden hin. Ist die Liebe nicht ein Geschwister der Einbildung? Man muß sie fast schweigend im Dasein wirken lassen, um sie vor dem Lügen zu schützen, ganz geheim. Von Berndt von Vitzewitz in „Vor dem Sturm" wird gesagt: er hatte das „Schamgefühl der Liebe". Das ist das Maß, welchem sich Fontane selber unterzieht: Schamgefühl der Liebe. Wenn aber Liebe zur Einbildung drängt, zur Flucht vor der getanen Sache, wenn sie blind macht – wie muß sie sich verwandeln, um der getanen Sache, der Geschichte gerecht zu werden; um sehend zu bleiben? Sie muß Mitleid werden. Mitleid ist Liebe vor dem Geschehenen. Und wir wollen nicht überhören, daß darin das Wort Sympathie sich meldet. Mitleid setzt erfahrenes Leiden voraus; Einsicht. Darin ruht Fontanes lebensfreundliche Weisheit. Er nennt es „Kunst des Kompromisses. Wer diese Kunst des Kompromisses nicht kennt, vielleicht nicht kennen will, solch Orlando furioso und Charakterfatzke kann sich begraben lassen. Ich habe noch nicht gesehen, daß ein ... Prinzipienreiter heil durchs Leben gekommen ist." Das Leben fragt – und die Antwort kann ja sein und auch nein; aber ja und nein nicht aus Vorsätzen bestimmt, sondern aus dem Mut zum Offenlassen, wo dann das Ja und das Nein in dem Vielleicht verschmelzen mögen, in dem Vielleicht, das keiner Schwäche, sondern der Scheu vor der schwierigen Rechnung des Daseins entspricht.

Das Vielleicht regiert in Fontanes Religiosität. Es ist falsch, zu sagen, Fontane sei keine religiöse Natur; es ist richtig, von ihm zu sagen, er sei keine kirchliche Natur gewesen. Das Vielleicht schafft im religiösen Raum keine Gebäude; aber es setzt die Seele dem Anspruch Gottes nicht minder aus als das kirchlich gefestigte Ja. Bei alledem ist Fontane nicht ohne Rückhalt in christlicher Weisung. Auch hier verliert sich die Seele nicht in Einbildungen; sie bleibt an der Hand des Gewissens und der Verantwortung im Bestand der Erinnerung, der Geschichte, der getanen Sache. „All den großen Sätzen in der Bergpredigt", so schrieb er, „haftet zwar was Philiströses an, aber wenn ihre Weisheit richtig geübt wird, das heißt nicht in Feigheit, sondern in stillem Mut, so sind sie doch das einzig Wahre, und die ganze Größe des Christentums steckt in jenen paar Aussprüchen." Und er fährt weiter: „Man begreift dann Omar, als er die alexandrinische Bibliothek verbrannte: ‚Steht es nicht im Koran, so ist es schädlich, steht es im Koran, so ist es überflüssig.' Das ist das Resultat, wenn man lange gelebt hat: ‚Alles, was da ist, kann verbrannt werden, wenn nur zehn oder zwölf Sätze, in denen die Menschenordnung liegt (nicht die Weltordnung, von der wir gar nichts wissen), übrigbleiben.'"

Menschenordnung, nicht Weltordnung; Vernunft zum Tage, nicht Versuche im Unbetretbaren; Sätze, welche die Menschenordnung im Rahmen der öffentlichen Gemeinschaft sicherstellen: so mündet Fontanes religiöses Meinen ins politische. Er sieht, was fällt, und erkennt, was steigt: Der Adel, dessen Macht aus dem Grundbesitz kam, wird fallen; das Kapital wird den Bürger steigen lassen; aber „zum Schlimmen / führt der Masse sich selbst Bestimmen"; und so faßt der Mann, welcher an politischen Wendungen durchlebte, was ihm seine Zeit zum Begegnen gab – Vormärz, Achtundvierziger Erregung, Bismarck, drei Kriege und neues Reich –, selber in seiner Gesinnung bei allen Ausschlägen ein Konservativer, jedoch offen für Fortschritt – so faßt Fontane seinen Glauben als Bürger in das Wort:

> ... das Klügste, das Beste, Bequemste,
> Das auch freien Seelen weitaus Genehmste
> Heißt doch schließlich, ich hab's nicht Hehl:
> Festes Gesetz und fester Befehl.

Entwicklung beunruhigte ihn nicht; aber das Mißachten der getanen Sache, der Geschichte, des Raums der Erinnerung: das traf ihn. Daß Herr Schultze beim Gutswechsel die Kirche umbaut, wird dadurch schlimm, daß er die Erinnerung verletzt: Der Polier fragt, was mit den Leichensteinen zu geschehen habe. Und Schultze fragt zurück, ob auch Denkmale zu Ehren von Rittern darunter seien. Darauf der Polier:

> Nu Ritter, ein Stücker sieben.
> Ich hab ihre Namens aufgeschrieben,
> Bloß, wo sie gestanden, da sind ja nu Löcher:
> 1 Bredow, 1 Ribbeck, 2 Rohr, 3 Köcher ...

Was soll mit den Gedenksteinen geschehn? Sie werden, auf Herrn Schultzes Weisung, als Schwellen verwendet, Schwellen für Stall und Stuterei – „Da freun sich die Junkers noch dabei." Und dann war da über dem Altar noch so was „vergoldigt Katholsches", meldet der Polier. Herr Schultze verweist es in die Rumpelkammer. Theodor Fontane war über siebzig und nicht aufgelegt zu schnellgemachtem Zorn, als er schrieb, er hasse das Bourgeoishafte mit einer Leidenschaft, als ob er ein eingeschworener Sozialdemokrat wäre – „Er ist ein Schafskopf, aber sein Vater hat ein Eckhaus". Mit dieser Bewunderungsform könne er nicht mehr mit. „Wir erheben uns jetzt so sehr über die Chinesen", fährt er fort, „aber darin sind diese doch das feinste Volk, daß das Wissen am höchsten gestellt wird. Bei uns kann man beinah sagen, es diskreditiert." Dabei ist Wissen für Fontane fast eine Frage des Charakters. Und wo der Charakter nicht stimmt, da läßt er sich auch durch das Vorhandensein von Genie nicht abtrösten. Was das heißt, zeigt seine Einstellung zu Bismarck: ein „großes Genie", aber ein „kleiner Mann" – er behaupte Fabelhaftes immer ins Gelache hinein und schneide den besten Leuten flott drauflos die Ehre ab; man habe das Gefühl, er glaube sich gottgleich alles erlauben zu dürfen. Gottgleich. Das erschreckte Fontane; das Maßlose des Genies. Aber nachdem er es vor seinem Gewissen getadelt hatte, durfte aus dem Vorrat des Herzens ganz zuletzt doch noch die Hoffnung hervorgehn, mit welcher Fontane die Unvergänglichkeit der Größe auf den Ton der Wahrheit holt, welche wir menschlich nennen:

Der Leib zerfällt, der Stein zerfällt,
Aber der Sachsenwald, der hält;
Und kommen nach dreitausend Jahren
Fremde hier des Weges gefahren
Und sehen, geborgen vorm Licht der Sonnen,
Den Waldgrund in Efeu tief eingesponnen
Und staunen der Schönheit und jauchzen froh,
So gebietet einer: „Lärmt nicht so! –
Hier unten liegt Bismarck irgendwo."

Wie erscheint nun dieses lebensfreundliche Maß in der Kunst Theodor Fontanes? Der Zugang zu Antworten auf diese Frage ist belegt mit geflügelten und beinah geflügelten Worten aus den Schriften des Dichters. Sie erinnern sich: Großer Stil heißt soviel wie vorbeigehen an allem, was die Menschen eigentlich interessiert. Und dann auch verwahrte er sich gegen Räubergeschichten und Aventürenblech, gegen Plots und große Geschehnisse, demnach gegen das meiste, was der große Haufen gern hat und was ihn, wenn er es nicht bekommt, von der Partie fernbleiben läßt. Nicht Mord und nicht überwärmte Leidenschaftsgeschichten; nicht Konflikt, sondern Zustand; nicht erschüttern, ja – kaum fesseln. Das sind die Anweisungen, welche sich der Dichter Fontane selber gibt, und es sind die Winke, unter denen wir ihn an seinem höchsten Leistungsort finden, erkennen und begreifen.

„Vor dem Sturm", das ist der erste Ansatz seiner Kunst unter dem Leitwort „Nicht erschüttern, kaum fesseln"; „Der Stechlin", das ist die Vollkommenheit darin. Auf dem Weg vom einen zum andern, in zwanzig Schaffensjahren ohnegleichen, 1878 bis 1898, ist das Leitwort nicht immer mächtig geblieben; es gab bei Fontane Plots und große Geschehnisse. Und streifte er nicht manchmal das Aventürenblech, „Ellernklipp", „Unterm Birnbaum", „Quitt" ... Aber wir fragten nach dem lebensfreundlichen Maß und danach, wie dieses Maß in der Kunst Fontanes erscheint. Wir rüsten uns damit für den Augenblick, da wir den Ort betreten, von dem die Welt Fontanes ihre Scheu empfängt. Scheu, wovor? Die Kunstgebärde Fontanes, wie die Gebärde seines Daseins, ist Scheu. Dafür gibt es auffällige Belege. Man kann daran erinnern, daß der Ehebruch Effis nicht erzählt wird und die Nacht, welche Lene und Botho in Hankels Ablage verbringen, auch nicht; und wer merkt, daß Armgard mit Woldemar verlobt ist, bevor es Melusine aus dem Munde der Schwester zu hören bekommt? Da liegen Schleier über den großen Geschichten. Aber unheimlicher als die Schleier des Verschweigens sind bei Fontane die Schleier des Redens. Wenn in seinem Erzählen die Gedanken bis an den Rand der Einsicht geführt worden sind und sie nun das innerste Gewebe zu lesen vermöchten; wenn das Herz bewegt ist und nun der Sprung in die Tiefe des Leidens kommen will: da breitet der Erzähler seine Nebensachen aus, betulich, mit einer fast bebenden Inständigkeit; da plaudert er, um nicht reden zu müssen. Im Parlando Fontanes ist ein Schrei verborgen. Sein Parlando ist eine Schutzmacht. Wofür? Wogegen? Er versäumt nichts, um uns von der Spur abzubringen, welche auf die Antwort hinführt. Und es wäre gewiß falsch, ihn da nicht ernst zu nehmen, wo er seine Anlage, sein Arbeitsvermögen erklärt; man muß ihn aber so sehr ernst nehmen, daß man durch seine Erklärungen hindurch auch auf das verschwiegene Feld dahinterkommt. Was heißt das denn:

Verzeiht den Anekdotenkram
Und daß niemals ich einen „Anlauf" nahm,
Auch niemals mit den Göttern grollte,
Nicht mal den Staat verbessern wollte,
Nicht mal mit „sexuellen Problemen"
Gelegenheit nahm mich zu benehmen.

Der faßt es so, der anders an,
Man muß nur wollen, was man kann;
Mir würde der Weitsprung nicht gelingen,
So blieb ich denn bei den näheren Dingen,
Drei Schritt bloß – – ich weiß, es ist nicht viel,
Aber Freude gibt jedes erreichte Ziel.

Und was heißt das, wenn er festhält, er sei keine große, keine reiche Dichternatur – „Es drippelt nur so." Er sei nicht zum Strome fähig, nur zum Tropfen ... Dieses und ähnliches nimmt man gern als ein Eingeständnis des Unvermögens. Aber fast alle Dichter sind listig, manchmal ohne Wissen, wenn sie von sich selber reden. Sie helfen uns mit irgendeiner Form von „Ad me ipsum" nicht immer in ihr Geheimnis hinein. Also was ist's? Unter den Sonetten Georg Herweghs schließt dasjenige mit dem Titel „Den Naturdichtern" mit den folgenden Versen: „Doch wenn einmal ein Löwe vor Euch steht, / Sollt Ihr nicht das Insekt auf ihm besingen." Daran erinnert sich Fontane in einem Briefgespräch mit seiner Frau beim Thema Weitschweifigkeit. Er könne den Fehler, der in dem „Auspulen" stecken soll, nur sehr bedingungsweise zugeben. Und dann setzt er hin: „Wär ich nicht Puler, wär ich nicht der Tell." Das ist genauer als jenes „Es drippelt nur so." Pulen heißt klauben, herausklauben. Aber jetzt wird das Pulen, die Pflege der Nebensache, der Anekdote nicht als Schwäche vorgegeben; jetzt wird, anspielend auf das Schillersche „Wär ich besonnen, hieß ich nicht der Tell", mit einem schnellen Scherz die Stärke darin bedeutet: „Wär ich nicht Puler, wär ich nicht der Tell."

Wir kommen nun auf den innersten Kreis, auf den letzten Umgang. Es ist deutlich: Fontanes Kunst ist eine Kunst, sich auf etwas – ich sage vorläufig auf „irgend etwas" – nicht einzulassen. Und wer, wie er, so sehr die Anti-Feierlichkeit behauptet, hat er nicht etwas Feierliches entdeckt, das er ins geheimste Fach seines Herzens versenkt, um es überhaupt tragen zu können? Wer, so wie er, nur den Tropfen gelten läßt, kennt er nicht den Strom – und fürchtet ihn? Im Umgang mit den Gedichten Theodor Fontanes kann man solche Fragen ins Recht setzen. Es ist ein Gemeinplatz zu behaupten, Fontane sei kein Lyriker gewesen; das Lyrische sei seine schwächste Seite, äußerte er, besonders dann, wenn er aus sich selber und nicht aus einer von ihm geschaffenen Person heraus dies und das zu sagen unternehme. Aber was sagt er und wie tönt es, wenn er doch einmal bei sich selber bleibt, nicht in schottische, nordische oder märkische Stellvertreter ausweicht und nicht in einen vom Zeitalter vorgespielten Konventionston? Ich nehme das Gedicht „Würd' es mir fehlen, würd' ich's vermissen?":

Heute früh, nach gut durchschlafener Nacht,
Bin ich wieder aufgewacht.
Ich setzte mich an den Frühstückstisch,
Der Kaffee war warm, die Semmel war frisch,
Ich habe die Morgenzeitung gelesen,
(Es sind wieder Avancements gewesen).
Ich trat ans Fenster, ich sah hinunter,
Es trabte wieder, es klingelte munter,

Eine Schürze (beim Schlächter) hing über dem Stuhle,
Kleine Mädchen gingen nach der Schule –
Alles war freundlich, alles war nett,
Aber wenn ich weiter geschlafen hätt'
Und tät' von alledem nichts wissen,
Würd' es mir fehlen, würd' ich's vermissen?

Der Schrecken bricht in diesem Gedicht im zweiten Vers durch. Es heißt nicht: ich bin aufgewacht; es heißt: ich bin wieder aufgewacht. Die Seele war im Strom, und ein Schauder liegt über der Sekunde, da sie die Augen zum Tage aufschlägt, wieder aufschlägt. Weg aus dem Strom, zu den Tropfen; weg von den Urbildern zu den Genrebildern; fort aus der Einsicht zur Vedute: also Kaffee, Semmeln, Morgenzeitung, Droschkentraben, Schürze überm Stuhl – aus schauderndem Sinne wird eine freundliche, eine nette Ansicht behauptet; aber der Strom, in welchem die Seele war, rauscht leise durch und weckt das Wort: „Aber wenn ich weiter geschlafen hätt' ..." Da ist nichts von „flaumenleichter Zeit der dunkeln Frühe", nichts vom Schweben auf der Zwischenwelt, wo Nacht und Tag, eins ins andre gemischt, die Seele in der Glut einer sanften Wollust des Daseins hegen. Da wird der Blick nicht von Wehmut feucht. Bei Fontane scheint der Augenstern mit Schauder. Und so wird man ihn mißverstehen und ihn fragen, ob ihm in dieser Welt überhaupt noch etwas gefalle – und er weicht wieder aus und verpackt seinen Schauder in Jahreszeitlichem und in Alltäglichem: erstes Tiergartengrün, Kirschblüte in Werder, der alte Moltke, der alte Kaiser, Backfisch mit Mozartzopf ... Je mehr ihn der geheime Strom zu sich zieht, zu dem er in Schlaf und Traum gehörte, desto genauer und vorsichtiger wacht er über sein Wort. Es darf nicht strömen, darf den Strom nicht zeigen. Und so faßt er es kurz, macht Sprüche, flüchtet sich auf Spruchweisheit hinaus wie ein Kalendermann, dann und wann bis auf eine fast billige Stufe des Zuredens und Erbauens.

Sprüchemachen und Spruchweisheit gereimt: das ist bei Fontane nur in den Balladen zu Größe gekommen. Und zu Vollkommenheit nur in der Prosa, zu welcher die Anrede-Gattung des Briefs in ihrer unvergleichlichen Fülle gehört. Es gibt Balladenspuren in Fontanes Briefkunst, am auffälligsten wohl in einem Fahrtbericht an seine Frau aus dem Jahr 1852. Fontane hatte im April dieses Jahres Berlin verlassen, um in England einen Korrespondentenposten im Auftrag des Ministeriums Manteuffel zu übernehmen. Unterwegs, aus Brüssel, schreibt er: „Vorgestern früh verließ ich Aachen. Das erste, was wir im Coupé hörten, waren französische Worte. ‚Pas pleurer!'" ... Dann meldet er einige Schwierigkeiten und läßt den Bericht wieder einmünden ins Wort: „Pas pleurer!" ... „und weiter ging es nach Lüttich". Wieder einige Bemerkungen, und dann der Refrain: „Pas pleurer!" ... „und weiter ging es nach Löwen". Wieder einige Bemerkungen und abermals der Refrain: „Pas pleurer!" ... „und weiter ging es nach Brüssel". Spielereien im Brief? Ja, sofern man nicht auch wahrhaben möchte, daß diese Refrains Pfähle sind, welche eine verzweifelte Tüchtigkeit in die Sprache pflanzt, die ausströmen will und die so dem Schmerzenstrom gemäß würde, welcher unter den Worten zieht.

Wir stehen vor dem Kern des Fontaneschen Daseins und Wirkens: „Und ist nichts in Sicht geblieben / Als der letzte dunkle Punkt." Der Tod: das ist bei Fontane die Hauptsache; das ist bei ihm die große Geschichte; ist das Irgend-Etwas, worauf er sich nicht einläßt. Der Tod ist groß – von ihm muß man schnell und beiläufig und leise reden, etwa so: „Und ist nichts in Sicht geblieben / Als der letzte dunkle Punkt." Da baut er dann ein Gedicht, weit über diese Zeilen hinaus: in verschwiegenen Worten sucht er zu halten, was das Leben vorgetragen: die Feste waren trügerisch, hinter dem Opfersinn stand die Ehrsucht, der Glaube hielt nicht, die Liebe sank ab zur Lust, die Treue ging im Trug verloren – und das Glück, das Glück war blind geboren. Das alles müßte wortlos verschweben, wenn nicht die Versteckrede durch den Mund eines Fremden möglich wäre: so spricht denn für Fontane Sir Walter Raleigh in der letzten Nacht, steigt ins eigene Herz hinab und schreibt:

Willkommen mir, zu scheiden
Von Leben und von Welt,
Mag keinen Gast beneiden,
Den's hier zurücke hält:
Wem's Leben viel gegeben,
Dem gab es Müh und Not,
Der Tod nur ist das Leben,
Und alles Leben Tod.

Das ist Widerhall auf Schopenhauers Anruf: Wohin der Blick geht, leidende Menschheit, leidende Tierheit, hinschwindende Welt. Wie soll der Mensch bei solcher Erkenntnis, ,,eben dieses Leben durch stete Willensakte bejahen und eben dadurch sich ihm immer fester verknüpfen, es immer fester an sich drücken? ... Ihm schaudert jetzt vor dessen Genüssen, in denen er die Bejahung desselben erkennt." Freiwillige Entsagung, Resignation, wahre Gelassenheit, ,,Meeresstille des Gemüts": nicht daß er es hatte – aber dem sann Fontane nach in seinem Leben und in seiner Kunst, mit einem Mut zum Tragen der Konsequenz. Was heißt das? Vielleicht hilft die Raleigh-Strophe vorwärts: ,,Willkommen mir, zu scheiden / Von Leben und von Welt ..." Wem widerhallt nicht im Ohr die Strophe aus einem Liede Paul Gerhardts, des Mannes, den Fontane in den ,,Wanderungen durch die Mark Brandenburg" grüßte? Ich meine:

Wenn ich einmal soll scheiden,
So scheide nicht von mir;
Wenn ich den Tod soll leiden,
So tritt du dann herfür ...

So viel zu erbitten – darf es anders geschehen als schweigend? Nun ist es gewiß fragwürdig und manchmal falsch, die Geschöpfe des Dichters und was diese sagen mit dem Dichter selbst zu verwechseln. Aber bei Theodor Fontane sitzt das Leben seiner Gestalten mehr als bei andern Dichtern in seinem eigenen Leben fest, und so mag mit Vorsicht und Behutsamkeit ein Punkt aus dem Testament der Amelie von Pudagla, geborenen von Vitzewitz, aus ,,Vor dem Sturm" verwendet werden. Sie verfügt: ,,Es soll auf dem Wege vom Schlosse bis in den Park ... von allen Dorfkindern das Lied: ,Was Gott tut, das ist wohlgetan' gesungen werden. Aber nicht: ,O Haupt voll Blut und Wunden'. Dies verbiete ich ausdrücklich." Und nehmen wir den Widerspruch der Schorlemmer hinzu, so ist wiederum die Schwebe und die Scheu ausgedrückt vor extremen Gebärden, wo doch nur das ganze Sich-darein-Schicken gelten darf. ,,Willkommen mir zu scheiden" – und darin scheu verschwiegen: ,,Wenn ich einmal soll scheiden ..."

Wir sprachen von Glück und Verzicht; von Vorbestimmung und von der Freiheit des Menschen in ihr; vom Erinnern, vom Geschehenen als einem Schutz vor dem Geschehenden; vom Einbilden als dem Übermut vor dem Verfügten, von der Resignation als der Demut davor; von Maß und Mut zum Kompromiß; vom Tod als der Hauptsache, von welcher schnell, beiläufig, leicht zu reden ist. Wo in Theodor Fontanes Lebenswerk ist das alles vollendet eingeschlossen in Sprache und Bild, so, daß jeder Laut und jeder Satz, jedes Motiv aus dem einen, selben Geiste strahlt und richtig aus dem Ganzen zurück ins Ganze wirkt? Das ereignet sich im letzten Werk, im „Stechlin". Es ist sein größtes; dasjenige, mit dem er unvergleichlich in den Prosa-Erfindungen seiner Ära steht. Da sind Chronik und Dichtung aufgehoben in einem oberen Feld des spielenden Geistes, wo Scheu und Leidenschaft sich in dem Gleichnis vom „gemalten Schnee" verständigen. Im „Stechlin" ist Fontane so völlig Herr über jeden Griff und Zugriff, als könne er ein Schiffstau durchs Nadelöhr ziehen. Aber er tut es nicht. Im „Stechlin" waltet nicht nur die Kunst des Verschweigens; die Kunst verschweigt sich selbst, nützt keine Funde aus und steigt dadurch empor zu einer Macht der Unscheinbarkeit, wie sie in Fontanes Jahrhundert nirgend sonst auftrat. Der Tod erregt in diesem Werk das Leben zu einer in Wohllaut und Heiterkeit blinkenden Fülle – aber das Blinken sind die Tränen. Noch bevor Fontanes Jahrhundert begann, war dieses Blinken da, durch Mozart. Und der Mann, der sich als zu den Musikbotokuden gehörig empfand, setzte in den weiten Raum seines gelebten Lebens noch einmal deutsche Sprache, empfangen aus dem reinsten Geist der Musik. Das Sterben und der Tod des alten Stechlin! Das alles fängt an, als sei kein Gewicht darauf. An einem Winterabend hält der Kutscher vor dem Herrenhaus; er hat die Medizin geholt, die der Doktor dem Alten grad eben verschrieb. Das Fläschchen ist in rosa Seidenpapier eingewikkelt; der Zettel dabei sagt, was zu tun ist: „Herrn Major von Stechlin. Dreimal täglich zehn Tropfen." Und der alte Herr zählt die vorgeschriebenen Tropfen auf den Löffel, schluckt sie, kostet sie, nickt und sagt zum Diener: „Ja, Engelke, nu geht es los. Fingerhut." Der Tod ist angenommen und ist gegrüßt. Jetzt wird alle Ruhe gesammelt gegen die Angst, und dann kann das Wort gesagt werden, in welchem wir Theodor Fontane unverstellt gespiegelt sehen in dem, was er im geheimen war und zu letzter Stunde offen wurde: „Das ‚Ich' ist nichts – damit muß man sich durchdringen. Ein ewig Gesetzliches vollzieht sich, weiter nichts, und dieser Vollzug, auch wenn er ‚Tod' heißt, darf uns nicht schrecken. In das

Gesetzliche sich ruhig schicken, das macht den sittlichen Menschen und hebt ihn."

Werden wir nun auch seine Sprache in ihrer Eigenart zu benennen vermögen? Es ist fast leichter zu sagen, zu zeigen, worin sie nicht schön ist, als sichtbar zu machen, wo in ihr die Schönheit sitzt. Denn auch diese Sprache – ganz äußerlich in Lautwert, Wortwahl, Satzlinie genommen – verbirgt sich; sie ist fast gegen die Schönheit geschrieben. Aber dabei ist keine Schnellfertigkeit im Spiel, nicht einmal Fertigkeit. Die Form, am Ende, steht da als ein geprüftes Geschenk, „Dunkelschöpfung im Lichte zurechtgerückt", sagte Fontane. Das heißt: der Einfall, die Stimmung, die rhythmische Verschwörung aller Teile – das Wunder des schöpferischen Fügens wird vor den Prüfstand der Selbstkritik gezogen, wird gekühlt, wird aus der Gnadenstunde herausgelöst in die beinah grämlich-nüchterne Unerbittlichkeit des guten Verstandes im helllichten Tag des Gewöhnlichen. Wenn solche Arbeit den Stilisten ausmacht, dann ist Fontane einer von höchsten Graden. Er selber sah sich so. „Ich bilde mir nämlich ein, ... ein Stilist zu sein", sagte er, fügte aber hinzu: „Nicht einer von den unerträglichen Glattschreibern, die für alles nur einen Ton und eine Form haben, sondern ein wirklicher." Man hat dann gesagt, Fontanes Stil meide jede Schablone, jede blutlose Wendung. Ist das wahr? Was wäre leichter, als das Gegenteil zu zeigen. Die Frage ist nur, was Schablone und blutlose Wendung bedeuten. Schwachheiten? Manchmal. Aber zumeist sind es Zeichen der Scheu, mit welcher Fontane dem Großen begegnet, wiederholt am Körper der Sprache. Und daneben wird er in seinen Sätzen schlicht und einfach nicht immer los, was er selber „kleine Stilungezogenheiten" nannte. Aber in einer Kunst, welche das Redensartliche so in die bestürzend frischen Funde einschließt, wie es die seine tut, kann selbst eine Stilungezogenheit im Wortbild sitzen wie ein Leberfleck auf einer reinen Wange; das Reine wird nur noch sichtbarer. Diesen Leberfleck rechnete er fast als zur Kunst der Prosa gehörig. Was er dabei für sich selber als wünschenswert annahm – die schwierige Mittellage zwischen kleinpflegerischem Kunstgewissen und großzügig-gemütlicher Wurstigkeit –, das tritt am klarsten hervor, wenn er die Arbeit anderer mit diesem Maß mißt. Ganz deutlich ist er gegenüber demjenigen seiner Altersgenossen, welchen er als groß im Jahrhundert erkannte, ohne doch die Freiheit zu Kritik und Urteil preiszugeben: Gottfried Keller. Er kannte das Werk des Schweizers. Zu den Seldwylergeschichten* sagte er, es seien Sachen ersten Ranges, wahre Schätze im Vorrat unserer erzählenden Literatur; die Züricher Novellen* nannte er echte Poetenarbeit; voller Kunst, auch dem Kleinen und Kleinsten durchaus Leben und Interesse zu leihen. – Voller Kunst: Ist das ein Lob? Einmal wird es kurz und stechend heißen, Keller sei nun in jene zweite Epoche eingetreten, wo die Kunst für das aufkommen müsse, was an eigentlichem Borax bereits abgeschwunden sei. Voller Kunst? Es war nur ein bedingtes Lob. Und bald wird es dann keines mehr sein. Was drückt den Kritiker eigentlich? Er schreibt es ins Tagebuch, bei Gelegenheit der Lektüre von Gottfried Kellers „Sinngedicht" – hier die Stelle, welche uns mit Bezug auf Fontane selber wichtig ist: „Ist es eine höchste oder doch feinste Aufgabe, einem in kluger, eigenartiger und beständig durch geistreiche Sentenzen und Einzelschönheiten gewürzter, nie ins Triviale fallender Weise etwas vorzuplaudern, so daß einem schließlich im ganzen doch ein Wohlgefühl und im einzelnen ein Gedanke, ein Bild in der Seele bleibt – ist dies höchste Aufgabe, so kann man diese Dinge nicht hoch genug stellen. Es ist auch in der Tat etwas durchaus Superiores darin, das gerade, was der Alltagsmensch nicht kann, nicht einmal zu können wagt. Ich bin mir aber doch nicht sicher, ob das Vorgeschilderte die Aufgaben sind, die man sich stellen soll. Eine exakte, natürlich in ihrer Art auch den Meister verratende Schilderung des wirklichen Lebens, das Auftretenlassen wirklicher Menschen und ihrer Schicksale, scheint mir doch das Höhere zu sein. Ein echtes ganzes Kunstwerk kann ohne Wahrheit nicht bestehen, und das Willkürliche, das Launenhafte, so reizvoll, so geistreich, so überlegen es auftreten mag, tritt doch dahinter zurück. Ich weiß wohl, daß auch das Maß der Kunst in diesen Kellerschen Sachen sehr groß ist und daß sich der sehr irren würde, der etwa glaubte, ihm diese Launen und Einfälle bequem nachmachen zu können, im Gegenteil, all dies ist wenigen gegeben und ist auch für diese gerade noch schwer genug, ist aber doch die Schwierigkeit der Künstelei. Und vor dieser hat man sich in der Kunst zu hüten." Das sagt Theodor Fontane über Gottfried Keller – und alles schießt in das eine Wort zusammen, Keller überliefere die ganze Gotteswelt erbarmungslos seinem Keller-Ton. Thomas Mann** hat später da-

* In: Zürcher Ausgabe, Werke und Materialien in 9 Bänden, detebe 20521–20528 und 20535.
** Siehe auch ‚Der alte Fontane', Nachwort zu Band v dieser Ausgabe, detebe 21073.

gegen das gesagt, was jedem auf der Zunge liegt: Theodor Fontane hat nicht minder herrlich dieselbe Gotteswelt seinem Fontane-Ton überantwortet. Aber darnach, nach Recht oder Unrecht im Urteil Theodor Fontanes über Gottfried Keller, frage ich nicht und auch nicht nach dem Sinn, den hier die Geschichtsschablonen von „Realismus“ und „Naturalismus“ allenfalls erlangen könnten. Wir haben Fontanes Scheu vor großen Dingen, seine Höflichkeit vor dem Größten, dem Tode, erfahren und verstanden; und so wissen wir, daß sein Mißbehagen über die Nähe von Kunst und Künstelei aus eben jener Scheu, aus eben jener Höflichkeit entstammt. Für das Große schreibt Fontanes Poetik das Beiläufige vor. Daran hielt er sich bei der Wahl des Wortes, beim Bauen des Satzes; und wenn er einmal zu läßlich war bei dem heiklen Geschäft des Schöpfens und Bildens, dann blieb noch dieser Fehler aufgehoben in seiner Welt der Scheu. Nicht immer zeugen Fehler für die echte Seite eines Künstlers. Bei Theodor Fontane tun sie es. Das Wesen der Schönheit liegt für ihn im Maß, welches im Gegensatz zum Großartigen steht. Dies alles ist nicht als ein Wunder, ohne Voraussetzung, grad herab aus einem mystischen Persönlichkeitsvorrat in die Zeit gelangt. Das Dasein hat Muster. Für Theodor Fontane nennt man zuvorderst Alexis, Dickens, Scott; und dann, schon schwer zu fassen, was so „Französischer Geist“ und „Begegnung mit England“ heißt. Was ist das? Und was wäre dann „Deutscher Geist“? Solche Formeln haben den Vorteil, daß sie in jedem Falle stimmen; das heißt, man kann sie zum Reden brauchen, aber nicht zum Sagen. Halten wir uns aber an die Sachen, dann fällt im Gespräch über Fontanes Prosa-Ton weniges ebenso schwer ins Gewicht, wie Fontanes Tätigkeit als Korrespondent und Kritiker für große Berliner Blätter: Berichterstattergebärde – wenn nicht mit Rücksicht auf das Publikum, so doch mit einem Auge darauf; Schreiben – nicht ganz als Privatsache; Nachsinnen über Wege, die zur Lesbarkeit führen. Was aber verdankt Theodor Fontane in Figur und Melodie des Gesprächs jenem Plaudern, das ihm sein eigener Vater ins Ohr gegeben hat? Das bleibt nur zu ahnen – aus dem Nachhall, welchen die Stimme des Vaters im Werk des Sohnes behauptet.

Plaudernd ist der Sohn auf den eigenen Todestag zugegangen. Am Vorabend war man in kleiner Gesellschaft. Die Sache lief nicht übel; jeder gab sich Mühe, ordentlich im Gespräch zu bleiben. Dann, allein, ging es wiederum gewöhnlich weiter, nicht gerade schwierig, aber mit dem Gefühl: „Lägst du nur erst wieder im Bett." Immerhin, beim Spazieren gab es die Geschichte mit dem Witwer; Fontane meldet sie seiner Frau mit diesen Worten: „Er erzählte mir vom Tode seiner Frau und welchen ‚goldenen Humor' sie gehabt habe; er sei ganz gebrochen ... Er sei, um sich rauszureißen, in England gewesen und habe mit zwei englischen Nichten seiner Frau eine Reise nach Schottland gemacht. Die jüngere sei heiter ... und habe den ‚goldenen Humor' seiner Frau; die ältere, die jetzt bei ihm sei, sei aber ernster. Ich glaube, er war ganz aufrichtig in seiner Trauer, und doch habe ich nie so stark den Eindruck gehabt: ‚Dieser Trauernde wartet das Trauerjahr nicht ab'; eine der beiden Nichten muß es werden. Wohl die mit dem ‚goldenen Humor' seiner Frau. So geht es. Und die Witwen sind noch flinker als die Witwer."

Dann kam der Abend. Mete, die Tochter, war bei ihm. Er war lebhaft im Gespräch. Einen Likör hätte er gern. Während sie das Glas holte, stand er auf und ging in sein Schlafzimmer. Er kam nicht zurück. Als Mete bei ihm eintrat, um nach ihm zu sehen, fand sie ihn über dem Bette liegend, tot. Es war neun Uhr abends am 20. September 1898.

So wie er vom Tode reden wollte, beiläufig – so hat er seinen Tod bestanden.

INHALT

Theodor Fontane im Diogenes Verlag

Werkausgabe in 5 Bänden
Herausgegeben von Hans-Heinrich Reuter
Jeder Band mit ausführlichen Anmerkungen
und Nachwort

Gedichte · Erinnerungen · Aufsätze
Nachwort von Kurt Tucholsky
detebe 21074

Schach von Wuthenow · L'Adultera · Stine
Drei Romane. Nachwort von Werner Weber
detebe 21075

Irrungen Wirrungen · Frau Jenny Treibel
Zwei Romane. Nachwort von Otto Brahm
detebe 21076

Effi Briest
Roman. Nachwort von Max Rychner
detebe 21077

Der Stechlin
Roman. Nachwort von Thomas Mann
detebe 21073

Für Kinder:

Herr von Ribbeck auf Ribbeck im Havelland
Gedicht von Theodor Fontane. Mit Bildern
von Karin Blume
kinder-detebe 25098

Miguel de Cervantes Saavedra

Leben und Taten des scharfsinnigen Edlen Don Quixote von la Mancha

Roman. Aus dem Spanischen von Ludwig Tieck. Mit einem Essay von Heinrich Heine und Illustrationen von Gustave Doré
detebe 21496

»*Don Quixote* von Cervantes – eines der grandiosesten und zugleich entzückendsten Bücher aller Zeiten, die Geschichte des irrenden Ritters und seiner Kämpfe mit eingebildeten Bösewichten und seines fetten Knappen Sancho: zwei unsterbliche Figuren.« *Hermann Hesse*

»Man braucht nicht jedes Wort dieses alten Buches zu lesen. Es gibt langweilige Stellen darin. Aber wer nie in das Buch hineingeblickt hat, wer nie seine Stimmung, seinen Charakter, seinen schrecklichen Mut und seine unendliche Traurigkeit erfahren hat, hat versäumt, einer der ›großen Gebärden‹ des unvergänglichen, unbezwingbaren Geistes der Menschheit beizuwohnen.«
John Cowper Powys

»Bewunderung und Mitleid und Vergnügen – das alles kann ich bei Cervantes finden, weil er eben ein Mann ist, der versucht, das bestmögliche in dieser baufälligen Welt zu leisten, in der zu leben er gezwungen ist. Er hat Ideale, die, an unsern pharisäerhaften Idealen gemessen, verrückt sind. Doch an meinen Maßstäben gemessen sind sie nicht verrückt. Wenn ich ein oder zwei Seiten *Don Quixote* gelesen habe, kann ich mich in ihm erkennen, und ich möchte gern glauben, daß mein Verhalten besser geworden ist, seit ich ihn gelesen habe.«
William Faulkner

Walter Scott
Ivanhoe
Roman. Aus dem Englischen
von Benno Tschischwitz
Mit einem Nachwort von
Hermann Meier
detebe 21321

»Robin Hood ist ein alter Bekannter von uns; wir kennen ihn alle aus der reizenden Schilderung, die Walter Scott in seinem *Ivanhoe* von ihm entworfen hat. [...]

Was ist das für ein Mann! Ganz Shakespeare, und so viel erfreulicher als Romane anziehender sind wie Schauspiele. Daß noch jetzt einer den Mut hat, neben Walter Scott Romane zu schreiben! Nicht Goethe, nicht Jean Paul brauchen abzuschrecken, man kann doch wenigstens einen Teil des Berges ersteigen, auf dessen Gipfel sie stehen. Aber Walter Scott steht auf einem Felsen im Meere, an dem man scheitert, will man sich ihm nahen. Wie er die Menschen schildert! Scott schreibt Romane, wie man die Geschichte schreiben soll.« *Theodor Fontane*

James Fenimore Cooper im Diogenes Verlag

Lederstrumpf in 5 Bänden
Vollständige Ausgabe. detebe 21820

Der Wildtöter
oder Der erste Kriegspfad. Roman
Mit Anmerkungen und Nachwort
Aus dem Amerikanischen von G. Pfizer
detebe 21815

Der letzte Mohikaner
Ein Bericht über das Jahr 1757
Mit Anmerkungen und Nachwort. Deutsch von L. Tafel
detebe 21816

Der Pfadfinder
oder Das Binnenmeer. Roman
Mit Anmerkungen und Nachwort. Deutsch von C. Kolb
detebe 21817

Die Ansiedler
oder die Quellen des Susquehanna. Ein Zeitgemälde
Mit Anmerkungen und Nachwort. Deutsch von C. Kolb
detebe 21818

Die Prärie
Roman. Mit Anmerkungen und Nachwort
Deutsch von G. Friedenberg
detebe 21819

Charles Dickens im Diogenes Verlag

Ausgewählte Romane und Geschichten in 7 Bänden
In der deutschen Übertragung von
Gustav Meyrink

David Copperfield
Roman. Mit einem Nachwort von
W. Somerset Maugham. detebe 21034

Oliver Twist
Roman. detebe 21035

Nikolas Nickleby
Roman. detebe 20998

Bleakhaus
Roman. detebe 21166

Drei Weihnachtsgeschichten
detebe 21241

Die Pickwickier
Roman. Mit einem Nachwort von Walter Kluge
detebe 21405

Martin Chuzzlewit
Roman. Mit einem Nachwort von Jerôme von Gebsattel
detebe 21406

Außerdem liegen vor:

Charles Dickens
Ein Essay von George Orwell
Deutsch von Manfred Papst. detebe 21398

Weihnachtslied
Eine Gespenstergeschichte
Deutsch von Richard Zoozmann
Mit Zeichnungen von Tatjana Hauptmann
detebe 21834

Honoré de Balzac
Die großen Romane und Erzählungen im Diogenes Verlag

Die tödlichen Wünsche
Roman. Aus dem Französischen von Emil A. Rheinhardt. detebe 20901

Die Frau von dreißig Jahren
Roman. Deutsch von Erich Noether
detebe 20902

Eugenie Grandet
Roman. Deutsch von Mira Koffka
detebe 20903

Vater Goriot
Roman. Deutsch von Rosa Schapire
detebe 20904

Verlorene Illusionen
Roman. Deutsch von Otto Flake
detebe 20905

Glanz und Elend der Kurtisanen
Roman. Deutsch von Emil A. Rheinhardt
detebe 20906

Zwei Frauen
Roman. Deutsch von Gabrielle Betz
detebe 20907

Junggesellenwirtschaft
Roman. Deutsch von Franz Hessel
detebe 20908

Tante Lisbeth
Roman. Deutsch von Paul Zech
detebe 20909

Vetter Pons
Roman. Deutsch von Otto Flake
detebe 20910

Der Landpfarrer
Roman. Deutsch von Emmi Hirschberg
detebe 22421

Ursula Mirouet
Roman. Deutsch von Walter Benjamin
detebe 22422

Das ungekannte Meisterwerk
Erzählungen. Deutsch von Heinrich E. Jacob und Hete Maass. detebe 20477

Pariser Geschichten
Deutsch von Otto Flake
detebe 20896

Liebesgeschichten
Ausgewählt von Auguste Amédée de Saint-Gall. Verschiedene Übersetzer
detebe 20897

Mystische Geschichten
Verschiedene Übersetzer
detebe 20899

Das Mädchen mit den Goldaugen
Erzählung. Deutsch von Victor von Koczian. Mit einem Nachwort von Stefan Zweig
detebe 21447

Tolldreiste Geschichten
Deutsch und mit einem Nachwort von Herbert Kühn. Mit vielen Bildern von Gustave Doré. detebe 21751

Außerdem liegen vor:

Über Balzac
Zeugnisse und Aufsätze von Victor Hugo bis Somerset Maugham. Herausgegeben von Claudia Schmölders. detebe 20309

André Maurois
Das Leben des Honoré Balzac
Eine Biographie. Aus dem Französischen von Ernst Sander und Bruno Berger. detebe 21297

Heinrich von Kleist
Sämtliche Erzählungen
Mit einem Nachwort
von Stefan Zweig
detebe 21886

»Wenn Kleist nieste, fiel ein himmlischer Regen auf die Erde.« *Theodor Fontane*

»Kleist war dazu geboren, die große Lücke in der deutschen Literatur auszufüllen, die, nach meiner Meinung wenigstens, selbst von Schiller und Goethe noch nicht ausgefüllt worden ist.« *Egon Friedell*

»Er hat sich in einen Motor deutscher Zuversicht verwandelt. Das ist der höchste Ruhm, der einem Dichter gewährt werden kann.« *Hermann Bahr*

»Wenn ich mir erlauben darf, als Reinigungsbad viel Hebel (mit einem b), Kleist und Schopenhauer zu empfehlen – das fegt die Ecken aus!« *Kurt Tucholsky*

»In der Novelle erweist sich dieser arme Heinrich als großer Beherrscher der Form sowohl wie des Inhalts.« *Robert Walser*

»Kleists Erzählungen gehören zu den besten, die die deutsche Literatur besitzt.« *Friedrich Hebbel*

Wilhelm Hauff
Lichtenstein

Romantische Sage aus
der württembergischen Geschichte
Mit einem Nachwort von
Friedrich Pfäfflin
detebe 21448

Dieser historische Roman hat die Fehde zwischen dem Schwäbischen Städtebund und Herzog Ulerich von Württemberg und die Liebesbeziehung zwischen dem Junker Georg von Sturmfeder und Marie von Lichtenstein zum Thema. Es ist eine packende Ritter- und Liebesgeschichte, die aber ›historische Wahrheit‹ beansprucht.
Mit diesem Werk nach dem Vorbild Walter Scotts eröffnete und beeinflußte Hauff als erster die Reihe der deutschen Heimat- und Geschichtsromane von Hermann Kurz bis C. F. Meyer.
Der 1826 zum ersten Mal erschienene Roman hatte in der Öffentlichkeit ein so großes Echo, daß Graf Wilhelm von Württemberg 1840/41 die Burg Lichtenstein über dem Echaztal nach dem literarischen Vorbild neu errichten ließ.

»Wilhelm Hauff schuf mit seinem Roman ›Lichtenstein‹ ein Volksbuch, das zum Erfolgsbuch wurde.«
Friedrich Pfäfflin

Eduard Mörike
Mozart auf der Reise nach Prag

Novelle. detebe 21611

»Eduard Mörike schildert einen Tag aus dem Leben des hochverehrten Komponisten. Mit seiner Gattin Konstanze auf dem Weg von Wien nach Prag, wo im Herbst 1787 die Uraufführung der neuen Oper *Don Giovanni* stattfinden wird, gelangt Mozart durch einen ungewöhnlichen Anlaß in eine kultivierte adlige Gesellschaft, die seinem Genius herzliche Huldigungen darbringt: während der Mittagsrast ist er in den Schloßpark des Grafen geraten und dort vom Gärtner überrascht worden, als er gerade gedankenverloren eine Orange vom denkbar schönsten Pomeranzenbäumchen pflückte. Das noch vom Hof Ludwigs XIV. stammende Bäumchen war vom Grafen als Geschenk für seine Nichte Eugenie ausersehen, die an diesem Tag ihre Verlobung feiert. Auf dem Gipfel des Ruhms und der Lebensfreude spielt der Maestro der heiteren Runde aus dem fast fertigen Werk vor. Die Gewalt seiner Musik aber erzeugt eine erschütternde, fast gespenstische Wirkung, besonders als plötzlich der Choral *Dein Lachen endet vor der Morgenröte!* erklingt. Mit dem volksliedhaften Gedicht *Ein Tännlein grünet wo* läßt Mörike die Erzählung wehmütig-gedämpft ausklingen.« *Kindlers Literatur Lexikon*

»Den geliebten Mozart, hinter dessen zarter, oft schalkhafter Anmut er die schwermütige Schönheit des Leidens fühlte, zeichnete Mörike in der Künstlernovelle *Mozart auf der Reise nach Prag*, die in ihrer südlichen Grazie wie seelischen Tiefe einzigartig ist. Welche meisterhafte Prosa!« *Fritz Martini*

Jeremias Gotthelf Ausgewählte Werke im Diogenes Verlag

in 12 Bänden
in der Edition von Walter Muschg

Uli der Knecht
Roman. detebe 20561

Uli der Pächter
Roman. detebe 20562

Anne Bäbi Jowäger I
Roman. detebe 20563

Anne Bäbi Jowäger II
Roman. detebe 20564

Geld und Geist
Roman. detebe 20565

Der Geltstag
Roman. detebe 20566

Käthi die Großmutter
Roman. detebe 20567

Die Käserei in der Vehfreude
Roman. detebe 20568

Die Wassernot im Emmental
Wie Joggeli eine Frau sucht
Erzählungen I. detebe 20569

Die schwarze Spinne
Elsi, die seltsame Magd
Kurt von Koppigen
Erzählungen II. detebe 20570

Michels Brautschau / Niggi Ju
Das Erdbeerimareili
Erzählungen III. detebe 20571

Der Besenbinder von Rychiswyl
Barthli der Korber / Die Frau Pfarrerin / Selbstbiographie
Erzählungen IV. detebe 20572

Außerdem liegen vor:

Der Bauernspiegel
oder Lebensgeschichte des Jeremias Gotthelf
Von ihm selbst beschrieben. Mit einem Essay von Walter Muschg. detebe 21407

Meistererzählungen
Mit einem Essay von Gottfried Keller
detebe 22443

Gottfried Keller
Zürcher Ausgabe

Werke und Materialien in 9 Bänden
In der Edition von Gustav Steiner
detebe 20520

Alle Bände einzeln lieferbar:

Der grüne Heinrich
in zwei Bänden. detebe 20521 + 20522

Die Leute von Seldwyla I
detebe 20523

Die Leute von Seldwyla II
Zwei Kalendergeschichten
detebe 20524

Züricher Novellen
Aufsätze
detebe 20525

Das Sinngedicht
Sieben Legenden
detebe 20526

Martin Salander
Ein Bettagsmandat / Therese
Autobiographische Schriften
detebe 20527

Gedichte
Der Apotheker von Chamounix
detebe 20528

Außerdem liegen vor:

Über Gottfried Keller
Sein Leben in Selbstzeugnissen und
Zeugnissen von C. F. Meyer bis Theodor Storm
Herausgegeben von Paul Rilla
Mit Chronik und Bibliographie
detebe 20535

Emil Ermatinger
Gottfried Keller
Eine Biographie. Mit Bildtafeln und einem Register
detebe 21813

Arthur Schopenhauer
Zürcher Ausgabe

Vollständige Neuedition, die als Volks- und Studienausgabe angelegt ist: Jeder Band bringt nach dem letzten Stand der Forschung den integralen Text in der originalen Orthographie und Interpunktion Schopenhauers; Übersetzungen fremdsprachiger Zitate und seltener Fremdwörter sind in eckigen Klammern eingearbeitet; ein Glossar wissenschaftlicher Fachausdrücke ist als Anhang jeweils dem letzten Band der *Welt als Wille und Vorstellung* (detebe 20424), der *Kleineren Schriften* (detebe 20426) und der *Parerga und Paralipomena* (detebe 20430) beigegeben. Die Textfassung geht auf die historisch-kritische Gesamtausgabe von Arthur Hübscher zurück; das editorische Material besorgte Angelika Hübscher.

Die Welt als Wille und Vorstellung I
in zwei Teilbänden. detebe 20421 + 20422

Die Welt als Wille und Vorstellung II
in zwei Teilbänden. detebe 20423 + 20424

Über die vierfache Wurzel des Satzes vom zureichenden Grunde
Über den Willen in der Natur
Kleinere Schriften I. detebe 20425

Die beiden Grundprobleme der Ethik: Über die Freiheit des menschlichen Willens
Über die Grundlagen der Moral
Kleinere Schriften II. detebe 20426

Parerga und Paralipomena I
in zwei Teilbänden, von denen der zweite die ›Aphorismen zur Lebensweisheit‹ enthält. detebe 20427 + 20428

Parerga und Paralipomena II
in zwei Teilbänden, von denen der letzte ein Gesamtregister zur Zürcher Ausgabe enthält. detebe 20429 + 20430

Außerdem erschien:

Aphorismen zur Lebensweisheit
Textidentisch mit Band 8 der ›Zürcher Ausgabe, Werke in zehn Bänden‹. Herausgegeben von Arthur Hübscher. Mit einem Nachwort von Egon Friedell. detebe 21555

Über Arthur Schopenhauer
Essays von Friedrich Nietzsche, Thomas Mann, Ludwig Marcuse, Max Horkheimer und Jean Améry. Zeugnisse von Jean Paul bis Arno Schmidt. Chronik und Bibliographie. Herausgegeben von Gerd Haffmans. detebe 20431